网络空间安全国际前沿

编 委 会

“十四五”国家重点出版物出版规划项目

网络空间安全国际前沿

信息安全科学

度量数据泄露的脆弱性

[美] 卡尔·杨 / 编著

俞能海　储　琪 / 译

中国科学技术大学出版社

安徽省版权局著作权合同登记号:第 12212011 号

Information Security Science: Measuring the Vulnerability to Data Compromises
Carl Young
ISBN: 9780128096437

Authorized Chinese translation published by University of Science and Technology of China Press.
《信息安全科学:度量数据泄露的脆弱性》
俞能海、储琪译
ISBN: 9787312061325

图书在版编目(CIP)数据

信息安全科学 : 度量数据泄露的脆弱性 / (美)卡尔·杨(Carl Young)编著 ; 俞能海，储琪译. -- 合肥 : 中国科学技术大学出版社，2025. 6. -- ISBN 978-7-312-06132-5

Ⅰ. TP309

中国国家版本馆 CIP 数据核字第 2025N6S898 号

信息安全科学: 度量数据泄露的脆弱性

XINXI ANQUAN KEXUE: DULIANG SHUJU XIELOU DE CUIRUOXING

出版 中国科学技术大学出版社
安徽省合肥市金寨路 96 号，230026
http://press.ustc.edu.cn
http://zgkxjsdxcbs.tmall.com
印刷 合肥市宏基印刷有限公司
发行 中国科学技术大学出版社
开本 787 mm×1092 mm 1/16
印张 22.75
字数 470 千
版次 2025 年 6 月第 1 版
印次 2025 年 6 月第 1 次印刷
定价 98.00 元

序　一

所有新的变革都会给用户和整个社会带来积极与消极的影响。这一现象既适用于一个世纪前交流电的发展和广泛应用,也适用于大规模的汽车和航空运输,直至核时代。我们享受着这些变革为经济发展和社会进步所带来的好处,但同时,如果它落入不法分子之手,所有这些创新都可能对社会构成生存威胁。

互联网和电子通信是过去20年才进入公众视野的,某种程度上它们代表了通过降低经济学家所说的搜索和交易成本为社会提供福利的新领域,它们还为发展中经济体的许多人带来了能够改善其生活的能力。

与此同时,支撑我们日常生活的网络和电子互联也带来了大量脆弱性。无论是通过攻击企业网络而导致的数据泄露,还是通过无线通信的方式而导致的数据泄露,当工具落入不法分子之手时,网络威胁可能变得无处不在。它们具有很强的可扩展性,并依赖于我们基本市场经济的薄弱环节,这种经济是以便利和速度为基础进行竞争的,往往会牺牲安全性。

本书以最全面的方式探讨了如何以科学的方式思考脆弱性,这是唯一能够全面客观地确定如何识别、理解和根除脆弱性的方法。它既广泛深入,又以严格的科学思维审视每一个潜在的脆弱性,帮助所有读者确定如何在互联网时代最大限度地发挥互联互通利益的同时最小化负面影响,以获取所有社会都期望的好处。

Michael Patsalos Fox

Stroz Friedberg 首席执行官

麦肯锡公司美洲区前主席

序　二

尽管名为计算机，但计算机的商业成功源于它作为一种通信工具的有效性，而不是作为一台计算的机器。可以说，人类对通信有一种固有的迷恋，因此任何能够促使信息交流的设备都有可能受到欢迎。

电话、电视、计算机和互联网等信息技术对社会产生了变革性影响。以前孤立的人突然有了接触所处环境之外的人的机会。此外，他们现在几乎立即能了解到发生在他们所处环境之外的事件。虽然社交媒体和糟糕的语法之间可能存在相关性，但通信技术的积极影响是无可争议的。

然而，并不是所有的通信都是供公众消费的。当这些技术的主要目的是促进数据的无缝交流时，对信息的未经授权访问就成为一个问题。使事情变得更复杂的是，我们是一种追求便利的物种，而便利和安全往往是不相容的。实际上，对便利性的需求是当今组织中面临的很多信息安全风险的根源。

尽管对网络的攻击是经典安全策略的核心，但对信息资产的其他攻击模式也值得注意。例如，在许多商业环境中，对视觉和听觉信息的未经授权访问很常见，这有可能造成重大损失。此外，电子设备会辐射出能量，这些能量可以在适当的条件下被远程检测到。经国家支持的敌方拥有进行此类攻击的动机和资源，从而无须入侵网络，并且在很大程度上降低了被察觉的风险。

本书通过各种攻击方法分析了信息泄露的脆弱性。其中许多攻击方法的技术含量低得令人惊讶，这大大增加了许多组织的风险。许多信息安全风险场景也有很强的物理基础，而信息安全专业人员通常不了解这些场景。本书包括了与这些场景相关的定量细节，但主要目的是传达控制攻击的操作限制和防御措施有效性的基本原理。

这些原理对于评估信息通信的脆弱性至关重要。此外，本书还介绍了从各种科学学科借鉴的技术。这些可以为安全风险提供独特的见解，并产生有意义的风险度量，这些度量一直被从业者所忽视，或者至少很难制定。

为此，本书分为 5 个部分，每个部分又包含多章。内容简述如下：

第 1 部分介绍了威胁、风险和风险评估的基本原理。这些概念代表了安全风险管理的基础，必须理解这些概念才能严格评估信息安全风险。

（1）第1章讨论了威胁和风险的概念，特别是引入了风险因素。本章着重介绍各种威胁和攻击媒介的风险因素，因为它们对于制定有效的安全风险管理策略至关重要。

（2）第2章介绍了在开发信息安全风险的简单模型时一些有用的定量工具，描述了基本函数以及与缩放、增长、衰退和变化率有关的概念。

第2部分提供了科学背景，便于分析后面章节中介绍的各种攻击场景。

（1）第3章讨论了机械能和电磁能，它们被编码成信息以产生信号。主题包括波和波运动、能量、功率、共振、衍射和辐射能量点源。

（2）第4章介绍了电磁信号的基本原理，包括场、通量和麦克斯韦方程。后者是支配所有电磁现象的表达式，因此可以解释信息丢失的机制。

（3）第5章主要介绍了电子电路中电磁辐射的生成。这些辐射是远程攻击中信息泄露的目标。书中讨论了各种噪声源，正如其名称所示，这些噪声是信噪比的基本组成部分，是远程攻击信号时的关键安全参数。

第3部分描述了根据信息泄露对电磁信号、听觉信号和视觉图像进行攻击的基本特征，还讨论了信息论与信息安全之间的关系。

（1）第6章介绍了与电磁信号泄露相关的主题。调制过程将能量转化为信号，从而传递信息。本章讨论了信号泄露的风险因素，以及对信号平均的高层次审视，这对于在嘈杂的环境中检测信号至关重要。本章还对信息理论的基本概念进行了研究，从而引发了对信息理论与信息安全关系的讨论。

（2）第7章分析了远程检测电子设备辐射的方法。实现足够的信噪比是攻击的关键所在。本章讨论了影响信噪比的许多变量。

（3）第8章讨论了针对电磁辐射攻击的各种反制措施。这些措施主要包括屏蔽和接地。本章还详细回顾了由反射、衍射和吸收入射电磁能的干预对象引起的偶然损耗，并介绍了各种传播损耗模型。本章还讨论了建筑物内和建筑物间的信号传播场景。

（4）第9章侧重于光学攻击。考虑了远程未经授权查看计算机显示器、白板和键盘等设备相关的漏洞。可以用一个简单的望远镜进行这种攻击。给定望远镜物镜和视距，分辨率极限是由衍射决定的，衍射确定了易损性的阈值。本章还描述了与成像不同步的使用光子计数的光学攻击。

（5）第10章提供了基于听觉信息的攻击的基本原理。在空气和支持声音传播的各种材料中，分子的振动会产生听觉信号，在某些条件下，可以远程检测到。

与任何现实场景一样,给定攻击场景,噪声很大程度上决定了操作限制。本章描述了空气传播和结构传播场景,以及反射、衍射和吸收声能的干扰对象的影响。

第4部分深入探讨了信息技术风险的广阔领域。与应用程序、数据库、协议、操作系统等相关的安全漏洞的规模和复杂性,使得考虑单一因素对安全性进行处理变得没有意义。此外,技术是短暂的,随着时间的推移,漏洞最终会变得不那么重要。但是,影响这些技术使用的文化驱动过程在机器或软件应用程序下架后很长一段时间内都会持续存在。

因此,我们采用了一种独特的方法,避免讨论特定的安全技术。我们对源自标准漏洞源的数据进行简单的统计测量,从而得出企业级的信息安全指标。这些指标可以推断信息安全风险的根本原因,并提供一种关于风险的通用语言,有助于技术学家和非技术管理者之间进行有意义的对话。

(1) 第11章讨论了信息安全风险因素的主要来源:业务实践、安全治理、信息技术实施、用户行为以及信息资产的物理安全。本章强调了基于风险的政策和标准与安全风险指标之间的关系。最后,还讨论了组织文化的作用,因为它可以对信息泄露的风险因素产生强烈影响。

(2) 第12章描述了各种测量和衍生指标,可以深入了解信息技术风险的根本原因。这些指标可以用于衡量基础风险管理过程的有效性。统计相关度测量也用于检查漏洞时间序列的趋势。这些测量方法使得NIST网络安全框架中定义的高级安全控件的层次评级成为可能。

(3) 第13章介绍了各种专业的信息安全风险模型、测量和指标。其中一些是信息安全所特有的,其他一些则借鉴了其他科学和工程学科的方法。马尔可夫过程和傅里叶分析的使用特别值得注意,因为它们在许多其他上下文中也被使用。这些方法被建议用作在大型或复杂数据集中识别与风险相关行为的手段,例如防火墙日志。

第5部分介绍信息资产的物理安全。在传统的信息安全风险处理中,这个主题经常被忽视。然而,物理安全代表了一个重要的风险因素,因为物理安全技术保护了关键信息资产。此外,这些设备都是网络化的,因此除了受到针对网络的攻击外,它们也可能直接受到威胁。

(1) 第14章重点关注物理安全控件。这些控件包括身份验证、授权验证和组织从属关系评估。这些控件的成功实施和整合对于物理安全策略至关重要,而这本身又是全面信息安全策略的一个关键要素。本章还包括技术安全对策的讨论，因为组织依靠这些方法来应对工业间谍威胁，但通常无法评估其有效性。

(2) 第 15 章研究了影响数据中心的一些关键安全问题。数据中心呈现出越来越集中的信息安全风险。这种风险是由虚拟化的流行和云计算的普遍趋势推动的。本章提出了一个高层次的数据中心物理安全策略，以及与虚拟化相关的物理安全漏洞。

此外，本章还分析了在数据中心附近产生的高能电磁脉冲的影响。虽然这样的讨论在信息安全的上下文中似乎不太协调，但在彻底地分析这种恐怖主义威胁的影响后，这种讨论变得必要。

最终，写本书的目标有两个：第一个目标是提供一份独特的关于信息安全攻击的参考资料。其中一些攻击没有得到足够的关注，但仍然对许多组织构成合法的威胁。好消息是，一旦理解了自然界的物理限制，有效的对抗措施就很容易实施。第二个目标是通过详细阐述科学和安全的许多交叉领域，让这两个领域更加接近。实现这个目标并不容易，因为不同领域有不同的人群，词汇、背景、文化和教育上的差异限制了有意义的交互。本书试图弥补这些差异，从而鼓励每个领域的人们发现和欣赏彼此的贡献。

Marshall McLuhan

致　谢

对于一个以定义度量标准为生的人来说，我在评估其他人对本书的贡献程度方面显然是不足的。幸运的是，在这里并不需要进行定量评估，但可以说以下每个个体都提供了灵感、知识或支持，使本书得以顺利出版。

尽管他们之前已经得到过认可，但我必须再次强调我的父母，Irving Young 博士和 Geraldine Young 博士所做的重要且有时是无形的贡献。有位政治家曾经说过，有些人之所以能够站在三垒上是因为他们击出了三垒打。如果没有我父母的支持，我连到达球场的机会都没有。

某些人深刻地影响了我看待安全问题的方式，因此塑造了我多年来对这个多元化领域的思考。幸运的是，我继续受益于他们的知识、经验和友谊。这些人包括 Robert Bryant、David B. Chang 博士、Robert Grubert、Christopher Hogan、James A. King、Michael McDevitt、David J. Murphy Ⅲ、Roger Pike 和 J. Martial Robichaud。

风险管理和风险管理者可以呈现出多种形式。医生通常不以这种方式被识别，但这确实是他们的角色。我父亲有幸得到心脏病专家 Donald Haas 博士的关照，他在宾夕法尼亚州的阿宾顿医院工作，充分展现出了一位出色的风险管理者和关怀者的优秀品质。我和我的家人对他的专业知识以及他对我父亲的个人关注深表感激。毫无疑问，Haas 博士在我父亲现在享受的生活质量以及我们因此而得到的幸福中起着重要作用。

Stroz Friedberg 的 Jean Gobin 为本书提供了内容和思路。具体而言，他对应用于安全数据的傅里叶变换部分、密码破解分析和虚拟环境部分作出了重大贡献。Jean 是一位杰出的工程师，我和我的公司很幸运能够利用他的才华和创造力。

Stroz Friedberg 的 Kate McManus（又名“Hudson Market 女士”）为本书提供了部分图形，并帮助制定与信息技术风险根本原因相关的指标。Kate 具有敏锐的审美感和丰富的技术知识，她是本书中安全风险指标视觉呈现的重要贡献者。

Eileen Murphy 是我在 Stroz Friedberg 的执行助理。她的能力和工作效率有助于本书的撰写和其他事情的完成。她一直是悄无声息努力的伙伴，我对她在幕后的贡献表示感激。

过去一年有许多挑战，如果没有来自他人的支持，我没有动力完成本书。我自大学以来就认识的 Lisa Maass、Fran Davis 和 Ruth Steinberg，向我坦诚地提供了建议，只有最好的朋友才能提供的建议。我非常感激他们几十年来对我倾注的爱和关注。

Peter Rocheleau 博士自愿担任本书的编辑。Peter 是一位拥有敏锐的眼光和主题升华能力的知识分子。如果本书成功地实现了其中所述的目标，这在很大程度上将归功于他的见解和鼓励。

有些人以不常被认可的方式为项目作出贡献。特别是那些让我们能够在舒适环境中工作的人值得更加明确的肯定。为此，Sadie Torres 一直勤奋地减少我办公室中的"熵"，从而减少了我混乱的工作方式所带来的影响。我感激她每天的努力，她为更具生产力的工作环境作出了贡献，同时也感谢她时不时带到办公室的地道古巴美食：Muchas gracias, Señora。

如果出版商和作者之间缺乏共鸣，那么出版经历就可能类似于但丁的《地狱篇》中的九层地狱。幸运的是，我在与 Elsevier 的三位编辑专业人士合作中受益匪浅。具体来说，编辑项目经理 Anna Valutkevich、高级项目经理 Mohanambal Natarajan 和高级采编编辑 Brian Romer 理解我试图实现的目标，并帮助我实现它。我对他们的努力深表感激。

我与 Donna Gill 博士在钢琴和其他方面进行了超过一年的高水平合作。尽管她谦虚，但我相信没有人能比她更好地演奏勃拉姆斯的《随想曲》Op. 117，这是对艺术成就和敏感性的真正度量。我对她在支持本书以及我生活中许多其他方面所做的努力表示感激。

目　　录

序一　*001*

序二　*003*

致谢　*007*

第1部分　威胁、风险和风险评估

第1章

信息安全威胁与风险　003

引言　003

信息安全风险　009

信息安全风险评估　011

组织信息安全风险评估　015

信号泄露的一般风险因素　018

估计风险的可能性组成部分　020

第2章

信息安全风险建模　027

引言　027

基本函数和计量单位　028

线性与非线性　038

长度、面积和体积密度　040

几何和参数缩放　041

指数和逻辑增长　048

第2部分 科学基础

第3章
物理和信息安全 053
引言 053
波 053
波能和功率 059
相长干涉和相消干涉 062
共振 064
衍射和透镜 066
天线和增益 068
辐射能量的点源 070

第4章
电磁波 073
引言 073
电磁场和通量 074
麦克斯韦方程 086
麦克斯韦方程与信息安全 095

第5章
噪声、干扰和辐射 098
引言 098
辐射和电磁干扰 103
辐射电路 107

第3部分 信号的泄露

第6章
信号与信息安全 119
引言 119
调制 119

信号平均 126
信号泄露的风险因素 128
信息论简介 139
信息理论与信息安全 144

第 7 章
电磁信号的泄露 150
引言 150
一种简单的攻击 150
对攻击者和攻击参数的假设 153
宽带信号检测 153
其他技术 158
对辐射的安全限制 158
远程攻击剖析 1:计算机视频显示接口 164
远程攻击剖析 2:键盘辐射 170

第 8 章
电磁信号泄露的对策 175
引言 175
电磁屏蔽 175
磁屏蔽 182
接地以减少辐射 183
信号衰减 186

第 9 章
视觉信息安全 192
引言 192
分辨率极限 198
光学攻击 199

第 10 章
声音信息安全 206
引言 206

声音噪声和干扰 208
距离对噪声的影响 209
声音信号传播 211
声音信号检测设备 217
声音信号屏蔽 227

第4部分 信息技术风险

第11章
信息技术风险因素 237
引言 237
业务实践和组织文化 239
安全治理 241
用户行为 243
信息资产的物理安全 243
信息技术实施 245
信息安全政策和信息技术标准 245

第12章
信息技术风险度量和指标 248
引言 248
信息安全风险度量和度量标准 249
安全风险维度 250
时空风险度量概述 251
时空风险度量和指标 252
相关性度量和指标 257
NIST 网络安全框架 261

第13章
特殊信息技术风险度量和指标 270
引言 270
密码弹性指标 271
网络感染指标：无标度模型 277

频率和时间中的度量:傅里叶变换 281
确定保护概率的指标 288
入侵检测的度量:马尔可夫过程 292

第5部分 信息资产的物理安全

第14章
物理安全控制 299
引言 299
身份认证 301
验证授权 303
评估隶属关系 307
技术监视对策 311

第15章
数据中心:信息安全风险的集中 320
引言 320
数据中心物理安全策略 320
虚拟化的安全性 325
数据中心面临的电磁威胁 332

结语 338

附录 339
附录A 散度和旋度算子 339
附录B 电和磁的常用单位 341
附录C 电路中的电容和电感耦合 342
附录D 信号的中频滤波 345

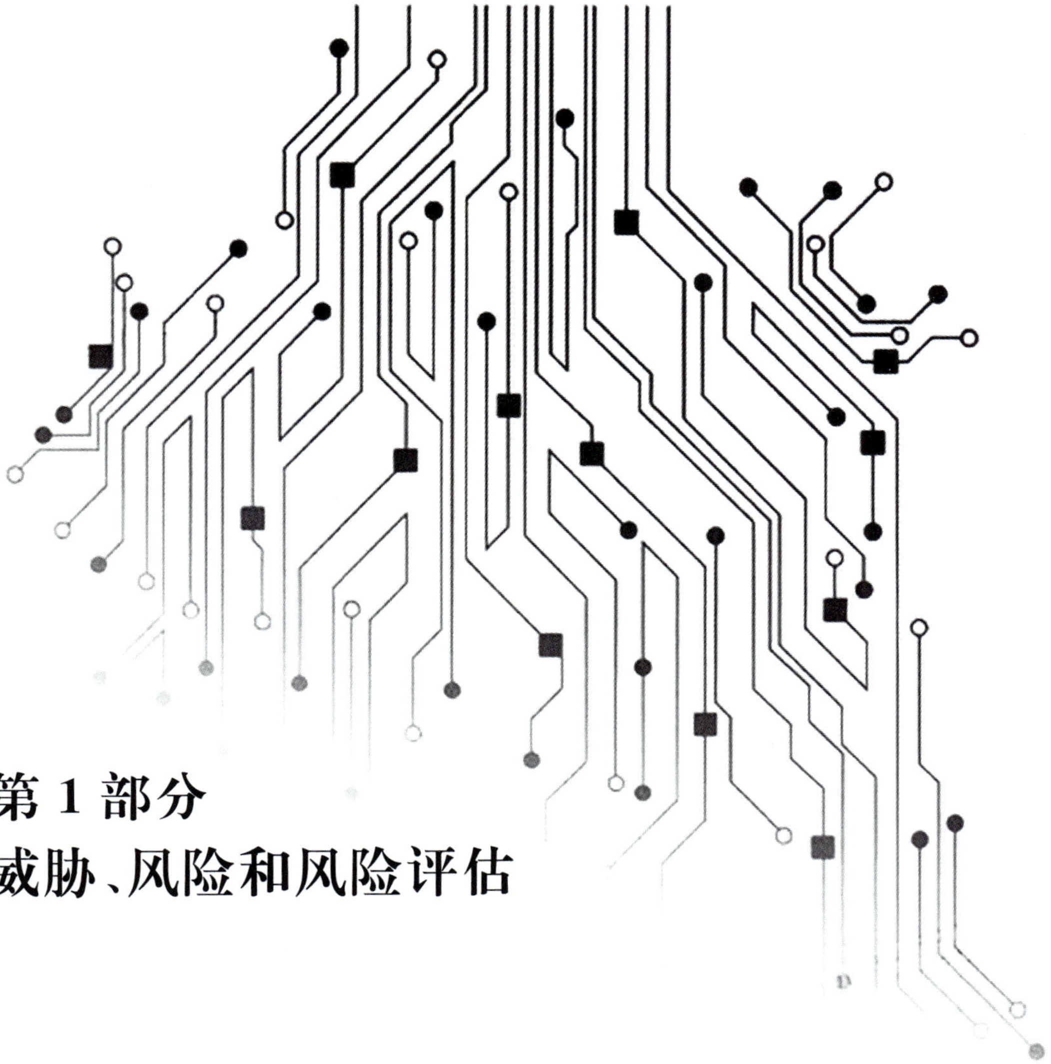

第 1 部分
威胁、风险和风险评估

第1章

信息安全威胁与风险

引　言

信息安全风险

本书是关于评估个体具有恶意意图时对信息未经授权访问的脆弱性。攻击场景从对白板或计算机显示器的简单视觉观察到复杂的对辐射电磁信号的侵害都有涵盖。许多场景可以使用已经建立的物理原理进行建模,从而洞察信息安全威胁的脆弱程度。

这样的泛泛而谈看起来可能很简单,但是有很多情况需要考虑,脆弱性的范围也很广泛。以下是一些例子:

(1) 来自一个已知支持对外国公司发动信息安全攻击的国家的计算机泄露的电磁信号;

(2) 无线网络位于黑客附近,其中一个网络接入点向街道杂乱地辐射信号能量;

(3) 敏感的对话可能被多住户办公楼的另一层的人听到;

(4) 白板、键盘和计算机监视器屏幕位于远处建筑物的直接视线范围内;

(5) 员工在公司阳台上非正式交谈,周围是控制权/所有权不明的财产;

(6) 通过互联网进行通信的信息技术(IT)网络和系统。

传统的信息安全文献和大多数组织通常关注最后一个点。事实上,整个部门通常仅仅致力于网络安全。众所周知,利用IT漏洞的风险逐年增加,IT基础设施的重要性需要被重视。因此,尽管其他攻击途径可能更容易执行并可能具有同等重要的影响力,但它们被忽视了。

历史证据表明,IT风险值得特别关注。但是尽管受到关注,传统的安全风险管理策略实际效果可能不佳。值得注意的是,这些策略包括众多不同的安全控制。事实上,通常会有大量的IT安全数据来自这些安全控制手段,但不清楚这些数据能否在战略层面上提供对风险的洞察。

实际上,IT风险管理人员有时会被用于识别信息丢失风险的数据所淹没。但是这些数据通常用于采取战术性的补救措施。问题经常会反复出现，因为这些补救措施的范围本身就很有限。有时，这些大量的数据实际上使组织对信息泄露的最重要风险因素变得视而不见，这些因素包括业务实践、安全治理、信息资产的物理安全以及用户行为，而不仅仅是糟糕或不适当的IT实施。

导致当前安全策略无效的一个现象是难以量化IT风险。为什么这么难呢？原因有三个：

(1) IT安全事件通常由多个相关问题综合导致。每个问题的贡献可能会有所不同，难以评估它们的相对重要性。

(2) 实际IT事件的强有力的统计数据要么不存在，要么在评估风险方面并不特别有用。

(3) 难以在IT环境中进行控制试验来确定风险缓解措施的有效性。

上述原因导致缺乏与IT风险相关的有用模型，因此很难严格确认特定安全策略的有效性。

问题加剧的原因是，IT协议和系统具有对立的目标：确保数据安全和促进通信，而促进通信的同时也会增加风险。事实上，网络的存在本身就是信息泄露的风险因素。尽管不断努力确保数据安全，但这些技术每天都会产生新的漏洞。互联网的普及加上对系统的高调攻击，使得技术同时成为信息安全问题的罪魁祸首和解决方案。

信息安全风险场景可能是复杂的，各种元素相互关联。在许多情况下，这种复杂性会妨碍可靠的风险模型的制定。最后，攻击者的多样性以及他们各自的动机使得对未来事件发生可能性的精确陈述变得困难，甚至是不可能的。

日常业务场景中的信息安全

以下例子说明了即使是日常业务场景也涉及多样的信息安全问题。考虑一下在一个会议室中的两个人之间的日常会议。这种事件在世界各地每天可能重复数千次。与会者使用天赋产生、检测和处理口头语言形式的声学能量。

对于声学能量是否能够被限制在会议室内，不被建筑其他部分的人听到，能够提供多大程度的保证呢？例如，会议室内传播的声学能量可能会与建筑结构元素相耦合，被邻近房间甚至是另一层的人听到。

此外，如果会议室内配置了能够使远程位置的人参加会议的设备，例如宝利通公司制造的设备，则信息安全风险状况会发生明显变化。电话和启用电话功能的技术被用于有意识地将声学能量传输到特定房间之外。许多这些设备基于互联网协议(IP)，因此潜在地容易受到基于网络的攻击。

任何传输听觉信息的电子设备必须先将声能转换为电磁能以进行远距离传输。电磁能通过物理通道(如电线、光纤、大气层)传输。然而,将声能转换为电磁能并不一定使其免受信号泄露的影响,但确实会改变实施攻击所需的方法。

进一步假设攻击者针对的会议室中包含一台计算机。会议组织者使用计算机通过大型显示器向参会者显示机密材料。他还通过互联网向远程参会者发送 PowerPoint 演示文稿。因此,计算机被用于与世界各地的观众分享信息。演示文稿的可见显示和通过互联网传输数据为对手提供了各种攻击媒介,尤其是在攻击者拥有本地通信基础设施的情况下。

此外,会议室可能在办公室走廊上的路人视野范围内。许多现代会议室都像位于人流繁忙的办公区域的大型鱼缸。这些情况提供了更多的信息泄露机会。此外,同时出现在全球各地显示器上的相同图像也可能对那些遥远地点的过路人可见。

白板和计算机显示器经常在其他建筑物的直接视线范围内显示图像。① 这些图像可以使用相对便宜的设备从相当远的距离观看。在适当的物理条件下,甚至可以观看反射图像。此外,远程观察可见信息比网络攻击要简单得多,但可以产生相当有价值的信息。

这一节最后请读者考虑一下,在会议之前,如果有人具有恶意意图并在会议室内获得了物理访问权限,那么会议室场景的风险概况可能会发生怎样的变化。许多用于保护信息的标准信息安全控制将被破坏。结果是,此时物理安全控制可以在确保信息资产免受所谓的"内部"威胁方面发挥巨大作用。这种情况是物理和信息安全风险汇合的一个绝佳例子,也是本书中一个反复出现的主题。

信号检测的脆弱性

尽管通常需要对信息安全风险进行定量估计,但某些安全场景比其他场景更适合此类分析。特别地,无论是故意还是无意中辐射的信号能量都遵循着众所周知的物理定律,这些定律以距离和时间等风险因素的形式表述。以这些风险因素来描述威胁是建立脆弱性定量模型的基础。

让我们更具体地解释一下信号的含义。信号是一种能量形式,通过改变或"调制"从而编码信息。换句话说,调制的过程导致仅具有能量的物质变成具有信息内容的能量。②

---

① 可见图像是由电磁波谱可见部分内能量的反射或直接传输产生的。背景光的强度降低了辨别单个符号所需的对比度,在这种情况下构成了噪声。

② 由于"信息"的含义不同,这个陈述显然是含糊不清的。该术语的俗语用法指任何传达意义的数据。信息论解释是与字母表或符号来源相关的不确定性或多样性,将在第6章中进行更深入的研究。为了解释二者的区别,如果我有一个数字发射机广播所有的1,这就是口语意义上的信息。但是,正如同一章所解释的那样,信号没有传达信息论意义上的信息。然而,如果规定调制产生的是"内容"而不是信息,那么在这种情况下,任何一种解释都是有效的。

第3章提供了能量的严格定义。现在只需要知道，调制和未调制的能量都遵循物理定律。攻击者的目标是调制的能量，因此需要实施安全控制。

估计信号泄露的脆弱性的关键在于，环境噪声或干扰源以及能量在材料内传播的物理特性。信号以机械能或电磁能的形式存在，并且根据它们传播的材料，每种信号的行为都大不相同。这些能量-物质相互作用的本质显著影响了对可听、可见和电磁信号泄露的脆弱性。

传播路径中的环境特征将影响信号强度，从而导致检测极限随距离变化。建立一个能考虑所有风险相关特征（风险因素）的信号传播模型，对于理解给定威胁的风险脆弱性组成部分是十分重要的。

信号的物理本质表明它们应该可以被某种类型的传感器检测到。此外，可以合理假设，这些传感器被设计用于检测特定形式的能量。事实上，是信号强度引发了传感器的响应。因此，信号强度与噪声强度的结合几乎总是成功估计信息丢失脆弱性的关键。

假设信号功率大于信号带宽内的环境噪声功率，物理上接近信号源的攻击者可能会检测到并重构该信号。① 此外，信号能量本质上是混杂的，并且对试图检测它的个人的身份是不可知的。

例如，如果使用 Wi-Fi 网络访问互联网，则该信号容易被授权用户和试图嗅探网络流量的攻击者检测到。如果 Wi-Fi 信号被认为在组织的物理控制范围之外的区域无法检测到，而且这种假设是防御策略的一部分，那么它就有风险。

虽然强加密（例如 WPA2-PSK）现在已经纳入 802.11 无线协议中以解决这种漏洞，但较弱的加密形式仍然普遍存在（例如 WEP）。在一次道德黑客演练中，我的公司利用了这种漏洞来访问企业网络。此外，未经授权的用户可以使用其他技术欺骗系统，从而连接到网络。信号检测是信号重建的必要前提条件，因此应首先意识到影响检测脆弱性的风险因素。

尽管定量评估脆弱性是有用的，但了解影响信号传播的高级别参数通常就足够了。定性的洞察力可以帮助我们识别相关的安全控制，从而制定风险管理策略。对于有兴趣了解更详细内容的人，本书提供了对安全风险特定主题更完整处理的参考文献。

信息安全风险的根本原因评估

对信息泄露脆弱性的全面评估需要了解信息安全风险的根本原因。为此，大多数关于信息安全的文献在确定需要解决的问题时通常侧重于技术方面。

然而，过度关注技术会忽视导致信息安全风险的组织问题，尽管这些问题表现为技

① 这里忽略了加密的影响，它不会影响信号检测，但目的是在信号被检测到时阻止信号重构。

术问题。实际上,如前所述,安全技术控制产生了大量信息。这些控制可以有效地识别战术问题,但与由此得出的安全数据相关的更广泛风险可能很难根据识别系统性安全问题来解释。

具体来说,组织中信息安全漏洞的主要来源如下:

(1) 业务实践;

(2) 安全治理的缺失;

(3) IT 实施;

(4) 信息资产的物理安全;

(5) 用户行为。

业务实践与组织文化密不可分,前者是后者的副产品。事实上,可以毫不夸张地说,这种文化确立了任何组织的安全态势,并反映了每天都在发生的安全与便利的辩证关系的结果。

可以说,安全治理的缺乏也是由组织文化驱动的。宽容的文化或在每个层面鼓励创造力的文化中,会出现对制定和执行信息安全策略的松懈态度。缺乏精心设计的安全政策和标准与信息安全漏洞的激增尤其相关。

尽管前面的讨论似乎表明情况并非如此,但 IT 实施显然是信息泄露的风险因素之一。用于存储、处理和传输机密信息的技术实施不良,会导致组织的总体风险增加,必须在战术和战略层面上加以解决,但不能排除其他风险来源。

在确定信息安全风险的根本原因时,用户行为值得仔细审查。在这种情况下,用户行为包括访问的网站历史记录、电子访问权限(例如,Windows 用户、本地管理员、域管理员)、物理访问系统权限、访问的内部资源历史记录和密码复杂性。

由这些风险因素组成的用户风险状况能够对用户进行相对风险排名,从而集中监测和补救。此外,用户和设备级别上的安全视角提供了风险的多维视图,从而有助于制定更有效的风险管理策略。

信息资产的物理安全

信息资产的物理安全与信息泄露威胁相关,因此是漏洞的重要来源。考虑到数据中心的资产集中度,了解数据中心的风险状况尤其重要。这个风险主要是由虚拟化的利用和使用云存储与计算资源的相关趋势推动的。

在传统的信息安全处理中,物理安全通常是被忽视的领域。这是相当危险的,因为数据中心的物理安全策略极大地影响了整体的信息安全风险状况。一个物理安全设备失效的最明显的影响是增加特定信息资产的易受攻击性。如果该设备由于网络攻击而发生故障,则这些资产的保护程度会降低,从而易受攻击。

实际上，物理安全技术本身也可以成为网络攻击的载体，因为这些设备大多数支持IP，并通过局域网或互联网进行通信。如果数字视频录像机、网络视频录像机、读卡器或闭路电视摄像机本身受到针对其操作系统或固件的攻击，则可能危及特定设备以及整个网络。本书重点关注战略安全风险，而不是特定物理安全技术的具体工作方式。这样的技术已经在许多其他文献中得到了讨论。[1]

尽管绝大多数组织依赖于网络设备进行通信和访问机密信息，但在这些组织中，对纸质文件的依赖仍然令人惊讶。包含机密信息的物理介质的存储和传输带来了令人诧异的安全挑战，可能是因为组织关注网络安全，因此忽视了看似更普通的威胁。

最后，本书不会讨论针对物理安全设备的基于网络的攻击方法以及与其相关的应对方法，例如网络隔离、应用程序白名单和信号加密。这个决定是因为许多其他文献已经详细讨论了这些问题。在这里进行再次讨论可能会削弱通常在其他地方不被讨论但对组织的信息安全风险概况有重大贡献的安全主题的处理。

信息安全风险的可能组成部分

衡量风险的脆弱性是必要的，但不足以形成对信息安全风险的全面看法。明确评估真实威胁事件发生的可能性必须是风险管理决策的一个因素。如果相对于其他威胁，未来的事件被认为不太可能发生，那么资源可能会更好地应用于其他地方。

挑战在于，如果安全事件的历史证据很少或情况在时间上有显著变化，那么要评估事件发生的可能性就变得困难。这种情况往往反映了现实。那么，在这种情况下，首席信息安全官（CISO）或决策者应该如何处理呢？

至少有两种方法可以评估信息安全风险的可能性成分：① 对与威胁风险因素相关的安全事件进行统计分析（这与试图计算和分析实际的威胁事件形成对比，而后者正如前面提到的那样，通常是不可行的）；② 对可以被建模为随机变量的威胁事件进行统计分析。

风险因素将在本章后面详细讨论，但由于其相关性和重要性，现在引入其定义：对于特定威胁而言，风险因素是一种增加该威胁的一个或多个风险组成部分的强度的特征。那么，风险因素如何适用于衡量未来信息安全威胁事件的可能性呢？

在实际安全事件案例缺乏的情况下，分析与威胁风险因素相关的事件是一种可行的替代方法。由于风险因素根据定义增加了威胁事件的可能性、影响或脆弱性，因此从逻辑上讲，与风险因素相关的众多事件表明此类事件的可能性或脆弱性增加。

例如，可以分析未经身份验证的访问限制区域的事件数量（例如利用尾随等手段）。即使这些资产未因此受到损害，成功绕过物理访问控制以访问敏感区域仍可以产生物理安全质量的相关指标。成功破解密码是衡量风险因素的另一个例子，例如弱身份验证，表明存在实际事件的漏洞。

如果认为威胁事件是随机发生的，就可以进行特定的统计分析，这种情况是评估风险可能性部分的第二种方法。如果威胁事件可以合理地被视为随机变量，则可以使用众所周知的统计方法来量化估计发生的可能性。

可能具有讽刺意味的是，随机过程为本质上不确定的过程提供了一定的确定性。这是因为代表概率分布平均值不确定性的标准差是针对随机变量的各种分布指定的。例如，从一组符合正态分布的值中采样，值在平均标准差内的概率与分布中总量的平方根成比例。

遗憾的是，信息安全威胁事件被建模为随机变量是罕见的。尽管如此，如果只是为了提供粗略的风险估计，某些威胁事件可能适用于这样的模型。第 13 章详细介绍了一种方法，可以使用此类概率方法来估计漏洞。因此，熟悉这些方法并适当地应用它们是有帮助的。

信息安全风险

有效沟通风险管理策略的前提是理解威胁和风险之间的区别。这一点很重要，因为尽管威胁和风险密切相关，但它们并不等同。威胁是导致伤害的实体或条件，因此应成为风险管理策略关注的焦点。

对威胁所带来的风险进行评估，既提供了推动安全解决方案前进的动力，也为这些解决方案提出了要求。因此，安全专业人员应通过评估威胁所带来的风险来应对威胁。下面是一个适用于此目的的威胁定义(尽管它可能在相似的情景下有许多变化)：

威胁是指导致伤害、损失、破坏或现有条件恶化的任何实体、条件或现象。

基于这个定义，潜在的信息安全威胁范围非常广泛。针对组织的威胁可能包括意图盗窃资金的窃贼、试图访问公司专有或政府机密信息的国家支持实体，以及试图通过披露机密信息来达到政治或经济利益的团体。

正是这种威胁的多样性以及对应的不同方法推动了安全风险缓解措施的广泛性。然而，没有组织能够在有限的资源下平等地应用每种可能的缓解方法。我们所需要的是一种对威胁的优先级排序的手段，以便在预算所限制的范围内有针对性地采取措施，这正是安全风险评估的重点。

在这种情况下，安全专业人员最重要的职责是确定最应关注的威胁(即最高“风险”的威胁)。因为一旦最应关注的威胁被确定，我们就可以在预算限制的范围内，采取措施减少这些威胁带来的风险。实际上，由于可用资源是有限的，所以考虑缓解措施的优先级是必然的。

既然威胁已经得到更精确定义，那么什么是风险呢？所有威胁都由一个基本特征所描述，这个特征就是风险，它由以下三个部分组成：

(1) 威胁事件的影响或重要性；

(2) 未来威胁事件的可能性或潜在性；

(3) 威胁事件导致的漏洞或潜在损失。

这些组成部分共同定义了与威胁相关的风险。实际上，风险可以通过以下方式表示为一个“方程”，它是各个组成部分的乘积：

$$\text{风险(威胁)} = \text{影响} \times \text{可能性} \times \text{脆弱性} \tag{1.1}$$

式(1.1)应该理解为：“给定威胁，风险等于其影响、发生的可能性和发生后带来损失或损坏的脆弱性的乘积。”

目前，简单地说，评估风险的脆弱性组成部分的大小，即损失、损害或威胁事件的暴露，是本书许多分析的基础。重要的是，与威胁相关的风险并非不变的，每个组成部分的大小可能由于具体情况不同发生显著的变化。在评估风险时，上下文也是至关重要的。实际上，安全评估如果没有上下文，只是一种抽象。如果对安全专业人员提供一个高层次的、正式的工作描述，那就是根据特定的情景参数，评估各种有影响力的威胁所带来的风险。

确定各种不同和有影响力的威胁的范围是每个安全策略的起点。这项任务听起来很简单，但确定构成有影响力的威胁的因素可能是非常主观甚至有争议的。例如，一些人可能认为宗教会对社会构成威胁，然而许多人却持有完全相反的观点。就所需的风险缓解而言，看似不同的威胁实际上可能在功能上是等价的。但在讨论风险因素时，我们将阐释一种区分威胁的测试。

在考虑安全概念时，与医学领域的类比经常是有用的。在医学中，安全威胁相当于疾病，而风险缓解措施类似于疗法。大多数理智的人都会认为疾病会使人们状况变差。因此，当听到一个亲戚、朋友或同事患有疾病时可能会令人不悦。

在医学中，确定风险管理的需求通常相对容易。患者表现出一些症状，这些症状是某些状况的表现。此外，基于个人接触到微生物、遗传倾向于某种疾病或某种特定疾病的风险因素，有时会采取一些预防措施。

一旦诊断出疾病或即将患疾病，患者会找医生咨询疗法。这样的疗法通常采用药物形式。疗效当然取决于诊断的正确性，但也与每个人的生理构造有关，因为没有两个人是完全相同的。

然而，人们在生物学上是相似的，或者至少足够相似。这一事实是许多疗法大规模有效的关键。如果这个事实不成立，那么地球上每个人都应该有对应的一本独立的解剖生理学教科书。

因此，人们可以利用人类的相似性进行试验，使得特定疗法的作用可以与其他变量隔离开来，从而得出因果关系的结论。这也是新药获得批准的必需过程，包括对有效性的测试假设，这通常是相当漫长和昂贵的。

首先，研究人员需要在动物模型上进行试验，使用对照组来隔离所涉及的单一变量，即所试验的药物。研究人员试图建立疾病和药物的缓解效果之间的因果关系，同时观察可能的副作用，并且所选择动物的生理反应可以类推到人类。

一旦动物试验结束，药物产生了预期效果且没有明显的副作用，就可以开始人类试验。人们会将具有统计学意义的试验人群分为对照组和试验组，设计所谓的“双盲”①试验来消除偏差。

在人类试验后，并且假定有积极的结果，该药物将获得批准供全面使用。顺便提一下，处方药研发的平均成本估计为25.85亿美元。[2]关键在于，医疗威胁场景受益于对涉及因果关系的假设进行大量测试。

现在我们将医疗场景与安全场景进行比较。在安全场景中，威胁事件通常比较罕见，更重要的是，通常存在许多条件的变化，这削弱了在测试中隔离一个变量的能力。

人们可以对网络和应用进行模拟攻击，这就是进行渗透测试的目的。这些模拟将在特定安全控制的韧性方面提供一定程度的信心。但这并不相当于赋予广泛免疫力的药物在IT领域的等效物。由用户环境组成的操作模型过于复杂、瞬息万变且多种多样。

信息安全风险评估

一般而言，进行全面的信息安全风险评估能帮助我们更好地了解影响组织的风险因素。此外，如果缺乏有用的事件统计数据，这样的评估还必须根据基于风险的政策和标准进行。采用一种严格评估与信息安全威胁相关的风险的流程对于制定一致的信息安全风险管理策略至关重要。

由于安全的本质是减轻威胁的影响，因此所有风险评估都应始于识别不同威胁的范围。威胁在先前已被定义，在这种情况下，“不同”是指将一个威胁与另一个威胁区分开来的一系列特征。将威胁归为“恐怖主义”“街头犯罪”和“仇恨犯罪”等可能对社会学家和政治家有用，但在制定风险管理策略方面并不特别有效果。那么，如何确定一个给定的威胁与另一个威胁不同，并且这对于风险评估策略有什么意义呢？

---

① 双盲指对试验的参与者来说，对照组和试验组的身份在研究中都是未知的。

回想起式(1.1)被引入作为风险的运行定义，并且是根据三个组成部分：可能性、脆弱性和影响来制定的。这有些夸张地被称为风险的基本表达式。但是，它并不是一个真正的数学方程，因为式(1.1)中的每个组件似乎具有相等的大小，而这种条件在一般情况下并不成立。

关于这个表达式的一个重要特征是，如果单个组件为零，则没有风险。这意味着如果没有风险，那么评估的威胁在所有实际目的上都不存在。换句话说，在缺少一个或多个风险组成部分的情况下，给定的威胁根本不构成威胁。此外，“成本”这个广义定义的概念在式(1.1)中缺失。尽管成本本身并不是风险的基本组成部分，但它在关于安全的现实世界决策中发挥着重要作用。

例如，经常遇到的安全风险情况是，某一风险组成部分的重要性很大，但是缓解这种风险的成本是高得无法承受的。因此，尽管风险被评估出来，但不会采取任何行动来解决它。风险缓解所需的成本是与实际世界的风险管理过程相关的现实，这是在严格的学术观点中不会出现的。

尽管风险的衡量最好是定量的，但并不总能提供定量的估计。现实情况是，对每个组件进行定性评估有时是可用的最佳选择。好消息是，这样的观点通常足以对风险缓解做出有意义的决策。此外，精明的安全风险管理者知道什么时候对风险测量结果进行定量会产生有意义的结果，以及什么时候是徒劳无功的。

在此背景下，现在可以描述风险评估过程，特别是风险因素在制定有效的风险管理策略中的关键作用。正如之前提到的，安全风险评估的第一步是识别对组织产生影响且具有独特性的威胁范围。为了解决威胁的独特性问题，必须重新引入并定义“风险因素”这一至关重要的概念，其定义如下：

风险因素是指增强特定威胁或增加威胁实施方式的一个或多个风险组件的特征、特性或条件。正是一系列的风险因素决定了所需的缓解方法。

以风险因素作为风险管理基础的逻辑非常具有说服力，因为看起来可以组成良性循环：对于给定威胁，如果风险因素是增强其一个或多个风险组件的特征，那么需要解决所有的风险因素，以有效地管理该威胁。

医学类比再次说明问题。考虑心血管疾病的威胁：一些常见的风险因素包括高血压、肥胖、血液中某些类型的胆固醇浓度高、吸烟、缺乏锻炼、糖尿病和心血管疾病家族史。

这些风险因素是通过大规模人口研究确定的，科学家能够将风险因素的存在与未来威胁事件的可能性相关联。换句话说，因为风险因素的数量和程度不同，心血管疾病发作的概率不同。

随着额外的风险因素增加，未来威胁事件发生的可能性会增加，这是在大量数据基础上多年研究人类模型得到的结果。换句话说，一个心血管疾病患者显示的风险因素越多，在特定的时间间隔内，他心血管疾病发作的可能性就越高。且时间间隔越长，风险也越高。

一个表现出所有重要风险因素的个体很可能需要一个医疗风险管理者，如心血管疾病专家提供的积极药物治疗。

Venn图可以用来说明交叉的风险因素，一个条件将放大心血管疾病发作的威胁的可能性组成部分，如图1.1所示。

可以为任何威胁创建类似的图表。物理安全威胁可以说明这种图表的实用性。考虑反对势力对一家国际银行总部进行车载爆炸袭击的威胁。这种袭击的风险因素可能包括以下内容：

(1) 设施所在国家；

(2) 这个特定设施或银行的标志性地位；

(3) 这种袭击方式被关注组织的历史使用情况；

(4) 设施与车辆交通的接近程度。

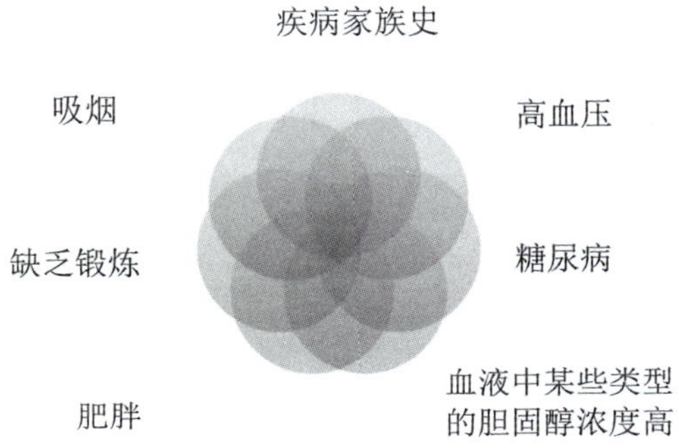

图1.1 心血管疾病风险因素的交叉

需要注意的是，前三个风险因素增强了这种威胁的可能性风险组成部分，而最后一个风险因素增强了脆弱性风险组成部分。了解每个具有影响力和独特的威胁所贡献的风险因素的本质是管理与每个威胁相关的风险的重要因素。例如，减少公司或设施的曝光度将降低被袭击的潜在可能性，但不会减少脆弱性或应对袭击所造成的潜在损害和损失。

图1.2给出了给定目标风险因素的Venn图。如果对于给定目标存在所有这些风险因素，则相对于具有较少风险因素的目标，风险会增加。

为了进一步说明这个重要点，如果有影响力的威胁是关心快餐企业的全球霸权的团体，那么与之前提到的恐怖分子相比，风险的组成部分可能会发生显著改变。在这种情况下，安全策略可能不会将此威胁作为优先解决的问题。

对于“是什么使一个威胁不同于另一个威胁”的问题，现在来公布这个答案：简单地说，如果两个威胁的各自风险因素的类型和大小相同，则它们是等价的。相反，如果它们的风险因素在类型或大小上有所不同，则这两个威胁是不同的，并且每个威胁必须分别作为风险缓解策略的一部分加以处理。

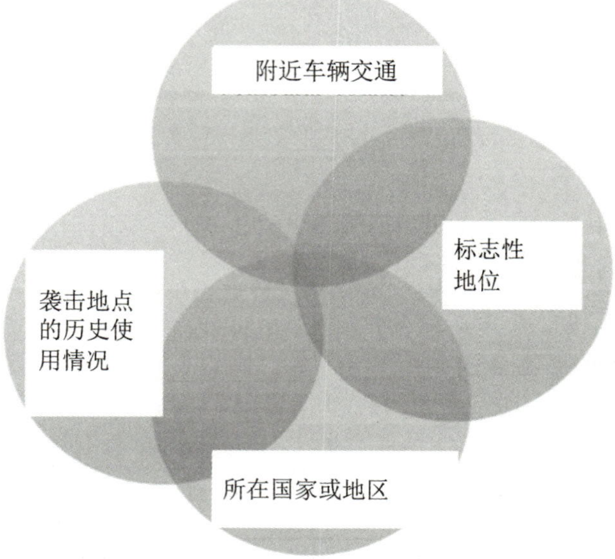

图 1.2　反对组织发动车载爆炸袭击的风险因素

这种区别性测试具有非常实际的意义。换句话说，威胁可以根据其风险因素进行逻辑分组。此外，同时解决风险因素将有效地管理所有具有共同风险因素的威胁。请注意，如果不解决一个风险因素，那就意味着每个威胁都存在至少一个对应于该风险因素的弱点。

有效的风险缓解策略的关键是解决每个明显和有影响的威胁的所有风险因素。安全风险管理流程[3]如图 1.3 所示。

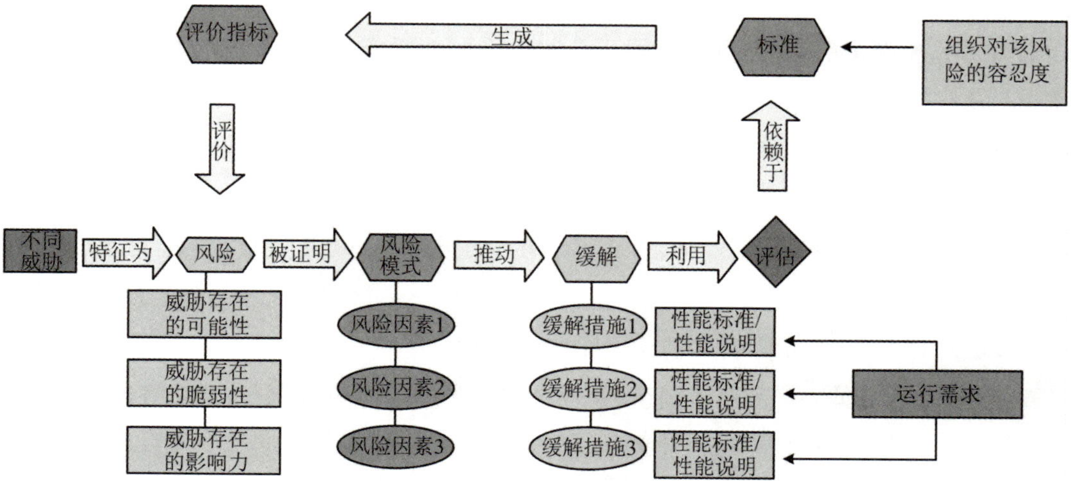

图 1.3　安全风险管理流程

组织信息安全风险评估

在评估风险时，组织信息安全风险问题通常是一个有用的初始步骤。特别是建立然后分析具有共同特征的类别可以促进连贯的分析。此外，根据具体特征将个体单位分类成具有下降粒度级别的层次结构可以揭示出模式或主题。这些模式可以对整个组织得出一般性结论。

许多描述性科学都是按照这种方式组织信息的。例如，生物学家已经创建了一个层次结构，用于所有生物有机体：界、门、纲、目、科、属和种。这种方法使科学家能够确定进化趋势。

由于按照特定特征组织问题对许多学科具有适用性，因此为此目的设计了正式的方法。具体而言，一种被称为“二分检索表”的形式方法根据功能层次结构或其他特征/特性来描绘一组“事物”。为什么这种方法对安全风险分析有帮助呢？

根据具有共同特征的层次结构组织威胁可以便于识别共同的缓解形式。这种方法使得一般性攻击模式与具体的缓解措施可以联系起来，从而开发出全面而连贯的风险管理策略。

在将一般特征与缓解措施对齐之后，其他细节可能会推动具体的缓解要求偏离一般情况。不幸的是，有时倾向于最初关注细节，这更有可能导致忽略整体情况，这种情况下就意味着错过了特定的风险因素。

有很多种方法可以构建安全威胁的二分检索表。一种方法可能是首先确定给定威胁的攻击向量范围。例如，如果恐怖主义关注的是总体威胁，则可能需要首先指定一种攻击的层次结构。再次强调这种层次结构的目的是突出同一缓解措施所解决的常见风险因素。图 1.4 展示了信息安全攻击二分检索表的一个版本图。

图 1.4 并不是对可能攻击模式的详尽阐述。它旨在说明许多可能组织模式中的一个。可以根据不同的组织标准构建其他版本。

虽然 NIST（美国国家标准与技术研究院）网络安全框架本身并非二分检索表，但它说明了在解决复杂的安全风险问题时采用层次结构的好处。[4]

NIST 网络安全框架定义了功能、类别和子类别的安全控制层次结构。它还定义了四个等级，分别对应不断提高的复杂度：部分、风险知情、可重复和自适应。

用于确定等级评定的五个功能或高级安全控制分别是：识别、保护、检测、响应和恢复。可以承认，这些功能确实过于粗略，难以付诸实际行动。在第 12 章中给出了对特定 NIST 等级进行评级的指标。

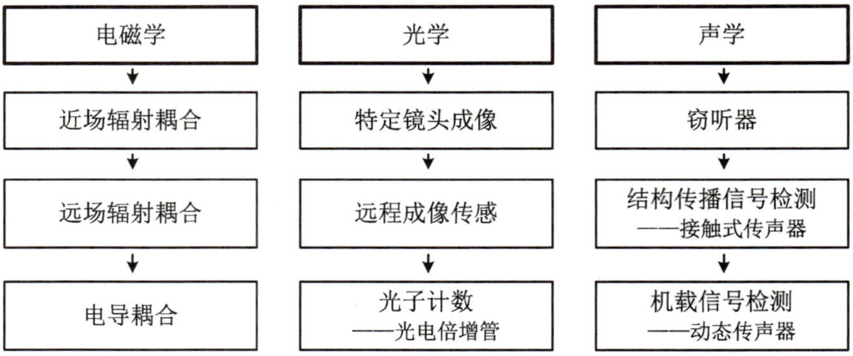

图 1.4 用于信息安全攻击的简明二分检索表

重要的是，NIST 网络安全框架不是指令性的，因此没有规定具体的控制要求。同样重要的是，它不是一个检查清单，这使得它适用于基于风险的安全评估。相反，它旨在促进对在特定环境中评估信息安全风险所需的过程的评估。因此，通过 NIST，可以根据组织实施安全控制的成熟度做出基于风险的决策，而不仅仅是检查这些控制是否存在。它还有助于以一致的方式解决业务单元面临的威胁。

例如，一个众所周知的信息安全威胁是通过 IT 网络进行机密信息的隐蔽渗透。使用 NIST 框架，对于这种威胁，评估安全策略的成熟度是一个相对简单的过程。

表 1.1 展示了使用 NIST 框架对这一威胁进行的高水平且不完整的分析。相对于 NIST 等级准则，子类别和控制的分析尚不完善。但它说明了基于 NIST 的风险评估应该如何组织。

表 1.1 利用 NIST 网络安全框架对隐蔽数据泄露漏洞的简略评估

功能	风险相关类	风险相关子类分析	NIST 层
识别	风险评估	虚拟网络模型/仿真和外部渗透测试结果	部分
保护	网络隔离	防火墙规则集	风险知情
检测	自动化工具	数据泄露防护	可重复
响应	事故响应	事故响应合作、计划、练习	自适应
恢复	恢复计划、会话	对于恢复小组角色和职责、建立的和冗余的沟通协议或渠道的分配	风险知情
整体评估/层			风险知情

这种试验对于单个威胁和小型组织可能并不特别有用。但安全专业人员通常需要评估全球分布和大量业务单位的组织所带来的威胁和风险。此外，开发这种类型的框架在识别从不同数据源和独立业务单位中出现的风险相关“主题”方面非常有价值。一旦这样的框架存在，就可以在相对较短的时间内确定一个连续的企业级风险缓解策略。

安全风险框架中必须明确划分至少四个关键风险因素，具体如下：① 敏感和机密信息（影响风险的影响因素）；② 使用该信息的业务单位（影响风险的脆弱性因素）；③ 每个单位使用、管理和访问信息的方式（影响风险的可能性和脆弱性因素）；④ 敏感和机密信息在组织内的位置（影响风险的脆弱性因素）。表 1.2 捕捉了这些风险因素，以便为一个通用的学术组织说明基本的评估方法。

高级别的安全主题可以从表 1.2 中看出来，包括以下内容：

(1) 信息安全风险存在集中化。换句话说，少数应用程序用于管理企业中的机密信息；

(2) 一种本质上不安全的方法（电子邮件）用于在企业内部和组织外部传输机密信息；

(3) 使用手动流程来协助为文件共享分配和撤销访问权限；

(4) 存在低熵密码。换句话说，对关键资产的密码构造可能性有限；

(5) 使用机械锁和钥匙保护纸质文件，导致无法获取物理访问历史记录。

一旦确定了这些风险主题，就更容易确定全面的纠正策略。此外，识别其他风险因素可以为实施补偿性控制提供正当理由。在前面讨论的示例中，如果无法解决其他漏洞，可以考虑使用两个因素作为访问最关键应用程序的身份验证手段。

重要的是，通过这种分析可以明显看出风险因素的交叉，从而确定了补救的优先级。例如，包含高影响信息、需要弱密码进行身份验证并且可以从互联网访问的文件共享可能成为补救的优先事项。

表 1.2 信息泄露威胁的风险因素分析

	人力资源	财政部	记录管理	资金募集	健康部
保密信息来源	员工数据	社保账号	学生档案	捐赠信息	患者信息
关键信息存储资源	文件分享、核心应用程序	文件分享、核心应用程序	文件分享、MySQL 数据库	定制应用程序	文件分享
信息存储、传输模式	E-mail	E-mail	E-mail	E-mail	E-mail

续表

	人力资源	财政部	记录管理	资金募集	健康部
信息销毁模式	手动清除	手动清除	无	手动清除	手动清除
文件管理	Office 存储	Office 存储	中央档案存储	Office 存储	Office 存储
物理	没有访问历史的物理键	没有访问历史的物理键	无	没有访问历史的物理键	没有访问历史的物理键
技术安全风险(漏洞)	低熵的密码组合；使用公共网络访问数据资源	低熵的密码组合；设备没有不集中管理；使用公共网络访问数据资源	低熵的密码组合；非最新的数据库版本；使用公共网络访问数据资源	低熵的密码组合；外联网连接；使用公共网络访问数据资源	低熵的密码组合；外联网连接；使用公共网络访问数据资源
具体的身份验证、授权和访问特权的风险因素	文件共享访问权限的手动赋值和删除	文件共享访问权限的手动赋值和删除	文件共享访问权限的手动赋值和删除	文件共享访问权限的手动赋值和删除	文件共享访问权限的手动赋值和删除

任何成功获得内部网络访问权限的攻击者，通常通过社交工程手段，将很容易地访问重要信息资产并随后将其中的信息外泄。

任何安全组织都可以进行这种分析。关键是要明确威胁，识别关键信息资产及其位置，并确定增强相关攻击途径脆弱性的风险因素的范围。

信号泄露的一般风险因素

信息安全威胁可能会利用 IT 协议中的漏洞，拦截带有编码信息的信号，或窃取存储信息的物理对象。本节将重点关注与信号威胁相关的一般威胁和风险因素。评估信息安全威胁的漏洞规模可能很复杂，并且将根据所评估的具体威胁而异。然而，对于电磁和声学信号存在简单而粗略的模型，因为它们遵循被充分理解的物理原理。因此，可以进行漏洞的定量估计，从而使缓解策略得以实施。

此外，制定信号行为及相关风险的模型有助于分析一系列威胁场景。其结果可以更充分地估计脆弱性以及风险缓解的总体效果。例如，建立关于距离辐射源的模型，以评估在任何位置攻击者拦截信号的脆弱性。

五个风险因素影响了信号被破坏的风险中的脆弱性组成部分：

（1）信号能量的形式（电磁或机械）；

（2）辐射源和检测点之间的介质；

（3）辐射源和检测点之间的物理距离；

（4）信号带宽和该带宽上环境噪声的幅度；

（5）攻击者的老练程度。

考虑第三个风险因素。如果未经授权的信号检测易受影响，因与辐射源的距离而变化，那么根据这个模型，最好最大化潜在对手与信号源之间的距离，这是明智的做法。

这些见解显然并不特别深刻，真正的挑战在于确定信号在多大距离上变得无法被检测。了解信号强度对距离的精确依赖以及环境噪声功率的大小使得这样的确定成为可能。这样的估计和类似的估计代表了本书提供的信息的核心。

图 1.5 展示了辐射信号威胁的高级风险因素。有关辐射信号威胁的更详细的风险因素将在第 6 章中介绍。

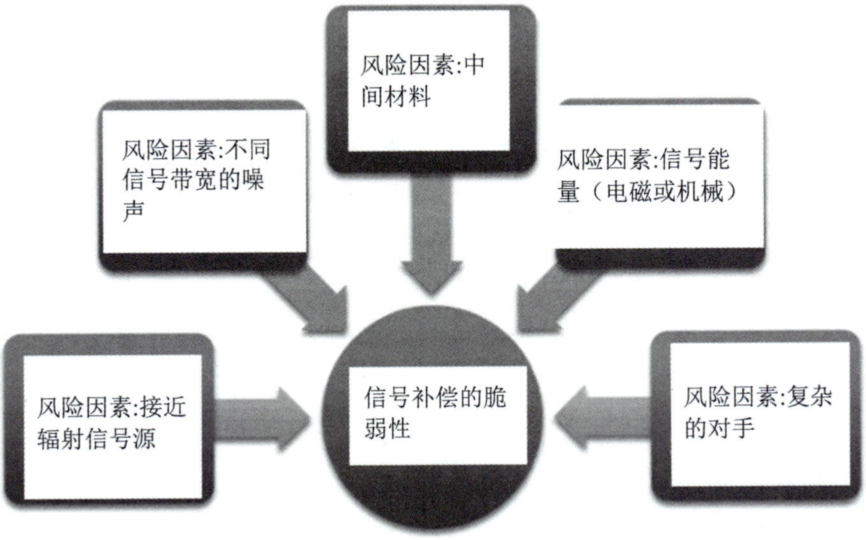

图 1.5　辐射信号威胁的高级风险因素

最后，创建一个全面的信息安全风险评估视图是有益的，该视图能够从威胁到补救全面地呈现整个风险故事。在这种线性视图中可视化这个过程也是有帮助的，因为以这种方式呈现时问题在一定程度上是不言自明的，有助于促进有关缓解措施的决策。

表 1.3 展示了一个简略评估的格式。请注意，它是根据式（1.1）组织的。此外，还包括了补救的成本，这有助于安全决策。

表 1.3 风险评估汇总表

对组织的主要信息安全威胁	可能性的风险因素	脆弱性的风险因素	威胁的影响	补救和对应的费用
黑客为了进行身份盗窃，盗取个人识别信息	重要的互联网存在和备受关注的个人纽带	(1) 开放的网络架构； (2) 脆弱的认证系统	信息损害导致声誉损伤和监管罚款	(1) 内部防火墙和路由表； (2) 关键系统的双因素身份验证 预计花费 100 万美元

估计风险的可能性组成部分

本书着眼于安全风险的脆弱性因素，而排除了另外两个因素——可能性和影响。这种局限性的观点并不是为了贬低这两个因素的重要性。事实上，评估信息泄露所带来的影响应该是确定一组相称的安全控制的第一步。对于影响不大的威胁，应该采取最小的后续行动。高度不太可能的威胁可能会引起相似水平的忽视。

确切地说，本书中分析的漏洞并不会导致事故的发生。例如，从技术上讲，声称某个设施的物理安全控制不佳会增加物理攻击的可能性是不正确的。然而，如果攻击发生，这些漏洞会增加攻击成功的可能性和出现损失的可能性。请注意，未来事件的可能性（式(1.1)中指定的类型的可能性）和这样一个事件成功发生的可能性是两种不同的现象。

根据定义，风险的影响成分是组织特定的。知识产权和其他专有信息、人员记录、公司策略等会根据每个组织的任务、目标、构成和法律法规要求而有所不同。因此，讨论这一组成部分并不特别有用，除非强调确定这样的信息是否存在、它在哪里以及如果它被泄露将对组织产生什么影响的整体重要性。

另一方面，风险的可能性成分值得进一步讨论。可能性的概念并不能被安全专业人员充分理解，经常导致混淆，这进一步促使了以下的讨论。对于为什么存在这种误解的一个理论是，它源自对术语“可能性”的口头用法以及对概率和统计的误解。

在进行关于未来安全事件可能性的精确说明时，必须满足一个非常特定的条件。即所讨论的事件必须是一个随机变量，其结果根据随机（概率）过程分布。具有讽刺意味的是，一个随机变量的含义是，尽管猜测未来事件的值的概率是完全不可预测的，但从一组事件的分布中猜测一个事件的值的概率是可量化的。此外，对于更多的事件数量，可预测性会提高。这种现象将在后面进行解释。从定性上讲，随机事件是指该事件的结果事先无法确定。但是，随机过程的可能结果的范围可以被规定得相当明确。例如，在掷一对骰子或抛一枚硬币时，无法事先知道特定的结果，但任何一个掷骰子或抛硬币的结果的可能性都是确定的。而且，抛一枚硬币或掷一对骰子 100 万次将会生成可预测的结果分布。在某些条件下，这种看似简单的条件对于评估风险具有深远的影响。足够多的随机事件最终将产生围绕平均值或平均值分散的正态分布结果。随机变量 x 的正态分布密度函数 $g(x)$ 由下式给出：

$$g(x) = \frac{1}{\sqrt{2\pi}}e^{-\frac{1}{2x^2}} \tag{1.2}$$

关键是，可以从这个分布中确定特定数量的事件具有某个特定值的可能性。例如，根据定义，正态分布的 68.2%的结果将出现在平均值的一个标准差内。标准差指定了分布的平均值的离散程度或不确定性。离散程度的大小，对应于平均值的标准差，对于任何正态分布都是相同的。

图 1.6 是显示了某些事件或事物的正态概率分布图，以及与平均值 μ 相差一个、两个和三个标准差的总体分数。请注意，这些分数和相应的标准差对于任何正态分布的随机变量都是相同的。从图 1.6 很明显看出，分布值的 68.2%落在平均值的一个标准差内，分布值的 95.4%落在平均值的两个标准差内，而 99.7%的总体分布落在平均值的三个标准差内。

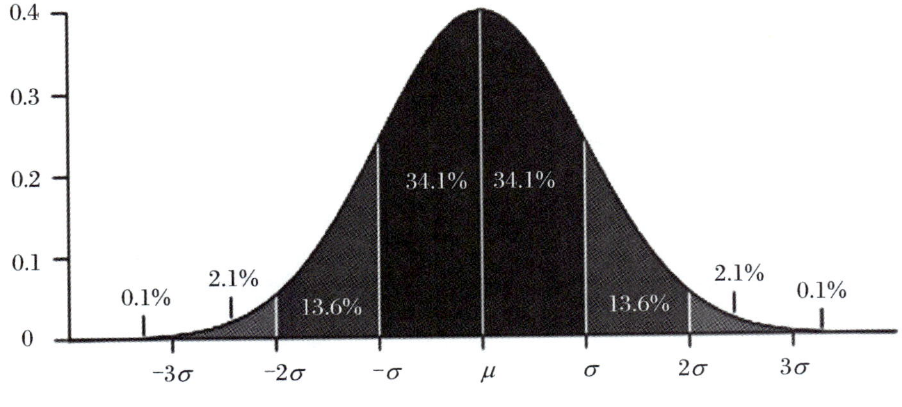

图 1.6　正态(高斯)分布

正态分布对于科学的各个领域，特别是安全风险管理的重要性不言而喻。本书在讨论概率保护方法时会参考其特性，并在整本书中提到该分布。

正态分布不是适用于随机变量的唯一分布。另一个值得一提的分布是泊松分布，用于模拟离散、随机发生的事件，其基于三个假设：

(1) 当时间间隔 $\Delta\tau$ 非常小时，发生一个事件的概率与 $\Delta\tau$ 成正比；

(2) 当时间间隔 $\Delta\tau$ 非常小时，发生超过一个事件的概率可以忽略不计；

(3) 一个时间间隔内发生的事件数量与另一个不重叠时间间隔内发生的事件数量无关。

泊松分布的一个有用特性是均值和标准差相等。其概率密度函数由下式给出：

$$P(k;\lambda) = \frac{\lambda^k e^{-\lambda}}{k!} \tag{1.3}$$

其中 λ 是到达率，k 是特定事件的数量，e 是自然对数的底数，即 e = 2.71828…，$k!$ 是 k 的阶乘，即 $k \cdot (k-1) \cdot (k-2) \cdot (k-3) \cdot \cdots$。在特定的时间间隔内发生 k 个事件的概率可以用式(1.3)计算，假设事件到达速率 λ 恒定。正态分布和泊松分布有关联。实际上，对于足够多的事件，泊松分布会转化为正态分布。图 1.7 是描述不同平均值下泊松分布的图形。

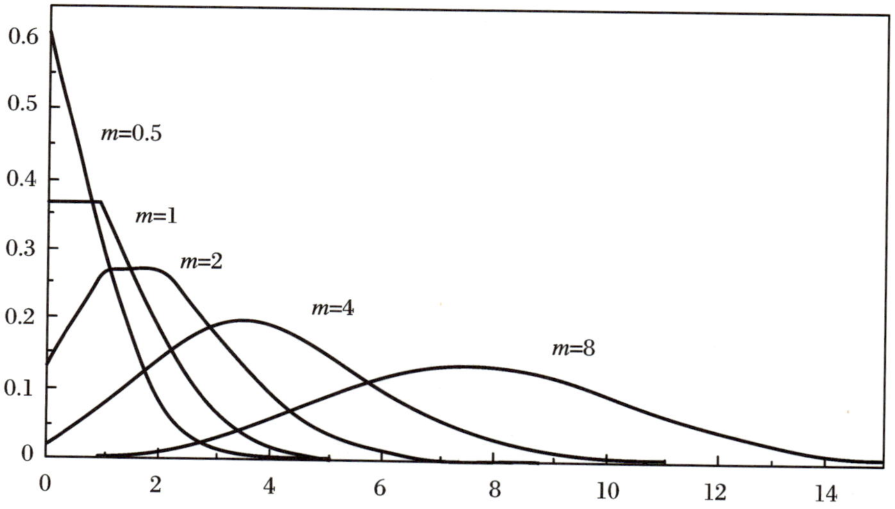

图 1.7 不同均值的泊松分布

泊松分布涉及遵循上述三个假设的随机发生的离散事件。这些过程的示例包括放射性衰变和光子计数。第 9 章讨论了光子计数在信息资产光学攻击中的应用。下面举个使用泊松分布的简单例子。假设有人正在开发一种粗略的分组检测器用于 1 Gb/s 以太网接口，以便检测新生的拒绝服务攻击。我们假设分组在以太网接口处的包到达是一个随机变量，并且遵循泊松分布，符合前面提到的三个条件。

更进一步，假设我们的检测器在给定时间间隔 t 内计算分组数，其中已知该链接的平均分组到达率 λ。然而，对于这种以太网链接，假定分组转发速率为每秒 1 个分组。如果检测器被设计为期望平均分组到达率，那么在5秒间隔内检测器恰好检测到10个分组的概率是多少？

泊松密度函数由式(1.3)给出，计算得到的概率约为2%。检测器检测到少于或等于10个分组的概率，即累积风险，约为99%。因此，如果检测器在5秒时间间隔内检测出了显著多的分组，则应该发出警报，因为这种行为不满足正常的系统条件。

正态分布和泊松分布的标准偏差与样本大小 N 的平方根成正比。这对于以特定精度估算 N 有何含义呢？

标准偏差 σ 与样本大小 N 成正比。假设规定分布的标准偏差为样本大小的十分之一(即 $N/10$)。与正态分布相关的关于均值的离散度以及这个条件决定了需要达到这个精度水平所需的样本大小。

具体地

$$\sigma = \sqrt{N} = \frac{N}{10}$$

因此

$$\sqrt{N} = \frac{N}{10}$$

解得

$$N = 100$$

同样地，假设标准差被指定为不超过 $N/100$。这个规格要求 $N=100^2$ 即10000。为了获得10倍的精度或 $N/1000$，N 必须等于$(1000)^2$ 即1000000。通过这些例子，可以概括得出所需精度与样本大小的平方成比例。

因此，对于随机变量的分布，可以对特定结果的确定性做出一些陈述。对于具有较大样本量的分布，可以更具体地了解特定结果在离均值一定距离内的概率。然而，这样的陈述仅对随机变量的分布有效。

可以确定的是，信息安全事件并不像某些物理过程(如放射性衰变中光子的产生)那样随机发生。为了使问题更加复杂，安全事件相对较少，并且与每个事件相关的条件会有所不同。这就使得建立安全事件与损失的概率分布变得困难。其他行业已经创建了这样的分布，下面是一个值得仔细分析的例子。

投资银行需要计算和报告他们所谓的风险价值(VaR)，这驱动了他们维持资本储备的要求。VaR是银行业广泛采用的一个指标，它对应于特定金融风险敞口组合的损失概率。

对于给定的投资组合，投资期和 p(VaR)被定义为一个阈值损失值，使得在给定投资期内投资组合损失超过这个值的概率为 p。该模型按市场价格计算，并且投资组合中没有交易。[5]

例如，如果一组股票的投资组合具有 1 天期的 10% VaR 为 100 万美元，那么在没有交易的情况下，该投资组合在 1 天内贬值超过 100 万美元的概率为 0.1。换句话说，预计在这个投资组合上，每 10 天就会有 1 天损失超过 100 万美元或更多。

相反，1 天内的交易亏损预计在 90% 的时间内少于 100 万美元。显然，金融机构会受到激励来减少所持有的储备金金额，因为这样就会有更多的资金用于创造收入。因此，计算 VaR 的方法对盈亏有着重要的影响。

对于金融机构来说，资本储备计算被包含在“运营风险”这一总体标题之下。图 1.8 显示了一个损失分布曲线，指定了曲线对应于预期损失、非预期损失、极端损失和 VaR 的部分。[6]

建立这样一条曲线是安全风险评估的终极目标。不幸的是，在安全环境中，事件概率与损失的关系通常难以确定。此外，信息的价值不像香蕉、咖啡、黄金、机械设备、股票、固定收益产品等那样容易量化。即使是金融机构在 VaR 方面也面临困扰，因为大规模但不经常发生的损失（即“尾部事件”）难以建模。

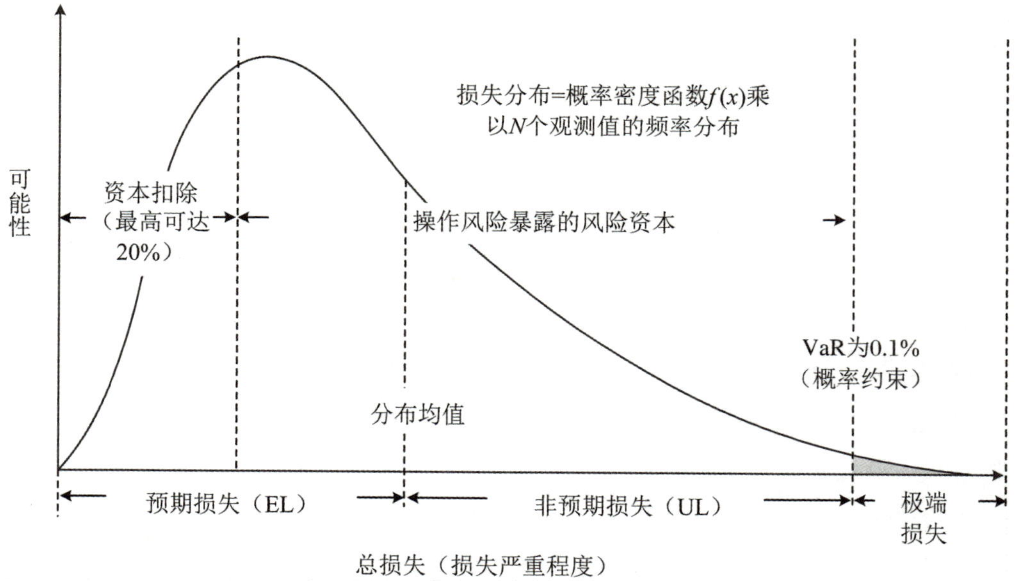

图 1.8　新巴塞尔资本协议下操作风险的损失分配方法

在安全环境中，某些类型的损失难以量化。举个简单的例子，911（英国的 999）呼叫系统被入侵可能导致应急服务反应时间长而造成 10 人失去生命。在 VaR 曲线上，该损失的峰值会出现在何处呢？

此外，对于同一组织来说，相同类型的攻击可能由于略有不同的控制或网络配置而导致截然不同的结果。攻击可能只带来困扰，因为攻击者的目标不是窃取信息，但如果攻击者愿意，很容易就会造成巨大的损失。

VaR 在实际安全场景中的适用性受到质疑，由于如前所述的原因，在采用 VaR 之前应受到重要的审查。[7]

先前的讨论并不意味着不可能对未来安全事件的相对可能性做出有意义的断言。例如，一个高知名度的机构，比如银行，发生拒绝服务攻击的可能性可能会比一个相对不知名的小商店高。

一般来说，特定组织的信息安全攻击更有可能发生，因为存在特定的风险因素，如它们的互联网存储、存储的信息价值、政治背景以及与特定个人或实体的关联。因此，可以放心地说，基于这些风险因素中的一个或多个，未来安全事件的潜在可能性相对于其他组织更大。

有人可能会认为，仅基于互联网活动，攻击的潜在可能性就增加了。事实上，网络连通性的存在可能被认为是信息泄露的风险因素，因为共享信息正是网络的目标。此外，任何促进共享的事物都会增加受到攻击的漏洞。

我们不应将前述讨论解释为在进行信息安全风险评估时忽略风险可能性的借口。如果能够从相对于参数如网络配置、基础设施以及在成功攻击期间现有安全控制的性质等方面具有统计显著性的组织样本中获取数据，那么就可以根据具体情境参数做出有意义的脆弱性陈述。

例如，诸如“在所有成功的计算机系统入侵中，60%的入侵发生在相关账户密码长度小于或等于 10 个字符的情况下”，这样的陈述可能有助于制定安全策略。这个统计数据不一定能证明因果关系，但它代表了一个强烈的相关性，因此能为安全风险经理带来足够的参考素材。

的确，某些攻击者因为能够利用漏洞而这样做，并不一定有针对特定实体的理由。然而，总体而言，各种风险因素，如前面提到的那些，会增加组织作为目标的吸引力，应该纳入对信息安全风险规模的整体评估中。

总结

威胁是指导致伤害、损害或损失的实体、条件或现象。风险是所有威胁的基本特征，是使威胁对每个组织具有“威胁性”的因素。因此，它提供了使威胁修复工作优先级化的背景。

风险由影响、脆弱性和可能性三个部分构成。影响是指威胁事件的重要性，脆弱性是潜在损失或暴露的程度，可能性是未来威胁事件发生的概率。成功评估风险的三个组成部分可使风险缓解工作的优先级得以确定。

重要的是，风险因素是增强与特定威胁相关的一个或多个风险组成部分的特征。有效的风险评估必须专注于识别风险因素的范围，并确定针对每个风险因素的缓解措施，这些缓解措施由评估的风险和可用资源决定。

多样的条件和缺乏受控试验使得对未来信息安全威胁事件的预测变得困难。基于风险的信息安全策略和相应的 IT 标准应该为严格的安全风险评估提供基础。

参考文献

[1] Young C. The science and technology of counterterrorism; measuring physical and electronic security risk. Waltham, MA: Butterworth-Heinemann; 2014.

[2] Cost of developing a new drug. Tufts Center for the Study of Drug Development, Tufts School of Medicine, November 18, 2014. http://csdd.tufts.edu/files/uploads/Tufts_CSDD_briefing_on_RD_cost_study_-_Nov_18,_2014.pdf.

[3] Young C. Metrics and methods for security risk management. Boston: Syngress; 2010. p. 45-75.

[4] NIST framework for improving critical infrastructure cybersecurity, version 1.0; February 12, 2014.

[5] Jorion P. Value at risk: the new benchmark for managing financial risk. 3rd ed. New York: McGraw-Hill; 2006.

[6] Jobst A. The sting is still in the tail, but the poison depends on the dose. IMF working paper. https://www.imf.org/external/pubs/ft/wp/2007/wp07239.pdf.

[7] Jaisingh J, Rees J. Value-at-risk: a methodology for information security risk assessment. West Lafayette, IN: Purdue University. http://citeseerx.ist.psu.edu/viewdoc/download?doi=10.1.1.108.5140&rep=rep1&type=pdf.

第2章

信息安全风险建模

引　　言

信息安全策略通常聚焦于网络安全问题，却忽视了其他的潜在攻击形式。这种侧重主要源自组织对互联网的高度依赖和历史上网络攻击屡次得手的事实，以及这些攻击导致了许多重大的信息泄露事故。

互联网使用诸如 IP/TCP 和 UDP 等协议，以数据包的形式发送电子信号。这些信号通过电缆、光纤传输或通过天线发射与接收。尽管这些信号理论上应被限制在线缆内传播，但实际上它们也会逸出至空气中及建筑材料中，这使得未经授权的一方有可能截获这些信号。无线通信系统则主动广播信号，旨在让广泛区域内的设备接收到这些信号，通常依靠加密手段来保护数据不被未授权用户解读。

以 Wi-Fi 系统为例，它提供了一种便捷的无线互联网连接方式。Wi-Fi 信号主动在空气中广播，覆盖到一定范围内的所有人，只要它们拥有正确的登录凭证即可接入。然而，这也意味着未经授权的个人也可能捕捉到这些 Wi-Fi 信号。凭借一定的欺骗技巧和技术知识，他们可以非法接入网络，进而接触到敏感信息。一种常见的黑客手法便是未经授权地侵入企业无线网络，随后进一步渗透到其内部网络中。

有人或许认为，发射出去的信号强度太弱，难以被远距离外的攻击者(比如停在不远处汽车中的黑客)捕获。这种看法可能导致认为物理隔离是一种有效的风险缓解措施。然而，若此观点成为防御策略的设计核心，则必须格外小心地验证该观点的准确性。

为此，建立一个描述信号强度的物理模型至关重要。此类模型能够基于与发射源的距离及其他相关参数，大致估算出信噪比。正如将在第 6 章详细讨论的，信噪比是评估信号遭受未授权检测可能性的重要指标。

接下来，我们将深入探讨模型在信息安全领域的重要性。简单来说，模型可以帮助我们总结在不同情况下信息面临泄露风险的程度。具体而言，在安全环境中，模型能够依据风险因子为某一威胁设定一个核心的安全参数。

此外，模型还能展示该参数对风险因子的敏感程度，从而为特定场景下的漏洞提供量化评估。这些评估结果可以用来测试特定安全措施或整体防御策略的效果。我们将会看到，风险因子在制定信息安全策略时扮演着至关重要的角色。

例如，如果信号的辐射强度随距离变化，而这种强度又直接影响信噪比的安全标准，那么距离便成为了信息泄露的风险因子之一。结合信号强度模型和环境噪声水平的知识，我们可以计算出信号被检测所需的最低信噪比。由此，我们可以评估在任意地点发生未授权信号检测的可能性。

本章旨在介绍用于构建和分析这类基础风险模型的基本概念。本章的各部分内容将涵盖与广泛信息安全风险情境相关的数学工具。

基本函数和计量单位

函数和风险因素依赖

对风险进行定量分析通常涉及确定某个威胁参数 Y 的大小，该参数是风险漏洞组成部分的关键指标。例如，Y 可以是在空间中传播的含有编码信息的电磁能量，或者是通过建筑结构传播的携带信息的声能等。

此外，在评估与 Y 相关的风险的脆弱性时，需要确定另一个量 X 对 Y 的影响，这里 X 被视作该威胁参数 Y 的风险因素。例如，X 可能是从辐射能源到检测点的距离。因此，电磁能量 Y 的值会受到 X 的值的影响。我们的目标是定义一个定量关系用于表述威胁参数 Y 如何随着风险因子 X 变化。

换句话说，Y 如何随着 X 的变化而“变化”？ Y 对 X 的依赖关系确定 X 是给定威胁的风险因素，人们常常想知道 Y 如何随着 X 的变化而“缩放”或改变。

这种依赖关系最简单的表达式可以写成以下形式：

$$Y = aX \tag{2.1}$$

其中字母 a 是比例常数。当 $a=2$ 且 X 的取值范围为 0～5 的整数时，式(2.1)的图像如图 2.1 所示。图 2.1 中的直线非常直，这种直线可能对风险的脆弱性组成有重大影响。但请注意，Y 可能对风险因素 X 具有非常不同的依赖性。例如，Y 可能是 X 的平方函数。X 的平方可以更紧凑地写为 X^2。因此，在这种情况下，表达式可能如下所示：

$$Y = aX^2 \tag{2.2}$$

上面“2”在指数位置，这个概念在下一节中会更详细地讨论。图 2.2 是式(2.2)在 X 从 0 到 5，$a=1$ 的情况下的图形。

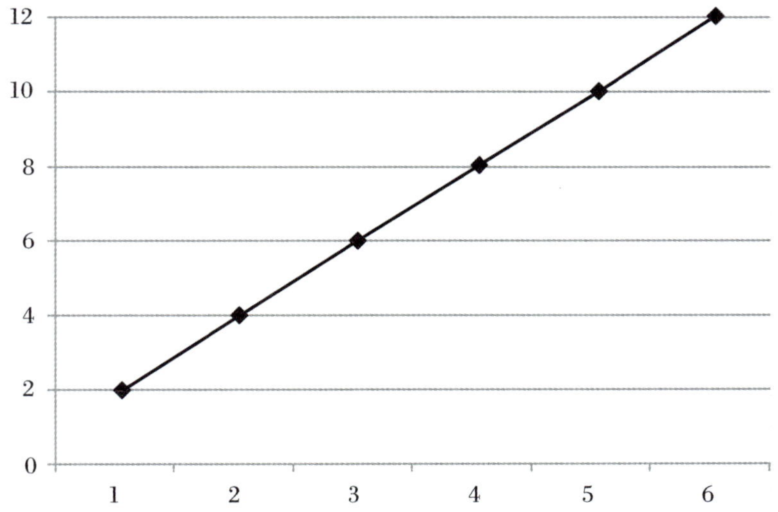

图 2.1　$Y=2X$ 的图像

由于图 2.2 中的线条与直线相差甚远，因此将其恰当地被描述为“非线性”。重要的是，风险因素 X 的变化导致威胁参数 Y 不成比例变化。例如，当 X 等于 2 时，Y 的值为 4。但将 X 的值增加到 4 倍时，Y 的值会增加到 16 倍。

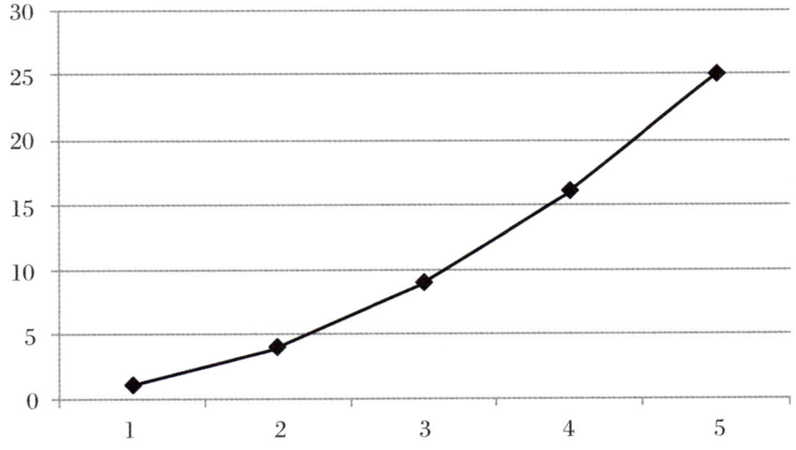

图 2.2　$Y=X^2$ 的图像

随着 X 值的增加，Y 值的增长会不成比例地加快。这种不成比例的行为正是非线性的特征，而指数的大小确定了 Y 随着 X 的增大而增加的速率。值得注意的是，威胁参数 Y 和风险因素 X 之间的线性关系与非线性关系有很大不同。特别地，风险因素 X 的微小变化可能会导致威胁参数 Y 的显著变化。为了有效管理与特定威胁相关的风险，就必须解决相关的威胁参数。因此，建立 Y 对 X 依赖关系的模型对于确定具体情境下的风险缓解需求至关重要。

指数和风险的脆弱性成分

在“函数和风险因素依赖”一节中，我们通过线性和非线性表达式 $Y=aX$ 和 $Y=aX^2$ 引入了指数的概念。指数是一种简洁的形式，用于指示一个变量与自身的重复乘积。在本节中，我们将更详细地研究指数及其与风险模型的关系。

继续这个主题，$X\times X\times X$ 可以简写为 X^3。因此，对于 X^3，变量 X 被“自乘”三次。请注意，指数不一定是像 1,2 和 3 这样的整数。一个变量也可以在分数形式上与自身相乘。例如，一个函数可以采用 $Y=X^{1.2}$，$Y=X^{2.7}$ 等形式。

指数中的细微差别可能会对函数的值产生深远影响。因此，指数的值对信息安全风险模型也有深远的影响，其中给定的安全参数是一个根据所谓的幂律按比例缩放的风险因素的函数。

让我们来研究 $Y=X^2$ 和 $Y=X^3$。人们可能错误地认为，由于 2 和 3 之间的差异相对较小，Y 的值之间不会有显著差异。为了说明这种结论是错误的，图 2.3 显示了这两个函数的图像。

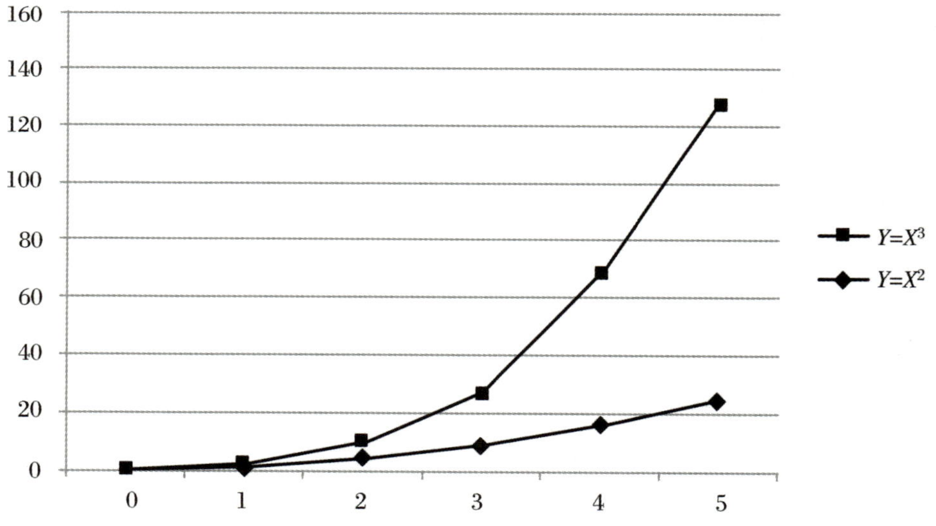

图 2.3　$Y=X^2$ 和 $Y=X^3$ 的图像

可以观察到，当 $X=0,1,2$ 时，这两个函数对应的 Y 值是相同的或相近的。但是，当 $X=3,4,5$ 时，Y 值开始变得不一致。当 X 值大于 5 时，这种不一致性将继续，但在这个图中没有显示出来。这抓住了指数增长的本质——指数的值决定了 X 和 Y 的不一致性程度。

增加密码长度所带来的安全效益体现了非线性模型的指数效应。考虑一个由数字

0～9和 26 个英文字母组成的密码源，其中包括大写字母和小写字母，总共 62 个符号。

假设组织 A 的密码策略要求密码使用该密码源，长度至少为 8 个字符。组织 B 的策略指定了相同的密码源，但要求至少有 10 个字符。简单起见，假设两个组织都没有对密码进行加密。（注意：这恰恰是 Windows 账户密码的情况。）

组织 A 可能的密码总数是 62^8 或 2.18×10^{14}。这个数字可能看起来相当大，但计算组织 B 可能的密码总数，其数量为 62^{10} 或 8.39×10^{17}。虽然指数 14 和 17 的差值只有 3，但 2.18×10^{14} 和 8.39×10^{17} 的差值是巨大的：218 万亿对 83900 万亿！这就是指数级增长的显著效果。

所以在这种情况下，密码长度增加两个字符，就会导致攻击者在暴力破解时必须尝试的密码数量产生巨大增长。暴力破解需要尝试每一个可能的符号组合。① 更长的密码长度与不同的符号来源相结合会带来指数级增长的优势，产生了这种额外的安全性。

指数在安全方面的作用的另一个例子是德国人在第二次世界大战中使用的 Enigma 密码机。这种机电设备被用来加密发送给德国海军水面舰艇和潜艇的信息。海军版本设备使用一系列 3～4 个转子，其中每个转子可能的设置有很多，这些设置与用于加密消息的可能密钥的数量相对应。

4 个转子的装置允许 10^{22} 种可能的设置。设置每 24 小时更改一次，因此破译工作被迫需要每天重新开始。艾伦·图灵领导了一项著名的工作，他开发了一种机器，可以尝试所有可能的设置，并确定正在使用的设置，从而能够及时破译日常通信，用以发动军事行动。

请注意，威胁参数 Y 和风险因子 X 之间的关系实际上也可能随着 X 值的增加而减小。这样的表达式可能被写成 $Y=1/X$ 或等价的 $Y=X^{-1}$。同理，$Y=1/X^2$ 也可以写成 $Y=X^{-2}$。

易见，指数函数的下降速率，即下降的陡峭程度，随着指数的增大而增大。例如，$Y=X^{-3}$ 的下降速率是比 $Y=X^{-2}$ 更大的。图 2.4 是 $Y=X^{-3}$ 和 $Y=X^{-2}$ 的函数图像。如图 2.4 所示，随着 X 值的增大，两个函数的 Y 值逐渐趋近于 0。②

指数 e 以及函数 e^x 和 e^{-x}

指数"e"被称为"欧拉数"③，值为 2.7183。从上文关于指数的讨论可以明显地看出，

---

① 通过使用字典、常用短语的概要和人类不可避免地做可预测的事情这一倾向，暴力攻击可以降低计算量。

② 一个函数渐近接近一个极限值，它会越来越接近这个值，但实际上永远不会达到这个值。

③ 以德国著名数学家莱昂哈德·欧拉（1707—1783）命名，他在数学和物理学的许多领域都作出了重大贡献。

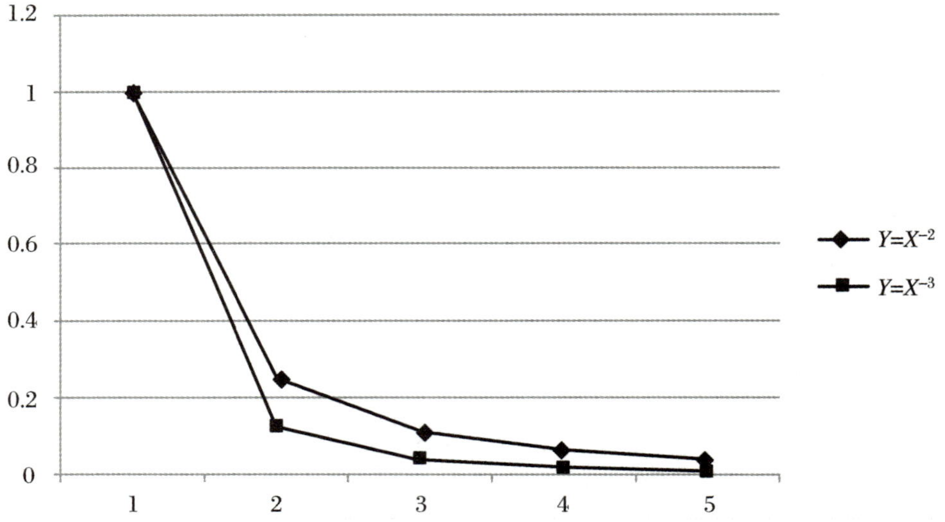

图 2.4　$Y=X^{-3}$和 $Y=X^{-2}$的图像

$e^1=2.7183$，$e^2=7.389$，$e^3=20.086$。但指数函数不应与本章前面所讨论的指数相混淆。

许多过程都可以用指数函数来建模，因为它是许多微分方程的解。其中最简单的微分方程是 $dx/dt=ax$ 和 $dx/dt=-ax$。① 这两个方程的解分别是 x_0e^{at} 和 x_0e^{-at}，其中 x_0 为 $t=0$ 时 x 的值。这两个函数的图像分别如图 2.5 和图 2.6 所示。指数函数适用于安全场景的具体示例将在下文出现时详细提供。

对数和自然对数

如先前所述，指数表示变量和自身相乘的次数。不难预料，存在一个函数可以“撤销”指数运算。这个函数被称为对数。尽管对数有时会让高中生感到焦虑，但它实际上只是确定了一个数需要与自身相乘多少次才能得到另一个数。例如，10 与自身相乘 3 次等于 1000。因此对 1000 取对数等于 3，或者等价表示为 $\lg(10^3)=3$。

当然，这样的精确关系只适用于特定的数字 10。例如，数字 2 与自身相乘 3 次，或者说 2 的三次方结果是 8。因此，在确定一个数的对数的时候，必须先确定自相乘过程，也即所谓的底数。底数指定了哪个数字被自相乘，而指数则指示了该乘法进行了多少次。如下所示，底数被写作对数的下标：$\log_{10}(1000)=3$。相似地，因为 $2^3=8$，所以 $\log_2(8)=3$。如果没有下标，那么底数默认为 10。

---

① 对于不熟悉微分学的人来说，dx/dt 被称为一阶导数。一阶导数指定了被微分变量相对于另一个变量的变化率。在这种情况下，它是变量 x 相对于变量 t 的变化。在信息安全风险问题中，x 可能是一些物理参数，t 可能是时间。

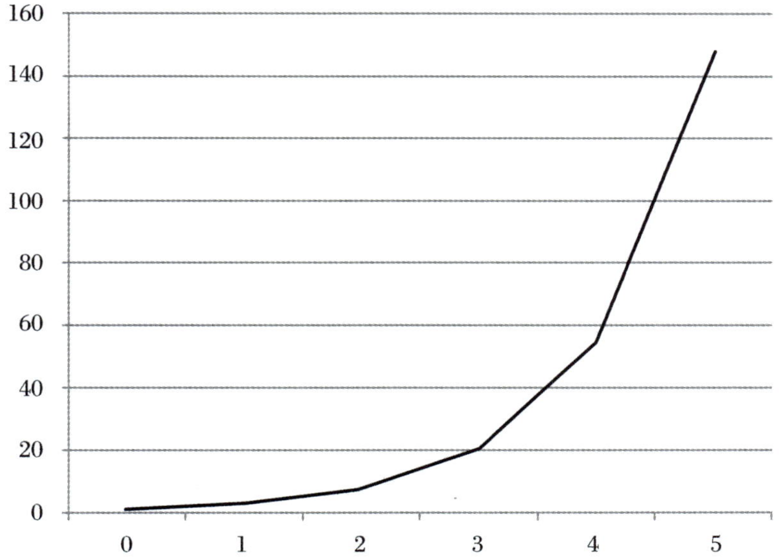

图 2.5 $f(x)=e^x$ **的图像**

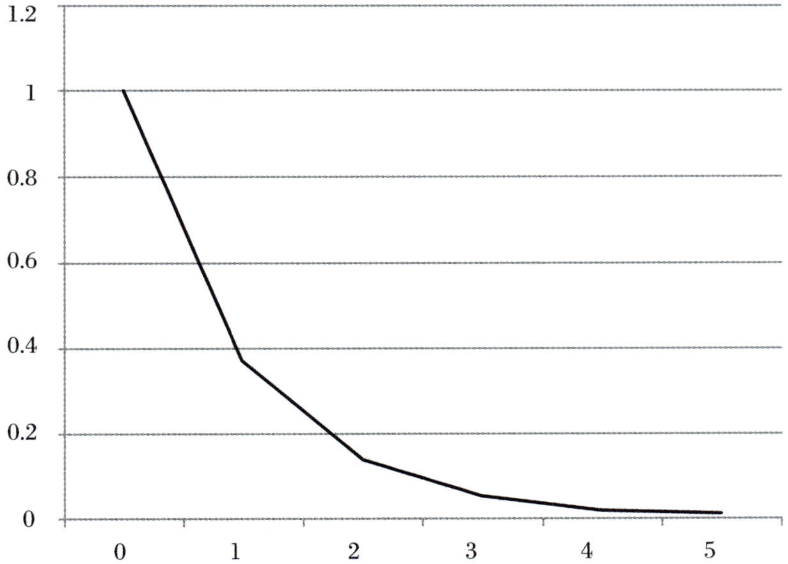

图 2.6 $f(x)=e^{-x}$ **的图像**

有一类特定的对数被称为“自然对数”,其被表示为“ln”。自然对数是指以欧拉数 e 为底数的对数。因为 e 被定义为 2.7183,所以 $\ln(e^1=2.7183)=1$,$\ln(e^2=7.389)=2$,$\ln(e^3=20.086)=3$。

为什么对数很重要？这是因为对数经常出现在科学计算环境中,尤其是在信息安全风险评估中。对数的概念是便携式电子计算器的前身——计算尺的基础。对数的有用之处显而易见。表 2.1 展示了一系列数字 N 及其对应的对数。现在考虑在绘制这些数字对应的图像时会发生什么。图 2.7 显示了 N 与对应数字中 0 的个数的线性图。由于 N 的最小值在对数尺度上被压缩，因此在普通线性图上这些值可能无法被有效区分。

表 2.1 数字 N 及其对应的对数

N	$\log(N)$
1	0
10	1
100	2
1000	3
10000	4
100000	5
1000000	6

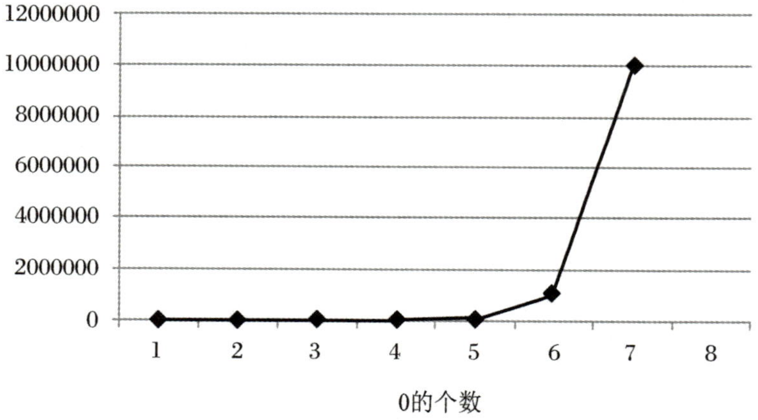

图 2.7 数字 N 与 N 中 0 的个数的线性图

如果使用线性尺度来更清楚地区分这些较低的值，那么纵轴对应的结果可能会延伸到下一页甚至更远。因此，使用对数来显示数字的主要动机是提供一个更好的标尺。图 2.8 是 $\lg(N)$ 与 N 中 0 的数量的关系图，演示了纵轴现在是如何展开的。

综上所述，用对数表示 N 具有扩大刻度以容纳更大范围值的效果。这种表示方式在很多信息安全场景中都很方便。事实上，已经创建了专门用对数定义的度量单位。例如，几乎每个人都听说过里氏震级，它用对数来划分地震的强度。4 级地震的能量实际上是 3 级地震的 10 倍。另一个这样的单位是分贝，我们将在下一节详细介绍。

对于对数的讨论突显了在任何图形表示数据时，观察所使用的刻度是至关重要的。如果横轴和(或)纵轴是对数的，每个增量对应 10 的幂的差值。因此，轴上数值的单位变

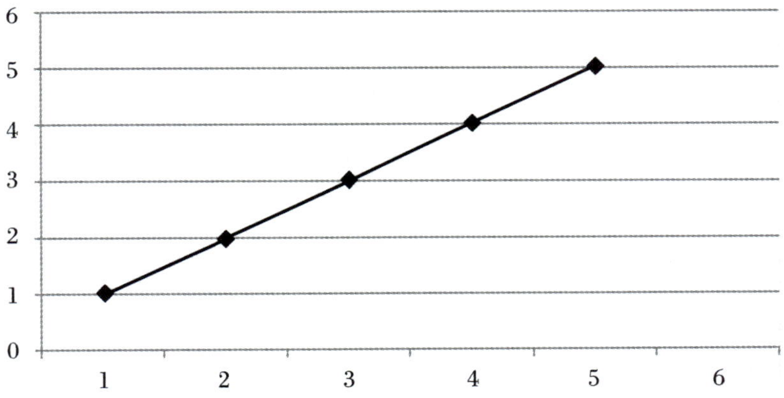

图 2.8　lg(N)与 N 中 0 的数量的关系

化实际上对应着 10 倍的差值。

对数的另一个性质也值得注意。可以看出，图 2.8 实际上是一个对数-对数图。换句话说，X 轴和 Y 轴都是用对数来制定的。一个数 N 中 0 的个数相当于 $\lg(N)$。

这表明了对数-对数尺度的一个重要特征是它们可以将指数函数转换成线性图像。进一步说，对数-对数图的斜率对应于被绘制函数的指数。这可以从下面的简单推导中得出。

设 $y = ax^k$，根据对数的性质有

$$\lg(y) = k\lg(x) + \lg(a)$$

现在令 $X = \lg(x)$ 和 $Y = \lg(y)$。将这些值代入 $\lg(y)$的等式中，将该等式表示为如下形式：

$$Y = sX + b$$

这是一条直线的方程，其中 s 是直线的斜率，对应于 $y = ax^k$ 中的指数 k，而 $b = \lg(a)$是直线的截距。

信息安全风险模型有时可以被描述为幂律，即自变量取幂次（指数）的方程。指数对于风险预估至关重要，因为这些指数表明了安全参数如何依赖于风险因子。因此，对数-对数图可以将非线性表达式转换为线性表示，并直接揭示这种指数依赖性。

分贝

分贝是另一个对数计量单位。具体来说，分贝是用对数表示的两个数字的比值，通常以 10 为底数。换句话说，$\mathrm{dB} = 10\lg(A/B)$，其中 A 和 B 代表两个感兴趣的量的大小。

请注意，任何两个量都可以用这种方式进行比较。例如，如果卡尔对香草冰淇淋的喜好程度是他对巧克力冰淇淋的喜好程度的 100 倍，那么喜好程度比是 100∶1。因此，

卡尔对香草冰淇淋的喜好程度比巧克力冰淇淋大 20 dB。简单计算如下：

$$20\ \mathrm{dB} = 10\lg\left(\frac{100}{1}\right)$$

分贝总是用比率来表示的，如果没有一个参考点，那么分贝是没有意义的。例如，说“辐射的强度为 30 dB”是没有意义的。正确的说法应该是：“辐射的强度相对于什么来说是 30 dB？”

有的时候这个参考点会包括在分贝的特定形式中，但从写法上看可能并不明显。例如，dBm 是通常用于描述功率的单位。0 dBm 定义为 1 mW。“dBm”实际上的意思是“相对于 1 毫瓦的分贝”。

dBm 被定义为 10lg（P/1 mW），其中 P 是以毫瓦为单位的功率。30 dBm 相当于 1 W。记住 0 dBm 等价于 1 mW 是十分有用的。

另一个常用的例子是声压的值。声压通常是用相对于人类听力的最低阈值（10^{-12} $\mathrm{W/m^2}$）来表示的。在这里，相关的参考单位是声压级（SPL）。

先前对于分贝的定义适用于功率和强度的相对测量。然而，有时比较振幅是有用的。振幅的比较会如何改变分贝的形式呢？

信号功率和强度，即功率/单位面积，与信号振幅的平方成正比。与电有关的测量提供了一个简单的例子。功率为 i^2R 或者等价地为 v^2/R。这里的电流 i 和电压 v 是幅值，R 和 $1/R$ 分别是比例常数。

对于两个强度 I_1 和 I_2，其比值的分贝表示为 $10\lg(I_1/I_2)$。因为强度的比值与振幅比值的平方（A_1^2/A_2^2）成正比，下面的推导用振幅来表示对数：

$$10\lg\left(\frac{A_1^2}{A_2^2}\right) = 10\lg\left[\left(\frac{A_1}{A_2}\right)^2\right] = 2\times 10\lg\left(\frac{A_1}{A_2}\right) = 20\lg\left(\frac{A_1}{A_2}\right)$$

因此，在比较振幅时，在分贝的表达式中会使用系数 20。

表 2.2 展示了分贝和等效的线性表示，注意其与表 2.1 惊人的相似之处。

表 2.2　线性和分贝表示

线　　性	分　　贝
2	3
3	5
4	6
5	7
6	8
7	8.4
8	9.0
9	9.5

续表

线　　性	分　　贝
10	10
20	100
30	1000
40	10000
50	100000
60	1000000
70	10000000
80	100000000
90	1000000000

图 2.9 用分贝标度说明了各种声音强度，这些值是根据人类感知声音的方式进行加权的，即“A 加权”。在这种情况下，参考单位为 20 μPa（20×10^{-6} Pa），其中帕斯卡（Pa）是压力的单位。①

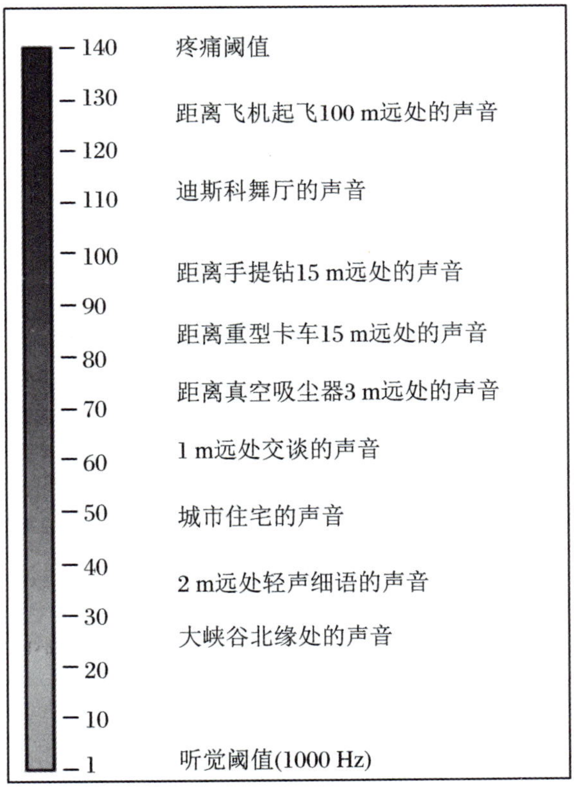

图 2.9　A 加权声压级（相对于 20 μPa，人类听觉阈值的分贝）

① https://www.osha.gov/dts/osta/otm/noise/health_effects/soundpressure_aweighted.html。

最后，对数的另一个有用的性质是它们可以直接相加。假设需要评估攻击者在远离说话者的房间中进行语音检测的脆弱性。这个场景将在第 10 章中进行更详细的讨论。

假设信号在声源和攻击者之间传播只有一条通路。进一步假设有三堵墙将声源和攻击者分开，这三堵墙分别可以使听力信号衰减 20 dB，30 dB 和 40 dB。使用分贝可以简单地计算由于这三堵墙的存在而引起可听信号的总衰减值。

即总衰减值等价于各墙壁对衰减的贡献之和：20 + 30 + 40 = 90(dB)。将这个对数表达式线性表示，就会发现信号强度降低为原来的 $1/10^9$。

线性与非线性

回顾线性

顾名思义，直线形象地代表了线性的概念。回想一下前文引入的线性和非线性的概念。图 2.10 是函数 $Y=2X$ 的图像。

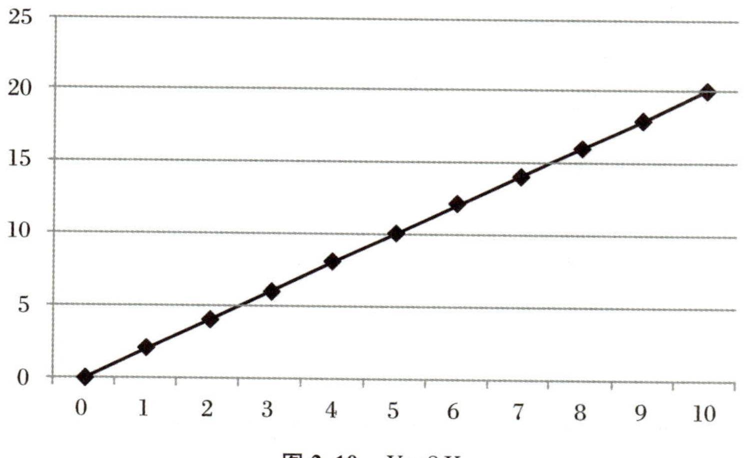

图 2.10 $Y=2X$

如图 2.10 所示，这条线显然是直线。这种直线的数学含义是，自变量 X 值的增加会导致因变量 Y 值成比例增加。也就是说，X 的值变为两倍，Y 的值也会随之变为两倍；X 的值变为三倍，Y 的值也会变为三倍。此外，图 2.10 中的这条直线斜率是常数。这个斜率可以确定这条直线。即对于每一个有序对(X,Y)，任意点 Y 相对于 X 的比值或者说 Y/X 总是等于 2。为什么这些性质很重要？

如前所述，理解威胁参数对风险因子的依赖关系是构建安全风险模型的关键目标。例如，假设目标是理解 Wi-Fi 接入点的能量辐射强度对距离的依赖关系。辐射信号能量的强度是威胁参数，而攻击者检测信号与接入点的距离是风险因子。

此外，如果超过某个关键强度 I_c 会产生足够的信噪比以促进信号检测，那么要制定一个风险缓解策略。在这种情况下，增加保持距离或减小信号强度都是合理的策略。

假设威胁参数与特定风险因子之间的关系是线性的。一个可能的例子是探究增加攻击者操作的望远镜与目标计算机屏幕之间的最小距离所产生的影响。增加物理间隔的比例效应是由于镜头分辨率与距离之间的线性反比依赖关系，其中镜头分辨率影响可见图像易受攻击的程度。

威胁参数和风险因子之间的线性关系意味着风险因子的变化将导致威胁参数的成比例变化。这表明，基于降低威胁参数影响的风险缓解策略必须根据相关风险因子的估计变化按比例进行调整。

在这个例子中，每增加一倍望远镜和计算机显示器之间的距离，图像分辨率就会减半，从而相应地降低信息被攻击者窃取的风险。

回顾非线性

如果两个变量之间的关系是非线性的呢？图 2.11 展示了一个非线性函数的图像。

注意，随着 X 值增大，Y 值急剧增加。回想一下，图 2.3 出现了同样的现象。换句话说，随着 X 值增大，Y 值不成比例地增加。表 2.3 表明了对于函数 $Y=X^3$，随着 X 的单位增加，Y 值的差异越来越显著。

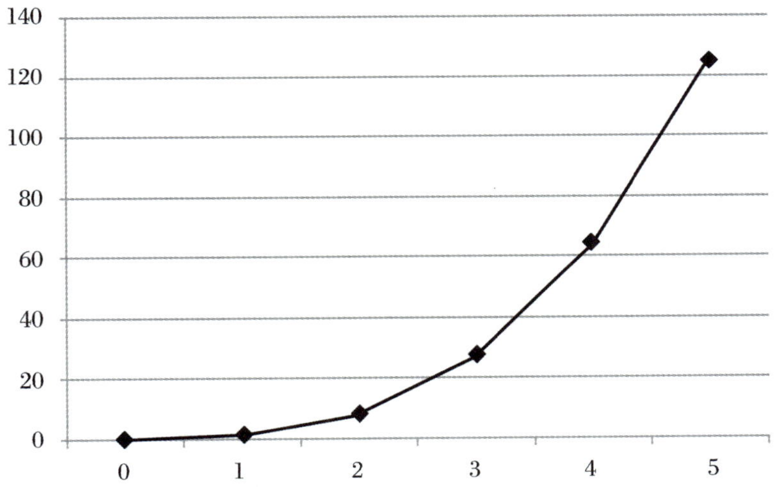

图 2.11 $Y=X^3$

表 2.3 当 $Y=X$ 时，$\Delta X=1$ 和 ΔY 的对应值

ΔX	ΔY
$1-0=1$	$1-0=1$
$2-1=1$	$8-1=7$
$3-2=1$	$27-8=19$
$4-3=1$	$64-27=37$
$5-4=1$	$125-64=61$

威胁参数和给定威胁的风险因子之间的非线性关系可能会对风险缓解策略产生重大影响。具体而言，某个风险因子的小幅增长可能会导致威胁参数出现显著变化。因此，在制定或调整风险管理策略时，必须充分考虑这种不成比例的影响。

以信号强度为例，假设信号强度与辐射源距离的平方成反比关系，那么当攻击者与辐射源的距离缩短一半时，接收到的信号强度会增加到原来的 4 倍。若距离缩短到原来的四分之一，则信号强度将增加到原来的 16 倍。

如果风险因子的指数小于 1，那么风险因子变化的影响将会非线性地减弱。具体来说，随着风险因子的变化，其对威胁模型的影响将比线性关系或指数大于 1 的非线性关系更大。这一特性在实际操作中的意义在于，即使风险因子有所增加，威胁模型中的某些关键参数也不会迅速恶化。这也突显了构建安全模型的优势，以及准确理解威胁参数与风险因子之间关系的重要意义。

长度、面积和体积密度

在信息安全场景中，与密度相关的量十分常见。例如，天线和光电探测器等传感器的设计目的是检测强度，这里的强度即功率密度。由于传感器只能捕捉到总辐射能量的一小部分，因此在信号检测中，单位时间内每单位面积捕获的能量尤为重要。

密度按定义来说是一种比率。它规定了“某物与另一物的单位数量之比”。这个定义看起来非常抽象，但我们几乎可以在任何两个量之间指定密度。

密度广泛存在于日常生活中。比如，单位面积上的压力或力就是一个典型的密度示例。在气象预报中，我们常听到的大气压变化就是指单位面积上空气的压力，通常以磅每平方英寸(psi)(1 英寸约合 2.54 cm)为单位，标准大气压为 14.7 磅每平方英寸。

从理论上讲，密度测量的类型是没有限制的，例如：

(1) 流体、气体或固体的密度：克每立方厘米；

(2) 厨房柜台上百吉饼的密度：每平方米的百吉饼数量；

(3) 道路上汽车的密度：每英里(1 英里约合 1.6 km)的车辆数量；

(4) 厨房台面的价格密度：每英尺(1 英尺约合 30.48 cm)的美元价格；

(5) 磁场强度：安培每米或欧斯特；

(6) 计算系统中的漏洞密度：每个终端平均存在的漏洞数量；

(7) 信号功率的密度(强度)：瓦特每平方厘米。

注意，密度可以基于长度、面积或体积单位来表示。换句话说，密度测量与一维、二维或三维空间特性有关。在信息安全场景中，密度比率的分母往往是长度、面积或体积的单位。

密度是很有用的，因为它提供了“比率”的量化方式。有了这个比率，人们就可以通过简单的乘法运算来确定该物体的总数。例如，如果知道厨房柜台上百吉饼的面积密度，只需要将密度数字乘以柜台的面积，就可以得到柜台上的百吉饼的总数。如果密度是每平方米有 5 个百吉饼，而一个台面的面积是 2 平方米，那么将密度乘以 2 平方米就得出台面上百吉饼的总数是 10 个。

理论上，人们也可以用单位体积或每立方米百吉饼的数量来规定百吉饼的密度。这样的计算只有在百吉饼不局限于二维表面的情况下才有意义。与面积的计算完全类似，密度乘以立方米的数量，就得到在一定体积内所包含的百吉饼的总数。

让我们考虑一个可能与信息安全场景更相关的例子。假设全向天线的辐射强度是已知的，利用强度乘以以天线为中心、半径等于天线到接收点距离的球体表面积，我们就可以计算出总的辐射功率。

这里我们很容易证明出，总辐射功率与物体到天线的距离无关。值得注意的是，只要知道给定参数的密度和分母的值，就可以计算出分子的值。在信息安全场景中，安全参数的密度通常根据特定威胁的风险因子来定义。这为下一节进一步的讨论提供了基础。

几何和参数缩放

遵循物理模型的信息安全场景通常会呈现出空间相关性。这种相关性源于信号和噪声功率通常随位置而变化。并且这些变化是相对于携带信息的辐射源，即信号进行测量的。因此，研究几何特征以分析信号和噪声强度如何随距离或方向变化的能力是极其重要的。这些分析有助于评估信号检测的潜在脆弱性。

首先，定义一些用于描述各种信息安全风险场景的关键术语是有必要的。使用球坐标进行此类场景分析最为便捷，其中球坐标使用角度和轴的标准命名规则。球坐标之所以会派上用场，是因为许多信号都可以被建模为点源。点源将能量辐射到一个不断扩大的信号强度球体中。

此类分析中反复出现的两个几何参数是方位角和仰角，见图 2.12。①

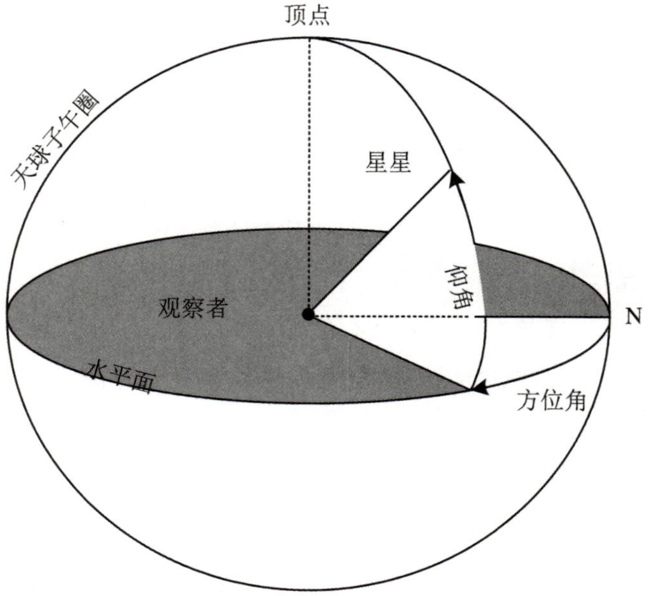

图 2.12　方位角和仰角

方位角是指球体表面上任何两点沿垂直轴的夹角。仰角则是测量球体中心点与球体表面某一点之间的夹角。在球坐标系中，仰角和方位角分别用 θ 和 φ 表示。在信息安全的场景下，信号源与测量点之间的距离通常用 r 表示，球坐标系见图 2.13。②

场景的几何形状会影响那些具有空间和（或）方向依赖性的信息安全参数的大小。例如，信号强度的大小高度依赖于发射和接收天线的相对方向。因此，方向性对信号检测的脆弱性具有重要的影响。

此外，为风险因子指定一个值范围，可以估计一系列场景下的脆弱性。在构建安全模型时，我们的目标是确定这些参数如何随着风险因子的变化"缩放"或者改变。

如果攻击者对信号检测的脆弱性是由最接近信号源的位置的信噪比的大小决定的呢？进一步，如果该攻击者相对于该信号源的各个位置是已知的呢？如果信号强度 I 与距离 r 的平方成反比，并且有一个初始强度 I_o，则强度 I 可以简洁地表示为

$$I = I_o r^{-2} \tag{2.3}$$

① https://en.wikipedia.org/? title = Azimuth。

② https://en.wikip edia.org/wiki/Spherical_coordinate_system。

这里的风险因子是信号源与探测点之间的距离，安全参数是信号强度。这一模型已在本章前文介绍，并将在本书中多次提及。

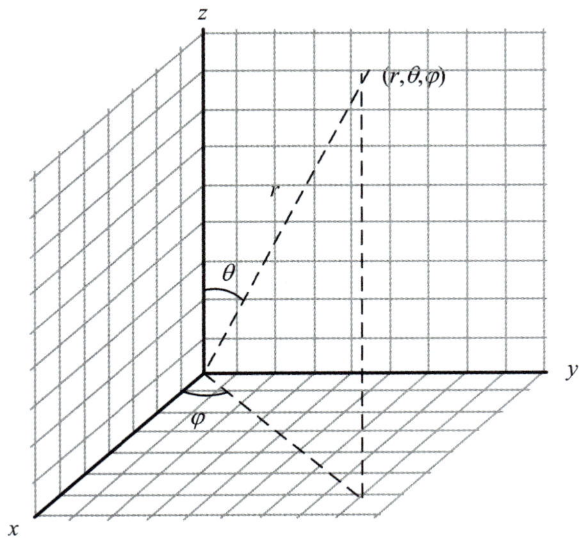

图 2.13　球坐标下的径向距离（r）、仰角（θ）和方位角（φ）

由于强度和距离之间存在反比关系，信号强度以及因此导致的信号检测脆弱性会随着与辐射源距离的增加而不成比例地减弱。表 2.4 列举了来自点源（例如全向天线）的信号强度的数据，这些数据清楚地展示了这一关系。

这个模型的含义是明确的：如果知道辐射信号和环境噪声的初始强度，我们就可以立即估计出在任何给定攻击者位置处的信号检测的脆弱性。① 重要的是要认识到，式(2.3)揭示出辐射强度与辐射源距离呈非线性和反比关系。

表 2.4　辐射能量的全向源信号强度与距离的函数关系

与辐射源的距离（m）	信号强度（W）
2	$1 = I_o$
4	$0.25 = I_o/(2)^2 = (1/4)I_o$
8	$0.06 = I_o/(4)^2 = (1/16)I_o$
16	$0.02 = I_o/(8)^2 = (1/64)I_o$
32	$0.004 = I_o/(16)^2 = (1/256)I_o$

① 需要注意的是，此分析仅限于信号检测。传输的信号可以被加密，这可能会减少信号重构的漏洞。但是，正如书中所述，信号截获始终是重建的前序操作。

如果在离天线给定距离处的辐射信号强度在各个方向上大致相同，则是在圆周上测量的辐射图，即沿方位角测量的辐射图是全向图，类似于图 2.14。①

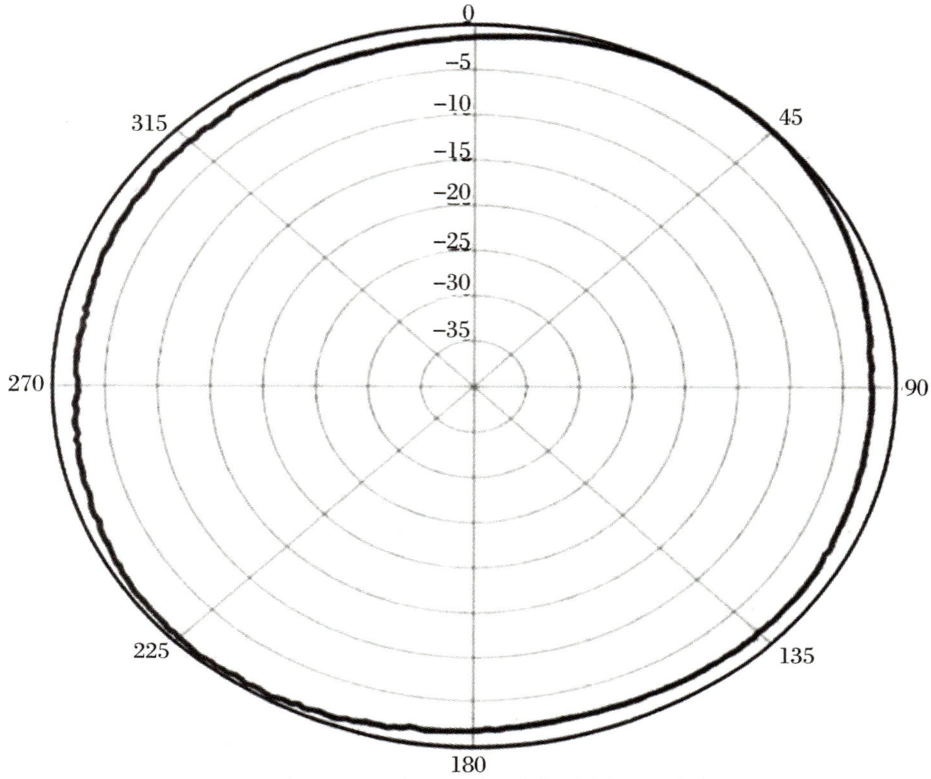

图 2.14　全向天线沿方位角测量的辐射方向图

注意在天线朝向页面外、朝向读者的情况下，辐射强度在圆周上的分布几乎是均匀的。这种全向辐射模式在接收器位置不可预测或存在多个不确定位置的接收器时特别有用。

之所以强调全向辐射模式，是因为点辐射源普遍存在。它在信息安全场景中经常遇到。然而，它并不是辐射信号能量的唯一模型，来自不同类型的天线的信号图的方向性或者说增益明显偏离了这个模型。

如果强度和距离的四次方成反比（$1/r^4$）呢？该幂律适用于描述无源射频识别的信号强度与其和辐照源距离之间的关系。在这种情况下，信号强度如何随距离的增加而衰减，这对信息安全及相应的风险管理策略有着重要影响。

一般来说，场景的几何形状会对信号强度的估计以及与之相关的脆弱性检测有显著

① http://www.cisco.com/c/en/us/td/docs/wireless/antenna/installation/guide/ant5175v.html。

的影响。例如，如果信号辐射的来源是短偶极天线，强度会随高度角 θ 变化。具体地说，在我们熟悉的 8 字形模式中，强度与 θ 的正弦的平方成正比。[①] 因此，位于 8 字形中的接收天线能探测到信号源强度，而不在其中的天线则无法探测到有效信号。图 2.15 展示了这个场景。

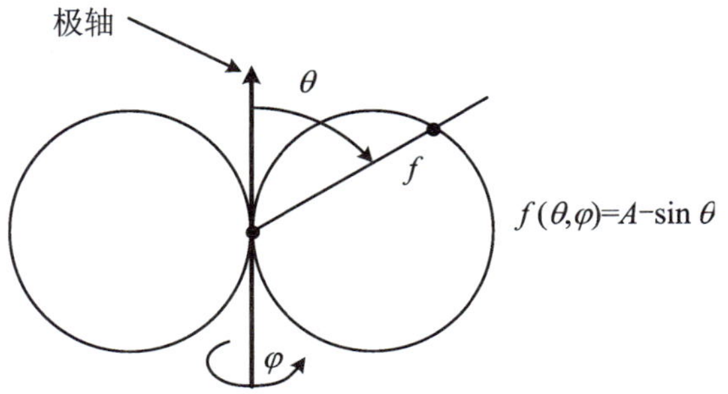

图 2.15　短偶极天线的时间平均辐射强度

设计天线的目的是在发射或接收能量时产生特定的辐射强度模式。天线的模式是需要根据特定场景的条件选择的。有时为了增强方向性，会选择放弃均匀分布的强度模式。这就是所谓的天线"增益"的概念，并将在第 3 章中详细讨论。

对于一个各向同性的辐射能量点源，其强度或等效的功率密度在所有方向上都是相同的，可以被建模为一个不断扩张的球体表面。随着与源点距离的增大，信号强度会逐渐减弱。

由于这种球形辐射具有模式的存在，使用球坐标系来参数化与信号检测相关的问题是非常有用的。回忆一下在讨论方位角和高度时介绍过的球坐标系，与辐射能量相关的量，如发光强度、亮度、辐射强度和辐射亮度，都是用立体角来定义的，这是在许多物理场景中都非常有用的量。

立体角(Ω)是指从一点上观察时所面对的三维空间中的二维角度。它是衡量观察者从一个有利位置观察所能看到的物体大小的一个尺度。在国际单位制(SI)中，立体角用一个无量纲的单位表示，称为球面度(sr)。

一个球面度是定义在球体上的一个面积，当从球体中心观察时，它对应于球体半径的平方。定量地说，半径为 R 的球表面上给定面积 A 所对应的立体角为 A/R^2。

如果一个球体表面上半径为 r 的圆形区域面积为 πr^2，而球体本身的半径为 R，那么这个几何形状对应的是 $\pi(r^2/R^2)$ sr 的立体角。

现在假设半径为 R 的球体表面的圆形面积为 $4\pi R^2$。换句话说，该表面积上的面积

① https://en.wikipedia.org/wiki/EMF_measurement。

对应于球体的整个表面。在这种情况下，立体角为 $4\pi R^2/R^2=4\pi$。这告诉我们，在一个球体内，立体角总是 4π。图 2.16 展示了立体角的概念。①

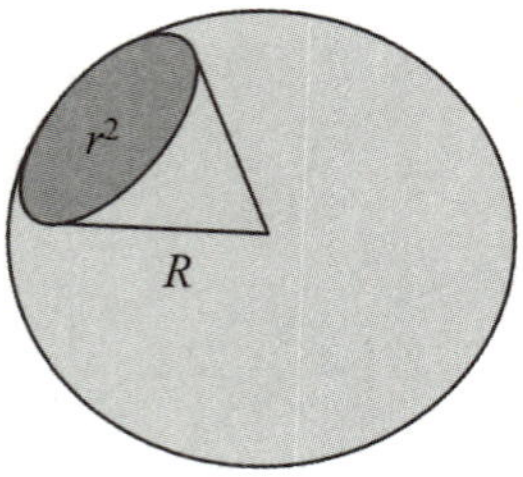

图 2.16　立体角

一个有趣的知识点是，有生命的物体以及我们宇宙中的其他实体都会在电磁波谱中辐射热能，而这种能量探测的几何形状与信息安全场景中的相同。此外，该能量的波长与温度成正比。② 像人类这样的生物，其体温维持在 37 ℃，辐射能量的波长在 10 μm 左右，属于电磁波谱的红外部分。其他物体如恒星辐射的热能波长也与它们的温度成正比。这一现象可以通过黑体辐射理论解释。

如上所述，测量来自遥远恒星的热能辐射的几何形状与试图探测包含信息的辐射能量的攻击者所面临的几何形状是相同的，尽管后者涉及的是一个更近的源。图 2.17 说明了相对于信号检测的立体角的几何形状。③

具体来说，攻击者将使用天线或透镜，通过其探测器探测到的辐射立体角和信号频谱来捕获信号能量。换句话说，攻击者感兴趣的是检测在特定带宽上进入给定立体角的信号强度。这种强度是总信号功率除以照明面积。在这种情况下，攻击者测量的是“比强度”，单位是 $W/(m^2 \cdot Hz \cdot sr)$。

总信号强度，或者等效地说，功率密度或通量密度是通过对特定强度关于频率的积分得到的。这个表达式等同于单位面积或强度的辐射功率，其单位是 W/m^2。

如果已知光源辐射到的立体角 Ω，则可以确定任何半径为 R 的球体的照明面积 S，因为 $S=R^2\Omega$。假设电磁能量的单频源正在辐射能量，它被限制在 2π 球面度的立体角内，则 100 m 距离上的照射面积 A 为 $100^2(2\pi)\sim6.3\times10^4\ m^2$。如果源功率 P 已知，则简单地计算出强度 $I=P/A$。

然而，如果入射的辐射能量相对于攻击者的探测器孔径面呈某种角度 θ，则入射到探

① https://en.wikipedia.org/?title=Solid_angle。

② Stefan-Boltzmann 定律表明，黑体的辐射功率由 $P=A\sigma T^4$ 给出，其中 A 为物体的面积，σ 为 Stefan-Boltzmann 常数，其值为 $5.68\times10^{-8}\ W/(m^2\cdot K^4)$，$T$ 为绝对温度。

③ http://goes.gsfc.nasa.gov/text/MITRE-GOES_MP93W62/a-a/a-a.html。

测器上的强度分量与 cos θ 成正比。因此，当信号源与探测器相对时，即夹角 θ 等于 0 时，探测到的能量最大。这些几何学知识将在第 4 章关于矢量、通量和麦克斯韦方程的讨论中得到更详细的解释。图 2.18 展示了信号检测的几何图形。①

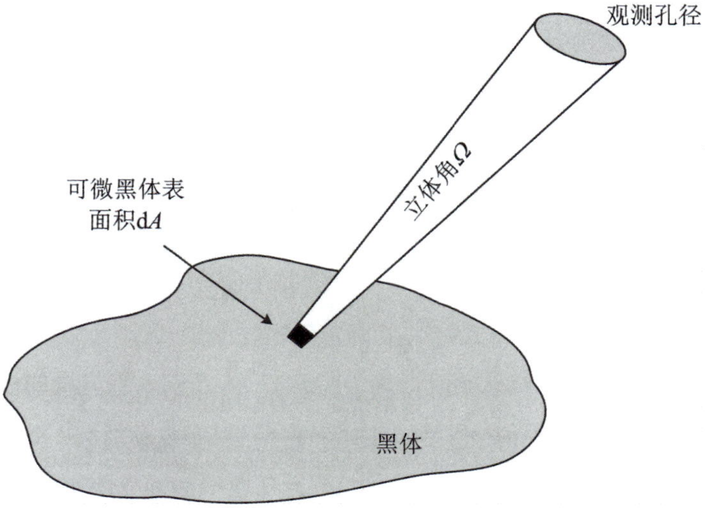

图 2.17　立体角与辐射电磁能量的几何关系

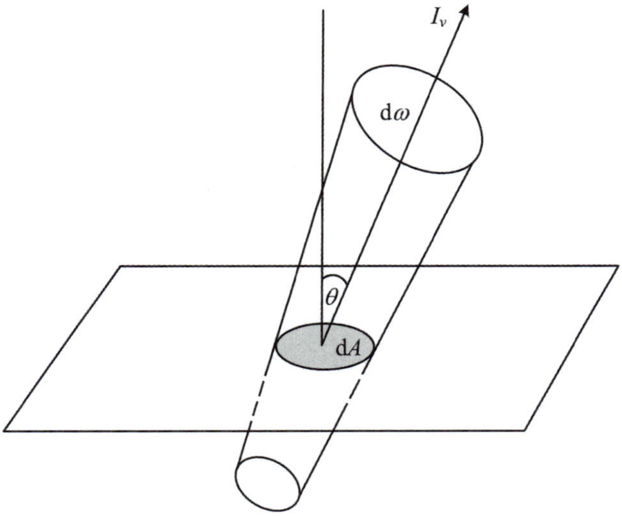

图 2.18　信号检测的几何图形

① http://www.starlink.rl.ac.uk/docs/sc6.htx/sc6se5.html。

指数和逻辑增长

尽管对它的描述较为简短，但这个函数在表征各种物理过程的行为方面具有极其重要的作用。特别是，指数函数是描述一个量 x 的增长或衰减速率与当前 x 的量成正比的过程的解。

指数增长和指数衰减的方程，可分别采取以下形式表达：

$$\frac{\mathrm{d}x}{\mathrm{d}t} = ax \tag{2.4}$$

$$\frac{\mathrm{d}x}{\mathrm{d}t} = -ax \tag{2.5}$$

任何学过微积分的人都很熟悉符号 $\mathrm{d}x/\mathrm{d}t$，它是 x 对时间 t 的导数，或者等价地说是 x 对 t 变化的变化率。式(2.4)和式(2.5)中，符号"a"是一个比例常数。

式(2.4)和式(2.5)的解分别为 $x = \mathrm{e}^{at}$ 以及 $x = \mathrm{e}^{-at}$。这些解可以通过直接代入来验证，注意 $f(t) = \mathrm{e}^{at}$ 关于 t 的导数为 $a\mathrm{e}^{at}$，$f(t) = \mathrm{e}^{-at}$ 关于 t 的导数为 $-a\mathrm{e}^{-at}$。

尽管给定数量的增长和衰减与该数量的值成比例的模型可能看起来微不足道，但它可以应用于许多场景。这类过程的两个众所周知的例子是放射性衰变和细菌生长。

信息安全领域的另一个例子是辐射能量遇到吸收边界的行为。例如，声能量的强度随着屏蔽材料的厚度增加呈指数下降趋势。这种指数行为直接适用于涉及声音信息安全的场景。

另一个例子是计算机病毒的传播。人们可能会基于一个简单的假设，即未来被感染的机器数量与已经被感染的机器数量成正比。这个模型可能最适用于感染的初始阶段。

然而，对指数增长和衰减模型进行看似简单的修改，会产生截然不同的结果。假设一种计算机病毒最初通过感染最近的相邻机器在网络中未经检查地传播。指数级的感染速度可能是一个合理的增长模型。但最终，因为缺乏未感染的机器或反病毒工作的影响，感染数量可能会下降。

为了更准确地描述这种复杂的感染动态，可以引入一个考虑补救措施的影响和最终目标稀缺性的模型。这种模型引入了约束，解释了感染速度的减缓。这种模型被称为逻辑增长模型或 Verhulst 模型。区分指出指数增长和逻辑增长是有指导意义的。

让我们假设一个受感染计算机群体的感染率由 P 指定，并且与计算机数量成正比。控制增长率的比例常数是 r。在这种情况下，指数增长模型为

$$\frac{\mathrm{d}P}{\mathrm{d}t} = rP \tag{2.6}$$

式(2.6)的解为

$$P = P_0 e^{rt}$$

其中,P_0为被感染计算机的初始数量。

现在假设 P 有一个极限值,称之为极限 K。描述这个增长模型的方程如下:

$$\frac{dP}{dt} = rP\left(1 - \frac{P}{K}\right) \quad (2.7)$$

由式(2.7)可知,如果 P 远小于 K,则式(2.7)可归结为式(2.6),即无约束增长。而当 $P = K$ 时,P/K 趋近于 1,感染停止,即 $dP/dt = 0$。

因此,式(2.7)中 P 有两个极限值:0 和 K。图 2.19 比较了无约束增长,即指数增长,与有约束增长,即使用式(2.6)和式(2.7)的逻辑增长。① 在这种描述中,指数增长是无界的,而逻辑增长渐进地接近值 K。

理解影响 K 值的网络特征对开发安全模型来评估并最终降低大规模感染的风险是有意义的。确定这些特性并将其应用于具体的场景,可以将一个看似学术的练习转化为实际的风险预防策略。

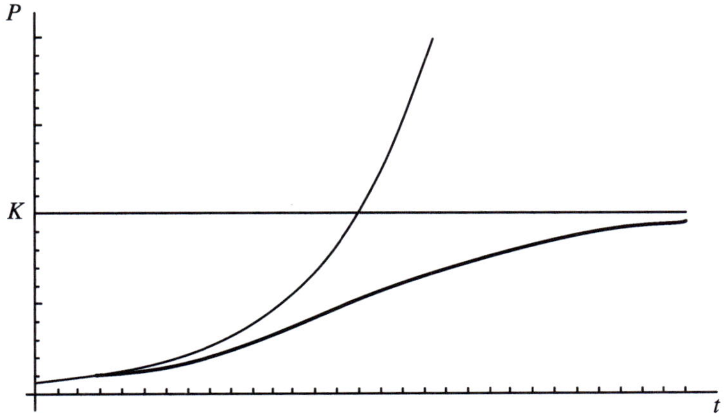

图 2.19 指数和逻辑增长的比较

第 13 章将介绍一个与指数增长和逻辑增长模型截然不同的网络感染增长模型。在该模型中,影响感染上升和下降的因素更为复杂,通过规定影响网络感染脆弱性的风险相关参数,并制定优先应用安全控制策略来管理病毒。

总结

信息安全风险模型规定了安全参数对一个或多个风险因子的依赖关系。这些模型

① https://www.math.duke.edu/education/ccp/materials/diffeq/logistic/logi1.html。

在将安全参数和威胁参数的行为作为风险因子的函数进行概括时非常有用，能够有效地估计系统的脆弱性。

特定的数学函数和概念在开发简单的信息安全模型时是有用的。对数函数、指数函数和指数增长、逻辑增长和基本立体几何有助于量化风险模型，特别是有助于对风险因子依赖关系的理解。分贝使用对数来表示，在处理跨越多个数量级的数据时非常有用。

线性和非线性对于缩放概念至关重要，它紧凑地表达了模型中指定的安全/威胁参数和风险因子之间的定量关系。密度的概念可直接应用于对脆弱性的估计，特别是信号强度或单位面积功率等信息安全风险评估中经常出现的密度测量。

第 2 部分
科学基础

第 3 章

物理和信息安全

引　　言

物理学对信息安全的重要性并没有得到充分认识。但是考虑一下,所有处理信息的电子设备都会辐射能量,而所有的能量都遵守物理定律。同样,声能以语音的形式表现出来的行为,也可以用我们很容易理解的物理原理来描述。

意图通过秘密探测辐射能量来获取机密信息的攻击者必须专注于优化一个关键参数——信噪比。在检测点增强信噪比的能力的大小将决定成败。

能量传播的物理学原理在理解信噪比的极限,以及因此产生的信息泄露的脆弱性方面起着至关重要的作用。由于所有的能量都遵循物理定律,而信号仅仅是用信息编码的能量,故而人们必须理解支配能量传播的原理,才能估计给定场景下信号对检测的脆弱性。

从作战角度来看,远程探测辐射能量不会留下攻击者存在的特征或迹象。除非发现或观察到传感器,否则根本没有办法探测到这种攻击。这就是这种攻击如此有害的原因之一。

本章提供了对分析各种信号检测场景有用的背景材料。这些场景涉及电磁能和机械能,它们构成了所有的信号。此外,材料中的信号行为会影响到探测的脆弱性,这是由波传播的物理学原理所决定的。

波

编码在信号中的信息是通过电磁或机械振动传递的。电磁能量与传播材料的相互作用在很大程度上取决于电场和磁场与材料中电子的相互作用。这种相互作用体现在本章后面讨论的相对介电常数或介电常数中。相较之下,振动机械能由传播材料本身组成,当能量波影响相邻的分子时,该材料会在其中膨胀或收缩。

波是传播能量的物理运动的一种便捷的模型。如前所述，信号是表现出波状运动的能量形式，并被信息编码。传递信息是信号存在的原因。这样，波动和信号传播就不可避免地联系在一起了。

波动的数学描述是一个振幅随着时间变化的函数。振幅的变化以其频率或波长(即频率的倒数)为特征的速率不断重复。波动的重复性质由周期性来描述。

图3.1展示了一个简单的波动模式和波长、振幅、频率等参数。① 频率和波长通过波速成反比关系，对于电磁波来说，波速是光速 c。波的角度和线性表示之间存在 2π 的因子的关系，如下所示：

$$\omega = 2\pi\nu = ck = c\left(\frac{2\pi}{\lambda}\right) \tag{3.1}$$

在这个表达式中，$k = 2\pi/\lambda$ 被称为波数。由式(3.1)可知，下列的关系成立：

$$\nu\lambda = c \tag{3.2}$$

波长如何受到波速的影响，以声速传播的波和以光速传播的波的波长会有什么不同？

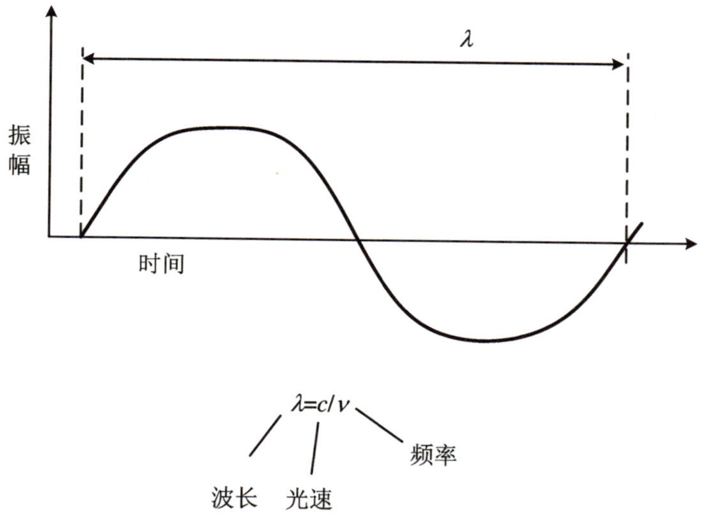

图3.1 波的振幅、波长和频率

设声音的波长和光的波长分别为 λ_S 和 λ_L，同样 c_S 和 c_L 分别为声速和光速。对于给定的频率 ν，从式(3.2)可以清楚地看出以下表达式为真：

$$\lambda_S = \frac{c_S}{\nu}, \quad \lambda_L = \frac{c_L}{\nu} \tag{3.3}$$

因此

① https://heasarc.gsfc.nasa.gov/docs/xte/learning_center/universe/energetic.html。

$$\frac{\lambda_S}{\lambda_L} = \frac{c_S}{c_L}$$

相当于

$$\lambda_S = \lambda_L \left(\frac{c_S}{c_L}\right) \tag{3.4}$$

因此，两波的波长之比与它们各自的波速之比成正比。

声速与光速之比 c_S/c_L，约为 1.1×10^{-6}。在 1 kHz 处的光的波长为 299792.458 m。从式(3.4)得知声音波长为 0.3 m。

图 3.1 显示了波的振幅随时间的变化关系。这种类型的波的作用特别符合电磁波的特征，这种波通常被称为“横向”波。机械波运动明显不同，其差异将在本章后面进行讨论。

振幅的变化发生在某个频率上，通常以每秒循环次数或赫兹为单位进行测量。频率和波长之间的反比关系值得重申。换句话说，频率是波长的倒数；较长的波长意味着较低的频率，较短的波长对应较高的频率。

在听乐器时，频率和波长之间呈反比关系。弦乐器产生的声音的波长大致相当于乐器的长度。这种效应在听到低音与更小的小提琴、中提琴和大提琴的低音时表现出来。音调与弦的长度成反比。

在图 3.1 中，波速为光速 c(在真空中为 3×10^8 m/s)，但波可以在其他速度下传播。观察到的闪电和伴随的雷声在时间上的差异戏剧性地说明了光速与声速的差异。

不同类型的波的频率、波长和振幅会变化，其传播的介质也会影响它的传播。图 3.2 显示了不同振幅和频率的波的运动。①

振幅随时间的变化见图 3.1 和图 3.2。然而，同样有效的视角是所谓的频率域。在这个视角中，波的振幅被表示为频率的函数。对于一个单一的正弦波，频率表示将包含一个以单一频率为中心的单个垂直线，通常以每秒循环次数或赫兹为单位。

在时间域和频率域上都用波表示有助于评估信号受损的脆弱性。每一个都可以揭示相关信号的有用的结构特征。因此，这两种表示都将在本书中使用，并且两者在第 13 章中对日志数据的傅里叶分析的讨论中特别相关。在这些讨论中，来自网络入侵检测设备的数据在频域进行分析，并可能产生不被重视的见解。

时间域和频率域的表示方式提供了同一信号的不同视角。这两种表示本质上是彼此对立的，但这种简单的关系掩盖了从两个视角观察信号所带来的优势。顾名思义，时

---

① http://www.cdc.gov/niosh/mining/content/emergencymanagementandresponse/commtracking/commtrackingtutorial1.html。

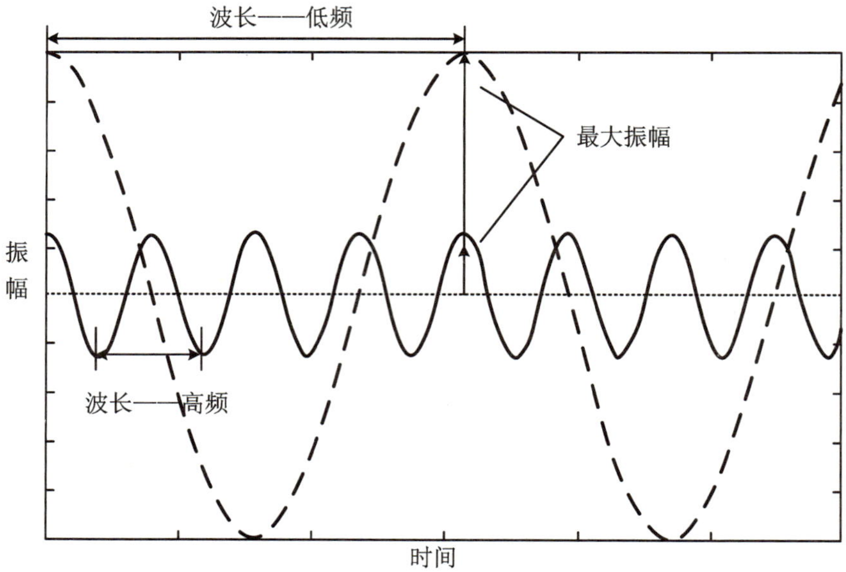

图 3.2 两个不同频率和振幅的波

间域展示了信号振幅如何随时间变化的情况。

信号通过一种称为调制的过程编码信息。这会产生额外的频率，从而使频谱变得复杂，从而使时间域表示在足够细粒度上变得难以解释。图 3.3 显示了一个以时域和频域来表示的信号。①

图 3.3 可能无法直接体现出研究这种时频二元性的优点。如前所述，信号是被调制的能量，它们的光谱可以包含许多频率。图 3.4 描述了一系列不同复杂度的信号的时频表示，其中每个信号都包含一些基频的倍数。

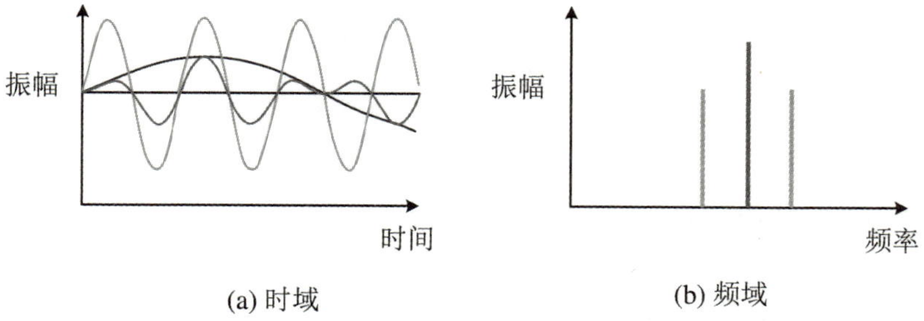

图 3.3 信号的时域和频域表示

这些基频的倍数被称为谐波，这是学习过音乐的人都熟悉的概念。这些例子提供了

① http://www.ni.com/tutorial/13042/en/。

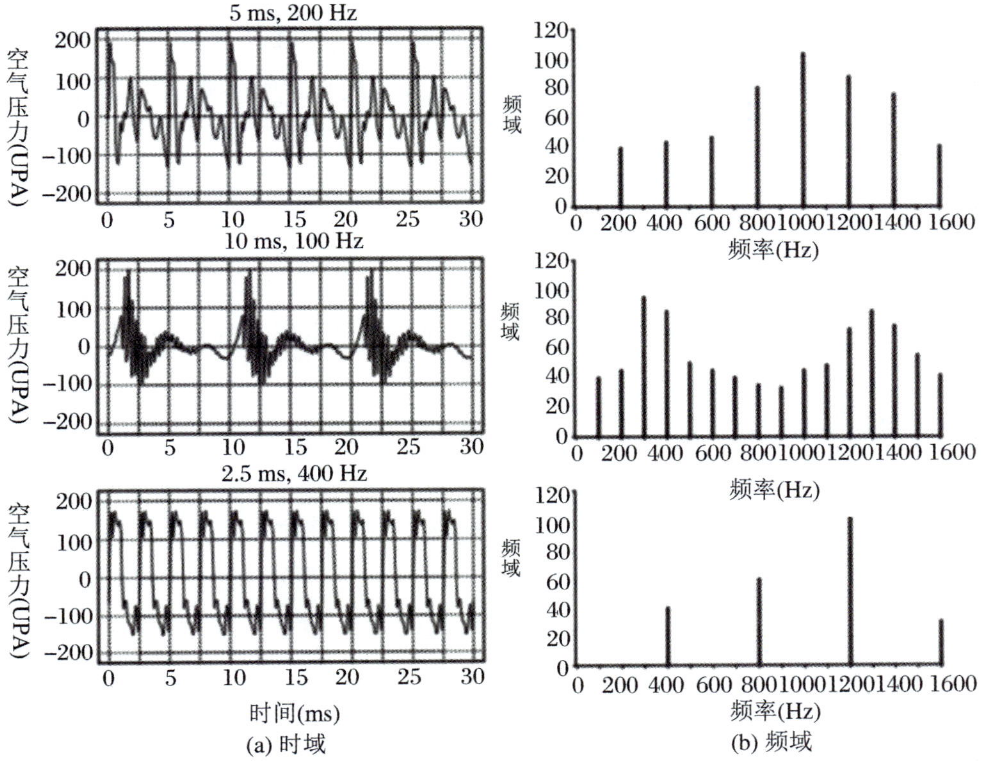

图 3.4　信号的更多时间和频率表示

通过时频变换揭示的见解,因为人们可以很容易地将信号能量的分布视为频率的函数。①

在 17 世纪末 18 世纪初,法国数学家约瑟夫·傅里叶指出,有限频带的信号,即由有限数量频率组成的信号,可以分解为单个频率的总和。这项工作的意义不容低估。傅里叶分析现已广泛应用于解决科学和工程问题,成为一种常规工具。

波的速度对信息安全有影响,因为波的传播受到速度的影响。相位速度定义为波的角频率与其波数的比值,ω/k,其中 $k=2\pi/\lambda$,λ 为波长。相位速度与波长无关的波称为非色散波②,在空气中传播的射频波是非色散波。

然而,正如敏锐的读者可能会推测的那样,如果某种波的波长确实随相位速度而变化,这种波被称为色散波。在色散波中,载波以相位速度传播,而调制包络线以群速度 $\mathrm{d}\omega/\mathrm{d}k$ 传播。对于非色散波,恒定相位速速为 c。因此,对于非色散波,群速度 c_g 等于

① University of Western Michigan, http://homepages.wmich.edu/～hillenbr/206/ac.pdf。

② 关于相位速度 ω/k 的简单推导:指定时间内振幅振荡的数量由振荡速率或频率 ω 乘以时间段的持续时间 t 给出。然而,在此期间,波还传播了一段距离 x。该距离可以表示为波长的倍数或 x 乘以 $k=2\pi x/\lambda$。现在 ωt 必须等于 xk,因为给定时间间隔内每个波长传播的距离必须等于任何给定频率的同一时间间隔内发生的振荡次数。这意味着 $\omega/k=x/t$,其中 x/t 是单位时间的距离或速度。

相位速度。

由于色散波的群速度与相位速度不同，因此波包中的波峰将以与包络线不同的速度移动。这将导致数据包改变形状。① 如果 $c>c_g$，新的波峰出现在波包的后面，通过波包向前移动，并在其前缘消失。

对于相位速度和群速度的讨论至关重要的是，即使相位速度可以超过群速度且相位速度没有理论上界，信息被编码在信号包络中。此外，包络线以群速度传播。如果情况不是这样，人们就可以在图像真正出现之前看到它，因为信息可以以超过光速的速度传播。因此，信号中信息的理论速度上限是光的速度。值得庆幸的是，因果关系没有被违反。

下面可能是一个适当的类比。考虑一个家庭乘火车旅行，其中每个家庭成员都类似于一个复杂波中的一个组成频率。火车代表波的叠加。每个家庭成员在去目的地的路上都可以在火车里四处走动。在旅途的某些阶段，一个或多个孩子甚至可能比火车移动得更快，这让他们的父母非常震惊。然而，尽管一个或多个孩子在成为乘客时可能达到更快的速度，但火车的速度决定了家庭到达目的地的时间。

常见的波色散的例子是由棱镜产生的颜色光谱以及由一些透镜产生的失真。后者是一种被称为色差的现象。在组成部分中，组成可见光的不同波长以不同的速度传播，产生熟悉的彩虹颜色。色差是同样现象，但在这种情况下它会导致图像在焦平面上的散焦。图 3.5 显示了色差的影响。②

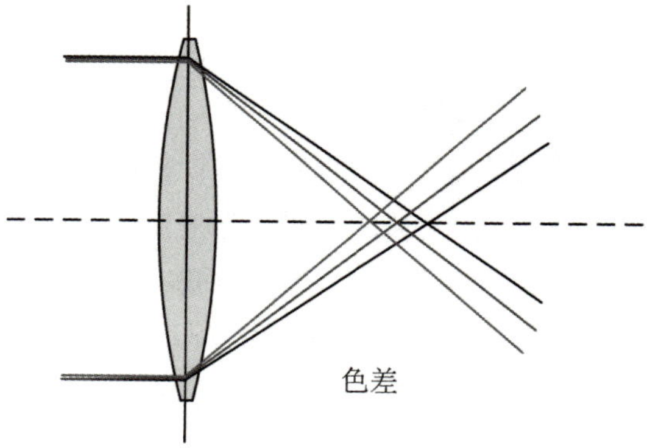

图 3.5 色散导致色差

① http://www-eaps.mit.edu/～rap/courses/12333_notes/dispersion.pdf。

② https://en.wikipedia.org/wiki/Achromatic_len。

波能和功率

到目前为止，已经提到了“能量”这个术语，但没有提供正式的定义。虽然“能量”这个词经常在随意的谈话中使用，有时也以非常不精确的方式使用（例如，“人类精神的能量……”），但它实际上有特定的科学意义。以下定义适用于本文讨论的范畴[①]：

在物理学中，能量是做功的能力。它可能以电势能、动能、热能、化学能、核能或其他各种形式存在。此外，还有热量和功，即能量在从一个物体转移到另一个物体的过程。在能量被转移后，总是根据其性质来指定能量。因此，传热可能成为热能，而所完成的工作可能以机械能的形式表现出来。

所有形式的能量都与运动有关。例如，任何给定的物体在运动中都有动能。弓或弹簧等张紧装置虽然静止，但有产生运动的潜力；由于它的结构，它包含势能。同样地，核能是势能，它是由原子核中亚原子粒子的构型造成的。

定义的关键是能量涉及运动，无论是已实现的还是潜在的。人类利用能量来传递信号，这种能量来源于声带振动或来自电子设备中的振荡电子，其中，前者可以产生语音，后者可以产生电场和磁场作为通信信号。

如前所述，信号能量根据产生该能量的过程被巧妙地分为两组：机械能和电磁能。在信息安全方面，这些分组主要由声波传输和射频传输组成。它们的区别特征对于理解每个信号的行为至关重要，因此检测对它们未经授权的漏洞至关重要。

几十年前，工程师已经理解这一区别，叫喊甚至电放大的演讲可以在有限的地理区域内传递给听众。因此，调幅/调频无线电传输被用来突破在空气中传输声能的固有限制。

机械能和电磁能有哪些区别？首先，机械能需要一种介质来传播。如前所述，机械能的传播是由被邻近分子“激发”的分子的连续振动引起的。如果没有能被如此刺激的分子，声能就不会传播。白天由各种来源引起的声音是空气分子在多种刺激下振动的结果。

相比之下，电磁能量则不需要这样的分子支持系统。考虑一下在数十万千米的距离内与深空车辆通信的无线电。这并不意味着电磁能量不受它所传播的介质的影响，仅仅意味着这种能量在真空中被完整地顺利传输。

事实上，介质对电磁和机械信号传播的影响都是深远的。两种信号能量甚至同一能

---

① http://www.britannica.com/science/energy。

量类型在不同频率的效果可能是完全不同的。在各种场景中，光学、射频和声学信号的反射、透射和吸收的能力是本书第三部分的论述焦点。

电磁能和机械能之间还有其他显著的差异。例如，每个波的运动通常是不相同的。如前所述，电磁波被称为横波，因为其传播方向垂直于振荡平面。

相比之下，表征声能的机械波平行于振荡方向传播。这种现象被称为纵波运动。也许你还记得小时候或者最近在一个不那么压抑的时刻玩弹性软管的情景。这个玩具为纵向波的运动提供了一种直观的感觉，特别是构成声波的分子类似手风琴一样运动。具体来说，由压力变化引起的相邻分子的连续激发会影响能量通过给定材料的转移。

图 3.6 显示了纵波运动，显示了密集和稀疏的区域，即膨胀区域，以及振幅上的波峰和波谷的区域。纵波运动应与横波运动进行比较，横波运动如图 3.1 所示。①

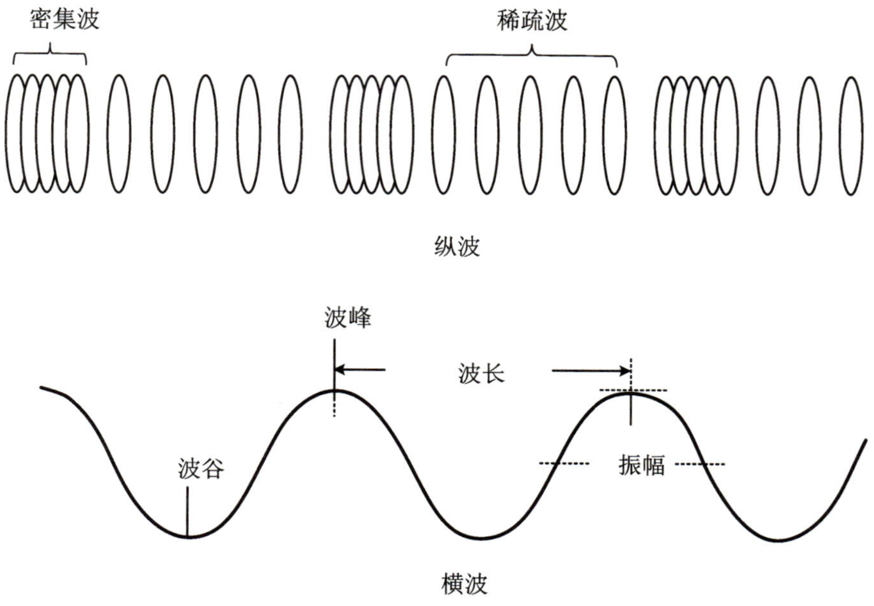

图 3.6　纵波运动与横波运动

信号能量的哪些物理特性在估计信号检测的脆弱性时是重要的？回想一下，能量是做功的能力。功被定义为施加一个力的距离。因此，信号能量就是它所施加的功，包含电子（产生电压）和质量（产生位移）的电磁和机械能。②

---

① http://mierochaj.wikispaces.com/Types+of+waves。

② 顾名思义，电磁信号是由电场和磁场组成的。电场 E 确实对电荷起作用。力的大小等于电荷的大小 q 乘以 E。虽然变化的磁场不会对静电荷施加力，但它们会产生电场（见第 5 章和麦克斯韦方程式编号 3 或法拉第定律），这些电场会对电荷施加力，因此会做功。

所有的信号都需要一个传感器来进行检测。一个传感器被设计用于响应一个特定信号的能量。在单个电磁信号的情况下，传感器是一个天线或镜头。相对于天线，电场对金属中的电子施加一个力，产生一个电压，进行检测、处理和放大，以重建原始信号。具体来说，入射到天线上的信号能量的瞬时速率必须足以产生一个电压，然后这个电压可以被一个接收器放大和解调。

每单位时间内的信号能量被定义为信号功率。在信息安全场景中，重要的是信号功率，而不是信息源辐射的总能量。能量和功率之间的差异可以通过一个实际的例子来更好地理解。

假设这本书是如此的引人注目，达到了在晚上和白天都必须阅读的程度。要满足这一愿望，就需要一个人工光源。有一种灯泡可供选择，一个额定功率为 1 W，可以持续照明 100 小时，另一个额定功率为 100 W，只能持续照明 1 小时。

在这两种情况下，总能量是相同的：100 W · h。然而，人们可能会努力去读这本书或其他书，即便只有 1 W 的可用功率。另一方面，100 W 的能量应该提供足够的能量以保证在合理的距离阅读文本，即使体验只能持续 1 小时。

但是，仅靠功率并不能说明有关人眼、相机和天线等传感器的全部情况。想象一下，如果探测器远离能源，传输的功率就会以某种方式被稀释。如何对这种功率稀释进行量化？

例如，假设一个人现在试图在 100 m 处用 100 W 的灯泡作为照明来源来阅读这本书，而不是在 1 m 的地方这样做。如果灯泡可以被认为是一个点源，那么它就会向各个方向辐射等额功率。

所以辐射随着半径增大的虚球表面扩散。任何半径为 r 的球体的表面积都为 $4\pi r^2$。因此，强度会随着离点源距离的增加根据以下公式降低：

$$\left(\frac{r}{R}\right)^2=\left(\frac{1}{100}\right)^2=\frac{1}{10000}$$

因此，在 100 m 处的可见光的功率密度为 0.0001 W/m^2。需要注意的是，这个计算忽略了白炽灯能效低下（1.5%～2.5%）的问题。与此数字相比，紧凑型荧光灯泡的能效变化范围为 7%～10%。①

光强的标准单位是勒克斯或每单位面积的光通量。一个舒适阅读水平的光强约为

① 紧凑型荧光灯泡的发光功率或光输出功率为 50～70 lm/W。白炽灯灯泡的功率为 10～17 lm/W。在理论上，一个 100% 高效的灯泡的发光效率为 680 lm/W。因此，紧凑型荧光灯的效率在 50/680(0.07)和 70/680(0.1)之间，白炽灯的效率在 10/680(0.015)和 17/680(0.025)之间。

500 勒克斯。① 这个数字相比 100 m 外的 100 W 白炽灯的强度高出 334×10^3 W/m² 或 95 dB。

请注意，灯泡在 100 m 时辐射的总功率与在 1 m 时相同，但距离将光源有效强度稀释到低于对人类光学传感器，即人眼可见水平。

相长干涉和相消干涉

如果两个波在完全相同的时间和相位上到达空间中的一个点，它们各自的振幅将会相互增强，强度将会增加。这种现象被称为相长干涉，如图 3.7 所示。②

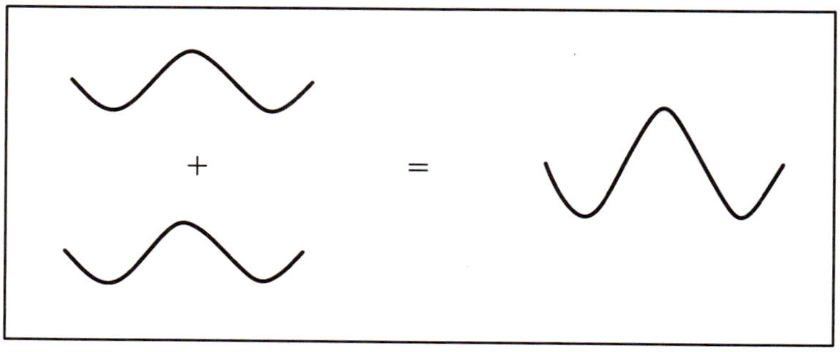

图 3.7 相长干涉

然而，如果两个波相距 1/2 波长，或者偏离相位 180°，它们的振幅就会相互抵消，导致没有声音产生。这种特殊的现象被称为相消干涉，如图 3.8 所示。

相长干涉和相消干涉都与许多信息安全场景相关。干涉显然与波之间的相位关系有关。这意味着什么？它如何适用于安全场景？

在本章的前面，我们介绍了波运动的振荡性质。由于反射、多信号源、多频率等，沿信号传播路径可以存在多个波。工程师有时试图利用波之间的相位关系，分别通过破坏性或建设性干扰来最小化或最大化生成信号。

考虑一下用正弦波表示振幅的波的运动。这是一种典型的描述。振幅可以是一个人所选择的任何单位：伏特、安培、美元和瓦特每平方米等。关键是，某个量的大小会随着时间的推移而上下振荡。这种振荡可以被认为是绕圆圈做周期运动。每一周期对应 360°，一个循环包括完整的一圈。

---

① http://www.e2energysolutions.com/Resources/Light%20levels%20in%20schools%20all%20interior%20and%20 exterior%20 - %20USE.pdf。

② http://www.nasa.gov/missions/science/f_interference.html。

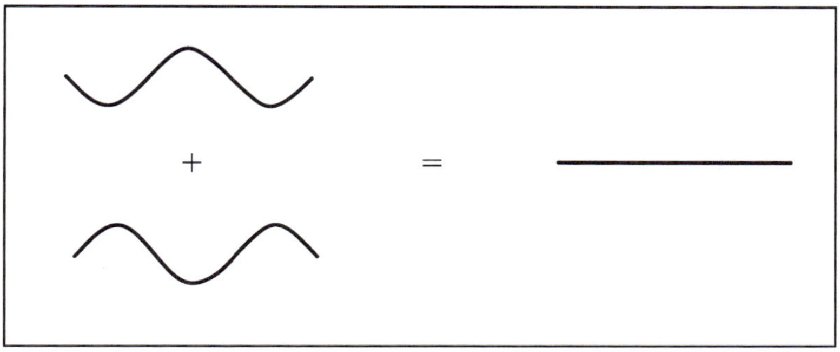

图 3.8　相消干涉

精确地说,波运动的振幅每个周期重复,一个周期由 360°组成,360°相当于 2π 弧度。这个时间级数可以用弧度或角度测量的相位角来描述。图 3.9 显示了周期波的运动,其中波的振幅相对于相位角以角度和弧度绘制,振幅以伏特为单位衡量。

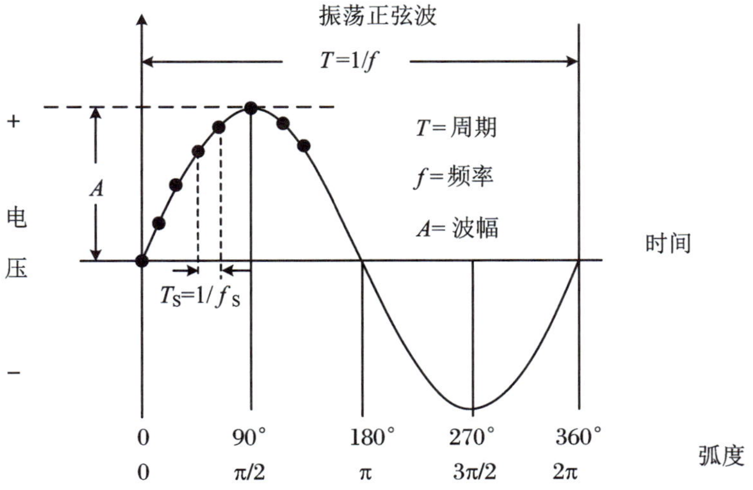

图 3.9　描绘波的运动的正弦波

让我们假设两个波独立传播,每个波都有一个恒定的频率。此外,一个波相对于另一个波在时间上提前了半个波长。换句话说,一个波到达最大值,而另一个波到达最小值。如果两个这样的波在空间的特定点相交,它们的相位关系将引起相消干涉,如图 3.8 所示。

任何在汽车上听过地面无线电的人都亲身经历过多路径的影响。调幅和调频无线电传输可以通过多条路径到达一个特定的目的地。其中一条路径可能是来自广播天线的直接传输。另一条路径可能是由建筑物或卡车等大物体的反射产生的。

让我们假设汽车与建筑的距离为 D,并且直线传播到汽车的信号和通过建筑物反射到汽车的信号叠加，即同时到达同一点和相位。回想一下，一个波长对应 2π 弧度，所以一半的波长等于 π 弧度。如果汽车向大楼移动一半或更远的波长，无线电信号就会消失。

同样，如果两个波之间的相位关系可以偏移，即一个波延迟 π 弧度，两个波将构成干涉，它们的最大振幅将重合，如图 3.7 所示。可以设置传输能量的物体来利用波之间的相位关系，第 10 章讨论抛物面反射器时上述理论将变得很明显。

共　振

一个对分析物理现象非常重要的概念是共振。当波与材料相互作用时，材料的某些物理特性会深刻地影响波的性质。具体情况与材料和入射波的性质有关。

共振是指最大能量被材料或结构吸收的情况。它被显示在一个预选的频率或一组频率上。在一定频率范围内对力的响应对于理解系统在各种操作条件下的反应至关重要。

简谐振子是解释共振的核心。谐振子系统可以被建模为弹簧上的质点，并被用于模拟其中驱动力作用于这样的质点的情况。图 3.10 显示了一个位移垂直 y 方向的质点和弹簧系统。① 在位移后将质点恢复到平衡位置所需的力与质点的位移成正比。该现象被表示为 $F=-ky$，其中 F 称为恢复力，k 是比例常数或杨氏模量，y 是位移的大小。② 这个方程被称为胡克定律。③ 请注意，如果弹簧在静止位置，质点就不会运动，这是对下面讨论的一个很好的说明。

为了移动质点，必须施加一个外力（如重力）。根据牛顿第二定律，外力等于质量乘以它的加速度。但根据胡克定律，弹簧所施加的恢复力与外力所引起的位移成正比。

当这两个力相等时，得到质点的位移如下：

$$F = -ky = ma \tag{3.5}$$

回想一下，m 是质量，a 是加速度。由于加速度只是位移 y 随时间 t 的变化，即位移对时间的二阶导数，式(3.5)可以写成如下微分方程形式：

$$-ky = \frac{m\mathrm{d}^2 y}{\mathrm{d}t^2} \tag{3.6}$$

---

① Florida State University，http://www.math.fsu.edu/~fusaro/EngMath/Ch2/MFO.html。

② ky 前面的负号存在，因为弹簧施加的恢复力与取代质量的外力相反。

③ 以英国科学家罗伯特·胡克(1635—1703)的名字命名。

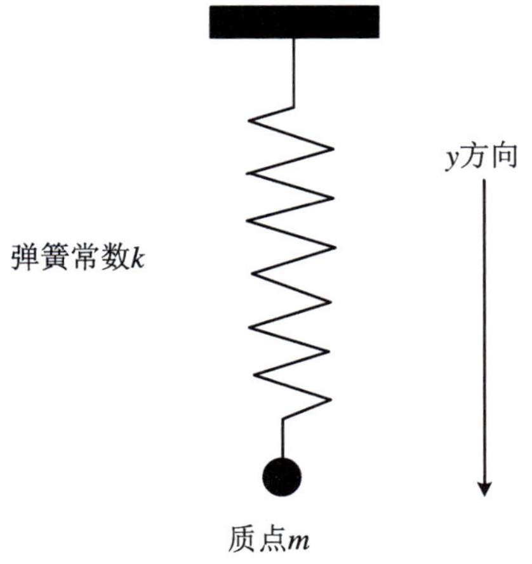

图 3.10 简单的质量和弹簧谐波振荡器

重要的是,式(3.6)的解显示了质量随时间振荡。正弦模式意味着一个结构对这个函数的响应是振荡运动。

然而,所有的振荡结构在每个振荡周期中都经历了一定的能量损失,这种损失被称为阻尼效应。当阻尼效应很小时,谐振频率近似系统振动的固有频率。有些系统有多个谐振频率。

任何使用过钟摆系统的人都经历过该系统振荡的固有频率。当一个人以系统的共振频率(系统摆动的固有频率)施加能量时,可以达到最大的高度。

对更有力的共振效应证据感兴趣的读者,只需要观看华盛顿州塔科马海峡大桥被毁的视频。在这种情况下,风在桥的共振频率上提供了大量的能量,这导致了大振幅的振荡,并最终导致结构的灾难性破坏。

对阻尼系统的共振效应的更定量的表示如图 3.11 所示。这里显示了驱动和阻尼单谐振子的振幅随着阻尼减小和频率接近谐振频率而增加。[①]

从技术上讲,只有当以下所有条件都得到满足时,才会发生共振[②]:

(1) 没有阻尼;

(2) 存在一个周期函数;

(3) 施加外力的函数频率与系统的固有频率完全匹配。

然而,当阻尼存在但不显著,并且周期函数的频率非常接近系统的固有频率时,就会发生大振幅振荡。

共振现象在机械系统和电磁系统中都得到很好的表现。共振对信息安全场景有影

---

① https://en.wikipedia.org/wiki/Resonance。

② http://www.math.psu.edu/tseng/class/Math251/Notes-MechV.pdf。

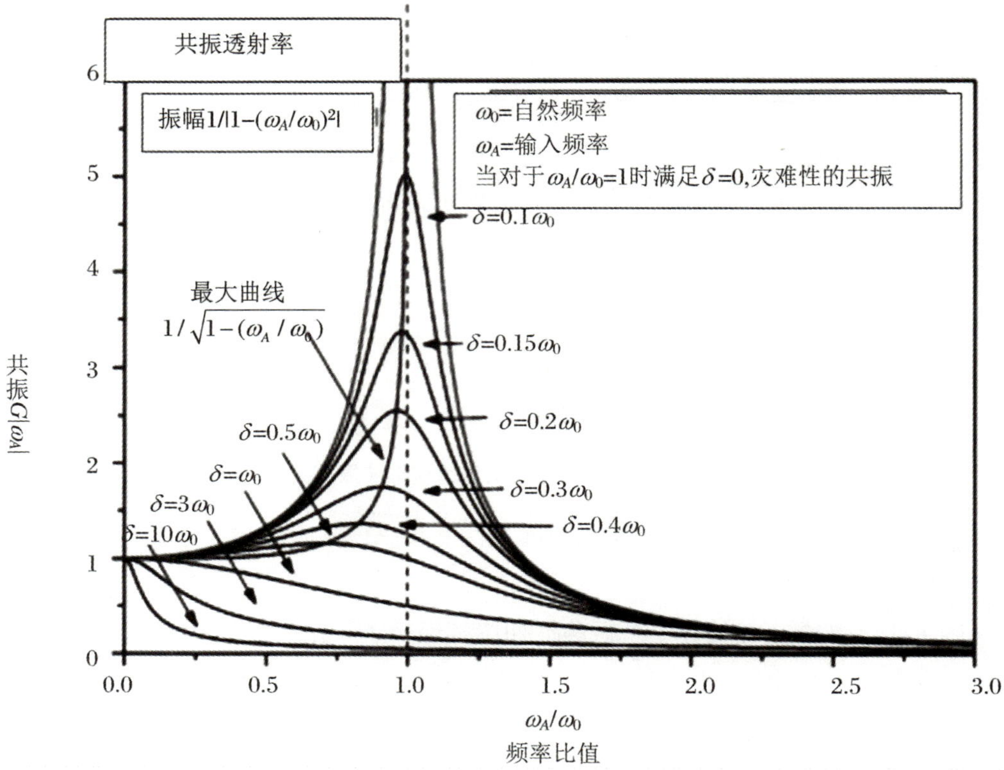

图 3.11　简单阻尼谐振子对频率接近谐振时阻尼减小的响应（δ 为阻尼系数）

响，因为信号是通过波的运动传输的。电磁和机械信号与可能表现出共振的结构相互作用，从而增强或吸收信号能量，潜在地影响到受损的脆弱性。

衍射和透镜

衍射可能是与信息安全场景有关的波运动相关的最重要的物理过程。接下来整个部分都将致力于解释衍射现象，因为它对图像的分辨率施加了一个基本的限制。衍射是由干涉引起的，其中能量与障碍物相互作用，障碍物的物理尺寸与入射能量的波长相当，其结果是波峰的扩散。

衍射发生在所有的波中，包括声波、水波和电磁波，例如，可见光、X 射线和无线电波。图 3.12 用图的形式显示了衍射的效果。①

① http://missionscience.nasa.gov/ems/03_behaviors.html。

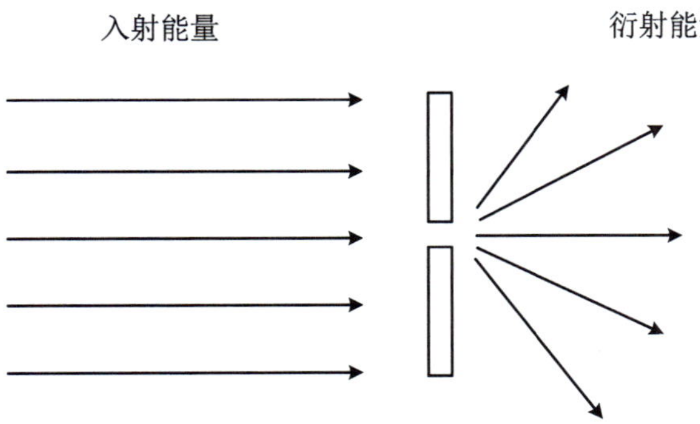

图 3.12　衍射的影响

关于衍射对光学透镜影响的讨论是值得说明的，因为它为第9章中讨论的光学攻击场景提供了有用的背景。具体来说，衍射决定了聚焦所提高图像分辨率的极限。

想象一个攻击者正在试图解析相邻建筑物的计算机显示器上的文本。衍射决定了根据给定的透镜尺寸可以区分的字母大小。①

文献[1]提供了衍射的图形描述。考虑以可见光的形式入射到透镜上的电磁波。

图3.13显示了一个宽度为 D 的透镜，它将波聚焦在距离镜头 L 的点 b 上。λ 是光的波长。

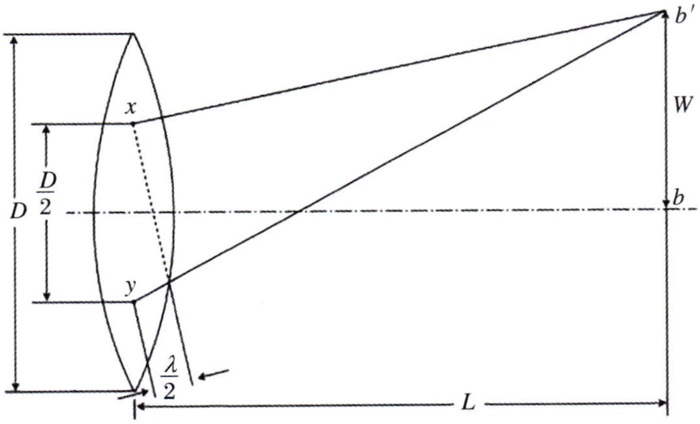

图 3.13　说明透镜衍射的几何形状

透镜被分为两部分，每一半的中心和点 x 与 y 之间的距离为 $D/2$。假设一个人从 b 向上移动到 b'。距离 W 使得从 b' 到透镜下半部中心的距离比从 b' 到透镜上半部中心的距离大 $\lambda/2$。

① 其他方案功能会影响漏洞，例如可见背景光的强度。这些将在第6章中讨论。

在 b'处，来自透镜下半部分的波的波谷将与来自透镜上半部分的波的波峰同时到达。因此，在 b'处不会有波，因为会发生相消干涉，它们的振幅会完全抵消。

由于 L 远远大于 W 或 λ，镜头分辨率限制为 $W/L \sim (\lambda/2)/(D/2) = \lambda/D$。因此，波会在 b 附近上升和下降，但在 b 以上和以下的 W 附近，将不会有波。很大一部分波将落在 $b - W/2$ 与 $b + W/2$ 之间。

对于圆透镜/孔径，角分辨率由瑞利准则定义，并由下列表达式给出：

$$\alpha = 1.22\frac{\lambda}{D} \tag{3.7}$$

式(3.7)指定了所谓的衍射极限，这个极限对光学、声学、天线理论和一般的波现象有着深远的影响。为了说明该原理的一个简单应用，考虑一个不太可能的情况，即需要确定在什么距离上能区分迎面而来的汽车的两个前灯。

让我们假设汽车前灯的距离 $d = 1.5$ m。人眼圆形瞳孔的直径 $D = 3$ mm，而光的平均波长 $\lambda = 5000$ Å。①

圆形透镜的角分辨率 α 由式(3.7)给出。因此，我们可以计算出进入瞳孔的光能的角分辨率为

$$\alpha = \frac{1.22 \times (5 \times 10^{-7})}{3 \times 10^{-3}} = 2.03 \times 10^{-4}(\text{rad})$$

如果为 $\alpha = d/R$，则距离 R 和距离 d 的两个源将分开出现。换句话说，解决这两盏灯所需的光斑大小 d 对应于$R\alpha$。所以求解 R 可以得到以下结果：

$$R = \frac{d}{\alpha} = 7.38\ \text{km}$$

天线和增益

衍射也适用于将电磁能量聚焦在射频波长上的天线。就像光学透镜一样，衍射限制了发射和接收天线的聚焦功率。让我们给出一个例子，它将导出一个对信息安全[1]具有重要影响的公式。

天线能够表现出方向性，从而集中信号能量。也就是说，它们能实现信号增强，从而将信号能量集中在狭窄的实心角内。但是，这种效应是以牺牲其他固体角度为代价的，因为总的辐射或接收的能量必须守恒。换句话说，为了选择强度增强的区域，牺牲了空间多样性。假设攻击者从直径为 D 的发射天线检测一定距离 L 的微波信号，发射天线

① 1 Å $= 10^{-10}$ m。

将波长为 λ 的微波能量广播给距离发射器 R 的微波能量束。

使用式(3.7)的修改版本和衍射引起的圆形透镜的角发散表达式，接收天线的光束宽度 $W \sim \lambda R/D$。如果假设光束是圆形的，则由于光束散度而引起的能量扩散的面积 A 近似等于一个直径为 W 的圆的面积，即

$$A = \left(\frac{\pi}{4}\right) W^2 = \frac{\pi \lambda^2 R^2}{4 D^2}$$

如果 A_r 为接收天线的面积，则接收天线检测到的功率 P_r 与总发射功率 P_t 的比值如下所示：

$$\frac{P_r}{P_t} = \frac{A_r}{A} = \frac{4 A_r D^2}{\pi \lambda^2 R^2} \tag{3.8}$$

如果发射天线为圆形，其面积 $A_t = \pi D^2/4$ 或 $D^2 = 4A_t/\pi$。因此，接收功率与传输功率的比值如下：

$$\frac{P_r}{P_t} = \frac{(4/\pi)^2 (A_r A_t)}{\lambda^2 R^2}$$

执行一些代数变换，基本的关系就会变成

$$\frac{P_r}{P_t} \sim \frac{A_r A_t}{\lambda^2 R^2} \tag{3.9}$$

式(3.8)和式(3.9)是 Friis① 公式。简单地说，这个公式规定，为了在给定的距离内增加接收功率与发射功率的比值，可以增加接收面积和增加发射天线的面积或减小信号的波长。

图3.14显示了由 Friis 公式所描述的场景。② 在这种情况下，G_t 和 G_r 分别表示发射天线和接收天线的增益，其中 Friis 公式也可以写成

$$P_r = \frac{P_t G_t G_r \lambda^2}{(4\pi R)^2} \tag{3.10}$$

Friis 公式经常用于计算，以确定信号对检测的脆弱性。通常情况下，人们知道信号发射器和一个假定的检测地点，以此计算该地点的信噪比。或者，人们希望确定相对于环境噪声的检测阈值处的距离，其中信噪比假设为最小值10。

请注意，在式(3.9)中，A_r 和 A_t 代表天线的物理区域。理想的天线在整个区域传输相同强度的波。类似地，理想的接收天线在整个区域聚焦相同强度的波。实际的天线并不理想，人们必须使用所谓的有效区域。例如，一个偶极子天线的有效面积是 $\lambda^2/(4\pi)$，这一数据将在未来章节的几个计算中使用。

---

① Harald T. Friis(1893—1976)是一名丹麦裔美国工程师，他对射频传播和射电天文学作出了重要贡献。

② http://www.everythingrf.com/rf-calculators/friis-transmission-calculator。

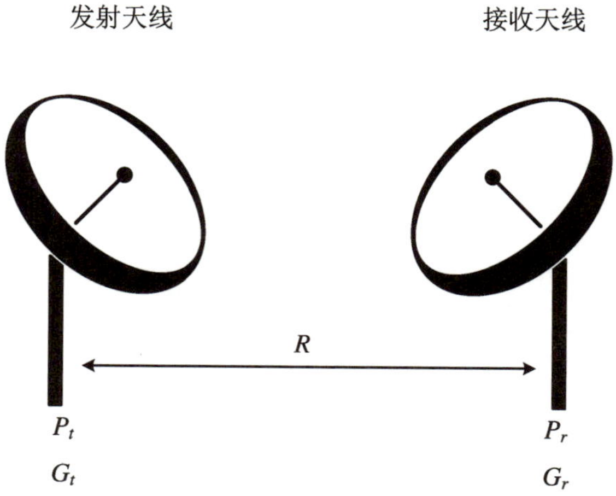

图 3.14 与 Friis 公式相关的发射/接收天线配置

辐射能量的点源

一种信息协商的物理模型在其适用性方面很突出，值得特别强调。该模型在第 3 章中首次提到，适用于当辐射源被认为是一个“点源”时的场景。一个源是否适合作为点源有两个标准：

(1) 和源与探测器之间的距离相比，源的物理尺寸很小；

(2) 辐射能量的波长比源的物理尺寸要大。

辐射能量点源的强度作为距离场源的函数时表现出独特的行为。这种行为使得分析某些信息安全场景变得有意义。

点源的强度读者已经了解了，即来自功率为 S 的源的强度 I 和源与检测点之间的距离 r 的平方成反比。此关系如下：

$$I = \frac{S}{4\pi r^2} \tag{3.11}$$

我们可以想象一个源在一个想象的球体的中心辐射能量。随着距离的增加，强度随着其分布的表面积的增加而降低。然而，在任何给定的球体半径下，总功率保持不变。由于强度与距离的平方成反比，因此强度在初始半径 r 处为 I，在 $2r$ 处为 $I/4$，在 $3r$ 处为 $I/9$，等等，辐射能量的点源[①]示意见图 3.15。

① http://imagine.gsfc.nasa.gov/science/activities/try_l2/supernovae.html。

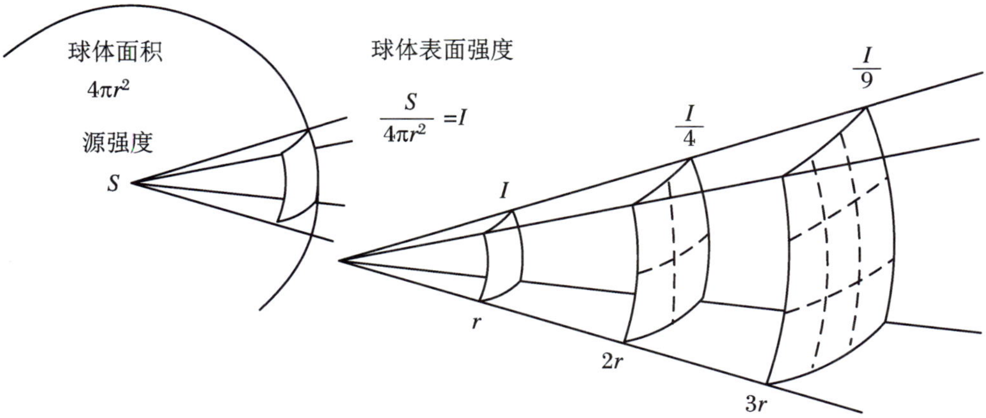

图 3.15 辐射能量的一个点源

这个强度也可以用分贝来表示。考虑一个强大的声能点源。在距离源 1 m 处测量的强度为 90 dB 声压级(SPL)。通常情况下,声音能量是隐含地参考最低听力阈值或 SPL 来衡量的。

将距离源的距离增加一倍,即 2 m,强度降低为原来的 1/4,变成 84 dB 的 SPL。在距离源 4 m 的地方,点源模型预测强度将会再降低 6 dB,即强度为 78 dB 的 SPL。点声源的强度与分贝的函数①见图 3.16。

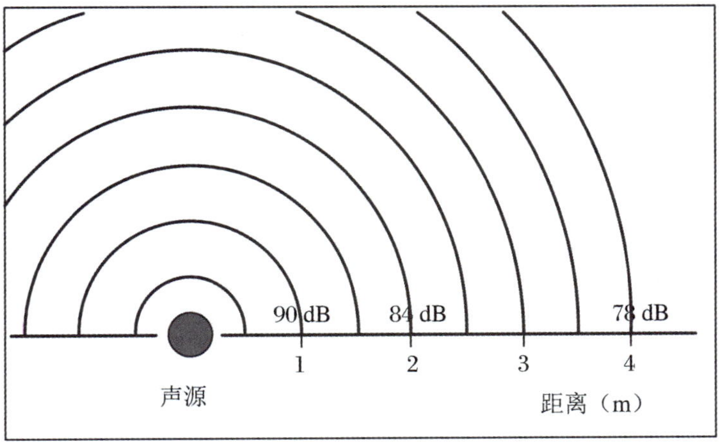

图 3.16 声源点源的强度

辐射能量的点源在信息安全场景中很常见,因为这两种合格条件之一通常适用于感兴趣的场景。该模型能够将强度作为源和探测器之间分离的函数进行估计,其中这个距离是信息泄露威胁的一个关键风险因素。

① https://www.osha.gov/dts/osta/otm/new_noise/。

总结

所有的电子设备都辐射能量，所有形式的能量都遵守物理定律。因此，熟悉控制能量通过各种媒体传播、反射、吸收和传输的基本物理概念，有助于理解信息安全风险。此外，该过程可以发现在电磁、声学和光学攻击场景中信息泄露的弱点。

能量通过波传递，波的运动由波的振幅、频率和相位来描述。虽然电磁能和机械能都是通过波的运动来传递的，但每种情况下的运动类型都是不同的。在前一种情况下，电场和磁场在相互垂直的平面上振荡，而这些平面本身又垂直于运动方向。在以声波形式传播的机械能的情况下，波的运动表现为纵向行为，传播方向与波的运动方向平行。不同类型的传感器用于检测和/或解析电磁和机械形式的能量。在光学频率下的电磁能量需要透镜来产生聚焦的图像。在红外频率以下，电磁能量需要天线来探测传播的能量。麦克风用于探测机载声能，加速度计探测结构载能。功率定义为单位时间的能量，强度定义为单位面积的能量。用于检测信号能量的传感器会对信号强度作出响应。

利用 Friis 公式可以计算链路余量，即在接收端上的发射天线和接收天线之间测量的传输功率。它还可用于确定信号的易被探测性。通常，人们知道一个信号发射机和一个潜在的检测地点之间的距离，以便计算在该地点的信噪比。或者，人们希望确定 P_r 相对于环境噪声的检测阈值的距离是多少。

当能量源为点源时，能量的强度随距离源的减小而降低，其速率与距离的平方的倒数成正比。点源是估计信号检测脆弱性的一个有用模型，因为许多信息安全场景都涉及一个可以作为点源的能量源。

所有的能量检测都需要一个传感器，而所有聚焦能量的传感器的分辨能力都受到衍射的限制。衍射是当入射能量的波长与传感器的尺寸相当时发生的一种干涉现象。衍射的作用是引起入射能量的扩散。衍射发生于所有的波中，包括声波、水波和电磁波，如可见光、X 射线和无线电波。

参考文献

[1] Pierce JR. Electrons, waves, and messages. Garden City, NY: Hanover House; 1956. p. 92-3.

第 4 章

电 磁 波

引 言

电磁能就在我们周围，而且总是存在的。能量可以是天然的，也可以是人造的，并且来自地球或外星球。用信息编码的能量从电子设备中辐射出来，并构成了攻击者的目标辐射。这种辐射是电磁波，这些波遵循本章中解释的基本物理原则。因此，这些原则支配着需要保护而免受泄露的信号的行为。其论点是，理解这些原则有助于制定有效的信息安全策略。

自 1864 年英国物理学家詹姆斯・克拉克・麦克斯韦(1831—1879)首次提出电磁学基本方程以来，有关电磁理论的书籍和论文层出不穷。在麦克斯韦方程组之后，德国物理学家海因里希・赫兹(1857—1894)进行了实验，证明了电磁波的存在。[①] 关于电磁能量与材料相互作用的细节现在已经被很好地理解了，而且这对于更深入地了解信号检测的脆弱性和最终的信息泄露的脆弱性至关重要。

诚然，本书中的陈述是非常基础的。本章利用了在前一章中讨论的定量机制，提供了具有相关例子的基本科学概念。目的是传达对电磁理论和其他物理现象的高水平理解，以促进对信息安全威胁风险因素的更深层次的理解。

---

① 关于电磁理论的教科书并不稀缺。这里有三个非常不同的版本，以适应不同的口味和背景。其中，最容易获得且与信息安全直接相关的是约翰・R. 皮尔斯的《电子、波和信息》。不幸的是，这本写得非常好的书已经绝版，尽管撰写本书时在网上有副本。爱德华・M. 珀塞尔所著的《电与磁》一书虽然技术性要强得多，但非常出色。最后，标准的研究生教材是约翰・D. 杰克逊的《经典电动力学》，并且至今仍然是该领域的经典作品。

电磁场和通量

电磁场

在第3章中指出，电磁波是横波。换句话说，传播的方向垂直于电场和磁场的相互垂直的振荡平面。这些场代表了具有能量的电磁波的组成部分。图4.1显示了电磁波的作用形式。①

电场和磁场分别根据它们对静态和移动测试电荷施加的力来定义。电场和磁场都是矢量，所以它们都有大小和方向。矢量的例子比比皆是，与它们所施加的力相对应的线是一种直观地表示它们的简单方式。线的密度越大，力就越大。这些力会影响到信号的传输、吸收和反射，从而影响到信息安全。

电场对带电粒子施加力，因此矢量可以方便地表征电场的方向和大小。磁场不会直接向带电粒子施加力，除非粒子垂直于电场运动。② 然而，变化的磁场产生电场，进而产生力。这是本章后面讨论的麦克斯韦方程的关键结果之一。

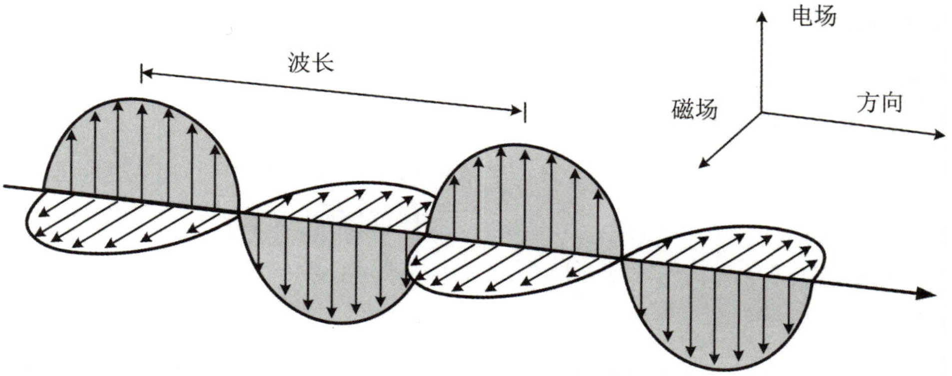

图4.1 一个电磁波

电场与静电电荷和移动电荷相关，而磁场只产生于移动电荷，即电流。运动的概念比人们预期的更微妙，因为运动状态取决于观察者的参照系，这个观点值得加以讨论。假设一个静止不动的观察者，一辆汽车以60千米/小时的速度超过这个人。很明显，人

---

① http://www.srh.noaa.gov/jetstream/remote/remote_intro.htm。

② 这是一个所谓的“表观力”的例子，因为它只对运动做出反应。另一个可能更熟悉的例子是离心力，它作用于在圆中运动的物体。

观察到车辆运动。如果需要实物证据，如果静止的人拿着一个校准过的测速枪瞄准车辆，将测量出汽车的速度为 60 千米/小时。现在考虑一下观察者以 60 千米/小时的速度向与汽车行驶的相同方向行驶的情况，观察者把枪对准车辆，在这种情况下，毫无疑问，相对于观察者，车辆看起来是静止的。这个结论对于电磁理论有着深远的意义。这意味着，通过选取不同的参照系，可以把电场和磁场看作等价结构。这是一个相当草率的说法，它过于简单以至于无法与它所带来的影响相匹配。

作为移动汽车示例的一个简单扩展，假设一个参照系 F 中他观察到一个电荷在参照系 F 中移动。他或她会同时观察到电场和磁场，因为电荷会移动，从而产生电流。现在假设同一个观察者在移动电荷的参照系中。在参照系 F' 中，电荷似乎是静止的，因此只有一个电场存在，我们不会观察到磁场。

需要狭义相对论来充分解释电场和磁场之间的关系。在本书中，电场和磁场将被视为单独的实体，它们之间的相互关系是通过麦克斯韦方程明确定义的。事实上，电场或磁场的定义本身就取决于参照系。

本节以物理量及其各自的符号列表结束，在书的其余部分中使用，并将在介绍时进行解释。

D，电通密度，等于 $\varepsilon_0 E$；

E，电场，以伏特/米为单位；

B，磁通密度，等于 $\mu_0 H$；

H，磁场，以安培/米为单位；

ε_0，自由空间介电常数，等于 8.35×10^{-12} F/m；

μ_0，自由空间磁导率(导磁常数)，等于 $4\pi \times 10^{-12}$ H/m。

电通量和磁通量

如前所述，电场或磁场的强度与它们在空间区域内各自的场线的密度成正比。这些场线对应于电通量和磁通量，这是由麦克斯韦方程所描述的电磁现象的核心物理量。

由于电通量的变化率分别产生磁场和电场的时间变化率，引入了通量的定义。采用这种经济的处理方法是有理由的，因为它是一种实现与信息安全有关的简单计算的有效方法。

在垂直于电场 E 方向的面积 A 的表面上的电通量 Ψ 的定义如下：

$$\Psi = \varepsilon EA \tag{4.1}$$

其中，ε 为相对介电常数(介电常数)，即电通量是穿过 A 区域表面的电场线的总数。类似地，穿过垂直于磁场 B 的 A 区域表面的磁通量 Φ 定义如下：

$$\Phi = \mu BA \tag{4.2}$$

其中，μ 为自由空间介电常数，磁通量是穿过 A 区域表面的磁感线的总数。

通量的概念对于理解电磁现象至关重要，它对于理解信息安全的基本原理也很重要，因为与一个更直观的物理量进行类比可能对理解通量会有所帮助。[①]

考虑一个假想的矩形环状区域 A 所在的表面。水以速度 v 流过这个环所在的平面。为了简单起见，我们假设水是垂直于 A 所在的平面流动的，尽管这是一种特殊情况，因为水可能以任何一个角度流动。对于这个特殊的几何模型，可以假定表面的水的通量是单位时间内通过横截面积 A 的体积 v，所以水的通量 $\Phi_w = vA$。

重要的是，通量的特征是“事物”的数量，例如，水、粒子、香蕉、汽车、电场和磁场，它们在单位时间内跨越任意边界。

现在假设环或表面的方向是与水流方向平行的。在这种情况下，没有水流过环路所在平面，因此，前面定义的通量为零。环路相对于流动方向垂直和平行是与通量有关的两个最简单的几何图形。

一般来说，真实场景并不那么简单。事实上，讨论向量和曲面积分的目的是解决在信息安全场景中出现的更复杂几何图形。

更一般的问题是计算当环的平面相对于流过表面的“物体”的方向呈任意角度时的通量。在与信息安全有关的情况下，通量通常是磁场线或电场线。此外，这些电场所施加的力的大小与“流过”一个表面的电场或磁场线的密度成正比。

图 4.2 有助于可视化通量的两种极端情况，它描述了垂直和平行于入射通量方向表面的两个模型。[②] 前者的通量最大，后者的通量为零。

电场和磁场的通量与电磁信号的检测的相关性在某种程度上可能越来越明显。然而，目前仍然缺乏以下几个概念。具体地说，通过讨论曲面积分，引入了向量的概念。这使得电、磁通量的时间变化率的一般计算成为可能，这有助于解释信号检测的极限。

当任何由电荷组成的介质被放置在电场中时，其中的电荷根据所施加的电场的方向和强度移动。一般来说，电荷根据外加场的方向而极化或稍微分离。

注意，外加电场通常在特定的频率振荡，因此极化或电荷分离会发生变化。但并不是所有的材料和其中的电荷都会以同样的方式响应电场所施加的力。介质的介电常数代表由于外加电场而在材料中存在的极化幅度。

在图 4.3 中，一个电场导致了正负电荷的极化。[③] 相同大小的电场导致一种材料中

---

① http://kestrel.nmt.edu/～raymond/books/radphys/book2/book2.html?sa=X&ved=0CC4Q9QEwDDgUahUKEw japbbuzv7GAhVIlR4KHXfDAPY。

② http://betterexplained.com/articles/flux/。

③ http://www.sharetechnote.com/html/RF_Handbook_Permittivity.html。

的电荷比另一种材料极化程度更大，这可以从正负电荷分离的差异中得到证明，极化程度越高的材料具有更高的介电常数。

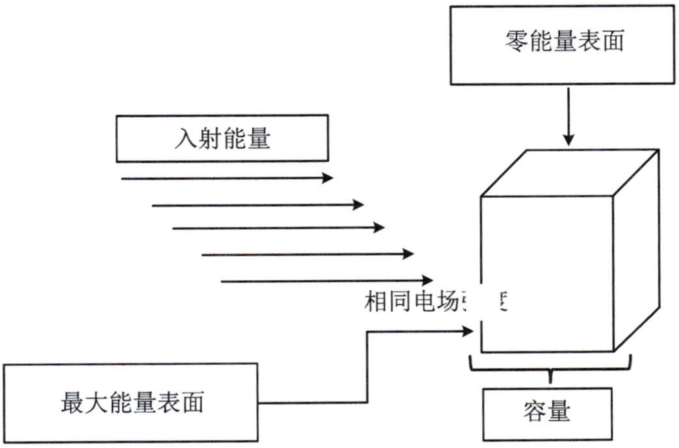

图 4.2　一个向量场最大最小电通平面

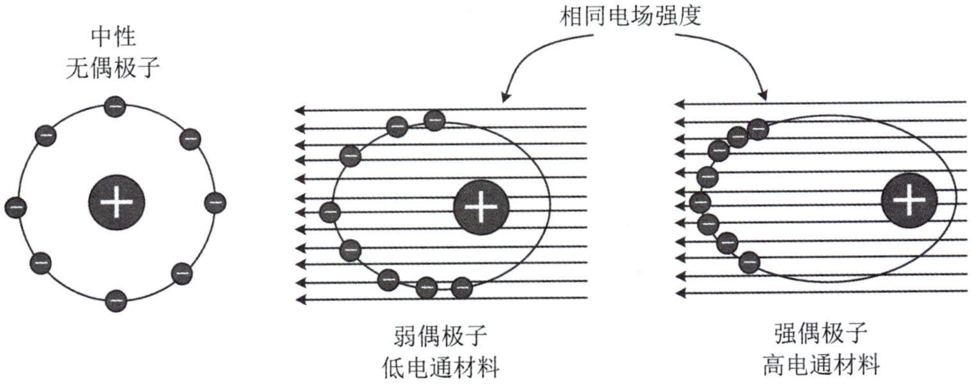

图 4.3　弱极化与强极化和介电常数的关系

图 4.4 是对不同现象的解释。左侧材料中的低电通密度导致了与右侧材料中具有高电通密度的材料相同的极化。因此，左边的材料具有较高的介电常数，因为相同的极化具有较低的通量密度。

有了对通量的基本了解，对向量稍作介绍是有必要的，这对后面的论述有所帮助。这意味着，简单的矢量几何形状将能够帮助计算任意方向表面上的电和磁通量的法向分量。

让我们回顾一下三角函数的基础知识，考虑一个直角三角形。它被定义为一个三角形，其中一个角是 90°。角 θ 的余弦被定义为邻近 θ 的直角边与斜边长度的比值。角 θ 的正弦被定义为与 θ 相对的边与斜边长度的比值。

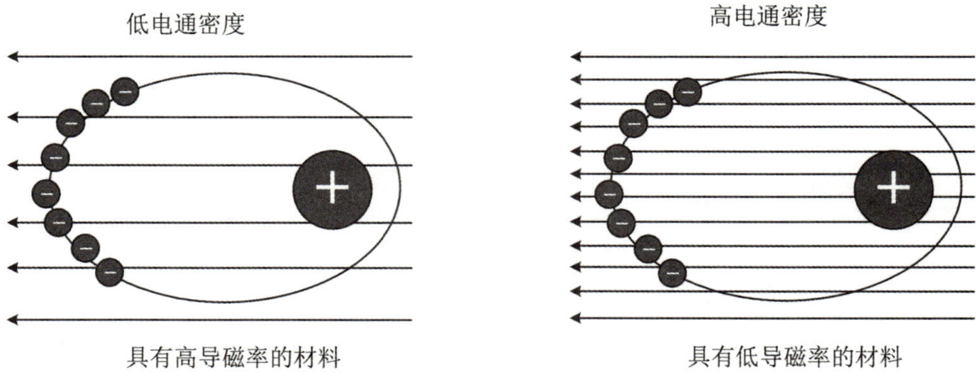

图 4.4　每单位电荷的低电通密度与高电通密度和介电常数的关系

如图 4.5 所示，a 为角 θ 邻边，b 为角 θ 对边，c 为斜边。90°角在 a 边和 b 边之间，用两条相互垂直的线表示。

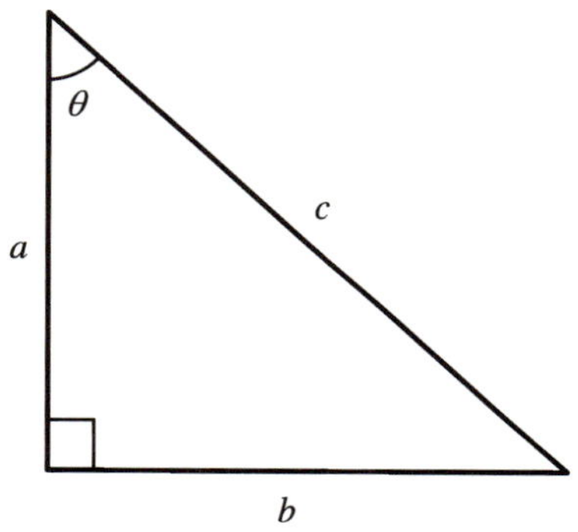

图 4.5　直角三角形

角 θ 的余弦和正弦分别为 a/c 和 b/c。对于感兴趣的读者来说，角 θ 的正切被定义为 $\sin\theta/\cos\theta=(b/c)/(a/c)=b/a$，余切是它的逆，即 a/b。

幸运的是，矢量是一种相对简单的结构，可以用于表示场和力及其矢量分量的大小与方向。向量是同时具有大小和方向的量。相比之下，一个标量只有大小。速率是一个标量，因为它只指定对象移动的速度大小。相比之下，速度是一个矢量，因为它指定了一个物体移动的速度大小以及运动方向。

箭头通常用来表示一个向量，其中箭头指向所施加的力的方向。当试图根据跨表面的通量的计算来绘制场线或等效的力线时，应使用以下计算方法。设 $\boldsymbol{F}$ 是一个相对于表面的任意角度 θ 的向量，它表示穿过该表面的力线。目标是确定 $\boldsymbol{F}$ 中垂直于该曲面的分量，并用 $\boldsymbol{F}$ 和 θ 来表示该分量。

(1) 指定一个垂直于给定曲面 $\boldsymbol{F}_n$（法线）的向量；

(2) 绘制一个垂直于 F_n 的向量，称为 F_{pe}。F_{pe} 起点是 F_n 的箭头；

(3) 绘制一个合成向量 F，它是 F_n 和 F_{pe} 的向量和。

(4) F 的法向分量为 F_n，用于计算跨表面的通量，可以用 F 和 θ 表示如下：

$$F_n = F\cos\theta$$

因此，用 F 和 θ 来表达 F_n 的目标已经实现了。另外，请注意 F_{pe} 等于 $F\sin\theta$。图 4.6 显示了一个相对于虚曲面的任意方向的向量 F，F_n 指向相对于该曲面垂直的方向，F 被分解为 F_n 和 F_{pe}。

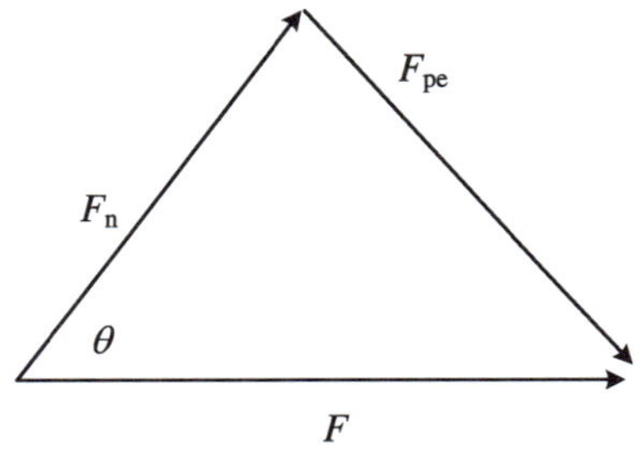

图 4.6　使用向量表示的力的分量表示

重申一下，流过一个表面的“物质”的通量只包含垂直于该表面的流的部分。后面会提到，在这种情况下，我们感兴趣的东西是电场和磁场的场线。

现在可以解决这样一个问题，即物质流动的方向不是垂直于给定的表面，而是相对于表面的某个任意角度。目标是确定流动的垂直分量，这将需要计算通量。图 4.7 说明了这个场景。

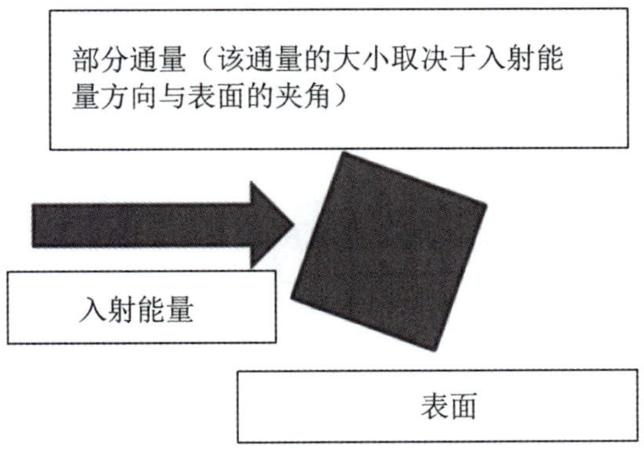

图 4.7　穿过表面的部分通量

我们再次应用该公式以找到一个表面上的电场的总通量，其中通量密度 E 相对于 E_n 处于任意角度 θ，显然，如果 E 和 E_n 之间的夹角是 0°，事情会变得更简单。但生活并不总是那么如意，因此这里对向量几何进行讨论。

如图 4.8 所示，矢量 E 指定入射电场的大小和方向。根据定义，穿过表面的通量只包含垂直于该表面的场分量，第一个目标是将 E 分解为相关分量。通过以下这种方案，可以将问题变得更为简单。

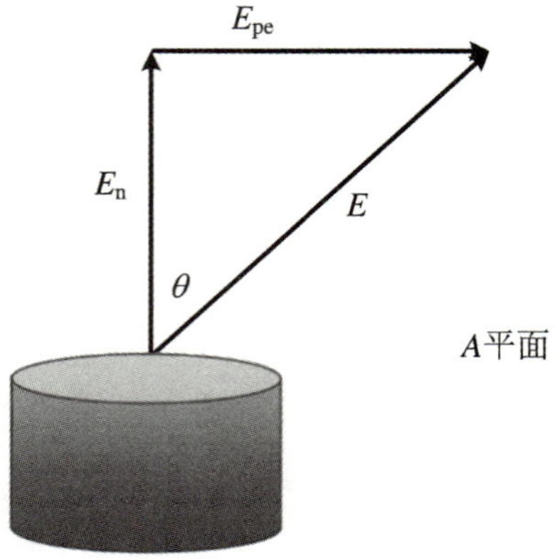

图 4.8　电场 E 垂直于 A 平面的分量

首先绘制一个垂直于 E_n 的向量。接下来绘制一个垂直于 E_n 的向量，即图 4.8 中的 E_{pe}。这种构造形成一个直角三角形，通过简单的三角函数现在可以用 E 来表示 E_n 如下：

$$E_n = E\cos\theta \tag{4.3}$$

同样，E_n 是垂直于曲面的向量场的分量。因此，由式(4.1)定义的 E 穿过面积 A 表面的通量等于 $A\varepsilon E_n$ 或等价于 $A\varepsilon E\cos\theta$。

前面的讨论部分为读者对电磁通量的计算做好了准备。想要利用麦克斯韦方程，还必须提出另外两个概念，这将有助于估计电磁信号泄露的脆弱性。

表面积分

前面的讨论假设穿过一个表面的物质通量的大小是恒定的。但情况可能并非总是如此。因此当电场的方向不垂直于表面的平面或电场、磁场的大小不恒定时，就需要有一种处理情况的方法。事实上如果表面不平坦，入射电场或磁场的分量可能会发生变化。

对于不垂直于感兴趣的表面的入射场，有一种简单的描述方式。我们可以计算出它的垂直于曲面的分量，如式(4.3)。这提供了一个场 E 在 A 区域的任意方向表面上的通量的一般表达式，也即 $AE_n\cos\theta$。

为了计算曲面上的分量，可以采用一个微积分的基本技巧。将表面分成无穷小的小表面，在这些表面上假设电场是局部恒定的。每一个小表面都用一个小区域 dA 表示。

将所有的小区域相加,可以产生横跨整个表面的总通量。由于小区域的方向可能不是相同的,所以求和是通过对表面上的 dA 进行积分来完成的。因此,使用名称“曲面积分”或“面积积分”。

在这种情况下,曲面积分的唯一目的是计算穿过表面的电场或磁场力线的通量。请注意,如何将表面划分为组成部分在计算通量时是很重要的。图 4.9 描述了一个曲面积分。①

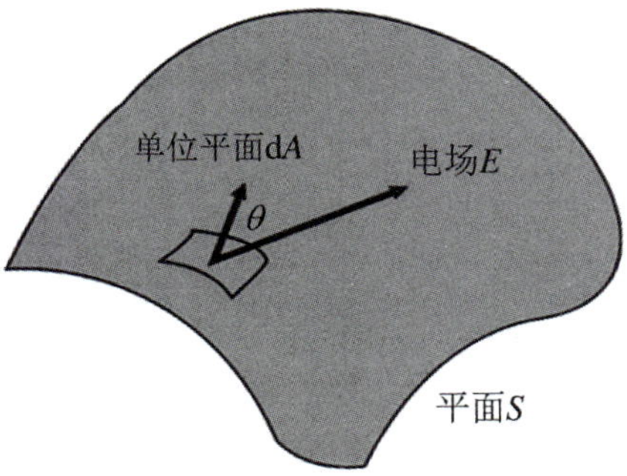

图 4.9 表面积分

一般来说,计算任意表面的电通量或磁通量的过程如下②:

(1) 将曲面划分为多个小区域。

(2) 检查通过任何表面的通量是否为零。

(3) 找到一个 $E \cdot n$ 的表达式,其中 n 是一个指向垂直于所述区域的方向的单位向量,$E \cdot n$ 是向量 E 和 n 的点积。请注意,计算磁通量的方法与计算电通量的方法是相同的。

(4) 检查 $E \cdot n$ 是不是常数。如果它是常数,可以从积分中拉出来。

(5) 为曲面的每个部分计算 dA。

(6) 求出积分的正确极限。

(7) 解决这个积分。

一些简单的例子说明了这项技术。③ 第一种方法是从一个立方体内计算一个电场的通量。电场 E 的大小是恒定的,并且垂直于立方体的两侧。这个条件意味着在立方体的每一边都有一个单位向量 n。立方体的每一边的长度为 L,见图 4.10。

① http://hyperphysics.phy-astr.gsu.edu/hbase/intare.html。

② http://web.mit.edu/8.02T/www/materials/StudyGuide/Flux.pdf。

③ 两个向量 A 和 B 的点积定义为 A 向量的大小乘以 B 向量的大小再乘以它们之间夹角的余弦值。两个向量的点积得到一个标量,因此只有大小,没有方向。

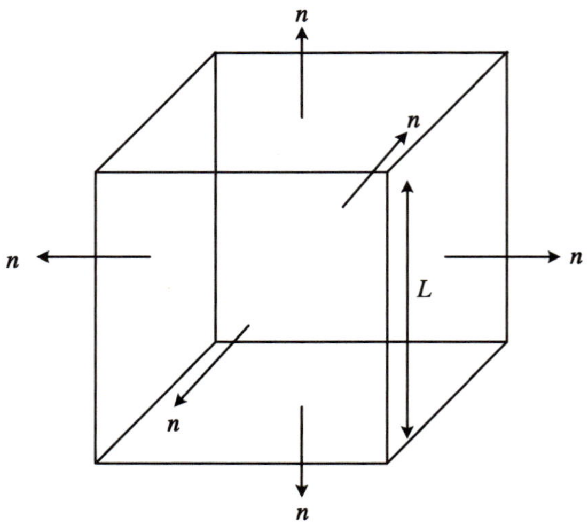

图 4.10 垂直于立方体的每个面的单位向量

具体来说，电场 E 分量分别沿正负 x 方向，正负 y 方向，正负 z 方向。换句话说，x，y 和 z 方向的 E 分量是 $\pm E_x$，$\pm E_y$ 和 $\pm E_z$。

因此，六个平面的通量平行于单位法向量（图 4.7）。因此，$E \cdot n$ 对于每个面都是恒定的，因为 n 在 x，y 和 z 方向上是平行的，向量的大小以单位向量为单位，余弦值以 0°的余弦值作为单位。

因此，立方体的每个面的点积等于 E，通过每个面的通量是 E 乘以每个面的面积 L^2。由于一个立方体有六个面，所以横跨该立方体表面的总通量为

$$\text{在一个立方体间的通量} = 6L^2E$$

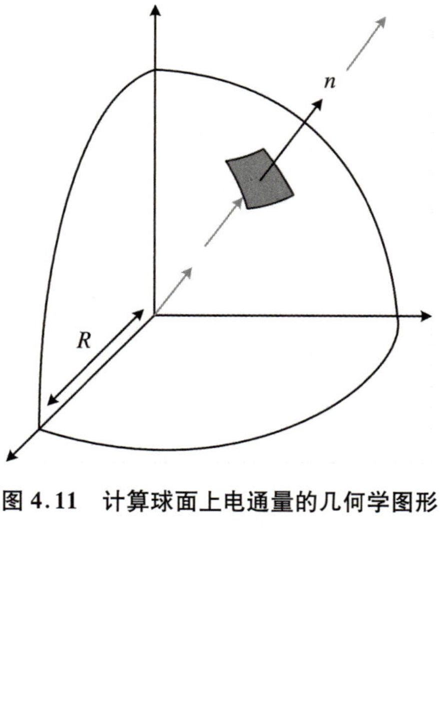

图 4.11 计算球面上电通量的几何学图形

现在假设一个球内的电场 E 是必需的。该场景如图 4.11 所示，它显示了球体的一个象限，这里到处都是径向向外的场。

球体的半径为 R。因此，每个 dA 区域的无穷小的小块的法向量，即图中的阴影区域，也径向向外指。

在这种情况下，场强由 $1/r^2$ 给出。所以 $E=(1/r^2)r$。换句话说，E 径向向外指，其大小为 $1/r^2$。此外，在球体情况下 $n=r$。因此，$E\cdot n=1/r^2$。

这个问题实际上比看起来更容易。对于一个给定的小区域，$E\cdot n$ 是常数，因为它只在表面上测量，并且等于 $1/R^2$。但是我们必须通过对表面的积分来增加整个表面上所有小区域的通量贡献。如前所述，每个小区域对通量的大小贡献为 $1/R^2$，球体的总表面积为 $4\pi R^2$。因此，穿过表面的总通量为

$$\text{穿过一个球体的总通量} = \frac{1}{R^2}(4\pi R^2)E = 4\pi E$$

另一个例子说明了在计算通量时利用对称性的好处。在这种情况下，研究了一个场强为 E 的电场在长度为 L、半径为 r 的圆柱体表面上的通量。场强的大小随方向变化，但它的方向总是从直线径向向外穿过沿圆柱长度的圆柱中心，图 4.12 说明了该场景。

在这个问题中，使用前两个例子的结果进行计算。虽然场的大小一般会发生变化，但通量只在表面上计算。所以磁通量的大小在圆柱体表面的每一点上都是相同的。

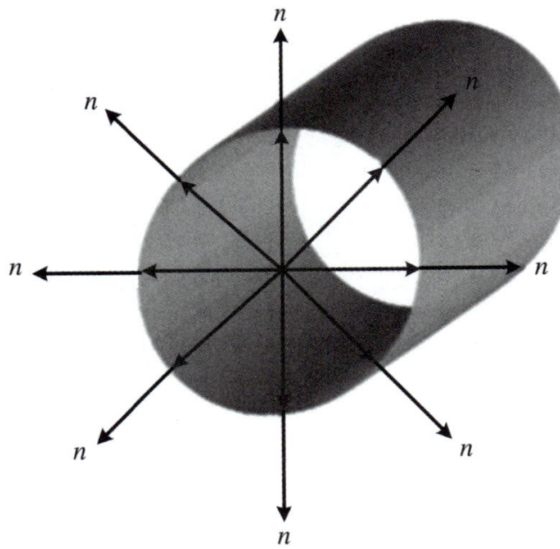

图 4.12　计算圆柱体曲面上的通量的几何图形

因此，$E\cdot n$ 的大小是 E，因为单位向量 n 在任何地方(除了末端)都是正的，与单位向量 r 是恒定并且平行的，点积中 0° 的余弦是 1。换句话说，Er 与 n 平行。

通过圆柱体底端的通量为零。因此，电场在圆柱体曲面上的总通量等于圆柱体表面面积减去末端的 E 倍，即

$$圆柱体曲面上的总通量 = 2\pi rLE$$

需要着重注意的是，这些案例在简单分析后之所以被选择是因为其对称性。如果向量场的强度确实随着表面上位置函数的变化而变化，那么它就随着角度的变化而变化，这时需要积分而不是简单乘法。积分是为了解决这些类型的场景而设计的。

线积分

计算向量场的通量对于理解麦克斯韦方程是必不可少的。这是因为麦克斯韦方程规定，表面上电、磁通量变化的时间速率等于该表面边界周围电场、磁场的线积分。因此，它也有助于识别一条线的整体性和理解它的目的。在向量场 E 中沿指定路径 $A \rightarrow B$ 的线积分如图 4.13 所示。

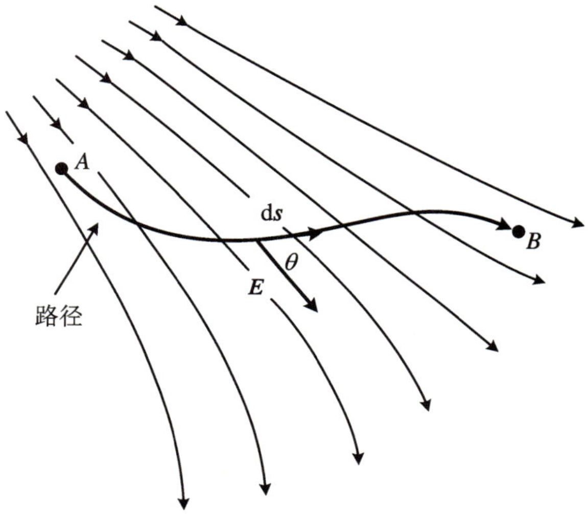

图 4.13　向量场中沿路径的线积分

线积分度量向量或标度场在特定路径上的总效应，在特定路径上向量的幅度和方向可以变化。因为它涉及一个点积，所以这个向量操作的结果是一个标量。

一个简单的例子说明了这个概念。考虑在直线上流动的电流。读者接下来会看到，麦克斯韦第四方程规定，在空间中，沿给定路径的磁场的大小等于封闭在该路径内的电流。

方程的左侧，即磁场的大小，是在封闭路径上计算的 B 的线积分，其中 $\mathrm{d}l$ 表示该路径的无穷小长度元。

换句话说，通过线积分计算 B 的分量，B 的分量在整个路径长度上与封闭路径的每个无穷小长度相切：

$$\oint B \cdot \mathrm{d}l = \mu_0 i_{\mathrm{enclosed}}$$

聪明的读者会意识到，这种方法的关键是，B 是增量计算的；将总长度 l 的无穷小的片段一点一点地添加以产生最终结果，从而允许在任何路径上进行计算，无论其形状如何。

方程的右手边指定 i_{enclosed}（也写成 i_{enc}），它是由线积分评估的路径包围的电流，μ_0 是自由空间的磁导率。

电线中向右侧流动的电流见图 4.14(a)。导线周围的磁场和从页面流出的电流见图 4.14(b)。[1]

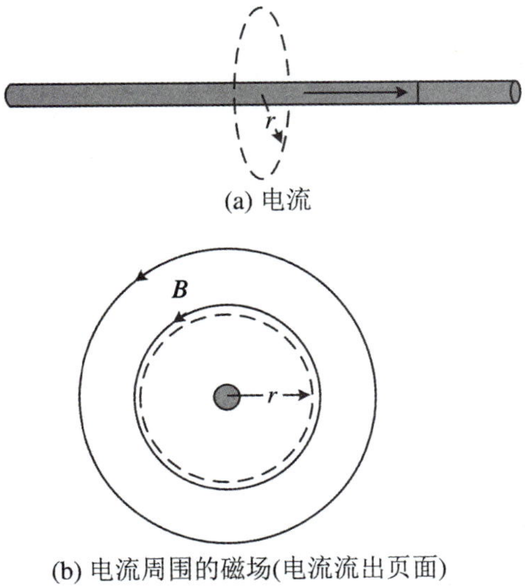

图 4.14 电线中向右侧流动的电流以及导线周转的磁场和从页面流出的电流

为了应用安培定律，在导线周围画一条半径为 r 的封闭圆路径，如图 4.14(a)和图 4.14(b)所示。路径以导线为中心，使得路径 dl 的每个无穷小段与 B 平行，因此向量 B 和 dl 的点积产生一个标量。B 沿圆形路径是常数，因此 B 关于 dl 的积分恰好是圆形路径的周长或 $2\pi r$。因此，通过计算这个简单的线积分，一个磁场的场强如下：

$$B = \frac{\mu_0 i}{2\pi r}$$

注意，如果 B 在积分的路径上变化，情况就会不同。在这种情况下，将需要更复杂的积分。想象一下，如果一根长长的电线传导着编码有机密信息的电流，并将与此电流相关的领域辐射到周围的空间。安培定律可用于计算电流源产生的场，其结果与其他数据相结合，可用于确定信号检测所需的最小距离。

① http://www.physics2000.com/PDF/Text/Ch_32_MAXWELLs_EQUATIONS.pdf。

麦克斯韦方程

简介

在本节中，能清楚地看到为什么人们对通量的概念给予了如此多的关注，最终的目的是展示麦克斯韦方程和信息安全之间的联系。

正如前面提到的，所有的电磁现象都可以用麦克斯韦的四个方程来描述。四个简明的表达式能够描述所有电磁现象，这似乎是令人惊讶的，却是事实。

图 4.15 不仅显示了电磁辐射的光谱，从"直流到日光"的说法，还显示了温度和波长之间的关系，这一关系与热噪声很重要，这是在上一章中介绍的。①

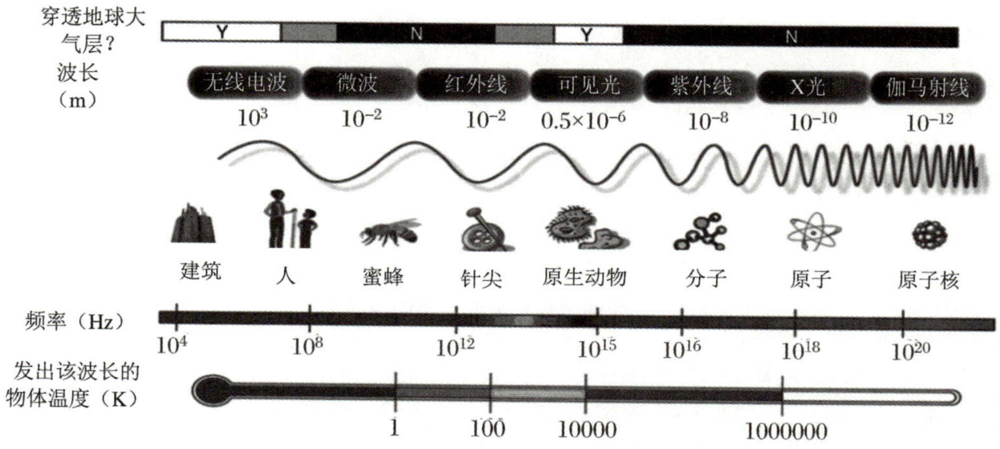

图 4.15 电磁频谱

麦克斯韦方程可以写成微分或积分的形式，但它们具有相同的意义。微分表示需要理解散度(div)和旋度算子，这在某种程度上似乎不如积分那么直观。因此，本书使用了麦克斯韦方程的积分形式。当然，附录 A 中为感兴趣的读者提供了关于散度和旋度算子的简要讨论，以及麦克斯韦微分形式方程。

麦克斯韦的四个积分方程可以写成如下形式：

(1) $\oint E \cdot \mathrm{d}A = \frac{q_{enc}}{\varepsilon_0}$；

① http://mynasadata.larc.nasa.gov/science-processes/electromagnetic-diagram/? sa = X&ved = 0CBgQ9QEwAWoV ChMI2OyJupL3xgIVCnQ-Ch39RgYc。

(2) $\oint B \cdot \mathrm{d}A = 0$；

(3) $\oint E \cdot \mathrm{d}s = -\dfrac{\mathrm{d}\Psi_B}{\varepsilon_0}$；

(4) $\oint B \cdot \mathrm{d}s = \mu_0 \varepsilon_0 \dfrac{\mathrm{d}\Psi_E}{\mathrm{d}t} + \mu_0 i_{\mathrm{enc}}$。

这些方程可能看起来令人望而却步，但它们可以用上面提供的定义和概念来解释。它们被包含在关于信息安全的讨论中，是因为它们解释了所有电磁现象的行为，其中包括与攻击者攻击的信号相关的电场。

关于术语和符号，dA 是一个向量，表示一个包含给定体积的表面的无穷小的子面积。如前所述，dA 与电、磁通密度之间的点符号表示两个矢量的点积。

如上一节所讨论的，点积是一种向量乘法的特殊形式，它产生一个标量。前面列表中的方程(1)和(2)指定了曲面上的积分，因此一般必须计算曲面积分。曲面积分是对 dA 进行的。第一件事是用简单的术语来表述麦克斯韦的四个方程式的意义。本章后面分别对每个方程的含义进行了更多定量的解释。

第一个方程被称为高斯定律。① 这个方程表明，穿过一个表面的电通量与该表面所包围的电荷成正比。第二个方程简要地说明了没有孤立的磁场源。第三个方程表明，磁通量的时间变化产生了不断变化的电场。最后，第四个方程预测了电流会产生磁场。这些陈述的简单性掩盖了它们的重要性。

在处理每个麦克斯韦方程之前，我们应该谈谈在麦克斯韦方程中出现的物理量之间的区别：磁通密度 B、磁场 H、电位移矢量 D 和电通密度 E。这四个物理量有时在谈论电磁现象时被相当随意地使用，但它们的意义值得简要地解释。这些术语在历史上曾是一个导致混淆的源头，至少有一篇学术论文[1]对此进行了叙述。有些书仅仅用 E 和 H 来定义通量，假设场存在于真空中，而不费心去解释这些量之间的区别。然而，这里采取了更科学的说明。

电场 E 产生于电荷的分布。考虑在真空中有电荷的情况，然后是电场入射到带电荷的材料(通常称为电介质)上的情况，重点是要描述每种情况下所产生的电场。

如果电荷存在于真空中，那么材料本身对电场显然没有贡献，因为它没有电荷。另一方面，如果入射电场 E 与介质相互作用，E 会对材料中的电荷施加力，使电荷轻微移动。电荷随着 E 的响应而极化，由此产生的电荷结构有自己的电场。

极化可以用矢量 P，即极化密度来描述，它描述了这种电荷构型的平均大小和方向。

---

① 卡尔·弗里德里希·高斯(1777—1855)是德国物理学家和数学家，他对科学作出了一系列重要的贡献。

介电常数 ε 与 P 成正比，此外，电位移矢量 D 与 E 成正比，其中比例常数为介电常数 ε。综上所述，$D=\varepsilon E$，E 是 P 的函数。

D 表示材料内外的总电场，其大小有两个来源：所束缚电荷的结构，它被 E 极化，再加上任意自由电荷的存在。在自由空间中，即在没有物质的情况下，$\varepsilon=1$，因此，$D=E$。

这种现象导致某些材料具有磁性，从而解释了某些材料的性质，如铁磁性。自由电流是指通过电线移动的电荷，这也会产生磁场。这样生成的磁场是攻击者的目标，因为它们可以用信息进行编码。

材料内部和外部存在的总磁场必须考虑到由自由电流和束缚电流共同产生的磁场。与电场类似，H 可以用场 B 来定义，由束缚电流 M 产生的矢量被称为单位体积的磁化强度或磁矩。因此，H 与自由电流的存在有关，而 B 与总电流（束缚加上自由电流）有关。然而，材料内部的平均宏观磁场是 B，而不是 H。

B 实际上与 H 成正比，其中比例常数由磁导率 μ 给出，它与 M 直接相关。在自由空间中，由于 $\mu=1$，所以 $B=H$。

一般来说，电场和磁场的强度分别被指定为 E 和 H。电场强度和磁场强度对应于场线的密度。因此，总通量是穿过某一区域表面的场线的数量，即垂直于该表面的场线数量。

电通密度和磁通密度分别指定为 D 和 B。如前所述，$D=\varepsilon E$ 和 $B=\mu H$，其中 ε 为介电常数，μ 是材料的磁导率。穿过面积 A 表面的总电通量或磁通量是麦克斯韦方程中的一个关键参数。这些量是通过将通量密度乘以它们所穿过的表面的面积而得到的。

因此，总电通量和磁通量分别由 εEA 和 μHA 给出。电通量的单位为伏特·米，磁通量的单位为韦伯或衍生单位，伏特·秒。通量密度的单位规定为韦伯每平方米、高斯或特斯拉。附录 B 提供了电磁学的各种单位。

麦克斯韦第一方程

到目前为止，我们已经付出了一些努力来解释通量的概念，而这种努力不会是徒劳的。电通量和磁通量是麦克斯韦方程的核心，对它们相关性的分析可以洞察一类广泛的信息安全场景。

假设一个曲面由向量元素 $\mathrm{d}A$ 组成。每个元素代表一个无穷小的区域，它们共同组成了整个表面。

让我们来简化这个场景，使 E 在面积 A 的表面上是恒定的，并且处处都垂直于该表面。在这种情况下，穿过表面的总电通量 ψ 等于 εEA。图 4.16 显示了 E 通过两个表面的通量(可以看出,通过每个表面的通量是相同的)。①

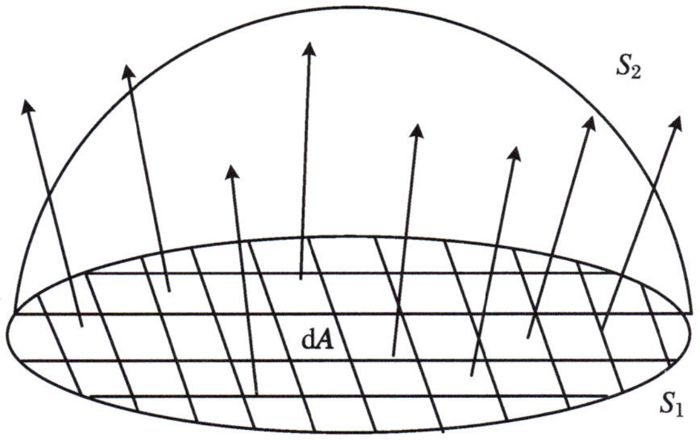

图 4.16　向量场在两个表面 S_1 和 S_2 上的通量

麦克斯韦第一方程,也被称为高斯定律,指出通过一个表面的总电通量等于存在于被该表面包围的体积内的总电荷 Q,因此 $\varepsilon EA = Q$。

高斯定律的含义是,在没有电荷的情况下,不可能存在电场。如果包围体积的表面上没有电荷,则 E 穿过表面的通量必须为零,图 4.17 显示了高斯定律的几何形状。②

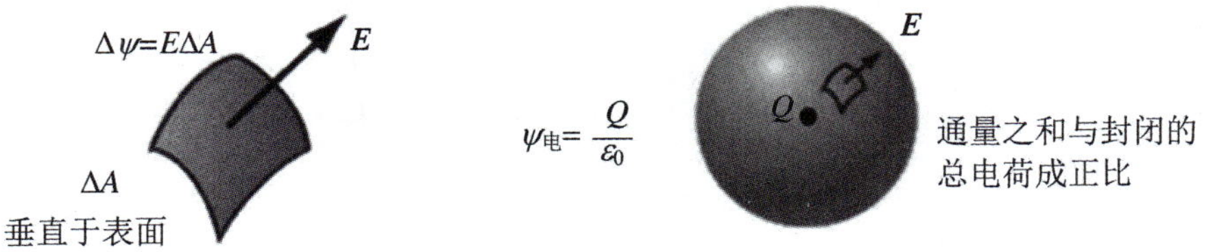

图 4.17　麦克斯韦第一方程(高斯定律)

麦克斯韦第一方程可以总结为:穿过一个表面的电通量来自被该表面所包围的体积内的电荷。

麦克斯韦第二方程

麦克斯韦的第二个方程在形式上与第一个方程相似,但其结果却截然不同。由于与高斯定律的对称性,它也被称为高斯定律的磁等效物。这里应用了相同的矢量几何结构和面积分,根据场景的几何结构和需要调用它们。

麦克斯韦第二方程表明,磁场在封闭曲面上的曲面积分为零。换句话说,穿过任何包

---

① http://pwg.gsfc.nasa.gov/Electric/-E24-Flux.htm? sa = X&ved = 0CDIQ9QEwDmoVChMI0sqg5vr-xgIVS2gCh2SAwfp。

② http://hyperphysics.phy-astr.gsu.edu/hbase/electric/gaulaw.html? sa = X&ved = 0CBgQ9QEwAWoVChMI_ tmN29_-xgIVARseCh1QKQHw。

围体积的表面的磁通量始终为零。回想一下麦克斯韦第一方程中存在的相同几何形状。但在那种情况下，穿过包围体积的表面的电通量与该体积内的电荷成正比。

如果封闭体积表面的电通量和磁通量相同，人们会认为麦克斯韦第二方程中的通量源是磁荷。然而，不存在这样的电荷，因此磁通量为零。换句话说，磁荷不能在空间中的任何一点上累积。

此外，对于空间中的每个单位体积元，由于磁场线不可能在封闭的体积内产生，因此进出该体积的磁场线数量相同。

图 4.18 显示了通过一个封闭表面的磁通量，即完全包围一个没有孔洞的体积的表面。在该曲面所封闭的体积内，没有通量穿过该曲面，并且每一条进入封闭曲面的场线也必须离开封闭曲面。① 如果磁通线不是这样，磁场源可以作为一个独立的实体存在。

例如，磁铁的南极与北极的强度完全一样。此外，根据麦克斯韦第二方程，不存在没有伴生北极的自由漂浮的南极，即磁单极子。②

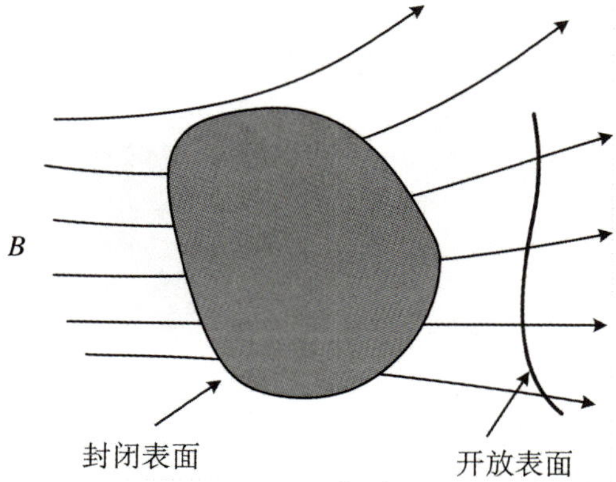

图4.18 麦克斯韦第二方程与封闭和开放表面的通量

因此，不可能将一块磁铁分成两块，并将其南、北两极隔离开来。对于电场或引力场来说，情况并非如此。在引力场中，总电荷或总质量可以积聚在一个空间体积中。③

地球表面的磁场约为 0.5 G 或 10^{-4} T。与任何磁场一样，磁感线终止于地球的北极和南极。这些磁力线导致罗盘针向磁北方向偏转。图 4.19 说明了地球的磁通线。④

---

① http://kestrel. nmt. edu/～ raymond/books/radphys/book2/book2. html? sa = X&ved = 0CC4Q9QEwDDgUahUKEw japbbuzv7GAhVIlR4KHXfDAPY。

② 1975 年宣布发现了磁单极子。我记得我的物理教授弗朗西斯·洛(Francis Low)对我们这些学习量子力学的本科生说："不要相信它！"

③ https://en. wikipedia. org/wiki/Gauss%27s_law_for_magnetism。

④ https://www. fhwa. dot. gov/publications/research/operations/its/06108/02a. cfm。

麦克斯韦第二方程可以概括如下：没有磁荷源。

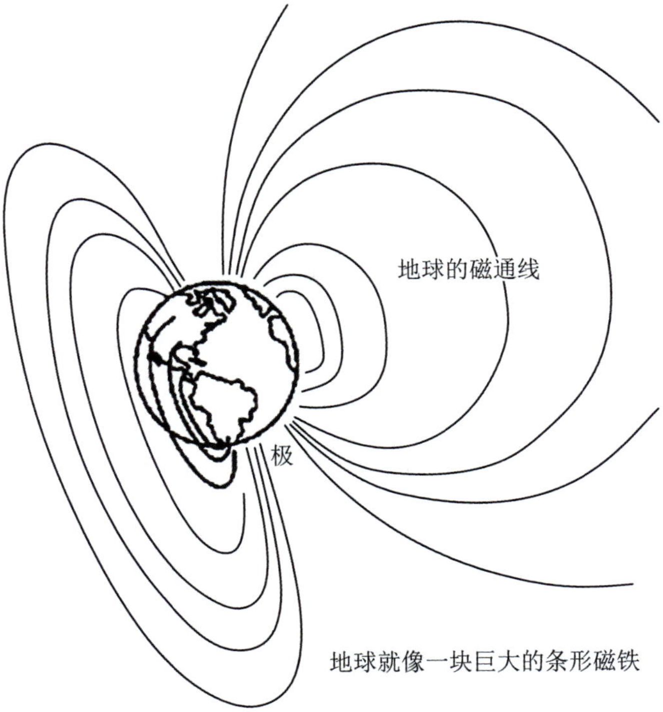

图 4.19 地球上的磁通线

麦克斯韦第三方程

麦克斯韦第三方程描述了根据磁通量的时间变化率产生的电场。该方程描述了磁感应现象，其中通过改变磁通量产生电动势(EMF)或电势差。

感应对于信息安全至关重要，因为它解释了天线、用于传输和接收电磁信号的传感器以及某些噪声耦合机制的工作原理。因此，该方程与许多信息安全场景以及科学和工程中的许多其他现象的风险分析相关。

换句话说，麦克斯韦第三方程表明，由边界定义的表面上磁通量的时间变化率会产生一个变化的电场，其大小等于该边界周围的线积分。

具体来说，考虑与磁场 H 成 90°角的区域 A 的表面。整个表面的总磁通量等于 μHA。磁通量通常用希腊小写字母 φ 表示，电通量通常用希腊小写字母 ψ 表示。

根据麦克斯韦第三方程(也称为法拉第定律)，对于面积 A 和周长 s 的表面①②

$$\int E \cdot \mathrm{d}s = \mu A\left(\frac{\mathrm{d}H}{\mathrm{d}t}\right) \tag{4.4}$$

需要说明的是，边界不一定是物理边界，可以是空间上的任意闭环。

如前所述，麦克斯韦第三方程对包括信息安全在内的许多学科都具有重要意义。例如，与入射到天线上的电磁信号相关的不断变化的磁通量会诱导沿天线的振荡电场和响应电压分布。该电压被整流、放大和解调以重建入射信号。

图 4.20 所示为法拉第定律，法拉第定律概括地描述了由于磁通量的时间变化率而产生的电场和由此产生的电流。

麦克斯韦第三方程可以总结如下：磁通量的时间变化产生变化的电场。

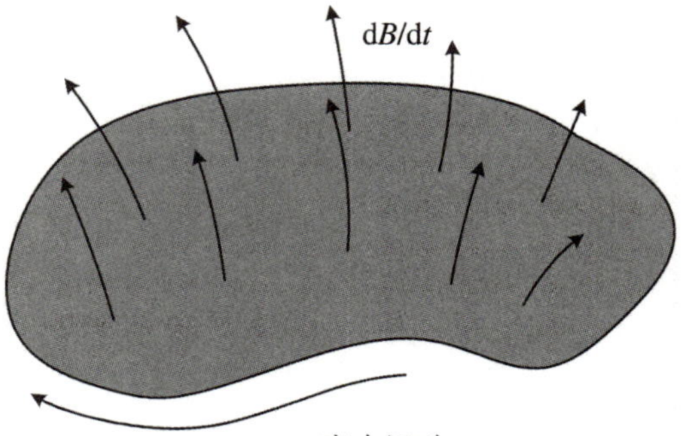

图 4.20 麦克斯韦第三方程(法拉第定律)

麦克斯韦第四方程

麦克斯韦第四方程，也称为安培定律，描述了电流以时变电通量和移动电荷的形式产生的磁场。③

事实证明，磁场有两种不同的贡献，历史上被称为“导电电流”和“位移电流”。导电电流是由于表面所包围的移动电荷的存在而产生的。位移电流是电通量的时间变化率。换句话说，移动的电荷和变化的电通量都会产生磁场。

想象在麦克斯韦第三方程的讨论中引入的面积 A 和周长 s 的相同表面。假定电场与表面成 90° 角。此外，表面边界周围的场的线积分也像以前一样计算。然而，在这种情

① 以英国物理学家迈克尔·法拉第(1791—1867)的名字命名。

② 负号反映了这样一个事实，即如果感应电流流动，它的方向总是与使得它产生的磁场和外部磁场方向相反。这是楞次定律的陈述，它实际上是能量守恒的一种表现。

③ 以法国数学家和物理学家安德烈-玛丽·安培(1775—1836)的名字命名。

况下，围绕边界积分的是磁场分量。

穿过表面的总电通量 ψ 等于 $A\mu E$。因此，电流的时间变化率表示如下：

$$A\left(\frac{\mathrm{d}E}{\mathrm{d}t}\right)=\frac{\mathrm{d}\psi}{\mathrm{d}t} \tag{4.5}$$

麦克斯韦第四方程部分说明了穿过一个表面的总电通量的时间变化率等于该表面边界周围磁场的线积分。下面是麦克斯韦第四方程的部分表达式：

$$\int B\cdot \mathrm{d}s=\varepsilon A\left(\frac{\mathrm{d}E}{\mathrm{d}t}\right)=\frac{\mathrm{d}\psi}{\mathrm{d}t} \tag{4.6}$$

回想一下，移动的电荷或等效的被封闭表面包围的电流对磁场的强度有影响。因此，麦克斯韦第四方程的完整表达式说明了表面所包围的移动电荷的存在以及表面上不断变化的电通量与磁场的关系：

$$\int B\cdot \mathrm{d}s=\frac{\mathrm{d}\psi}{\mathrm{d}t}+i_{\text{enclosed}} \tag{4.7}$$

麦克斯韦第四方程可概括如下：电流和电通量的时间变化引起变化的磁场。

对长导线中电流所产生的磁场的计算，可以说明信息安全中遇到的情况。图 4.21 显示了由于载流导线的存在而产生的磁场，这与图 4.14(a)和图 4.14(b)中描述的情景相同。①

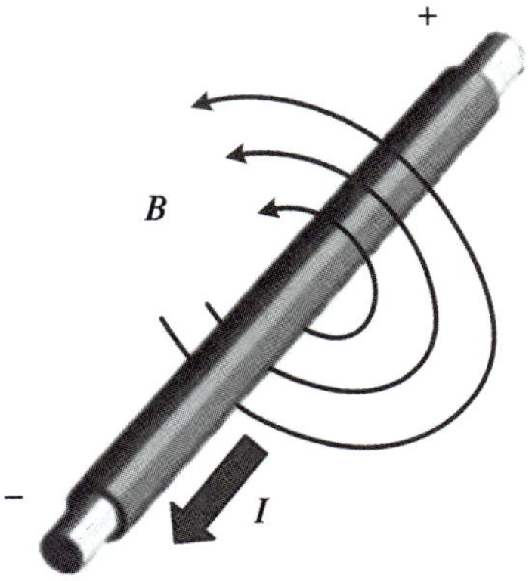

图 4.21　麦克斯韦第四方程(安培定律)

对载流导线圆形环路中心的磁场进行简单计算。假设位移电流 $\mathrm{d}\psi/\mathrm{d}t$ 为零，没有变化的电场，因此它对磁场强度没有贡献。回路的半径为 a，导线中的电流为 I。根据安培定律，由导线 $\mathrm{d}l$ 的无穷小部分引起的环路中心的无穷小磁场 $\mathrm{d}B$ 如下所示：

---

① https://en.wikipedia.org/wiki/Electric_current? sa = X&ved = 0CBoQ9QEwAmoVChMIp6uw3pn_xgIVARseCh1QKQHw。

$$\mathrm{d}B = 10^{-7}\left(\frac{I}{a^2}\right)\mathrm{d}l$$

线圈中心的磁场来自线圈各个微元的贡献，由 $\mathrm{d}B$ 从 0 到 $2\pi a$ 的积分决定：

$$B = 10^{-7}\left(\frac{I}{a^2}\right)\int \mathrm{d}l = 2\pi \times 10^{-7}\,\frac{I}{a}(\mathrm{Wb/m^2})$$

磁场垂直于页面并方向向外。

使用麦克斯韦方程组计算

使用麦克斯韦方程对电场和磁场进行的简单计算说明了它们的实用性，同时体现了麦克斯韦的开创性贡献。

考虑一个平面电磁波在自由空间中以速度 v 从左向右传播。平面波是一种物理尺寸在从源传播时保持不变的波。源远场中的电磁波是平面波。相比之下，靠近点源的电磁波，即在近场处的不是平面波，因为其前缘或“波前”在源附近是弯曲的。

因此，在相对于波长距离源很远的地方（参见图 5.5），辐射会扩散开来，可以假定为平面波。由于电磁波是横向的，相互垂直的电场和磁场都垂直于传播方向。这里自由空间 H 中的磁通密度指向页面内部，电场 E 在页面平面内指向顶部。

现在想象在波的路径上有一个静止的方形的环，其中环的每边的长度都是 l。在时间上考虑两个条件：① 平面波刚好与环的第一条垂直边相交；② 平面波刚好到达环的最后一条垂直边。假设没有电流流过环路。图 4.22 说明了该场景。

环路面积为 $A = L^2$。在回路的左边缘，通过回路的 H 通量为零。波到达环路远端时的磁通量为 $-\mu HL^2$。因为磁场指向页面而远离读者，与正向通量的惯例相反，因此符号是负的。

因此，通量随时间的变化量为 $-\mu L^2 H/\Delta t$。由于距离等于速度乘以时间，$\Delta t = L/v$。因此，磁通量随时间的变化由 $-v\mu L^2 H/L$ 或 $-\mu HLv$ 给出。

回想一下麦克斯韦第三方程，将通过环路的变化磁通密度的负值等同于环路周围电场的线积分。换句话说，变化的磁通密度会产生电场。

在这种情况下，环路只有一条边参与线积分，所以 $\int E\mathrm{d}l = EL$。应用麦克斯韦第三方程得到电场 E 的表达式如下：

$$EL = -v\mu LH$$

因此电场 E 可以表示如下：

$$E = \mu vH$$

现在让我们改变一下场景。传播平面波的方向是这样的，即 H 现在在页面的平面上指向上方，而电场 E 指向页面内。现在可以使用麦克斯韦第四方程进行相同的计算。

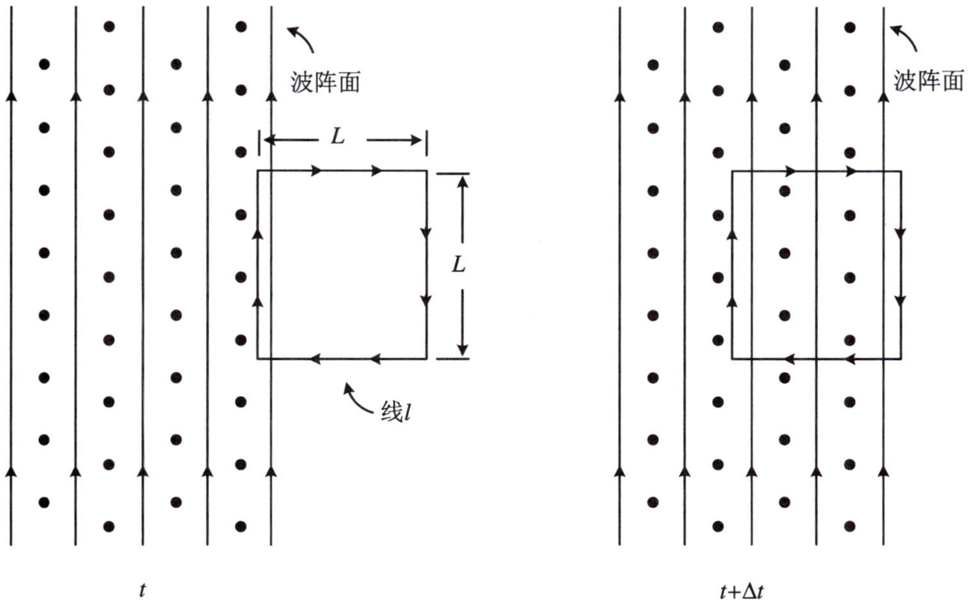

图 4.22　平面波穿过静止环

线积分$\int H \cdot dl$等于E的通量的时间变化率，也就是沿环路的位移电流，即

$$HL = v\varepsilon EL$$

这个表达式可以简化为

$$H = v\varepsilon E$$

前面的分析能用H表示E，反之亦然。将E和H的表达式相乘，得

$$EH = v^2\varepsilon\mu EH \quad 或 \quad v = \frac{1}{(\varepsilon\mu)^{1/2}}$$

带入已知的相对介电常数值，即介电常数ε和自由空间的磁导率μ，得出速率$v=3\times10^8$ m/s。这个特定的速率值对应于真空中的光速。

当麦克斯韦第一次从他的方程中推导出电磁波的存在时，正是这个事实使他断定光实际上是一种电磁波（该结论是正确的）。所有射频能量都是光的一种形式，因此符合相同的物理原理，这一事实对第 7～9 章中讨论的信息安全风险评估具有重要意义。

麦克斯韦方程与信息安全

现在可以更容易地理解麦克斯韦方程组与信息安全的相关性。假设处理机密信息的计算机没有得到适当的保护。第 5 章中描述的机制会导致器件内产生电压和电流。

根据麦克斯韦方程，流经电子元件和线路的电流会辐射电场与磁场，因此需要进行远程检测。

进一步假设攻击者偷偷靠近一个辐射电磁波的设备。法拉第定律将解释攻击者如何能够使用拾波线圈，即具有许多绕组的磁芯、低噪声放大器、信号处理仪器和记录装置检测磁场能量。一个典型的且极度简化的设置可能如图 4.23①所示。请注意，第 7 章将解释为什么使用简单的积分器可能不足以完成这项工作。

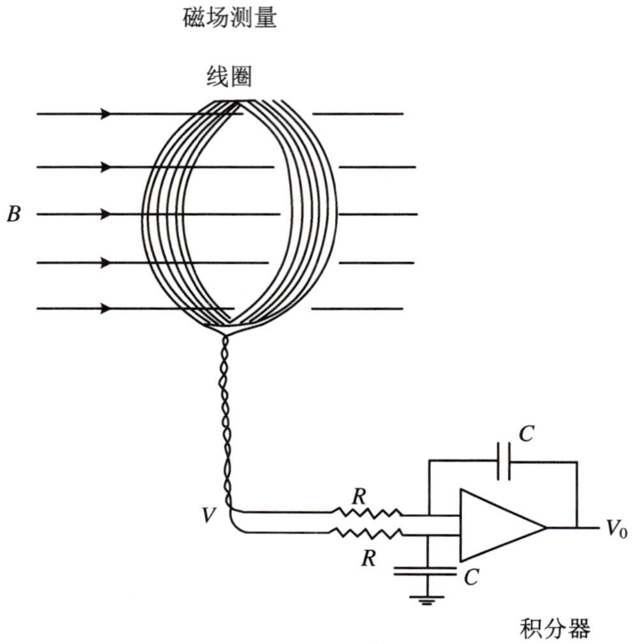

图 4.23　简易磁通探测器

该信号可能会被解调和重建，从而使攻击者能够访问其中编码的机密信息。了解麦克斯韦方程组将使防御者能够估计信号泄露强度作为距离的函数，估计噪声幅度，根据信噪比确定信息泄露的脆弱性，从而制定防御策略。这样的策略可能包括屏蔽、消除危害信号源或将危害信号源移动到新位置。

此外，可以从法拉第定律中收集到通过信号检测进行攻击的其他特征。由于电动势与通过环路的磁通量的时间变化率成正比，因此环路面积越大，电动势越大。

当然，传感线圈的面积受到隐蔽性要求的限制。法拉第定律有助于估计线圈面积和绕匝数量所需的组合，以同时最大化电动势和保持隐蔽性。

① http://wsx.lanl.gov/tpx/steady.html。

此外，法拉第定律规定了线圈相对于磁通方向的方向，即线圈的表面应垂直于磁通量的方向以使电动势最大化。了解影响感应电动势幅度的几何因素与估计信号检测的脆弱性相关。

例如，如果线圈表面与磁通方向之间的夹角为零，则不会产生电动势。当线圈的表面垂直于磁通量时，产生最大通量，所以会产生最大电动势。

一位特别偏执的同事曾经推测，攻击者正在使用窗框作为磁性传感线圈来检测辐射。这个理论引起了一些关注，直到对假设的攻击进行了更仔细的分析，发现根据法拉第定律，有一个非常不利的几何形状。一点点物理知识是“安全剧院”的最佳解药之一。

总结

物理学家詹姆斯·克拉克·麦克斯韦于1864年提出的一组线性方程描述了所有电磁现象。尽管详细了解麦克斯韦方程式对于制定信息安全风险管理决策而言并不是必需的，但熟悉这些方程式有助于了解在广泛的攻击场景中信息泄露的脆弱性。

电磁辐射由电场和磁场组成。根据法拉第定律（麦克斯韦第三方程），磁通量的时间变化将产生电场。电通量的时间变化，即位移电流，和/或移动电荷的存在，即导电电流，根据安培定律（麦克斯韦第四方程）产生磁场。麦克斯韦方程组的对称性是显而易见的，体现在以下总结中：时变磁通量产生电场，时变电通量产生磁场。

根据麦克斯韦方程，电场和磁场之间的转换构成了电磁波和时变电磁现象的基础。当两种形式的能量都存在并且一种能量的变化导致另一种能量的变化时，就会发生波传播。当波通过介质传播时，能量在电场和磁场之间转换。

调制电磁能的传输是远距离传输信息的基本方法。Wi-Fi系统只是使用电磁能传递信息的例子之一。如本章所述，电子设备中辐射和传导耦合机制产生的辐射容易被攻击者检测，这些辐射由麦克斯韦方程组解释。

控制信号行为并便于计算信噪比的方程式为信息安全风险提供了定量的见解。这些方程还解释了电磁屏蔽现象，这是未经授权的信号检测的最常见的对策。

附录B提供了常用的电和磁单位，以便于评估信息安全风险。

参考文献

[1] Tanel Z, Erol M. Student difficulties in understanding the concepts of magnetic field strength, magnetic flux density and magnetization. Izmir, Turkey: Buca Education Faculty, Department of Physics Education Dokuz Eylul University; 2008. http://www.lajpe.org/sep08/04_Zafer_Tanel.pdf.

第 5 章

噪声、干扰和辐射

引　　言

所有形式的能量都遵循自然法则。尽管信息编码的能量独具特征，但物理原理支配着调制和非调制能量在与各种材料相互作用时的行为。此外，来自各种自然和人的外部能量的存在将影响信号检测的极限。因此，要理解信号能量对未经授权的检测的脆弱性，理解实际生活条件至关重要。

第一步是研究信号本身的性质。为此，第 4 章解释了麦克斯韦方程，即解释所有电磁现象的自然规律。下一步是了解导致辐射和噪声的机制，因为信噪比是评估远程攻击脆弱性的最重要的安全指标。

特别是攻击者必须使用传感器来检测信号，而天线和透镜分别是用于电磁辐射和光能的传感器。通常这种信号相对于噪声的强度来说较弱，尤其是对于广泛使用的频段。即使是专门设计用于在狭窄带宽内检测特定信号类型的传感器，也必须与检测设备内的外来形式的能量以及内部产生的噪声作斗争。

此外，传感器通常不能区分需要和不需要的能量。外部干扰源，如调频广播电台、辐射型手机发射塔和电力线，都会与受攻击设备传输的信号相互干扰。电子电路和元件中的缺陷可以通过导电、电容、感应和辐射耦合产生干扰，这不仅增加了攻击者的难度，也为防御者带来了挑战。检测设备中电子的随机运动所产生的热噪声，也约束了攻击者和防御者的探测极限。

然而，电子设备和电路组件产生的能量也为攻击者提供了机会。实际上，所有电路都在一定程度上辐射能量。此外，大多数检测设备还能够检测到构成噪声源的环境电磁场或传导电流。目标设备产生的干扰可能会耦合到需要检测的信号，形成可以被拦截的“间接辐射”，成为潜在的攻击突破口。

间接辐射必须与直接辐射区分开来，后者是由电流泄露引起的，而不是内部耦合机制的结果。第 7 章中讨论的计算机视频显示接口攻击场景就是直接辐射的一个例子。直接辐射和间接辐射将在本章后面讨论，因为它们对于攻击者更加重要。

当然,人眼是看不见电子设备发出的辐射的。因此,人们完全没有意识到随时都有辐射能量在环绕他们。事实上,人类在很大程度上忽视了环境中存在的许多人工源和自然源所产生的大部分能量。

例如,移动设备、电线和家用电子产品产生的电磁场不断与人体组织相互作用。但众所周知,物理学家会将人类建模为存在于这些场的电介质,并且可以像计算其他任何电介质一样[①],在各种组织内计算穿透场振幅。第 9 章将结合对视觉图像的攻击更详细地讨论电介质。

如前所述,地球上的每个人此时都在遭受各种自然电磁能量的穿透。诸如冰箱、灯和其他电子设备之类的人工能源通过电线汲取电流,而这些电线除了产生其他辐射之外,还辐射 60 Hz 的电磁场。

由于体内存在同位素,这些同位素在一定程度上对人体本身进行放射。这是由于人体摄入和吸收放射性物质造成的。事实上,一个 70 kg 的成年男性每年吸收放射性剂量的十分之一左右,即约 0.3 mSv[②] 是自身辐射的结果。例如,食用一根香蕉会摄入微量的钾-40,产生 0.1 μSv 剂量当量的辐射能。

照射来自太阳的可见光以及宇宙射线等高能粒子的辐射穿透我们的时候,所有这些辐射也都会发生。换句话说,在任何时候都有一种名副其实的不和谐信号能量轰炸着地球,而这种能量中的大部分并没有特别的信息或帮助。在感兴趣的带宽内的无用能量被归入噪声的一般标题下。

"噪声"一词在口语中似乎带有贬义,但在这里噪声有特定的技术含义。在这种情况下,目标接收方定义了信号和噪声的界限,不管干扰能量对其他人来说是多么重要或普通。这里必须采用一种纯粹的功能性分析方法,从严格的功能角度检查辐射以及干扰和噪声对信号检测脆弱性的影响。

热噪声

任何电子设备或传感器的电子元件内原子的热运动决定了灵敏度的极限,从而决定了传感器可检测到的最小信号功率。例如,电子设备中的电阻器会产生噪声电压,因此它是噪声功率的来源。电子元件中的热噪声也称为约翰孙噪声。

任何电子元件的热噪声功率 N 的大小可表示为

$$N = kTW \tag{5.1}$$

---

① 关于传输线、移动电话和电磁场产生的电磁能量的有害影响,公众一直有很多争论。然而,迄今为止,几乎没有证据表明,符合既定政府标准(如 ANSI)的暴露水平会危害健康。

② http://hps.org/publicinformation/ate/faqs/faqradbods.html。

这里 k 是玻尔兹曼常数，等于 1.38×10^{-23} J/K，T 是电阻的温度，单位是 K，是绝对零度以上的摄氏度数①，W 是噪声功率的带宽。

式(5.1)的含义很简单：带宽越宽或绝对温度越高，产生的噪声功率就越大。这种说法的简单性掩盖了其对信息传输和信号检测的深远影响。

电子接收器是根据其增加的噪声相对于热噪声的总噪声进行评级的。相关的评定标准被称为等效噪声温度，它是接收器固有噪声的度量。另一种基于等效噪声温度的接收器噪声测量是噪声系数(NF)。NF 被定义为总输出噪声相对于热噪声的比率，总输出噪声由输入端 293 K(室温)下的热噪声加上接收器产生的噪声组成。

重要的一点是，无线电接收器总是在信号中添加噪声，并且它同时在信号带宽上放大不需要的噪声和所需的信号。然而，热噪声代表了电子设备中最小的噪声功率，尽管其他噪声源通常占主导地位。

噪声总是存在的，并且根据场景的不同，特定的噪声源将决定最小可检测信号功率的限制。换句话说，要测量的信号功率总以噪声功率为基准。信号和噪声永远在竞争，获胜者将根据特定场景的条件而变化。事实上，信噪比是估算信号泄露脆弱性的关键指标。

图 5.1 说明了信号功率相对于信号解调器处的本底噪声和热噪声功率的大小。② 从图中可以清楚地看出，解调器所看到的本底噪声超过了热噪声功率 kTB，后者代表了任何信号检测场景中的下限。

注意，热噪声功率等于 kT 乘以信号带宽 B。

热噪声测量的分布具有常见的正态(高斯)概率分布的形状。回顾第 1 章讨论的正态分布。热噪声为高斯分布，幅值分布见图 5.2。③

高斯噪声在信息理论中起着重要作用。事实证明，消息传输中的信道容量 C 是由所谓的加性高斯白噪声决定的。渠道容量和其他与信息理论相关的参数将在第 6 章中讨论。

在高斯噪声中，幅值随频率的分布是恒定的。因此，高斯噪声是白噪声。此外，热噪声被认为是加性高斯白噪声，因为信号和噪声加在一起，频谱是白噪声，并且噪声幅值假

---

① 绝对温标的单位指定为“开尔文”。这种命名法不同于相对温标华氏度和摄氏度，其中单位分别表示为“华氏度”和“摄氏度”。第 13 届 CGPM(1967 年)采用开尔文(符号 K)来代替“开氏度”(符号°K)，其中 K 为水三相点热力学温度的 1/273.16。

② http://www.highfrequencyelectronics.com/index.php?option=com_content&view=article&id=553:receiver-sensitivity-and-equivalent-noise-bandwidth&catid=94:2014-06-june-articles&Itemid=189。

③ http://www.ctcms.nist.gov/fipy/_images/gauss-histogram.png。

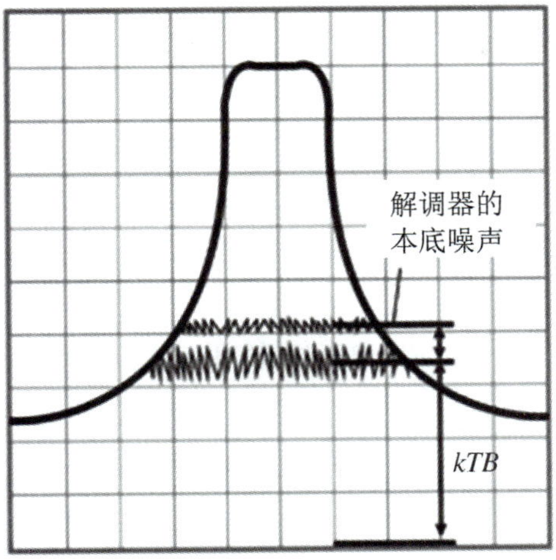

图 5.1 相对于本底噪声和本底热噪声的信号功率(*kTB*)

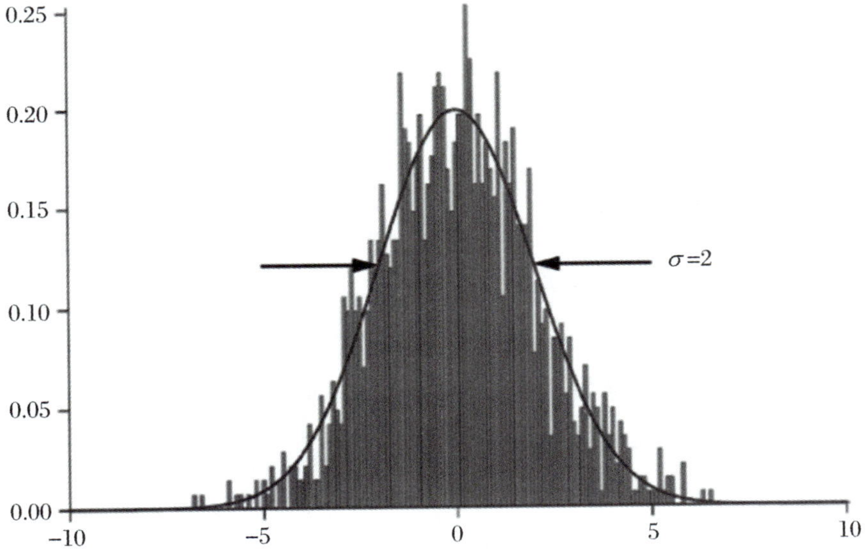

图 5.2 信号噪声的高斯分布

设为高斯分布。再次强调,热噪声存在于每一个电子元件中,并建立了信号检测的下限。图 5.3 给出了白噪声的功率谱。①

散粒噪声

电磁能量的检测最终取决于单个光子到达探测器的过程,尽管也可以对入射到探测

① https://www.tcd.ie/Physics/Magnetism/Lectures/py5021/MagneticSensors3.pdf。

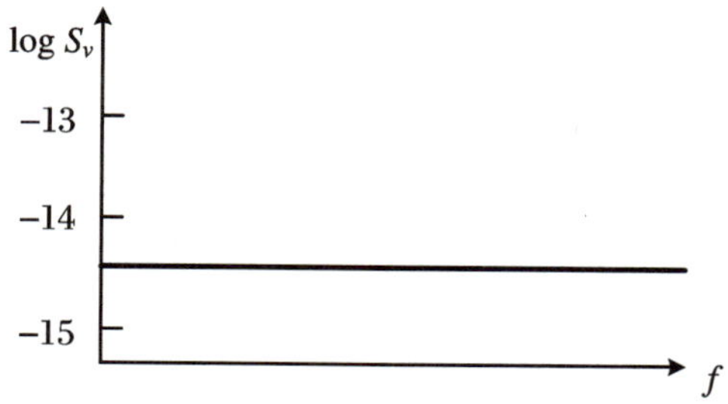

图 5.3 白噪声功率谱

器上的能量进行另一种表征。信号能量通常被描述为波，这是物理现实的一个完美有效表示。然而，因为检测过程涉及单个粒子的到达，也可以对相同的能量进行统计视角的表征。物理学家把这种二分的观点称为“波粒二象性”。

事实证明，单个光子到达探测器是一个泊松过程。我们在第 1 章中介绍过泊松过程。对于一个描述了光子到达探测器的随机变量 N，每个像素接收到的光子的期望数量是 $N=E(N)$ 的方差。标准差为泊松过程规定的每像素到达探测器的光子数，等于 $E(N)$ 的平方根。为什么这种噪声的特性很重要？

预期光子数 $E(N)$ 的固有变化（由其标准差测量）代表了由光子的离散性质引起的另一个噪声源。这种干扰源被称为散粒噪声。

散粒噪声的大小随着所测量事件预期数量的平方根增大而增加，这些事件可能是电流、光的强度等。但由于信号本身的强度比噪声增加得更快，散粒噪声的相对比例随着信噪比的增大而减小。因此，在被放大的小电流或低光强度下最常观察到散粒噪声。

对于大数量的情况，泊松分布接近于关于平均值的正态分布，并且单个检测事件不再单独被观察到。这影响了实际的观测结果，其中散粒噪声与真正的高斯噪声难以区分。由于散粒噪声的标准差等于平均测量事件数 N 的平方根，因此信噪比为 $N/\sqrt{N}=\sqrt{N}$。

因此，当 N 非常大时，信噪比也非常大，任何由其他来源引起的 N 波动都更有可能压倒散粒噪声。然而，当其他噪声源的幅度固定，比如热噪声，或者其增长比 $\sqrt{N}$ 增长更慢时，增加 N（直流电流或光强等）可能导致散粒噪声主导信号。

由于光子的离散性质，任何光探测器都受到散粒噪声的影响，如前所述，这种类型的噪声往往在需要放大的小电流或低光强度下占主导地位。

具体而言，由散粒噪声引起的电流统计波动 ΔI 由下式表示：

$$\Delta I = \sqrt{2qIW} \tag{5.2}$$

这里 q 是电子的电荷，I 是电流，W 是信号带宽。

请注意，攻击者通过计数光子来获取可见信息时，可能不得不与他或她的光电探测器中的散粒噪声作斗争。在处理低信号强度时尤其如此。第 9 章讨论了这种攻击。

辐射和电磁干扰

辐射耦合模式

无意辐射容易被攻击者发现的原因是什么？一般来说，电路产生的辐射是由于电路元件在不同的电位下产生电流，从而产生电磁场。此外，这些电磁场耦合到电路元件，就像天线一样，可以有效地辐射电磁能量。

然而，没有必要将天线物理连接到电路上来使其辐射，这样也会增加不必要的检测风险。高频电路可以充当它们自己的天线，也可以连接到附近的物体，充当有效的天线。

其结果是攻击者试图使用第 7 章中描述的方法在噪声存在的情况下检测和解调辐射电磁场。明智的做法是了解与辐射能量相关的潜在机制，这些机制会导致对信号检测的脆弱性。

计算机等电子设备包含电路，这些电路在内部元件之间发送电流，并产生电压，这些电压在这些元件之间产生电流。尽管这种电流局限于设备中所含的电线，由这些电流产生的电磁区域不受限制。四种耦合机制负责容易被攻击者检测到的干扰或辐射：

(1) 导电-传输线中的电流；

(2) 辐射-电磁场；

(3) 电容性-自载流元件和固定电荷的电场；

(4) 感应-载流元件之间的磁场。

一个方便且普遍采用的耦合模型将场景细分为源、耦合路径、机制和"受害者"。[①②] 图 5.4 说明了与这种高级特性有关的耦合机制。[③]

电路元件的辐射将因其在源的近场还是远场中测量而显著不同。一般来说，攻击场景涉及远场辐射。图 5.5 显示了电短路天线的近场和远场区域。[④] 注意发射辐射波长 λ 和每个区域的物理分界之间的关系。

---

① http://www.ursi.org/proceedings/procGA11/ursi/ET-1.pdf。

② http://www.radioing.com/eengineer/intro.html。

③ https://commons.wikimedia.org/wiki/File:EMI_coupling_modes.svg。

④ https://en.wikipedia.org/wiki/Near_and_far_field。

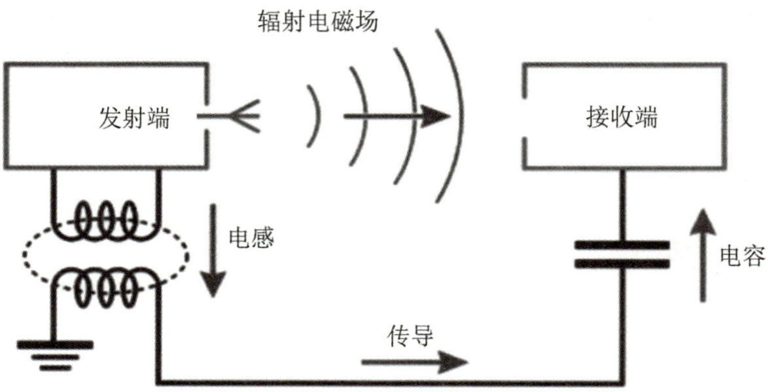

图 5.4 辐射和电磁耦合机制

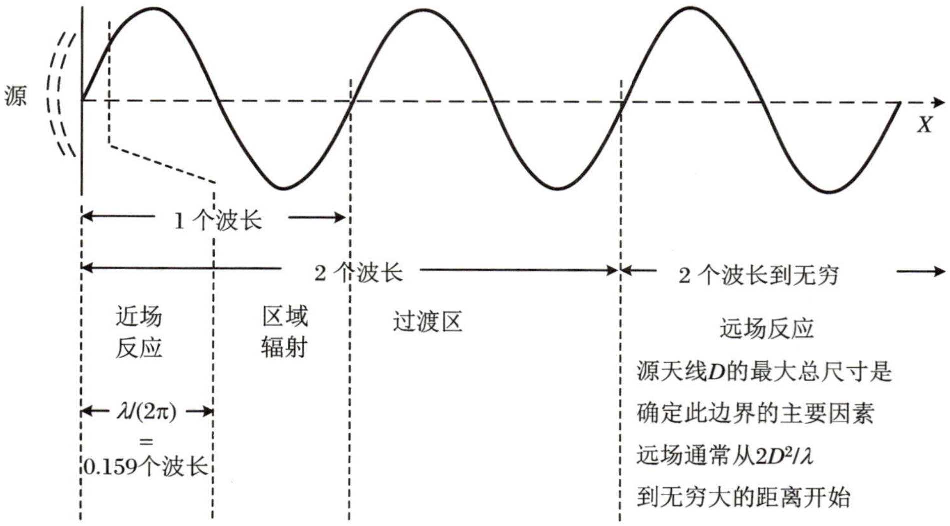

图 5.5 电短路天线的近场和远场

现在简要描述影响电路的电磁干扰(EMI)和电路产生的辐射，这些描述是在电子元件层面的。① 本章后面的讨论将提供电路级别的描述，为了完整起见，本章还包括了产生的电场振幅的计算。

当系统中存在电阻抗不匹配或不连续时，来自损坏源的辐射能量就可能进入电路。一般来说，这种不匹配发生在携带敏感模拟信号的电缆连接到 PC 板的接口上，以及在电源引线内。电缆连接不当或电源滤波方案不佳往往是干扰的管道。

传导噪声通过电源和地线等相互连接的电线在部件之间耦合。当两个或多个电流

① http://www.analog.com/media/en/training-seminars/tutorials/MT-095.pdf。

共享一个共同的路径阻抗时，也可能遇到传导噪声。这种公共路径通常是一个高阻抗的"地"连接。如果两个电路共用这条路径，来自其中一个电路的噪声电流将在另一个电路中产生噪声电压。

电感耦合和电容耦合是近场效应，因此只有在源和受害者靠近时才起作用。电场耦合（电容性）是由导体之间的电压差引起的，耦合机制可以建模为电容器。磁场耦合（电感性）是由导体中的电流流动引起的，这种耦合可以建模为变压器。这些近场耦合机制在附录 C 中描述，供感兴趣的读者参考。

特别相关的是辐射耦合，因为由此产生的电磁辐射可以在远场探测到。远场通常被定义为离辐射源大于或等于一个波长的区域。通过辐射耦合产生的远场能量可能容易被攻击者探测到，这取决于探测点的信噪比的大小。远场电磁耦合涉及平面波耦合，其中波阻抗 E/H 为 377 Ω。①

辐射耦合在电场和磁场中存在不同情况，并且可以在近场和远场中进一步描述。在近场中，由于 E 场和 H 场的阻抗不同，因此需要分别处理它们的耦合。图 5.6 示出了辐射发射和传导发射，其中前者作为远场的辐射存在，并且是近场和远场的 EMI 源。②

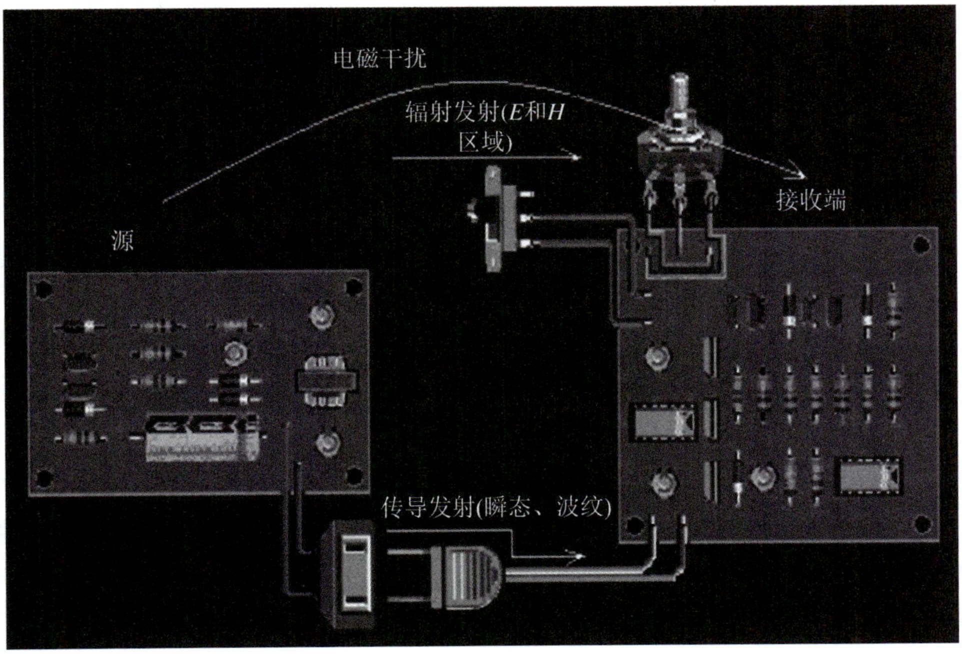

图 5.6　近场辐射耦合

① 第 8 章提供了与电磁屏蔽有关的近场和远场的更完整的讨论。

② http://www.radioing.com/eengineer/intro.html。

尽管如此，热噪声设置了信号检测的下限，但典型的安全场景会受到超过热极限的内部和外部噪声功率的影响。尤其是外部噪声源，如电视台、无线电广播和其他电子设备等，可能是连续的、瞬态的和脉冲的，因此需要用到第6章所述的信号平均处理。

电磁干扰的外部来源

电磁干扰的外部来源无处不在，比如：

(1) AM，FM 和电视广播；

(2) 移动电话；

(3) Wi-Fi 接入点；

(4) 输电线；

(5) 可上网的便携式设备，如智能手机、平板电脑；

(6) 家用设备，如微波炉；

(7) 地面能源，如闪电；

(8) 介子（$\sim 10000\ \mathrm{m}^{-2}\cdot\mathrm{min}^{-1}$）。

事实上，随着越来越多的设备能够上网并传输无线信号，电磁频谱正变得越来越拥挤。“物联网”预示着一个更加拥挤的领域。图 5.7 以频率与谱密度的关系指明了电磁干扰的外部来源。①

为了定量分析远场电磁干扰对攻击者探测信号的脆弱性的影响，来自电磁干扰源的平均噪声级已以外部噪声因子 f_a[2] 的形式制成表格：

$$f_a = \frac{P_{n,B}}{kT_o W} \tag{5.3}$$

式(5.3)中规定的外部噪声因子将带宽 W 内的噪声能量与电阻在室温 T_o 下产生的热噪声能量进行比较，其中 k 是玻尔兹曼常数。再次强调，热噪声功率表示任何检测场景的噪声下限。

噪声因子已被转换为等效的电场强度，用于电磁较安静和繁忙的地点，例如农村和城市地区，对于 1 MHz 的信号带宽，数据如图 7.8 所示。外部干扰源在辐射检测的脆弱性方面起着重要作用。将干扰的电场幅度与辐射幅度及其他因素进行比较，以确定信号检测的限制。

---

① http://www.owlnet.rice.edu/~dodds/Files331/noise_notes.pdf。

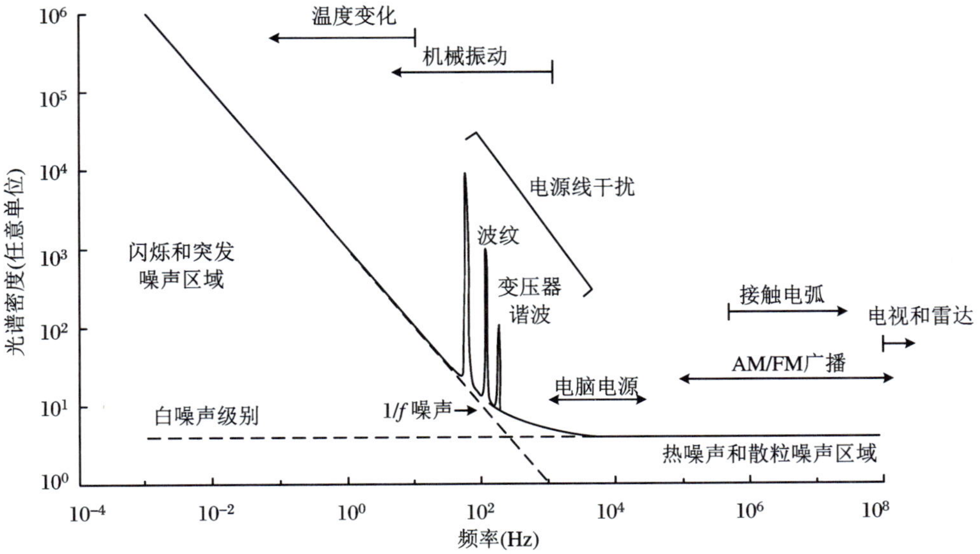

图 5.7 远场 EMI 的来源

辐 射 电 路

电子电路中的电流与电磁场

干扰可以由电路内部和外部的自然与人工来源引起。外部干扰源可以对攻击者产生负面影响,迫使其采用信号平均等方法来提高信噪比。然而,如果感兴趣的信号调节了目标设备产生的辐射,那么目标设备产生的辐射也可能成为攻击者的意外信息源。让我们来探究电路中干扰的起源。

一个简单而理想的电路由信号发生器、信号源和负载组成。能量被转移到负载上而没有干扰的影响。假设信号发生器和负载之间的电流返回路径不理想,回路中出现噪声电压,那么这些噪声电压可以在发电机和负载之间产生电压差,因此与信号发电机串联出现。最终结果是负载中存在噪声电流。

实际电路由多个互连的源-负载组合而成。为每个源-负载对实现单独的回归路径并不实际,因此建立了一条共同的地线,目标是为所有信号提供零阻抗路径作为参考。这种情况将允许单个网络内的多个信号电流返回到它们各自的源,而不会与其他电路耦合。然而,现实情况是电路并非理想的,由于电路元件的物理性质(例如电容、电感),接地元件存在有限的、与频率有关的阻抗,而这个阻抗导致伴随着电磁场存在电流。[3]

每个吸收电流的电路都在一定程度上辐射射频能量。安培定律(麦克斯韦第四方程)解释了这一现象。如果电路尺寸相对于辐射能量的波长较小，则辐射效率将较低。然而，随着这些相对尺寸的变化，无论是通过增加导体长度还是通过增加频率降低波长，辐射效率都会增加。

这种辐射效率的意外提高增加了信号截获的脆弱性，因为电路现在的行为就像一极合适的天线。[①] 这种现象在天线理论中是众所周知的，在许多操作环境中，目标是优化辐射效率，而不是衰减它。

由电路产生的电磁场已经被分为五种可能的来源：差模辐射、与输入输出(I/O)耦合的辐射、电压驱动的共模辐射、电流驱动的共模辐射和电源总线辐射。[②] 这些来源将在下面的讨论中简要描述。

信号耦合到 I/O 导体中，将高频功率信号从电路板带离。攻击者可能不会对这些信号感兴趣。

在电压驱动辐射中，信号或电子元件电压在两个用作天线的元件之间建立。因此，两个电路元件之间存在电容耦合。这个电压可以产生显著的电场。例如，计算得出在 500 mHz 频率下 1 V 电位差可以在 3 m 距离上产生 360 mV/m 的电场。然而，由于这种耦合模式的范围相对较小，攻击者可能无法使用它。

在电流驱动的共模辐射中，信号电流回路在两个作为高效天线的电路元件之间产生电压，例如电缆和电路板。电流驱动的电压通常比电压驱动的电压小 3～4 个数量级。然而，天线效率可以高 5～6 个数量级，从而辐射到远场，可能被攻击者检测到。

对于从电源总线发出的辐射，产生的电场与电流、电源平面的尺寸和谐振电路的质量因子(Q)成正比，而 Q 值是频率的函数。

由电路产生并被攻击者攻击的电流可以分为两类：差模电流和共模电流。差模电流大小相等，但在平行导体上是方向相反的电流。平行导体上的共模电流大小相等，方向相同。[③]

差模电流和共模电流对信号检测漏洞的影响来自与这些电流相关的电场的大小，因为这是攻击者使用其接收天线检测到的。对这些场的矢量分析表明，由于差模电流的辐射电场分量相互抵消，从而产生一个小的净辐射电场。

然而，由共模电流产生的辐射电场分量增加，从而产生更大的净电场。

通过几何参数可以看出，在远大于导体分离距离的地方，由差模电流引起的总电场

---

① http://www.emc-zone.com/2012/07/unwanted-conductive-and-radiative.html。

② http://www.clemson.edu/ces/cvel/Presentation_Slides/PCB_Expert_System07.pdf。

③ http://www.egr.msu.edu/em/research/goali/notes/module9_radiated_emissions.pdf。

可以忽略不计，而由共模电流引起的总电场则很大。① 图 5.8 说明了由差模电流和共模电流产生的电场。

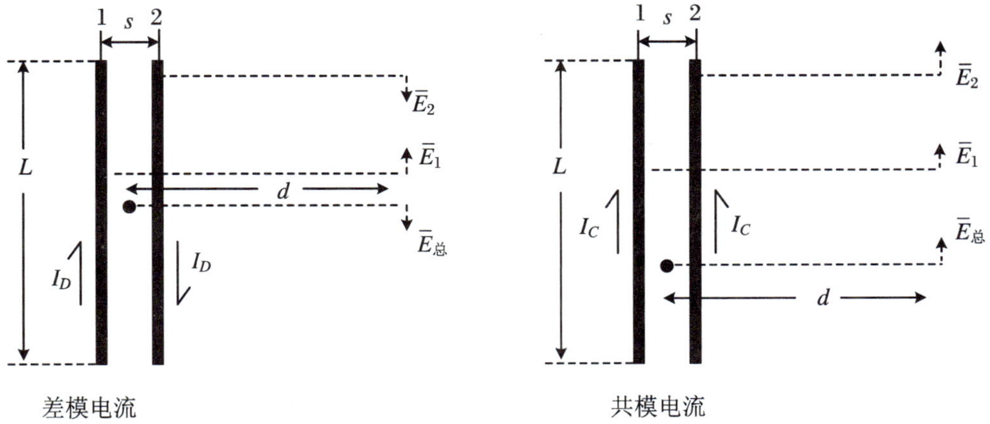

图 5.8 由差模电流和共模电流产生的电场

差模电流和由此产生的辐射是由电路元件、印刷电路迹线、带状电缆等形成的回路产生的。一般来说，地回路是由干扰耦合产生的，如前所述，涉及地平面或回路。这些环就像小的圆形天线，通常会发射低振幅的辐射。

以下是对接地环辐射起源的更详细描述。考虑在印刷电路板上的其他电路中存在一个导电环路。在这种情况下，电路之间可能会发展出电势，电流将通过辐射耦合或不平衡电路替代地参考返回到源。此外，多个导体上将有同相的电流沿着相同方向流动。作为接地回路一部分的外部电缆充当天线，由于这些内部电压而辐射。

但是辐射过程是低效的，并且直到电路的尺寸接近辐射频率的谐振长度之前，辐射将是最小的。尽管共模电流的幅度通常比差模电流的幅度小，但源的回路面积比差模电流的源大得多，从而提高了辐射效率。因此，共模电流通常主导着差模电流。

共模辐射可能比差模电流更隐蔽，因为它们通常更难检测和控制。图 5.9 是共模电流和差模电流的描述。注意对应共模电流源的环路②较大。

直接辐射和间接辐射

各种电路配置和导致辐射的电流已经在前一节中描述过。然而，从攻击者的角度来看，有两种感兴趣的信号：直接辐射和间接辐射。

在诸如计算机这样的数字设备中，数据是用逻辑状态编码的，通常用窄的（时间上

---

① http://www.egr.msu.edu/em/research/goali/notes/module9_radiated_emissions.pdf。

② http://infoscience.epfl.ch/record/171931/files/texfile.pdf。

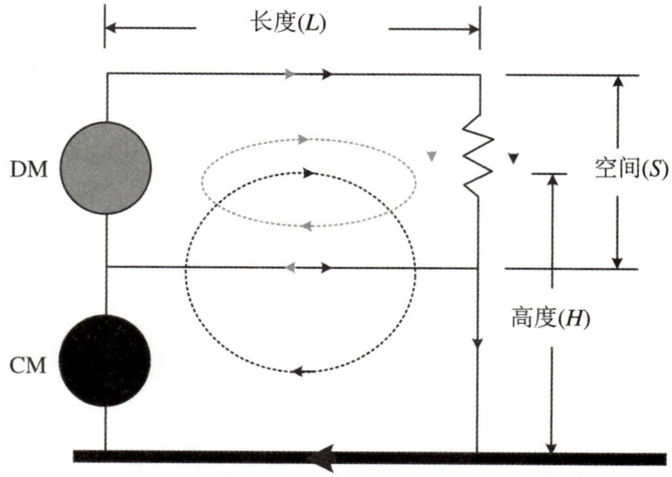

图 5.9 产生差模电流和共模电流的电路

的）方波来描述，即具有急剧上升和下降边缘的脉冲。在两个逻辑状态之间的过渡时间内，电磁能量以与脉冲上升/下降持续时间相关的最大频率发射。因为这种辐射直接从传输数据的电线发出，所以被称为直接辐射。

间接辐射是由耦合到敏感数据信号的干扰机制产生的。电磁干扰可能与有源电子元件相互作用，从而诱发新形式的辐射。辐射信号由具有敏感信息的信号调制，攻击者可能会检测到这些敏感信息。

回忆一下法拉第定律，它描述了由变化的磁通量引起的电场（以及由此产生的电压）的产生。近场和远场干扰源表现为信号的调制和互调或作为载波信号（例如，时钟频率）加上称为谐波的额外频率。

此外，这些载波信号与敏感数据信号、串扰、地面污染和/或电源直流污染之间的非线性耦合可能会产生间接辐射，成为攻击者的目标。间接发射实际上可能比直接发射传播得更好，因此可能容易被攻击者在更大的范围内被攻击者拦截。此外，间接辐射难以预测，这增加了实施一致和有效反制措施的复杂性。

接地回路引起的辐射

电路中的接地问题可能是共模电流或差模电流的重要来源，因此应该详细了解。[①] 接地回路是指由于电压差异（预期之外）而导致电路或组件之间的连接中流动外部电流的情况。图 5.10 展示了一个接地回路的高层解剖，接地回路可能是由一些电路设计问

① http://m.eet.com/media/1114898/duff_ch_5.pdf。

题引起的。①

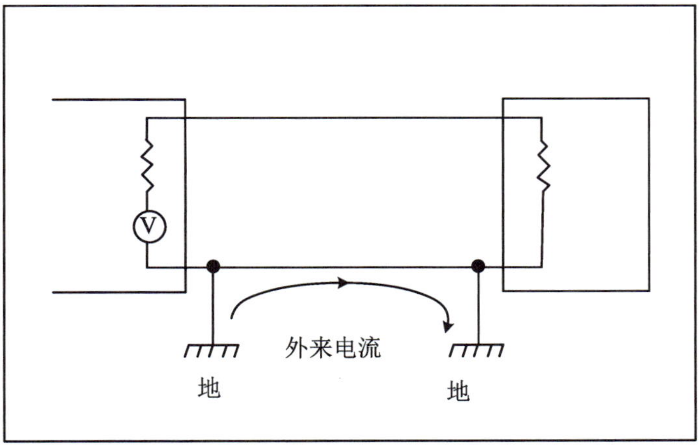

图 5.10　接地回路

与接地相关的干扰通常涉及两种机制中的一种。第一种机制是当一个共同的信号接地用于多个电路或电子设备时。这种机制被称为共地阻抗耦合。电路或系统内的任何共享阻抗都可能促成这种类型的干扰。

如前所述，理想情况下，接地系统应该为所有信号提供零阻抗路径来作为参考。如果存在这样的路径，来自连接到地面的各种电路或设备的信号电流可以返回到各自的源，而不会在这些元素之间产生不必要的耦合。②

尽管接地确实可能代表一个低阻抗路径，但它总是会表现为一些电容、电阻和电感。最终导致相对于地的非零阻抗，从而产生如前面讨论的电流和相关的辐射。请记住，阻抗是与频率有关的，因此在低频或高频下构成良好接地的条件将取决于电容或电感电抗哪个占主导地位。

第二种与接地相关的干扰机制涉及系统接地作为辐射源，其中接地回路充当接收或发射天线。接地被定义为任何用作共同回路的参考导体。回路可以是电线对的低电压侧，也可以是同轴电缆或导体的外层护套，是提供让预期电流返回到源的路径③的导体。

关键是，在没有与地面物理连接的情况下，接地回路干扰问题也可能存在。在射频环境下，即使互联的电路或设备是浮动的，即与地没有物理连接，对地的分布电容也会产生接地回路条件。图5.11描述了物理接地电路与浮动电路。

---

① http://www.wici.com/blogs/2012/08/how-to-wiring-for-trouble-free-signal-conditioning/1euro/。

② http://www.ni.com/white-paper/3394/en/。

③ http://www.wici.com/blogs/2012/08/how-to-wiring-for-trouble-free-signal-conditioning/1euro/。

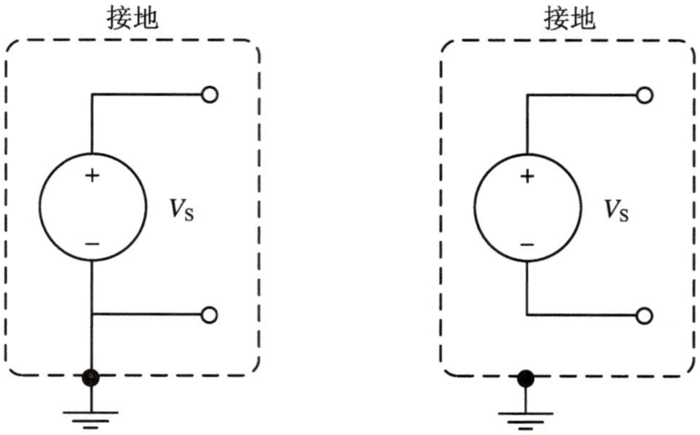

图 5.11　接地电路与浮动电路

减少电磁干扰与地回路的耦合或抑制共模电磁干扰的来源可以有效地降低信号破坏的脆弱性。接地作为对抗辐射的对策将在第 8 章讨论。

像所有的电磁现象一样，地回路最终可以用麦克斯韦方程来解释。在这种情况下，麦克斯韦第三方程适用。由电路元件中的电流产生的时变磁通量会感应出相对于电路中各种接地的电压，从而在电路元件内部和元件之间产生循环电流。减小磁通量的大小、减小磁通量的变化率和减小地回路的面积将使地回路产生的辐射最小化。

图 5.12 旨在对法拉第定律本质进行回顾，其中插图描述了通过区域 A 的导电环的总磁通量变化 $A\mathrm{d}B/\mathrm{d}t$ 所产生的电压。① 正是这样形成的电压产生了地回路电流。

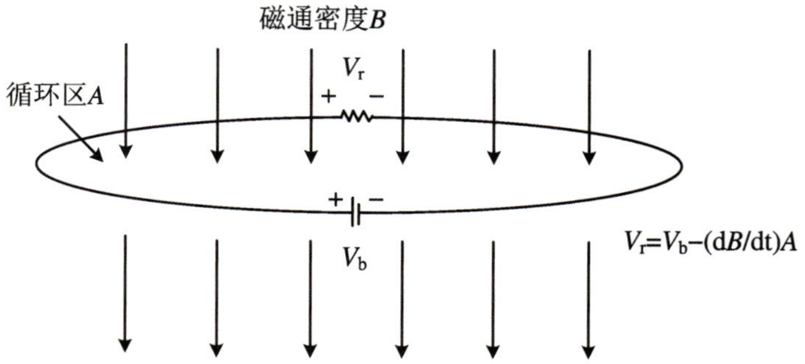

图 5.12　法拉第定律与地环的起源

最后，图 5.13 描述了来自地回路的共模辐射。②

① http://incompliancemag. com/article/a-dash-of-maxwells-a-maxwells-equations-primer-part-2-why-things-radiate。

② http://m. eet. com/media/1114898/duff_ch_5. pdf。

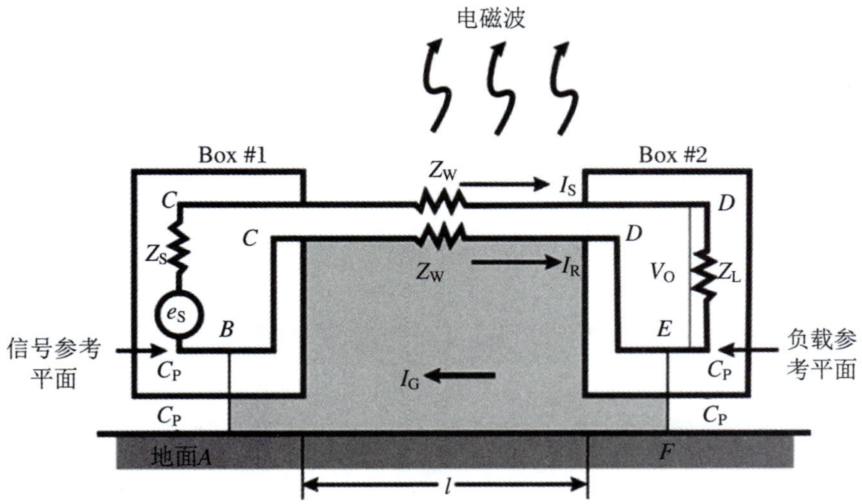

图 5.13　接地回路引起的电磁辐射

电路元件模型和电场

前面描述了耦合机制和产生的 EMI 与辐射。本节讨论辐射电路元件的几种基本模型。这些模型能够估计远场的电场振幅。它们还有助于计算相对于噪声功率的信号功率，因此可用于表征信号检测和最终信息泄露的脆弱性。

有两种基本的物理模型可用于描述电路中流动电流所产生的电场，如前所述，时变电流线和小电流回路。本节将描述这些模型，并估计在远场存在的电磁场。

时变电流线如图 5.14 所示。①

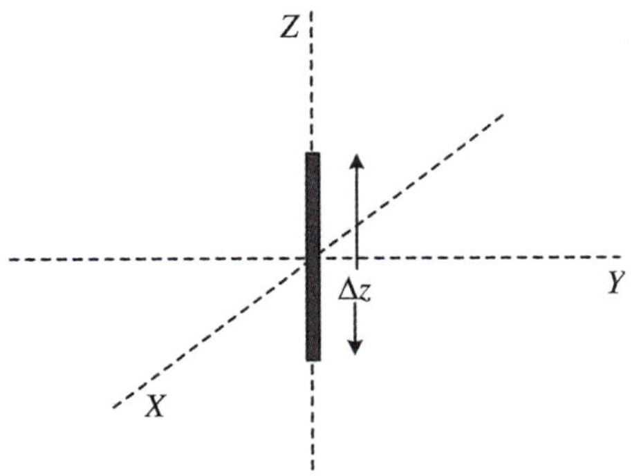

图 5.14　一种小的、随时间变化的电流线

重要的是要认识到，这种描述只是一个模型，不应被字面理解。现实生活中不可能

① http://learnemc.com/electromagnetic-radiation。

存在这样的电路，因为任何含有电流的功能电路都需要一个封闭的路径。然而，实际的电流分布可以使用叠加来建模，即多个电流线的线性组合，如图 5.14 所示。

麦克斯韦方程描述了电路中与电荷、电流和电势有关的电场和磁场。这些场所产生的操作含义是它们在与辐射设备有一定距离处容易被检测到，具体取决于特定情境的条件。具体来说，我们担心的是，位于远程的攻击者可以使用第 7 章中描述的天线和信号处理设备来检测这些字段并重建原始信号。攻击者的最大距离高度依赖于特定场景的条件。

回到时变电流线，由这个模型得到的近场和远场的推导有点复杂，超出了本书的范围。然而，可以仅仅陈述重要的结果从而传达与电路元件的远场辐射有关的点。

也就是说，短电流线中包含时变电流时，电场和磁场将同时存在于远场。这些场的振荡是同相的，它们在相互垂直的平面上振荡，这两个平面都垂直于传播方向。

接下来考虑一个小电流回路。这可能被建模为四个电流线连接形成一个正方形。图 5.15 说明了这样的循环。①

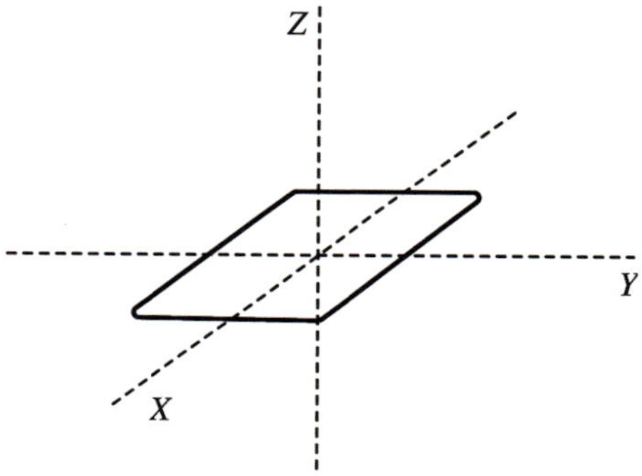

图 5.15　一个小电流回路

在这种情况下，从麦克斯韦方程可以看出，电场和磁场的幅值与环路和检测点之间距离的倒数成反比，并与环路面积成正比。

与单一时变电流线的情况一样，电场和磁场振荡是同步的，振荡平面相互垂直。同样，这些场的传播方向垂直于振荡的电场面和磁场面。

这些模型的结果可以用来估计小电路的辐射。但是，在进行这样的估计之前，需要对阻抗的概念做简要讨论。

电路的基本定律是欧姆定律。这表明电路电压 V 等于流过电路的电流 I 乘以电路元件的电阻 R，即 $V = IR$。这个表达式对所有电路都成立，但对于交流电（AC）电压源

① http://learnemc.com/electromagnetic-radiation。

(电压幅值随时间变化)必须进行修改,即电压幅值随时间变化。在这些电路中,电感器和电容器等元件的电阻会随着振荡频率的变化而变化。

交流电路中的电阻称为阻抗,它有两个组成部分:电阻项和无功项。电阻项是直流项,因此不会随频率变化。无功项适用于电阻随频率变化的电感器和电容器。具体而言,电感元件的电抗随频率的增加而增加,电容元件的电抗随频率的增加而减小。

回到小电路的辐射场,利用时变电流线和小电流环模型计算的电场有高阻抗和低阻抗两种结果。电磁波的阻抗是 E/H 的比值,如前所述,E/H 在远场为 377 Ω。这里仅简述结果,为了突出两种最大电场强度的差异,并提供适用于任何小型电路元件的表达式。[①]

$$E_{\max}(\text{低阻抗})\left(\eta_0 < \frac{E}{H} = \text{自由空间阻抗}\right) = \left(\frac{V\Delta S\beta^2}{4\pi r}\right)\left(\frac{\eta_0}{Z_{\text{环}}}\right) \tag{5.4}$$

$$E_{\max}(\text{高阻抗})\left(\eta_0 > \frac{E}{H} = \text{自由空间阻抗}\right) = \frac{V\Delta S\beta^2}{4\pi r} \tag{5.5}$$

其中 V 为电路电压,ΔS 为回路面积,$Z_{\text{环}}$ 为回路阻抗,β 为波数或 $2\pi/\lambda$(λ 为辐射波长)。

这两个表达式之间的唯一区别是低阻抗电路表达式有一个额外的 $\eta_0/Z_{\text{环}}$ 项。这些表达式可能非常有用,因为它们适用于估计由攻击者针对的电子设备内流动的电流产生的场强。注意,只有当电路确实很小,即相对于辐射频率的波长很小时,这样的计算才是有效的。

举例说明:电路阻抗为 500 Ω。[①]这大于自由空间的阻抗(377 Ω),因此电场的高阻抗表达式适用

$$E_{\max}(\text{高阻抗}) = \frac{V\Delta S\beta^2}{4\pi r} \tag{5.6}$$

假设频率为 80 MHz,电压为 1.8 V,电路的面积为 10 cm^2,探测器与电路的距离为 3 m。80 MHz 辐射能量的自由空间波长为 3.75 m。因此,电场计算结果为 134 μV/m 或 42.5 dB。

使用该模型可以对任意距离 r 进行类似的最大电场计算,从而估计攻击者在任意位置的检测脆弱性。请注意,辐射强度(关键安全参数)在与噪声功率结合时与 $E_{\max}^2$ 成正比。

总结

电子设备中电路元件之间产生的电流和电压会产生电磁波,这些电磁波会耦合到其他电路元件上。这些耦合机制可以产生共模电流和差模电流,从而产生直接和间接辐射,攻击者可以将其作为检测目标。

---

① http://learnemc.com/electromagnetic-radiation。

噪声在自然界中普遍存在，它可以显著地影响信号的检测，无论是对预期的接收方还是对对手而言。电子噪声可以由耦合到传输线或其他电子元件的射频干扰引起。射频干扰的外部来源包括自然、人工、宇宙、地面和原始来源，对攻击者和防御者都有影响。

热噪声是接收电子器件中原子的随机运动造成的。它代表了电子元件中可能存在的最小噪声，因此定义了信号检测的下限。它同样影响攻击者和防御者。散粒噪声是由光子等粒子的离散性质引起的，在低光照条件下的光学场景中可能会成为一个问题。

确定特定攻击场景中噪声的主要来源与大小，对于估算信噪比至关重要，可能是估计信息泄露脆弱性的最重要因素。

参考文献

[1] Jenkins TE. Optical sensing techniques and signal processing. Englewood Cliffs, NJ: Prentice Hall International; 1987.

[2] Kuhn M. Security limits for compromising emanations. In: Rao, J. R., Sunar, B., editors. CHES 2005, LNCS 3659. Heidelberg: Springer Verlag; 2005. p. 265-79.

[3] Denny H. Grounding for the control of EMI. 1st ed. Gainesville, VA: Don White Consultants, Interference Control Technologies, Inc; 1983.

第 3 部分
信号的泄露

第 6 章

信号与信息安全

引　　言

在本章中，我们将使用前几章中讨论的一些关键概念来估计电磁信号的脆弱性。信噪比由多种因素决定，而它又决定了攻击者检测信号的脆弱性。这其中的每一个因素都必须被识别和评估。达成这一目标的关键是由众所周知的科学和工程原理确定的信号检测的物理极限。

调制对于传递信息至关重要。它是一个将单纯的能量波转换成带有编码信息的信号的过程。在调制过程中，会产生额外的频率，从而产生了复杂的波形。这使得检测者必须检测更宽的带宽，因而影响了检测工作。

对于特定的通信信道，信息传输的限制会有所不同。在所有情况下，信噪比和带宽都会影响信道容量：对于给定的数据速率，可以允许不同的信噪比和带宽组合。相干信号与非相干信号的统计特性可以用于将信号从噪声中提取出来。

对信号检测的脆弱性可以进行定量估计，因为信号的行为遵循第 4 章讨论的原理。此外，弱信号可以通过专门为此目的设计的设备成功检测到。检测的限制最终取决于与信号源的物理距离和可用资源的组合。

调　　制

调制通过改变波形的某些特征来传递信息。具体地说，必须改变波的振幅、频率或相位，以便对所需的信息进行编码。由单一频率组成的纯正弦波无法传递任何信息。调制过程将波的能量转换为有效信号。因此，详细研究调制过程是有用的，因为波形受到调制细节的强烈影响。

由于对载波频率进行调制，额外的频率将会产生，从而导致更复杂的频谱。

图 6.1 展示了在频域中用单一频率调制的结果。即产生了和频、差频或边带。这些

频率与载波频率之间的偏移量为调制频率。①

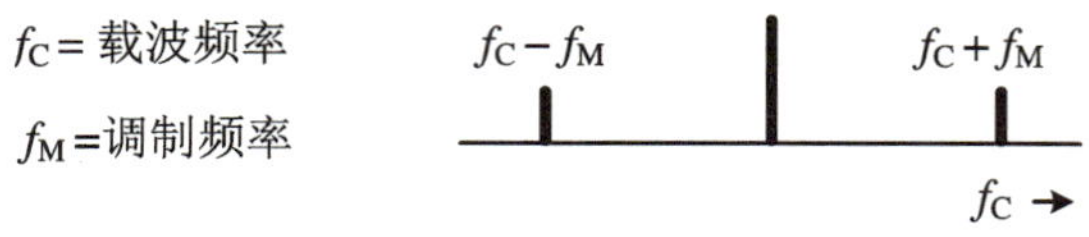

图 6.1 在频域中表示的调制效果

调制可以产生频率的叠加，形成比如图 6.1 所示更复杂的频谱，图 6.2 是这种频率叠加的时域表示。请注意，这里提到的包络和组成频率分别与群速度和相位速度相关，这些概念在第 3 章中已经介绍过。

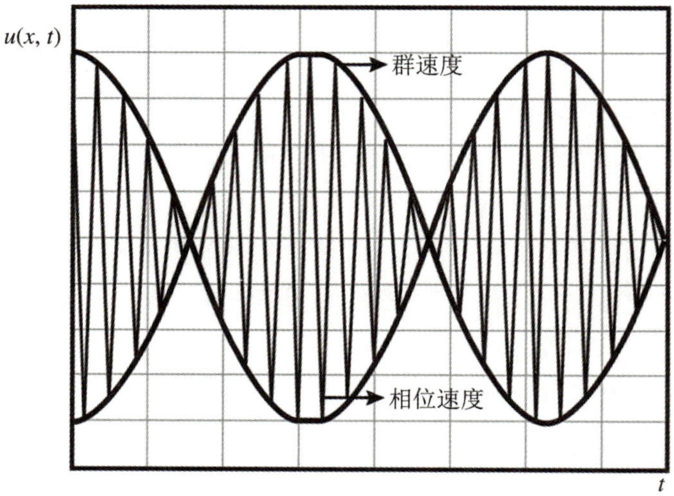

图 6.2 在时域中表示的调制效果，展示相位速度和群速度

当载波频率的幅值被调制时，它通常被称为幅度调制。类似地，如果载波频率改变了，就被称为频率调制。调制信号的相位是第三种调制技术，与频率调制密切相关。在相位调制中，我们通过将信号的相位与载波或其自身相比较得到信号相位与参考相位之间的差异，然后利用这种差异来编码信息。图 6.3～图 6.5 分别展示了幅度调制、频率调制和相位调制的过程。②③

如前文所述，调制载波频率会在信号谱中产生额外的频率。虽然调制类型可能不同，但是调制产生的副频率将存在于任何传递信息的辐射能中。这点很重要，因为信号带宽，即信号频率谱的宽度会影响检测微弱信号的能力。

---

① http://hyperphysics.phy-astr.gsu.edu/hbase/audible/sumdif.html。
② http://www.danalee.ca/ttt/index.htm。
③ http://ironbark.xtelco.com.au/subjects/DC/lectures/7/。

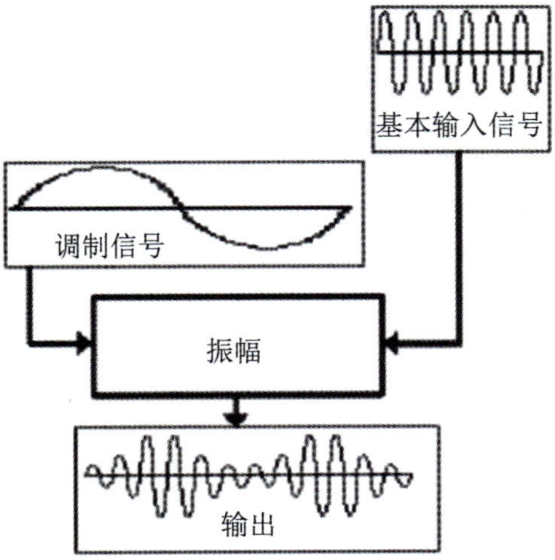

图 6.3　幅度调制

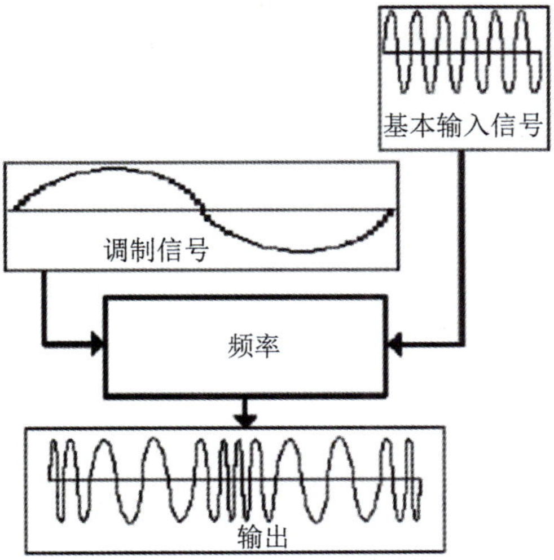

图 6.4　频率调制

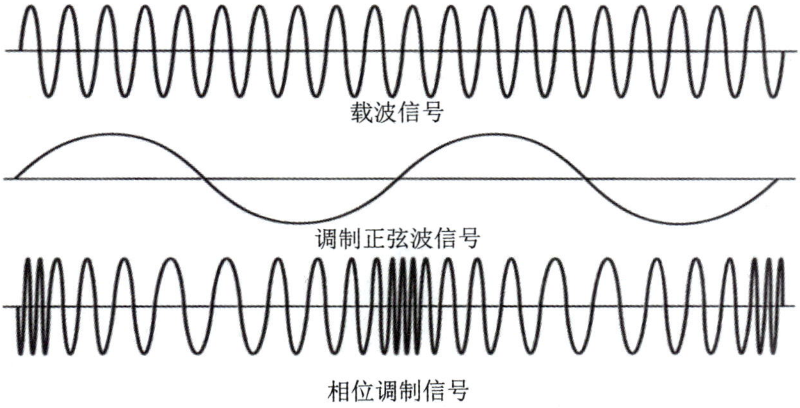

图 6.5　相位调制

之前的例子描述了模拟信号的幅度、频率和相位调制。模拟信号包含连续的振幅值，而数字信号只传输离散的振幅值。如今，许多信号都是数字信号。在数字传输中，模拟载波必须首先通过一个称为模数转换的过程转换为数字信号，然后再进行调制和传输。

为了避免忘记为什么讨论调制与信息攻击之间的关系，让我们回到对攻击者本身的讨论。归根结底，攻击者感兴趣的是编码在电磁波能量中的信息，这种编码则是通过调制完成的。在调制过程中，波的一个或多个参数被改变。波的特征可以被编码，并且编码后可以用数字符号来描述这些变化，再通过解调重建波或信号。

电磁波由电场和磁场组成，这一点在第 3 章中已经讨论过了，并在第 4 章进行了更广泛的研究。调制后的光波的电场作为一个矢量，可以用 *I*-*Q* 图在复平面上表示。*I* 是同相分量(实部)，*Q* 是正交分量(虚部)。在后述的星座图上一个符号对应的是一个点，它在直角坐标系中由 *I* 和 *Q* 定义，在极坐标系中则由电场振幅 *E* 和相位 φ 定义。

星座点与符号时钟时间相对应。① 图 6.6 显示了一个信号在某一时刻的 *I*-*Q* 表示。②

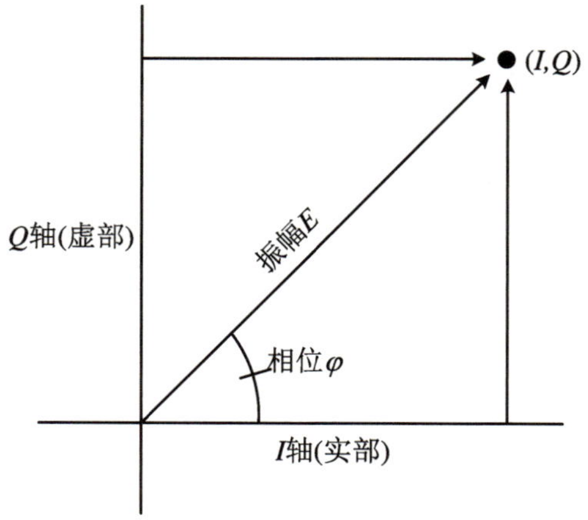

图 6.6 信号幅度和相位相对于 *I*-*Q* 矢量分量的表示

此外，如第 3 章所讨论的，电磁波是横波，这意味着磁场和电场的振荡平面与传播方向垂直。如果电场在 *x*-*y* 平面内振荡，即 *z* 分量为零，则电场的矢量形式有 *x* 和 *y* 两个分量。因此，场是偏振的，可以基于偏振的变化在 *x*-*y* 平面上进行编码。读者可能对使用偏振镜片的太阳镜比较熟悉。这些镜片通过过滤电场，只保留一个振荡平面，从而减少眩光。

如图 6.7 的数学表示法所示，与信号相对应的波的电场振幅在 *x*-*y* 平面内波动。波的频率和相位也是波动的。这些参数可以以定义的方式进行更改，从而对信息进行编码。图 6.7 是电场矢量在 *I* 和 *Q* 分量上的数字表示。③ 请注意，频率分量 $e^{i\omega t}$ 和相位分量 $e^{i\varphi t}$ 可以分别写成 $\cos \omega t + i\sin \omega t$ 和 $\cos \varphi t + i\sin \varphi t$，因此它们是电场的振荡分量。④

相移键控是一种可以高效地编码和传输高带宽信号(例如在无线局域网(LAN)中使用的信号)的技术。对于所有的数字信号，模拟信号以奈奎斯特采样定理(稍后在本章中

① http://www.lightwaveonline.com/articles/2013/07/complex-coding-concepts-for-increased-optical-bit-transfer-efficiency.html。

② http://whiteboard.ping.se/SDR/IQ。

③ http://www.lightwaveonline.com/articles/2013/07/complex-coding-concepts-for-increased-optical-bit-transfer-efficiency.html。

④ 这些关系是基于 de Moivre 定理的。

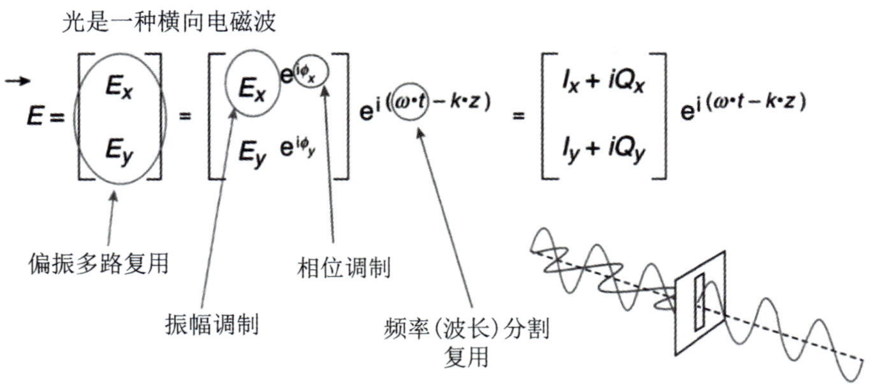

图 6.7　信号电场的数学描述和可能的调制量

定义)所规定的最小速率进行采样。然后通过调制用数字值对模拟信号进行编码。下面介绍一种具体的数字调制方法。

如前所述,使用 *I-Q* 表示法的星座图将离散的数字值与模拟载波的振幅和/或相位的变化联系起来。在一个简单的二进制相移键控(BPSK)方案中,45°和 135°的相移分别用于表示 0 和 1。图 6.8 描述了一个 BPSK 方案的星座图。①

更复杂的相移键控调制方案用于编码更多比特。例如,正交相移键控用一个符号编码 2 比特,从而使数据率翻倍。四种相移分别表示四个双比特码元。这种情况如图 6.9 所示。②

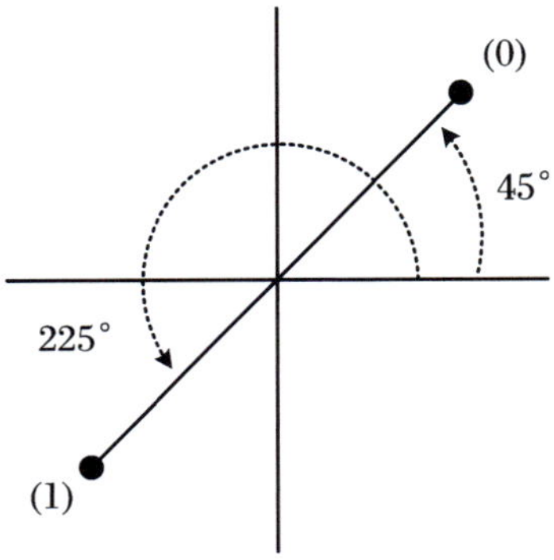

图 6.8　二进制相移键控星座

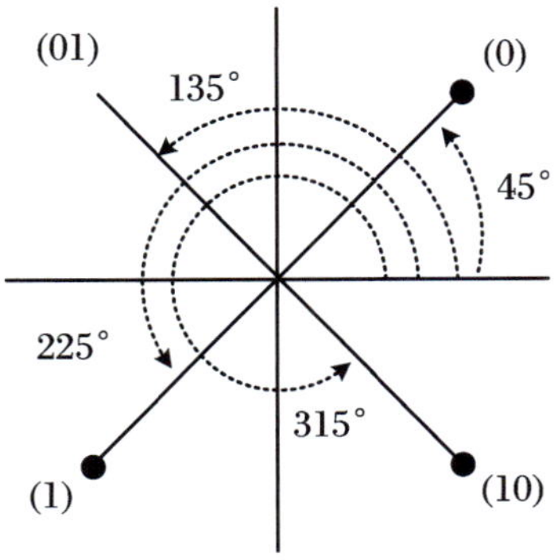

图 6.9　正交相移键控星座

图 6.10 更详细地描述了模拟信号的正交相移键控编码。我们可以观察到与星座元素相关的相移,如图所示,正弦波相位逆时针增加。图中还说明了特定比特组合到符号

① http://www.hill2dot0.com/wiki/index.php? title=PSK。
② http://www.hill2dot0.com/wiki/index.php? title=PSK。

的映射，例如，11 和 00 分别映射到符号 A 和 B。①

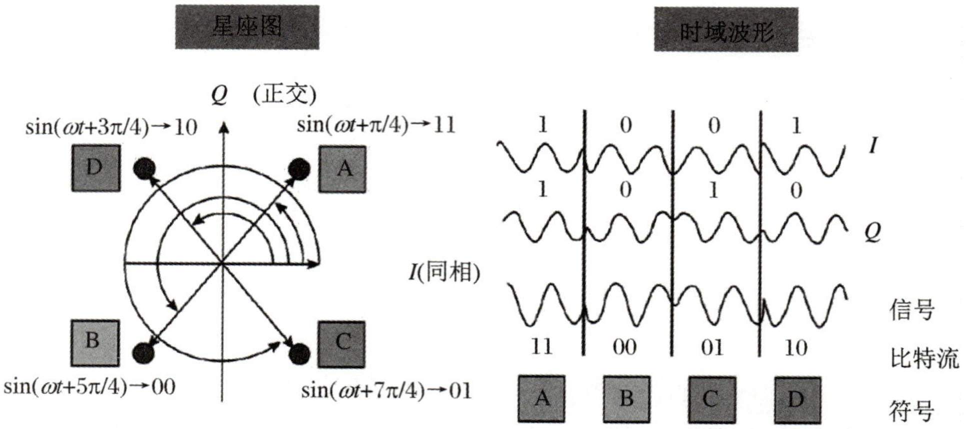

图 6.10 正交相移键控的详细描述(图中构建了四个向量，复平面中的一个向量位置编码 2 比特)

理论上高阶 PSK 方案是可行的，但八相移键控(8-PSK)通常是最大实施方案。8-PSK星座图如图 6.11 所示。②

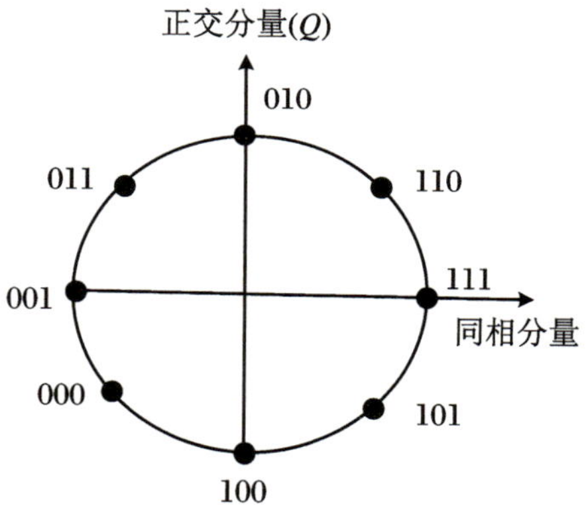

图 6.11 8-PSK 星座图

波特率，即每秒钟传输的调制符号数，与数字信号有关。信号传输系统试图通过有效的调制方案使每个符号的比特数最大化。当每个符号传输 1 比特时，波特率与比特率相同。

信息编码是通信工程师的主要关注点。正如后面的部分所讨论的，信号编码通过最

① http://www. lightwaveonline. com/articles/2013/07/complex-coding-concepts-for-increased-optical-bit-transferefficiency. html。

② https://documentation. meraki. com/MR/WiFi _ Basics _ and _ Best _ Practices/Wireless _ Fundamentals%3A_Modulation。

终限制信道容量的参数(信号带宽和噪声)与信息安全相关。从信息论的角度,工程师希望在传输最少数量比特的同时,最大化信号信息熵。因此,增加每个符号映射的比特数是调制的主要目标。哪种调制技术在编码方面最成功地实现了这一结果?

基本二进制传输使用1比特/符号,但其他传输可以实现更高的速率。例如,创建某种振幅和相位组合的符号可以增加每个符号传输的比特数。正交振幅调制(QAM)是一个同时包含了相位和幅度调制的数字调制方案。8-QAM 使用四个载波相位加上两个幅度电平来传输3比特/符号。其他流行的变体是16-QAM,64-QAM 和256-QAM,它们分别传输4比特/符号、6比特/符号和8比特/符号。

QAM 在频谱的有效利用方面表现出色,但因为噪声包含随机的振幅变化,在存在噪声的情况下更难解调。由于其频谱效率高,QAM 通常用于有线电视、Wi-Fi 无线局域网、卫星和蜂窝电话系统,以在有限带宽内实现最大数据传输速率。

图6.12描述了端到端的8-PSK 调制方案,包括向数字射频信号(例如 Wi-Fi 的802.11协议)的过渡。① 比特流进入调制器,8-PSK 调制器同时指定3个比特来产生 PSK 调制信号。PSK 调制器结合这3个比特和星座图,生成一个 PSK 波形。该波形在时域中表示。因为每次状态变化包含3个比特,所以射频信号是比特流速率的三分之一,即3比特/符号。

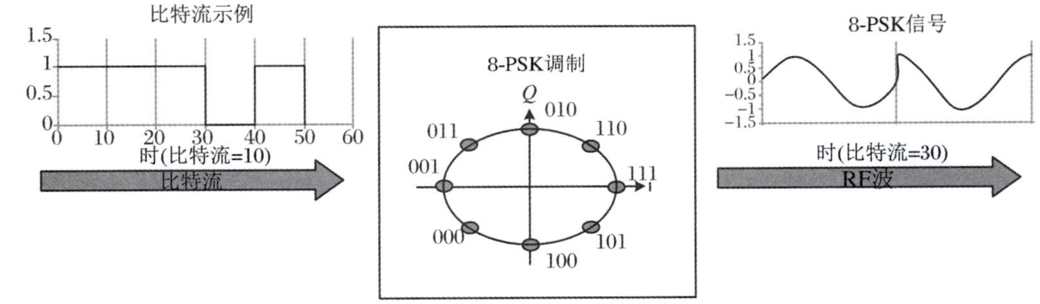

图6.12　8-PSK 调制和射频信号传输

如前文所述,调制产生了额外的频率。图6.1显示了一个载波频率及其由单一模拟频率调制产生的边带。同样的原理也适用于数字调制方案,其中传输的能量由载波频率和边带共享。图6.13展示了一个调制数字信号的频谱。请注意,在这个特定的表示中,能量集中在边带上。

① https://documentation.meraki.com/MR/WiFi_Basics_and_Best_Practices/Wireless_Fundamentals%3A_Modulation。

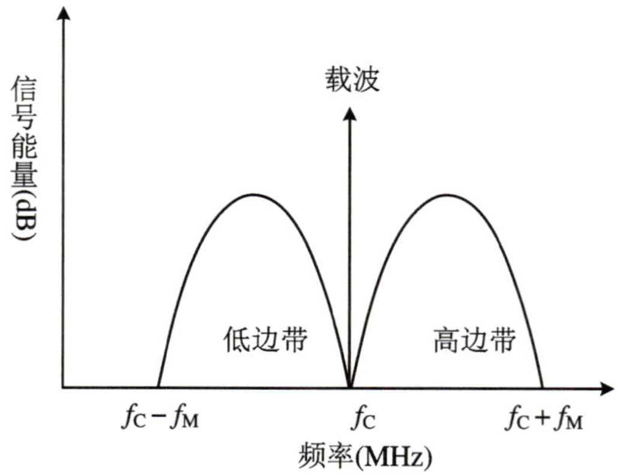

图 6.13 频域中的调制数字信号

信 号 平 均

攻击者破坏辐射信号的技术目标是增加信噪比。攻击者有很多选择。他可能会试图增加信号覆盖范围，换句话说，捕获更多的信号。但攻击者最终受到隐蔽性要求的限制，因为使用大型天线以获得更多增益可能会引起不必要的注意。

更灵敏的接收器可能被用来探测较弱的信号。当然，更灵敏的接收器也会检测到更多的噪声。最后，攻击者可能会尝试使用统计方法来增加相对于噪声的信号比例，但会因为额外的测量而花费更多的时间。那么需要多长时间呢？要回答这个问题，需要简要介绍一下统计学。

典型的攻击场景涉及在嘈杂的环境中拦截微弱信号。现实世界中的所有信号都受到噪声的影响，噪声被定义为信号幅度的随机波动。也就是说，噪声在信号测量中引入了不确定性，这种不确定性可以被量化。

对于两个随机变量 x 和 y，它们的和的期望值，也就是方差，等于它们的期望值之和。根据定义，假设信号电压的平均值为零，则其方差是平均功率，因此没有直流分量。

如果将两个具有随机相位关系的信号源（噪声）相加，其信号和的平均功率等于每个信号单独的平均功率之和。添加两个独立的噪声记录将使 RMS 电压增加$\sqrt{2}$倍，从而使噪声功率加倍，即$(\sqrt{2})^2=2$。

然而，如果两个具有恒定相位关系的信号源加在一起，信号电压就会加倍。又由于功率与电压的平方成正比，功率将增加四倍。

因此，如果对加噪信号进行 N 次测量，则信号相对于噪声的增强系数将为 $\sqrt{N}$。①

计算的细节很有指导意义。设 S_i 等于信号加噪声功率的单个测量值，如果把 n 次这样的测量结果加起来得到一个信号 S_n，结果会随着每一次测量 S_i 的增加而增加。回顾一下，信号功率等于它的方差。

总信号 S_n 是从 $i=1$ 到 n 的所有 S_i 的总和

$$S_n = \sum_{i=1}^{n} S_i = nS_i$$

噪声的方差也是可加的。因此，将方差（标准差（σ）的平方，等于信号功率）的 n 个测量值相加，相当于对方差/信号功率进行 n 次独立测量：

$$\sigma_n^2 = \sum_{i=1}^{n} \sigma_i^2 = n\sigma_i^2$$

对于 n 次测量的分布，其标准差（σ_n）表示总的均方根噪声。随机变量进行 n 次测量的标准差等于 $\sqrt{n}$。因此，在 n 次测量后，总噪声等于 N_n，由以下公式给出：

$$N_n = \sigma_n = (\sqrt{n})\sigma_i = (\sqrt{n})N_i \tag{6.1}$$

式(6.1)是"对 N 个信号样本进行平均可以将信噪比提高到 $\sqrt{N}$"的基础。通过对多次采样的信号加噪声求平均值，可以增强信号相对于噪声的比例。例如，对加噪信号 100 次重复进行平均可将信噪比提高 $\sqrt{100}=10$ 倍。图 6.14 形象说明了信号平均的效果与平均次数的函数关系。②

信号平均可以有效提高周期性信号，例如那些可能成为攻击者攻击目标的信号的信噪比。其中一种针对视频显示器的图像刷新电路生成的信号的攻击，目的是读取计算机显示器上显示的信息。[1]这种攻击将在第 7 章中描述，但现在提到它的一个关键的攻击特征。

平板视频界面以每秒 60～85 次的频率连续刷新整个图像内容。这种连续刷新导致视频接口上的信号具有周期性，这种周期信号的谱线根据信号重复频率间隔开。与刷新过程相关的周期性和信息泄露的脆弱性密切相关，因为相对于噪声，周期性信号可以获得处理增益。

对信号进行采样是为了确定其信息内容。通常使用模数转换器（ADC）以固定的时间间隔对目标信号输入进行采样。然而，采样过程可能引入混叠，这是由于采样频率不

---

① 或者说，相对于 N 个噪声信号测量值的平均值的标准偏差，N 个信号测量值分布的平均值标准偏差将减少为原来的 $1/\sqrt{N}$。标准偏差表示该分布中随机选择的值接近平均值的可能性。特别值得注意的是，如果 N 表示正态分布的随机变量，则该分布的标准偏差为 $\sqrt{N}$。

② http://web.khu.ac.kr/～tskim/DSP%2018-2%20Signal%20Averaging.pdf。

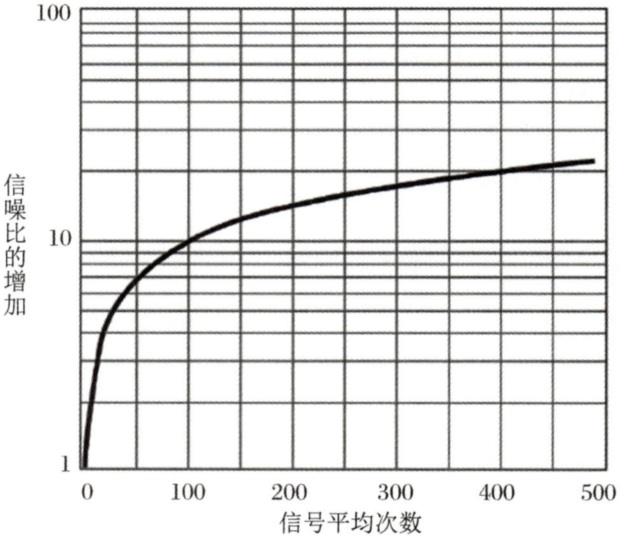

图 6.14　信号平均次数对信噪比的影响

是导致的一种信号失真形式。奈奎斯特采样定理规定了要忠实重构模拟信号所需的最小采样率。①

这个最小采样率是原始信号最高频率分量的两倍。在本章后面，我们将看到奈奎斯特采样条件影响信号滤波的要求，而信号滤波是攻击者努力提高信噪比的关键步骤。

如果说噪声是攻击者的敌人，那么平均周期信号就是他最好的朋友。然而，有几个因素限制了通过时间平均可达到的信噪比增强程度。人们不能无限地进行信号平均来改进信噪比。例如，数字系统以指定的精度测量输入，并以类似的精度执行计算。这种约束限制了计算平均值的固有精度。

此外，仪器中可能存在与时间或电压相关的漂移，这些都会影响到真实信号的变化。由于系统内部或外部条件的缓慢变化，信号本身也可能随时间变化。

信号泄露的风险因素

信号足迹

事实上信号能量的存在就是检测的风险因素。此外，正如已经多次指出的那样，决

① 哈里·奈奎斯特（Harry·Nyquist，1889—1976）是一位出生于瑞典的美国工程师，他对通信和信息理论作出了开创性的贡献。

定是否容易被攻击者探测的关键特征是检测地点的信噪比。

简单来说,如果在检测点处信号功率超过环境噪声功率一定值,则该信号容易被检测并可能被重建。唯一需要注意的是,加密的使用显然会影响风险中与脆弱性相关的部分,但这里不考虑这一重要的安全控制。此外,信号在加密之前可能存在泄露。

电磁辐射的点源是用于描述信号强度随距离变化的一个模型,因此可以用于估计信噪比中的信号功率。重申一下,点源发出的能量强度按 $1/r^2$ 缩放,其中 r 是信号源和探测器之间的距离。能量强度可以被看作以源为中心逐渐扩展的球形图案,强度随着距离增加而减弱。

点源将信号能量均等地传输到 4π sr 的范围内。由于信号能量被分布在更大的立体角上,因此它牺牲了特定位置的强度以获得空间多样性。那么,信号源是否可以将辐射能量集中在某一特定空间,从而减少信号覆盖范围呢?换句话说,相对于在所有方向辐射等量能量的信号源,限制信号的覆盖范围在隐蔽性方面会带来什么好处?

不言自明的是,除非存在特定方向的损耗机制,否则在某一距离内,信号源辐射的总能量是恒定的。换句话说,信号源初始传输的总能量等于在给定半径处检测到的总能量。

然而,与信号源的距离和信号是否集中在立体角这两个因素会影响信号功率的密度。因此,可以通过聚焦相同大小的信号功率到更小的体积中,从而增加信号的强度。虽然可以通过聚焦的方式来集中其强度,但我们要认识到聚焦的能力是有限的。那么这个限制是什么?

回想一下,聚焦电磁能的物理极限是由衍射决定的。第3章中的式(3.7)给出了圆形孔径的最小角发散度。这个极限为 $1.22\ \lambda/D$,其中 λ 是能量波长,D 是透镜或天线的直径。

因此,当波长相对于天线长度变小或者相对于固定波长孔径尺寸增大时,聚焦限制增大。换句话说,透镜或天线越大,对于给定的波长,光束就越集中。

第2章介绍了天线增益的概念。天线增益是天线聚焦功率的度量。它通常以分贝为单位表示,即信号强度相对于无损各向同性天线的比值的对数。各向同性的天线在任何给定方向上检测或辐射等量的能量,因此没有增益。

由于卫星电视系统的普及,抛物面反射器变得十分常见。大多数人对它们的一般外观都很熟悉,这有助于说明天线增益的含义。抛物面反射器遍布城市,并一致指向高空盘旋的地球同步卫星。

抛物面反射器与麦克风的结合操作的原理与用于从卫星收集电磁信号的设备相同。前者用于窃取可听信息,后者用于增强从卫星接收的电磁信号。物面反射器与麦克风结合使用的情况将在第10章中分析,那时将讨论音频信息泄露问题。

对于抛物面反射器，天线的宽度可以达到数百个信号波长，因此能够获得巨大的增益。增益的大小可以从下面的公式中推导出来。在涉及电视接收的场景中，电视卫星位于地球上方的地球同步轨道上，需要显著地增强信号。轨道天体物理学要求这些卫星保持在 22000 英里的高空。为了获得足够的信噪比，卫星天线预计需要有多大的增益？

抛物面反射器的增益 G 由以下表达式给出：

$$G = k\left(\frac{\pi D}{\lambda}\right)^2 \tag{6.2}$$

这里 k 是效率系数（约 0.55），D 是天线的直径，λ 是波长。[①] 因此，如果天线接收或发射波长为 0.01 m 的微波能量，直径为 1 m，增益大约为 41 dB，或约为 10000 倍。

对于固定的天线直径，增加信号能量的波长会降低增益，这种降低比例为波长平方的倒数。换句话说，随着波长的增加，天线的增益将非线性降低。式(6.2)显示，在给定的波长下，随着天线直径的平方增加，增益将实现二次提升。

但是这种巨大的收益是有代价的。由于能量不能凭空产生，在一片空间中信号强度增加必然导致其他地方减少。因此，根据定义，一个表现出高增益的天线是高度定向的。这一事实对信号拦截的脆弱性以及信息泄露具有重要意义，因为更高的增益导致更小的信号覆盖范围。让我们详细地了解一下较小的信号覆盖范围所带来的安全优势。

虽然抛物面反射器相对于在所有方向上均匀广播的天线而言，将能量集中在一个小的立体角上，但传输的能量仍然从传输点发生一定的发散或扩散。可以肯定的是，对于高增益天线来说，这种发散的幅度较小，但信号还是会发散。对这种发散的限制同样由衍射决定。

从发射抛物面天线输出的信号的角发散度(AD)如下所示：

$$\mathrm{AD} = 70\,\frac{\lambda}{D} \tag{6.3}$$

注意式(6.3)与第 3 章中的式(3.7)的相似性，后者规定了圆形透镜的 AD。如果 λ 被假定为 0.01 m（即微波信号），D 为 1 m，那么 AD 为 0.7 rad。

所以式(6.3)是抛物面反射镜发射信号的 AD 的表达式。波束直径可以通过将 AD 乘以天线和探测器之间的距离来确定。波束直径与波束的 AD 和距离成线性比例。

在 100 m 的距离处，微波波束宽度或直径的计算方法如下：

$$\text{微波波束宽度} = 0.7 \times 100 = 70(\mathrm{m})$$

由于微波波束宽度的半径(r)等于直径的一半即 35 m，微波信号在探测器上的足迹或波束的面积可以简单计算如下：

---

① http://www. radio-electronics. com/info/antennas/parabolic/parabolic-reflector-antenna-gain. php。

$$探测器上的微波信号足迹 = \pi r^2 \approx 3848(\mathrm{m}^2)$$

如果抛物面天线辐射的功率是1 W,那么现在很容易计算出

$$探测器处的微波信号强度 = \frac{抛物面天线辐射的功率}{探测器上的微波信号足迹} = \frac{1}{3848} \approx 0.0003(\mathrm{W/m^2})$$

如果攻击者使用的天线也是一个直径为1 m的抛物面天线,那么攻击者的天线就会截获总发射功率的一部分。假设信号占据了攻击者天线的整个面,则这部分功率可以表示为波束强度乘以天线面积:

$$截获微波信号功率 = 0.0003 \times 0.79 \approx 0.2 \times 10^{-3}(\mathrm{W})$$

一个0.2 mW的信号应该会在通常的噪声条件下轻易地被检测到。因此,在这个距离上辐射微波信号的天线所能实现的隐蔽性增量并不显著。要更加隐蔽,信号发射器必须发射更高频率,即更短波长的信号,或者使用更大的天线。后者可能会因位置和相关的掩蔽要求而难以实现。

前面的示例很好地说明了信息安全攻击方案的限制如何由已知或可以计算的物理参数决定。尽管抛物面天线可以实现巨大的收益,但受限于特定场景的操作,它可能不是攻击者的首选。

那么,使用辐射波长更短信号的设备怎么样?使用此类设备将如何影响信号检测的难易?事实上,传输较短波长的信号确实是一种选择,那使用光学波长又如何?

光学信号效果很好,但可见光能量可能会暴露信号的存在。红外激光可能是信号传输的理想候选者。红外线波长大约是微波的一万分之一,即10^{-2} m对10^{-6} m。除此之外的好处是,红外线通常是人眼看不见的。

当然,聚焦的一个显著操作后果是,发射器和接收器必须适当地对齐,因为信号只存在于空间的某些区域。天下没有免费的午餐,缩小信号覆盖范围的代价是增加检测的准确度。

换句话说,天线的增益越大,定位要求的准确度就越高,因为传输的信号被限制在一个更窄的空间范围内。式(6.3)明确指出,较大的天线孔径可以实现较小的波束发散或更紧密的波束聚焦。请注意,对于希望探测相同信号的攻击者来说,也存在这个问题。

信号传输和检测的几何特性表明,如果隐蔽性是主要目标,应优先选择具有较小覆盖范围的信号源。光学技术,特别是衍射技术决定了这种覆盖范围的面积限制。激光是很好的选择,因为激光束即使在离源很远的地方也不会有太大的发散。因此激光束被认为是高度准直的。

对这种准直的解释是,从激光器发出的光在两个平行镜之间的光腔中形成。镜面将光限制在垂直于镜面的路径上。高质量激光束的发散度通常小于1 mrad,对于大直径的激光束,发散度可以更小。正如之前提到的,红外激光器是一种可用于秘密通信的理想

设备，因为其光束对于肉眼来说是不可见的。① 使用在光学波长下工作的设备的另一个重要操作考虑因素是发射器和探测器之间需要视线直通。

让我们假设这样的设备被考虑作为向邻近建筑谨慎通信的手段。攻击者偶然发现的漏洞是什么？换句话说，攻击者要有多大的运气才能“随机”截获红外激光的信号？

假设激光的 AD 为 0.3 mrad②，因此激光束在距离发射器和接收器 100 m 处的光束宽度或直径将是 AD 乘以发射器和探测器之间的距离：

$$\text{红外激光器在 100 m 处的直径} = 0.3 \times 10^{-3} \times 100 = 0.03(\text{m})$$

回顾一下，在同样的距离上，微波信号的波束宽度是 70 m，即超过直径的 2300 倍。这个直径可以转化为 60 亿倍的面积差异，或者说覆盖范围差异！一般来说，在激光器和探测器之间的距离 D 处的光束半径由以下小发散角 ϕ 的表达式给出 ：

$$\text{探测器处的激光束半径} = D\tan\left(\frac{\phi}{2}\right) \approx \frac{D\phi}{2} \tag{6.4}$$

图 6.15 展示了激光束发散的夸张示意图。③

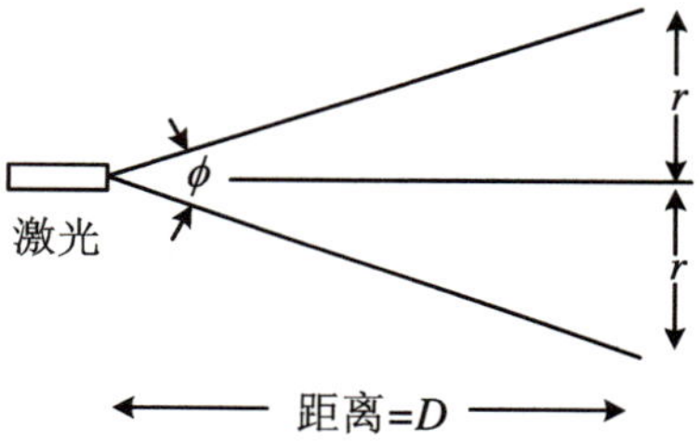

图 6.15　激光束的角发散(高度夸张的)

假设 P 为激光的功率。使用式(6.4)，探测器上的强度由 P 除以忽略大气衰减的信号覆盖范围得到：

$$\text{探测器处的激光强度} = \frac{4P}{\pi D^2 \phi^2}$$

本章后续将计算出射频发射器产生信噪比为 10 的最大传输距离，以供比较。这个计算结果被用来估算在攻击者大致知道信号位置时，信号可能被泄露的最大脆弱距离。

同样也可以用激光强度的数字来进行计算。该计算将假设攻击者拥有一个给定焦距的透镜，且红外能量的背景强度将与感兴趣的信号竞争。

---

① 在电磁频谱的红外部分运行的检测设备是可用的，通常被称为“夜视设备”。

② 弧度是角度测量的单位。在一个 360°的圆里有 2π 个弧度。弧度的测量在数字上等于单位圆的相应弧长。当弧长等于半径时，一个弧度略小于 57.3°。

③ http://www. robkalmeijer. nl/techniek/electronica/radiotechniek/hambladen/hr/1990/05/page18/。

然而，这里以不同的方式处理估计检测风险的问题。不是通过计算信噪比来估计被探测的可能性，而是计算探测到激光信号的概率。

假设这样一个攻击者位于附近的建筑物内，并在一个固定但随机选择的地点使用300 mm的望远镜镜头进行观察。攻击者可能在距离激光源所在的建筑物100 m的任何建筑物内，而且激光和攻击者的探测器之间存在直接的视线。此外，攻击者不知道要在哪里寻找光束。

重申一下，这种计算利用了简单的概率和光学原理，而不是漏洞评估。这是一个重要的区别。这两种计算方法尽管是从两个完全不同的角度来制定安全策略的，但都提供了潜在的有用信息。结合这两个角度会对风险获得更多见解，每个组成部分都应该相辅相成。

换句话说，检测的概率衡量的是风险的不同组成部分，而不是检测的漏洞。一种防御性策略可能是根据组织对风险的容忍度，将该概率降低到一个特定的阈值以下。然而，该策略应结合可能性和安全隐患的测量结果。了解这两个部分可以更深入地了解与此攻击媒介相关的风险，从而更好地指导风险管理策略。

概率计算并不说明攻击者实际发起攻击并因此搜索信号的可能性。相反，它表示攻击者偶然在正确的时间出现在正确的地点而偶然发现信号的可能性。这一点的区分非常重要。通常，风险的可能性部分指的是威胁事件发生的概率，而不是事件发生后成功的概率。

最初假设激光器和探测器在垂直维度上是对齐的。因此，计算被简化为一维的问题。随后将进行垂直维度的计算，两个维度的乘积将产生所需的概率。

回顾一下，在光束的直径是0.03 m、透镜的直径是0.3 m的情况下，透镜直径是光束直径的10倍。如果光束比透镜大，计算结果就会与下面所示不同。

激光束的直径假设位于一个圆周的任何位置，因为攻击者可能在激光器周围的任何位置。换句话说，攻击者可以在围绕激光发射器的圆周上的任何地方设置望远镜镜头。

让圆的周长等于 C，镜头的直径等于 Y，激光束在100 m处的直径等于 X。回顾一下，此时暂不考虑激光束在垂直平面中的可能位置，所以假设攻击者垂直地对准激光。

透镜完全落在激光束内的概率等于攻击者在圆的适当部分的概率，后者大致由建筑物的宽度来定义，乘以激光束位于该段落内的概率。假设建筑物之间的空间是可以忽略不计的。该概率由以下简单表达式给出：

$$\frac{Y}{C} \times \frac{X}{Y} = \frac{X}{C} \tag{6.5}$$

100 m处的激光束直径为0.03 m，半径为100 m的圆的周长为 $2\pi \times 100\ \text{m} \approx 628.3\ \text{m}$。因此，激光束在圆周上随机被探测到的概率 X/C 如下：

$$\frac{X}{C}=\frac{0.03}{628.3}\approx 4.8\times 10^{-5}$$

这个表达式为假设信号在垂直方向上的位置是已知的，在离激光源 100 m 处，使用指定直径的望远镜镜片偶然探测到红外激光信号的概率。如果不知道信号位置的信息，则在垂直方向上进行类似的计算，并将结果乘以水平方向的尺寸。接下来将进行这种计算。

令 Y 是透镜的直径，L 是建筑单层的垂直高度。对于一栋 30 层的建筑，假设每层高 3 m，则垂直方向探测到信号的概率是检测器镜头放置在特定楼层内正确位置的概率乘以攻击者的镜头恰好位于正确楼层的概率（也就是说，如果随机选择一个特定的楼层，则为 1/30）。因此，垂直探测的概率如下：

$$\text{垂直探测的概率}=\frac{Y}{L}\times\frac{1}{30}=\frac{0.3}{3}\times\frac{1}{30}\approx 3\times 10^{-3}$$

攻击者在距离信号源 100 m 的建筑物内任何地方偶然探测到红外激光信号的概率是水平方向上的探测概率乘以垂直方向上的探测概率。这个数字现在很容易计算出来，是 1.6×10^{-7}或大约五百万分之一。假设方案在激光发射器和接收器的排列上提供了灵活性，那么使用激光进行秘密信号传输似乎是相当有效的。

物理接近

未经授权的信号检测的一个风险因素是攻击者与信号源的距离。上述计算估计了攻击者偶然发现激光信号的概率。激光束的有限角度散射和高度准直的事实大大降低了被攻击者探测的风险。

但是因为缺乏空间多样性和发射器与探测器之间的视线要求，激光在一些通信场景中并不实用。因此，接下来将估计另一种通信模式下的信号检测脆弱性。

考虑以下情况：一个攻击者在公司高管使用会议室之前进入了该会议室。此外，人们担心攻击者在房间里隐藏了一个麦克风/录音机和射频发射器，以便窃听会议期间的谈话内容。

假设攻击者实时广播该信号，而对策小组在会议室部署了他们的设备，我们将计算攻击者的隐蔽信号被发现的脆弱性。

我们将利用我们对电磁场的新认识，来计算无线电频率信号的隐蔽性，作用信号源与检测设备之间的距离的函数。请注意，这个有点矫揉造作的场景对防守方有利。高风险区域已经确定，且对策小组大致知道在哪里寻找隐藏的装置。

假设攻击者使用的技术是相对简单的。因此，不考虑诸如扩频之类的隐蔽传输方法，尽管鉴于信号发射器和对策小组的探测设备之间的距离很近，它所提供的隐蔽性的提升可能还是不够的。

事实上，我们的不幸的攻击者正在使用从“间谍商店”购买的普通监视设备。而且，他安装了发射器后并没有费心将其关闭。发射器持续辐射的峰值功率被假定为 10 mW。

但是，攻击者利用了一个可能比复杂的监控技术更有用的资源：一个可以不受限制地进入会议室的公司雇员。攻击者让这个人帮助将监视设备巧妙地藏起来。

如上所述，商业技术监视反措施（TSCM）检查小组已被雇用来进行“扫荡”，并配备了频谱分析仪。该频谱分析仪的“视频带宽”为 100 MHz，这意味着检测器的上升时间为 3.5×10^{-9} s，因此能够跟踪信号包络的波动幅度。①

对策小组在房间内移动分析仪天线时，偶然将天线放置在距离辐射发射器天线约 1 m的位置。假设设备天线是各向同性辐射，检测系统的天线增益为 1，分析仪检测到的功率是多少？

发射器广播的总电磁能量密度是如下规定的电能量和磁能量密度的总和：

$$\text{总电磁能量密度} = \frac{1}{2}\varepsilon_0 E^2 + \frac{1}{2}\frac{1}{\mu_0}B^2 \tag{6.6}$$

其中 ε_0是自由空间的电导率，用 SI 单位表示为 8.85×10^{-12} F/m。μ_0是自由空间的磁导率，用 SI 单位表示为 1.3×10^{-6} Wb/(Am)。

从麦克斯韦方程中可以知道，B 场和 E 场通过光速 c 联系在一起。具体来说，$B = E/c$，$c = (1/(\varepsilon_0\mu_0))^{1/2}$。因此，可以建立以下关系：

$$\frac{1}{2}\frac{1}{\mu_0}B^2 = \frac{1}{2}\varepsilon_0 E^2 \tag{6.7}$$

由此可知，辐射能量的一半来自电场，另一半来自磁场。

辐射强度 I 的单位是 W/m^2。对于一个平面波，$I = c\varepsilon_0 E^2$。假设发射器的频率为 1 GHz，则波长为 0.3 m，所以探测天线离源头大约有 3 个波长。这个距离属于辐射源的远场区域，因此传输信号是一个平面波。

理想化地假设辐射信号通过一个虚拟球面。它的强度等于信号功率除以球面表面积，即检测点的辐射强度。因此，距离 1 m 处的强度计算如下：

$$I = \frac{P}{4\pi r^2} = 0.8\times10^{-3}(\mathrm{W/m^2})$$

将 I 代入式(6.7)会产生以下结果：

$$\frac{1}{2}I = \frac{1}{2}c\varepsilon_0 E^2 = \frac{1}{2}\times0.8\times10^{-3}(\mathrm{W/m^2})$$

这导致了在距离隐蔽式发射器 1 m 处的电场的大小为

① “视频带宽”是一个术语，用于表示功率包络波动的频率范围，或者仅用于调制 AM 分量。经验法则是检测器上升时间 = 0.35/视频带宽。

$$E = \left(\frac{0.8 \times 10^{-3}}{\varepsilon_0 c}\right)^{1/2} = 0.55(\mathrm{V/m})$$

请注意，电视和调频广播，其信号的电场通常为每米毫伏或每米微伏。因此，在1 m处测量的隐藏发射器的电场振幅是正常广播信号的1000～1000000倍。

假设接收器天线的长度为0.5 m，前面计算的电场产生的电动势大约为0.3 V。如果假设频谱分析仪的输入阻抗 R 为50 Ω，由于功率 = U^2/R，那么在这个距离上检测到的信号功率为1.8 mW。这个信号功率即使是一个不太复杂的对策小组也应该很容易检测到。

将这一数字与在25 m处的类似测量进行比较，同时忽略了中间结构的任何衰减。在25 m处测量的信号功率大约为2.8 μW(2.8×10^{-6} W)。①

虽然在假设信号带宽中不存在过多的噪声的情况下，该信号仍然可以很容易地检测到，但相对于1 m处的相同信号强度，功率降低为原来的1/625。100 MHz带宽中的热噪声约为 −95 dBm 或 0.05×10^{-12} W，因此外部干扰源可能会占主导地位。

我们可以自信地得出结论，TSCM小组应该不难检测到这个信号，但假设环境噪声和墙壁、障碍物等造成的信号衰减不大，则距离会议室25 m的攻击者也可能检测到这个信号。第7章将对影响电磁信号泄露风险的因素进行更全面的讨论。

电磁噪声和干扰

直观的理解是，与信号源的距离越大，潜在的攻击者所测量的信号强度就越小。在第3章中显示，对于点源来说，信号强度会随着距离的平方反比衰减。

对于有较高增益的系统来说，信号强度的衰减会更少，但信号覆盖范围会集中在更窄的空间区域上。现在我们将研究一个更现实的情况，考虑噪声对信号检测的影响。

一个潜在的攻击者需要一个最小的信噪比，以便拦截一个感兴趣的信号。这个比率通常被设为10，也是本书中使用的标准值。请注意，这个数字将根据调制方案的不同而变化。②

人们还应该认识到，对于攻击者和合法的用户来说，都需要一个最小的信噪比。通常，后者的位置离信号源更近。因此，攻击者接收到的信号强度减弱，面临的信噪比问题对他来说也往往更具挑战性。

如今，无线局域网系统无处不在。它们为用户访问互联网提供了便利，并免除了建

---

① 请注意，如果我们假设发射器是点源，它将表现出强度上特有的 $1/r^2$ 衰减。因此，在25 m处的信号强度是1 m处的$(1/25)^2$。

② 所需的信噪比将因调制方案而异。对于使用25 kHz信道的模拟FM陆地移动无线电系统，接收器的信号功率必须比噪声功率高约4 dB。这表示载噪比为4 dB。

立物理网络连接的需要。但是,正如所有安全和便利之间的权衡一样,无线局域网增加了未经授权访问私人网络资源的风险。

一些对无线局域网的成功攻击已被记录在案。这些可以在专门讨论这个问题或更普遍的网络漏洞的书籍中找到。概括来说,使用弱加密(例如无线加密协议(WEP))、为“访客”无线网络和内部“公司”网络之间提供连接,或者用户同时连接到访客网络和公司网络,都是通过网络攻击危害企业网络的潜在途径。

然而,如果防御策略假设无线信号在设施外的区域无法被检测到,那么进行基本的计算以支持这一假设是明智的。如果无线局域网的信噪比在不受局域网发起方控制的远程位置大致为 10 或更高,这种情况相当于为攻击者延长一根长线缆并提供连接。借助稳定且足够的信噪比,攻击者可以自由扫描可用资源和打开网络端口,从而利用现有的网络漏洞。①

当然,实施各种安全控制可以增加攻击者攻击的难度。假设其中一个控制措施是控制未经授权的监听者和发射接入点之间的最小距离。接下来,我们将通过一个计算来估算距离对未授权信号检测的易受攻击性。

首先,选择一个特定的无线局域网模型,并使用该系统的技术规范。所考虑的情况是一个无线局域网接入点位于一个设施的附近。因此,建筑元素不会对信号的衰减产生很大的影响。在此次分析中,我们选择了 Aruba(HP)320 系列接入点。②

假设系统运行 802.11n 无线协议,以 2.45 GHz 的频率发射,发射功率为 250 mW,使用增益为 3 dBi③ 的天线。还假设本底噪声由整个信号带宽的热噪声决定。稍后我们将在更现实的条件下进行同样的计算,以显示噪声对系统链路余量的深远影响。

无线局域网的运行方式是将信号带宽划分为若干个信道,以适应同时使用的用户,每个信道决定了一个特定用户在一个会话中的可用带宽。在本次分析中,假定信道宽度为 20 MHz。(注意:20 MHz 和 40 MHz 的信道宽度都是该系统的选项。)

Aruba 系统可以主动搜索整个可用信道中的射频干扰源,以保持足够的信道容量,从而影响了接入点的数据发送和接收能力。

在 293 K(室温)下,相对于毫瓦(dBm)的热噪声功率极限,由以下表达式给出:

$$P_{\mathrm{dBm}} = -174 + \log_{10}(\Delta f) \tag{6.8}$$

其中 Δf 是噪声带宽。在室温下,1 Hz 带宽的电子设备的噪声下限是 − 174 dBm,这解

---

① 已经记录了许多针对无线网络的攻击,包括访问控制攻击、机密性攻击、完整性攻击、身份验证攻击和可用性攻击,参见 http://www.google.com/search? client = safari&rls = en&q = description + of + a + wireless + attack + against + a + network&ie = UTF-8&oe = UTF-8。

② http://www.arubanetworks.com/assets/ds/DS_AP320Series.pdf。

③ dBi 单位指定相对于各向同性天线的分贝。

释了式(6.8)中的数字 -174。对于 802.11 无线局域网信道，本底热噪声被计算为 -101 dBm或略低于 10^{-13} W。这个数字代表室温下 20 MHz 带宽的噪声功率下限。①

假设热噪声代表本底噪声，那么攻击者可以探测到 Aruba 无线局域网信号的最大距离是多少？

Friis 公式在第 3 章的式(3.10)中作了说明。现在它可以应用于安全场景，偶极子接收天线的有效横截面由 $\lambda^2/(4\pi)$ 给出：

$$P_r = \left(\frac{P_t}{4\pi R^2}\right) \times \left(\frac{\lambda^2}{4\pi}\right) \times G_t \tag{6.9}$$

接入点的发射功率 P_t 为 250 mW，空气中 2.45 MHz 的信号波长 λ 为 0.12 m，接入点天线的增益是各向同性天线的 2 倍(3 dBi)，检测的标准是接收信号功率 P_r 与本底噪声的最小比率为 10。

室温下 20 MHz 带宽的热噪声功率为 -101 dBm 或 7.9×10^{-14} W。因此，接收信号的功率必须比本底噪声至少大 10 dB 或 7.9×10^{-13} W。

重新排列式(6.9)并求解最大距离，可得到 R 的表达式为

$$R = \left(\frac{P_t \lambda^2 G_t}{P_r 16\pi^2}\right)^{1/2} \tag{6.10}$$

将 Aruba 系统的规格代入式(6.10)，计算出的 R 是惊人的 7597.0 m！这个数字违背了经验和直觉，但也说明了超低噪声环境对检测易受攻击性的潜在影响。类似的影响将在第 10 章的声学方案中观察到。

在现实生活中，如果无线局域网信号能在这个距离被检测到，预期的信号接收者将被几乎无限数量的干扰设备所淹没。当然，攻击者也会遇到类似的困难。但争论谁比谁更糟糕是没有意义的，因为这种情况与现实相差太大了。那么这种情况实际上存在什么问题呢？

根据传闻报告，城市地区这一频率的噪声底线被假定为 -80 dBm。② 这一功率水平比热噪声底线高 21 dB。这个频率的主要噪声源是太阳辐射和无线电频率及电视传输干扰。

如果重新计算最大距离，假设仍然使用相同的信号检测标准，接收到的信号功率为

---

① 热噪声功率的计算方法如下：室温下的原子热能 $kT_0 = 1/40$ eV(其中 k 为玻尔兹曼常数，T_0 为绝对温度，单位为开尔文)。热噪声功率由 kT_0B 给出，其中 B 是信号带宽，为 20 MHz。因此，$kT_0B = (1/40\ \text{eV}) \times (20\ \text{MHz}) = (1/40\ \text{eV}) \times (1.6\times10^{-19}\ \text{J/eV}) \times (20\ \text{MHz}) = (0.04\times10^{-19}\ \text{W}\cdot\text{s}) \times (20\times10^6\ \text{s}^{-1}) = 0.8\times10^{-12}$ W。0 dBm 是 1 mW。要将 dBm 转换为瓦特，请使用以下公式：瓦特 $= 10^{P(\text{dBm})/10}/1000$。

② http://www.quora.com/How-high-is-the-ambient-RF-noise-floor-in-the-2-4-GHz-spectrum-in-downtown-San-Francisco。

−70 dBm 时，计算出的距离为 675 m，虽然这个值看起来还是很大。

然而，其他测量报告显示，这个频率范围内的其他噪声测量值明显更高。例如，在分配的 802.11 频率 2420 MHz(2.42 GHz)下进行的城市测量，被测量为 −70 dBm/MHz，即 2.42×10^{-7} W。[①] 使用相同的信噪比标准并将得到的 P_r 代入式(6.4)，得到大大降低的 R 值，为 4.3 m。

暂时不考虑这两种测量的真实性，得出的结论是，环境噪声功率相差 44 dB 意味着链路余量从 675 m 减少到 4.3 m!

计算出的链路余量的变化应该是发人深省的。它提醒我们，那些假设信号源接近并且环境噪声能有效防御的观点可能是错误的。组织可能会考虑将接入点设置在设施内部，以减少未经授权的信号检测风险。

即使这些理论计算将最大系统链路余量高估了 10 倍，但由此得到的距离也可能达到几十米。在城市区域，这一半径的圆圈可能包括大量的建筑物或车辆，它们都可以作为监听点。

例如，在一次道德黑客演习中，某公司在客户的停车场拦截他们的公共 Wi-Fi 广播。最重要的障碍是链路裕度往往不理想。一旦我们的团队设法使用高增益天线获得稳定的链接，他们就能够利用现有的 IT 漏洞。

当然，低强度信号不应作为弥补应用或网络安全不足的控制措施。但它确实突显了良好的“信号治理”的重要性，以及信号检测是所有其他信号破解活动的入口。

无线局域网系统并不都是隐蔽的，1/4 W 的辐射功率也并不是微不足道的。这些系统的设计是为了让远程用户群建立稳固且空间上多样化的链接。但是，同样的计算方法也适用于意图检测这种信号或暗中向监听站发送信号的对手。每个人都必须遵守物理学定律。

在后一种情况下，攻击者可能会采用各种措施来降低被检测的可能性。这些措施可能包括将 P_t 降低到远低于 0.25 W，利用扩频技术通过增大信号带宽来降低峰值信号强度，并减少设备实际发射的时间。

信息论简介

与信号传输相关的噪声功率不仅仅是一个理论上的考虑。除了设置检测的限制，它也是决定信息在通信信道上可以传输的最大速率的两个参数之一，也就是信道容量。信

① http://ntrs.nasa.gov/archive/nasa/casi.ntrs.nasa.gov/20050041714.pdf。

息理论的伟大成就在于描述了信息传输的极限和正式确定了信息本身的统计性质。本章其余部分将对信息、信息理论及其对信息安全的影响进行简要讨论。

值得注意的是，这里的“信息”一词与该词的口语化使用不同。重要的是，不要把信息看作传达意义的数据，而是看作一种符号的来源，可以用其统计多样性来描述。这种多样性是对不确定性的一种衡量。建立“信息熵”的概念是为了促进这种统计特征的形成。

信息论中的熵是对与符号来源相关的不可预测性的衡量。具体地，与信息源 H 相关联的熵定义如下：

$$H = -\sum_{i}\{p_i(x)\log_2[p(x)]\} \tag{6.11}$$

熵的单位是每个符号的比特数、每秒的比特数，或者简称为“比特”。①

让我们分析一下与一个简单的二进制过程相关的熵。考虑抛硬币的过程，其结果要么是正面要么是反面，即要么是 0 要么是 1。请注意，任何抛出正面的概率不等于抛出反面的概率的硬币都会产生明显的不公平硬币，但这种硬币在数学上是有指导意义的。

硬币的两种状态，即正面和反面，构成了一个数据源。此外，它是伯努利过程的一个例子，伯努利过程被定义为只有两种输出可能的统计过程。当正面的概率和反面的概率相等时，即一枚公平的硬币，就会出现最大的熵。换句话说，一枚公平的硬币产生同样可能的结果。公平条件还意味着单次抛掷结果的最大不确定性：

$$\text{正面的概率}[p(\text{正面})] = \text{反面的概率}[p(\text{反面})] = 0.5$$

因此，将式(6.11)应用于该过程，显然该信息源的熵如下：

$$-\left[\frac{1}{2}\log_2\left(\frac{1}{2}\right)+\frac{1}{2}\log_2\left(\frac{1}{2}\right)\right] = -\left[\frac{1}{2}(-1)+\frac{1}{2}(-1)\right] = 1(\text{bit/symbol})$$

因此，需要 1 个比特的信息来生成整个抛硬币结果的来源。图 6.16 示出了由诸如抛硬币之类的二进制过程产生的信息源的熵。② 请注意，当 1 或 0 的概率为 0.5 时，信息熵最大。

假设信息源现在由 3 个字符组成，每个字符也可以取值 0 或 1。因此有 2^3 即 8 种可能的结果来表征整个信息源：100，110，111，001，010，011，101 和 000。

出现任何单个三位数结果 X 的概率为 $p(X) = 1/8 = 0.125$。

---

① 所谓的“信息位”不应与二进制数字混淆。这一区别将在正文中解释，但在此处提及是为了尽早避免混淆。

② http://tekmarathon.com/。

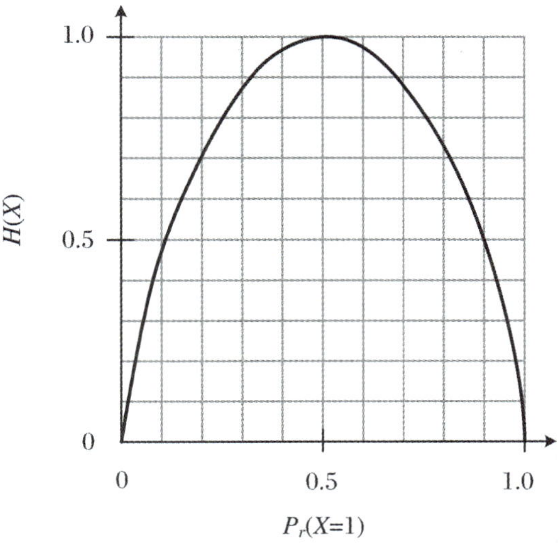

图 6.16 二元过程的熵

再次应用式(6.11),并注意到有 8 个同样可能的符号,其概率为 1/8,从而产生该信息源的熵为

$$H = -8\left[\left(\frac{1}{8}\right)\log_2\left(\frac{1}{8}\right)\right] = -8\left[\left(\frac{1}{8}\right)(-3)\right] = 3(\text{bit/symbol})$$

因此,需要 3 个比特来表示给定符号,从而描绘整个信息源。以这种方式继续,假设一个信息源由 4 个字符组成,并且每个字符都可以是 0 或 1。因此,该信息源有 $2^4 = 16$ 个可能的结果或符号:0000,0001,0011,0111,1111,1110,1100,1000,1001,0110,0010,0100,0101,1010,1101 和 1011。

给定码元的概率是 1/16,即 $p(X) = 1/16$。因此,根据式(6.11),该信息源的熵 H 等于 $-16(1/16)\log_2(1/16) = 4(\text{bit/symbol})$。

一般而言,如果 N 个字符信息源中的每个字符可以取 2 个值,则该信息源中有 2^N 个可能的符号。如果每个符号以相等的概率出现,即 $p(X) = 1/2^N$,则信息源的熵为 $-\log_2(1/2^N) = N$。换句话说,如果每个符号以相等的概率出现,则将需要 N bit/symbol 来表示整个信息源。

用于传输数字信号的能量脉冲通常代表在电子信息系统中的二进制数字。这些脉冲可以具有恒定的振幅和宽度,振幅通常以伏特为单位测量,而恒定的宽度以几分之一秒为单位测量。如本章前面所讨论的,脉冲串被调制以传递信息,其中脉冲的各种组合组成源字母表。因此,信息源的熵与每个符号的脉冲以相等概率出现的情况会有很大的不同。

重要的是,用于传输数据的二进制数字和用于传输信息的熵比特不一定是等价的。

例如，可以设想一个信息源，其中发送 0 的概率是 1/4，发送 1 的概率是 3/4。在这种情况下，应用式(6.11)计算出信息源的熵是每二进制位 0.811 信息比特或 0.811 bit/symbol。

一个以每秒 100 个二进制位的速率广播符号源数据的发射机，实际上每秒传输 100 个符号、字符、能量脉冲、二进制位等。然而，源的信息速率仅为每个二进制位 0.811 个信息位。因此，仅需要 81.1 个信息比特来传输 100 个二进制位的信号。

在信息比特和数据比特不等价的另一个例子中，考虑以 10000 脉冲/秒的速率进行发射机广播。它显然具有每秒 10000 个二进制数字的信道容量，因为数据是以此速率传输的。然而，如果脉冲序列由一串重复的 1 组成呢？在这种情况下，数据流中没有不确定性，根据式(6.11)计算出的熵为零。因此没有信息在信息理论意义上被传递：

$$H = -p(1)\log_2 p(1) = 1\log_2(1) = 0$$

请注意，$p(1)=1$ 并且 $2^0=1$；因此 $\log_2(1)=0$。

换言之，发射机实际上每秒广播的信息比特为零。因此，必须将信息速率与数据速率区分开来，数据速率是指传输的二进制位的数目，无论其基本的字母表或信息源是什么。

信息速率也可以是 1 和 0 的流，但数据反映了底层数据源的不确定性(或相反的冗余)。信息源的冗余度越低(或不确定性越大)，传输的信息就越多。这意味着，更多样化的信息源将需要更多的符号来完全表示源，这将影响给定信号带宽的信息速率。

基于消息源的固有不确定性以及与通信信道相关的特定物理参数，信息论规定了通信信道上的信息传输速率的限制。这一背景中的信息与消息来源的多样性有关。与这些限制相关的细节将在下面定义。

数据源的熵等于编码所需的每个符号的平均比特数。信息源的熵和信息传输速率之间有关系吗？答案是肯定的，而规定这种关系的定理是信息论的核心命题之一。

克劳德·香农①提出的一个定理指出，如果存在熵为 H、信道容量为 C 的信息源，则平均信息传输速率的极限由以下公式给出：

$$\text{平均信息传输速率} \leqslant \frac{C}{H} \tag{6.12}$$

式(6.12)的含义是，任何方式的编码都不能使信息以大于 C/H 的平均速率传输，更直截了当地说，只有信息源的熵 H 小于信道容量 C，才能在通信信道上成功地传输消息。

请注意，当传输消息时，正在传输的二进制数字的数目是已知的，但信息源的熵可能是未知的。如果已知信息源的熵小于每秒使用的二进制位数，则传输给定消息所需的每

---

① 克劳德·香农(1916—2001)被认为是信息论之父，他于 1948 年发表了一篇开创性的论文《通信的数学理论》。

秒二进制位数可能会更少。

回顾一下二进制信息源，它的第一状态的概率与第二状态的概率不同。在这种情况下，单个二进制数字可以由少于1个信息比特来表示。

到目前为止，上面的讨论中缺少的是指定信道容量 C 并确定限制 C 的参数。换句话说，限制符号源传输速率的通信信道的具体特征是什么？一旦知道了这个速率，就有可能将编码的限制与特定的通信信道特征联系起来。

传输信号需要对该信号进行采样。奈奎斯特证实了这样一个事实，即需要以两倍于带宽的最小速率对信号进行采样，以避免被采样信号的失真。1928年，拉尔夫・文顿・利昂・哈特利①根据信号样本[2]规定了每秒可传输的二进制数字的数量限制：

$$\text{每秒二进制位数} = n\log m \tag{6.13}$$

其中，m 是每个信号样本的不同码元的平均数，n 是每秒信号采样的次数。在通过通信通道传输消息时，哪些因素限制了 m 和 n，更具体地说，是否可以将 m 和 n 与信号的特定特征联系起来？

香农-哈特利定律确立了这种关系。它将信道容量的极限(bit/s)表示为信号带宽的函数，并且噪声源的信噪比为加性高斯白噪声(AWGN)[3]②：

$$C(\text{每秒位数或码元位数}) = W\log_2\left[1+\left(\frac{S}{N}\right)\right] \tag{6.14}$$

式(6.14)指出信道容量 C 与带宽成正比，与信噪比的对数成正比。此外，它还将 C 与每个样本的不同码元平均数(m)和每秒采样数(n)联系起来，如哈特利在式(6.13)中所描述的。回想一下，m 和 n 是确定二进制数字可以在通信信道上传输的理论速率的参数。

只有当使用一种理想的编码形式时，才能达到 C 的理论极限，在这种编码形式中，代表许多位信息的许多字符被编码成长的信号段。实际通信未达到式(6.14)中规定的 C 限制。

各种调制方案使用编码来提高数据传输效率。式(6.14)意味着可以通过以下方法来线性地增加信道容量：① 在给定固定信噪比的情况下增加带宽；② 使用固定带宽并增加调制速率，但这需要更高的信噪比。

随着调制速率的增加，频谱效率提高，但它是以信噪比增加为代价的。例如，与64-QAM调制方案相比，16-QAM调制方案的信噪比要求呈指数增长。同样，权衡的是调制速率越高，频谱效率越高。图6.17指定了作为各种相移键控调制方案的信噪比函数

---

① 拉尔夫・文顿・利昂・哈特利(1888—1970)是信息论的先驱，曾在贝尔实验室进行基础研究。

② 如前所述，AWGN是具有恒定频谱密度(表示为带宽的瓦特/赫兹)和幅度的高斯分布的宽带或白噪声。

的信道容量(bit/symbol)，所述各种相移键控调制方案用于需要频谱效率的系统，例如Wi-Fi。①

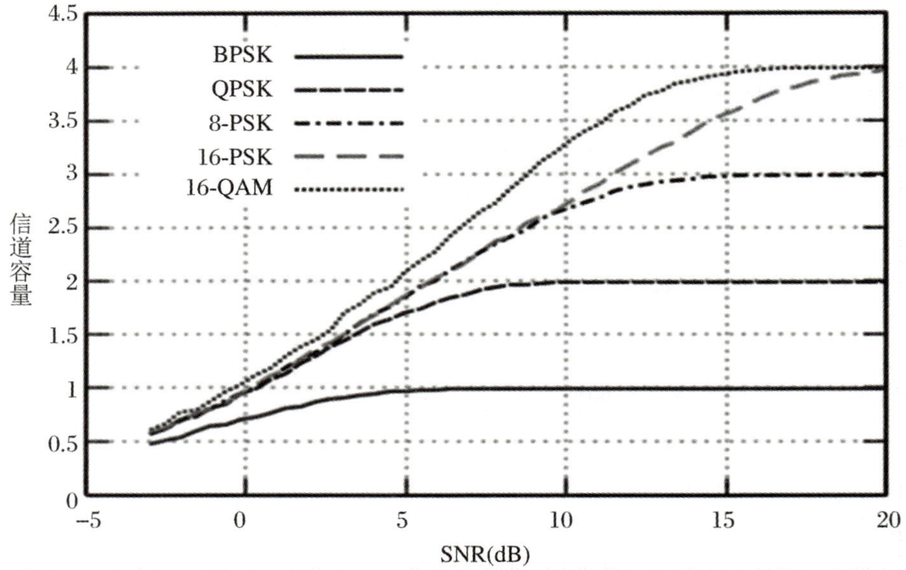

图 6.17　各种调制方案的信道容量与信噪比

信息理论与信息安全

如式(6.14)所示的信道容量给出了可在任何通信信道上成功传输的信息比特数的理论极限。本节将使用与 802.11 协议无线局域网接入点相关的技术细节来说明信息理论在信息安全中的应用。

温度 T(开尔文)下的热噪声功率是所有器件固有的，它代表了噪声功率的下限，因此也代表了信号检测。热噪声是 AWGN，因此式(6.14)适用于这种情况。② 以下是具有代表性的无线局域网接入点参数值：

(1) 信号带宽 = W = 40 MHz。

(2) 热噪声(40 MHz 带宽) = N。

(3) 信号功率 = P≈250 mW = 24 dBm = 0.25 W。

---

① http://www.wikiwand.com/en/Phase-shift_keying。

② 室温下的热噪声为 −174 dBm/Hz。由于信道带宽为 20 MHz，因此系统的热噪声计算公式为：−174 dBm + 73 dBm = −101 dBm。

使用式(6.14)确定信道容量的理论极限 C,并且热噪声由 kTW 给出,其中 k 是玻尔兹曼常数:

$$C = W\left[1+\log_2\left(\frac{P}{N}\right)\right] = 40\times 10^6\left[1+\log_2\left(\frac{0.25}{1.6\times 10^{-13}}\right)\right]$$
$$= 1.6\times 10^9(\text{信息比特/s})$$

Aruba 无线接入点公布的最大二进制数字传输速率为 800 Mbit/s(800×10^6 bit/s)。然而,因为同时传输 4 个数据流,这一规范更可能意味着它以每通道 200 Mbit/s 的速率传输。①

式(6.14)规定,无论编码方案如何,对于该信号带宽、信号功率和噪声功率条件下的每秒的信息比特数不能超过 1.6×10^9。

式(6.14)的主要结论是带宽和信噪比都会影响信道容量。如果信号带宽充足,可以更容易地编码信息,从而减少传输的比特数。

然而,正如式(6.14)所规定的那样,窄带宽信号需要补偿性地提高信噪比才能在特定的信道容量下成功传输。换句话说,为了达到给定的信道容量,需要在信号带宽和信噪比之间进行权衡。表 6.1 列出了传输 1 bit/s 所需的最小信噪比与信号带宽之间的关系。[4]

表 6.1　传输 1 bit/s 所需的最小信噪比与信号带宽

带　　宽(Hz)	最小信噪比
0.01	1.3×10^{30}
0.1	1024
1	2
10	1.07
10^2	1.07
10^3	1
10^6	1
10^9	1

请注意,在信号带宽不断下降的情况下,维持 1 bit/s 的信道容量所需的信噪比急剧上升。然而,在给定的信道容量下,带宽和信噪比的许多组合是可能的。因此,对于式

① http://www.arubanetworks.com/assets/ds/DS_AP320Series.pdf。阿鲁巴接入点利用多输入/多输出(MIMO)技术。这是一种通过多径传播在同一无线电信道上同时发送和接收多个数据信号的技术。公布的信道容量接近使用式(6.10)计算的理论极限,但似乎同时传输 4 个独立的信号。

(6.14)更广泛的解释为，对于给定信道容量 C，降低信噪比将需要增加带宽 W，反之亦然。

通过带宽和信噪比的组合呈现的两个自由度对信息安全具有提升信号隐蔽性的影响。最明显的影响是增加信号带宽将降低对信号功率的要求，使潜在攻击者的任务更加困难。另一个影响是减小传输的总速率将允许减小带宽和信噪比。

表 6.2 说明了为建立 4 Mbit/s 的信道容量，带宽和信噪比的一些可能组合。[4]

表 6.2　达到 4 Mbit/s 的通道容量带宽和信噪比可能的变化

带　　宽(Hz)	信　噪　比
2×10^6	1000000
4×10^6	1000
8×10^6	30.6

表 6.2 的安全含义是，攻击者想要使用有限的信号功率将信号秘密传输到他或她的目标位置，可能会尝试通过宽频谱发送数据，而不是传输更强的信号。

相反，这种技术可以用来反制潜在的攻击者。事实上，这是使用扩频技术的一个动机。特别是所谓的直接序列扩频技术，旨在通过扩大广播带宽来提高隐蔽性和/或降低对于干扰的脆弱性。①

一些简单的例子可以说明如何计算给定信道容量所需的带宽和信噪比②：

(1) 如果 $S/N=0$ dB，即信号功率等于噪声功率，则容量 C（每秒比特）等于带宽（赫兹）。尽管可以在低于背景噪声的水平传输信号，但错误率会迅速上升。

(2) 如果信噪比为 20 dB(线性系数为 100)，并且可用带宽为 4 kHz，这对应于电话通信链路，使用式(6.14)计算信道容量：

$$C = 4000\log_2(1+100) = 4000\log_2(101) = 26.63(\text{kbits/s})$$

(3) 如果要求 C 为 50 kbit/s，并且信号带宽 $W=10$ kHz，则所需的最小 S/N 使用式(6.14)计算如下：

$$50000 = 10000\log_2\left(1+\frac{S}{N}\right)$$

因此，$C/W=5$，这意味着 $S/N=2^5-1=31$。对应的信噪比为 14.91 dB。

上述讨论的要点如下：

(1) 总噪声功率影响信号传输速率。

① http://www.spektrumrc.com/Technology/DirectSeqSpread.aspx。

② https://en.wikipedia.org/wiki/Shannon-Hartley_theorem。

(2) 热噪声是检测信号所用设备中的固有噪声来源，对合法信号接收者和攻击者都适用。

(3) 热噪声对信号传输速率施加了理论上的限制，也就是信息论中的信道容量。

(4) 可以尝试降低信号功率以减少被截获的可能性，但这需要增加信号带宽以达到特定的数据速率，并伴随一些复杂性。

(5) 信道容量和信号检测的物理极限都受到噪声的限制，事实上，信息安全和信息理论本身都与噪声有关。假设噪声源为加性白高斯，攻击者可以根据噪声估计满足信道容量要求所需的最小系统功率；反之，防御者可以使用信道容量估计给定信号带宽下的信噪比，从而在噪声源为加性白高斯的情况下估计信息泄露的可能性。

第 5 章表明，电子设备固有的热噪声决定了信号检测的基本极限。它还可以用来指定传输单比特信息所需的最低能量。这一限制进一步证明了式(6.14)的重要性，同时也展示了信息理论与物理学之间的联系。

让我们将式(5.1)中规定的热噪声表达式代入式(6.14)，以确定发送单比特信息所需的最小能量。式(6.14)现在变成如下形式[4]：

$$C = W\log_2\left[1 + \left(\frac{P}{kTW}\right)\right] \tag{6.15}$$

式(6.15)可以重写如下：

$$C = \frac{1.44P}{kT}, \quad 若\frac{P}{kTW} \ll 1 \tag{6.16}$$

式(6.16)可以重写为 $P = 0.693kTC$，这表明每秒单个信息比特(或每秒符号)所需传输能量的最小值，并且与带宽无关。因此，可以得出以下结论：

这个结果表明，即使使用宽带信号，每秒传输一个信息比特也需要至少 $0.693kT$ 的信号能量。换句话说，平均而言，传输一位信息所需的最小能量为 $0.693kT$。

为了满足足够的链路裕度，实际传输数据所需的能量远远超过 $0.693kT$。这是因为相比每个脉冲仅表示一个二进制数字的短脉冲信号，包含许多不同幅度样本的长信号需要更少的额外功率。

为了在给定带宽下接近香农能量极限，必须使用长而复杂的信号作为编码元素，这些信号的特性接近高斯噪声。

最后，奈奎斯特抽样定理是信息论的另一个基本结果。它规定，在任何带宽受限的信号或波形中，所有频谱内容都可以在其最高频率的一半内完整表示。该结果对于实现针对电磁发射的远程攻击具有重要意义，这将在第 7 章中详细描述。

例如，在对笔记本电脑视频显示接口的攻击中，像素重复率的谐波被频移到中频。选择频谱中频率为 f 的特定谐波进行滤波。采样定理允许将中频带宽缩小到所选谐波

频率的 $2f$ 以内。

其效果是降低相对于信号的噪声功率，因为在 $f/2$ 之外的带宽中的信号能量是多余的，并且其中的噪声只会削弱信号检测的效果。该方法一般适用于低信噪比环境下的信息泄露攻击尝试，是信息理论应用于信息安全的一个显著例子。

总结

信号波长和辐射或聚焦元件（如天线、透镜）的物理尺寸决定了信号的角度发散程度。具体地说，波束直径随距离线性增加，波束半径对应的面积则呈平方增长。用于检测电磁能和声能的传感器对强度（每单位面积的功率或功率密度）做出响应。衍射是限制天线或透镜聚焦功率/分辨率的物理过程。

基础电磁理论和光学可以用来估计不同源发射的信号被检测的脆弱性。关于对手“随机”检测激光通信信号的可能性，可以通过几何学和光学原理计算得出。这补充了使用信噪比进行脆弱性无线电频率信号检测的计算。

噪声总是确定信号检测的限制因素，并且它总存在。由于噪声的存在，探测的理论极限明显高于现实世界可达到的极限。检测设备中原子运动产生的热噪声在任何检测场景中都是最小的噪声。

信息论规定了信息传递的理论界限，其中信息与信息源的多样性有关。如下信息熵 H 量化了与消息源相关联的多样性[①]：

$$H = -\sum_{i}\{p_i(x)\log_2[p(x)]\}$$

熵的单位可以是比特、比特每秒或每符号比特。在一般情况下，信息比特不同于更熟悉的数据比特或“二进制数”，但是当信息源中的每个符号以相等的概率出现时，它们是等价的。

信道容量 C 是信号功率对噪声功率 S/N 的对数和信号带宽 W 的对数的函数，其中噪声是加性白高斯：$C = W[1 + \log(S/N)]$。

大于或等于 10 的信噪比是信号易受检测的经验阈值。然而，这一数字将根据调制方案而有所不同。在给定信道容量的情况下，可能选择不同的信噪比和带宽组合。这为通过减少信号功率并同时增加信号带宽来实现信号隐蔽性提供了多种选择。

① 热力学熵被定义为系统的可能状态的数目。信息熵和热力学熵本身并不是直接相关的，但可以证明是有联系的。也就是说，最普遍的是，系统状态不确定性的减少，即热力学熵的减少和与之相关的自由能的增加，正好抵消了传递指定状态变化的信息熵位所需的能量。

参考文献

[1] Hartley RVL. Transmission of information. Bell Syst Tech J 1928;7(3):535-63.

[2] Shannon C, Weaver W. The mathematical theory of communication. Urbana, Chicago, IL: University of IllinoisPress; 1963.

[3] Pierce JR. Electrons, waves and messages. Garden City, NY: Hanover House; 1956.

[4] Pierce JR. An introduction to information theory; signals, symbols and noise. Massachusetts: Dover; 1980.

第 7 章

电磁信号的泄露

引　言

前面的章节描述了几种原始攻击场景。在这些场景中，攻击者几乎没有增强他们的隐蔽性。然而，这些场景对于识别与数据泄露相关的一些基本问题很有用。它们为估计电磁信号对检测的易损性提供了一条途径。然而，由于信噪比不足，它们很可能在实际攻击中达不到目标。

前面章节中介绍的电磁理论和基本的数学基础知识为讨论更实际的攻击场景提供了背景知识。本章以及第 8～10 章描述了这类场景。还视情况提到了应对措施。

然而，单纯的理论不足以对漏洞做出实际的估计。与信息安全攻击中使用的技术相关的规范和特定场景的操作条件有关。事实上，这些条件推动了现实世界中的技术性能规范，因此了解操作约束对防御者和攻击者都至关重要。① 从攻击者的角度来看，有关技术的决定往往代表着在提高信噪比和确保隐蔽性之间的权衡。防御者的决策总是涉及便利性与安全性之间的关系。

一种简单的攻击②

不老练的攻击者可能会试图通过仅使用连接到放大器的天线和记录设备（例如数字存储示波器）来对计算机等电子设备的电磁辐射进行远程攻击。具体来说，这种攻击可以由区域 A 的环形天线组成，该天线与来自目标电子设备的直接或间接辐射产生的磁通

---

① 关于电磁泄露的极限的大部分讨论是基于 Kuhn 的论文《泄露辐射的安全极限》，参见 https://www.cl.cam.ac.uk/～mgk25/ches2005 limites.pdf。这是任何对信息安全感兴趣的人都必须阅读的内容。

② 这一讨论基于 Kuhn 的《平板显示器的电磁窃听风险》。

密度 B 成 90°。我们从第 4 章和法拉第定律可知，环路天线中感应的电压由 $A(\mathrm{d}B/\mathrm{d}t)$ 给出，其中 t 为时间，假设 A 为常数，B 在环路区域是均匀的。

为了直接测量磁通量，不老练的攻击者可能会将环形天线与电阻 R 的电阻器和电容 C 的电容器串联连接。图 4.23 描述了类似的设置。

如果在目标频率下，正弦磁场输入的电容器的阻抗小于 R，则电流大约为 $(A/R)(\mathrm{d}B/\mathrm{d}t)$。如果输出信号是电容器两端的电压，则可以积分得到电流 $[A/(RC)]B(t)$。因此，理论上可以用这种类型的仪器测量磁通密度作为时间的函数。

如果信噪比足够高，攻击可能是可行的。然而，这需要捕获整个信号带宽，但由于环境噪声和微弱信号的结合，这可能是不可行的。在后文描述的对视频链路的攻击中，工作主要集中在 10 kHz～10 GHz 之间的无线电广播产生的噪声以及频谱上的其他噪声源中提取的微弱信号。

前面的讨论并不意味着电磁频谱是统一的噪声。但电磁频谱中存在不同程度的噪声，需要通过将信号转移到频谱中更安静的部分来减少此类噪声。这种方法使攻击者能够选择性地放大提供最佳信噪比的部分频谱。

但一旦识别了频谱的这一部分，就可以利用信息论来实现信号滤波，从而减少检测到的噪声。如第 6 章所述，奈奎斯特采样定理规定，所有的频谱内容都表示在任何带限信号或波形的最高频率的一半内。

遭受攻击的辐射信号没有被另一频率调制。这些未调制的信号被称为基带信号，因此它们没有被移动到频谱的特定部分。

事实上，辐射信号是数字信号，由如比特和像素等的离散符号组成，这些符号以特定的速率作为脉冲串传输。假设符号以频率 f 传输。如果单个符号的频谱能量集中在较高频率上，可能是由于辐射脉冲的上升时间急剧上升，即短于符号持续时间，那么信息将在以较高的谐波为中心的 $f/2$ 宽度间隔上重复。

这一现象在 AM 超外差接收器的滤波过程中得到了应用。频谱分析器中使用的超外差接收器提供选择性调谐，以便移动接收信号的频率以及应用适当的滤波。最终的结果是利用频谱中较安静的部分，并缩小信号带宽以优化信噪比。这种调谐和滤波的灵活性是必需的，因为环境频谱和信号频谱都将根据物理位置和目标信号而变化。

由于 AM 解调器的信号整流，使用超外差接收器确实会导致一些信息丢失。这些信息包括区分接收到的脉冲的上升和下降边缘，这些边缘表征了目标辐射。这种权衡是产生一个低频信号，可以使用接近其带宽两倍的采样率进行数字化，符合奈奎斯特采样定理。

信号滤波简介

作为攻击者的技术圣杯，滤波的基础知识及其局限性对于理解信噪比的增强很重要。它的重要性在于，滤波对于降低噪声是必不可少的，而噪声反过来又是检测微弱信号的关键。

带通滤波的基本思想是允许输入信号的选定频率通过，并消除或大大抑制所有其他频率。这种情况如图 7.1 中的频域所示，信号中心频率为 f_s，输入信号的带宽为 B_I。输出频谱由滤波器确定，并指定为 B_O。

结果表明，输入信号相对于滤波信号的信噪比的改善是由它们的带宽比给出的：

$$\frac{SNR_O}{SNR_I} = \frac{B_O}{B_I}$$

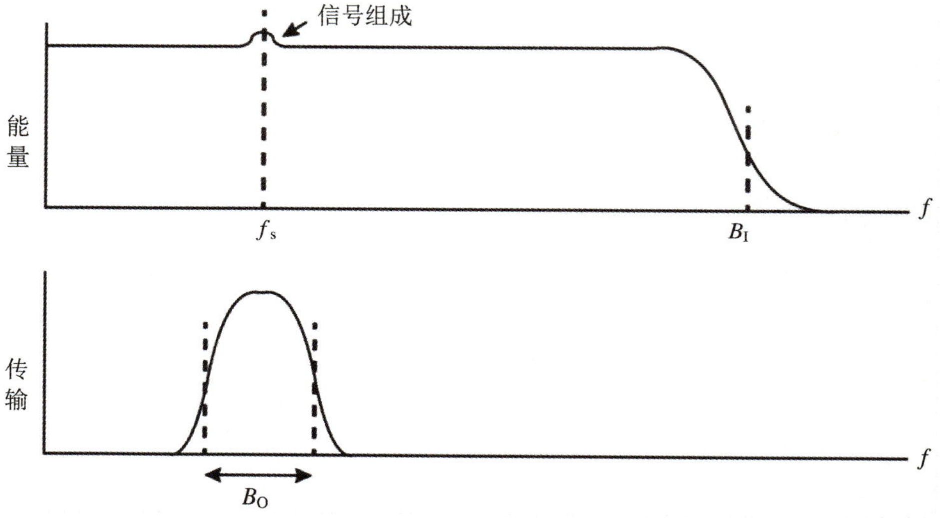

图 7.1 带通滤波

但信号不是静态的，滤波器必须对信号幅度的变化做出反应。任何线性滤波器的响应时间都与其带宽成反比。这表示缩小滤波器带宽意味着滤波器将需要更长的时间来响应输入信号的变化。因此，通过缩小滤波器实现的信噪比的提高是以增加测量时间为代价的。通过滤波来提高信噪比的确切代价是什么？

回想第 6 章中关于信号平均的讨论，结果表明 N 个独立的信号的噪声测量值是线性相加的。然而，N 个独立噪声测量的结果将与 $\sqrt{N}$ 成正比，因此信噪比改为 $N/\sqrt{N} = \sqrt{N}$。

根据定义，滤波器带宽与滤波器的时间常数 t 成反比。由于测量值和测量时间与 t 成正比，因此通过滤波改善信噪比只能提高时间的平方根。

例如，当采样 100 s 和 10 s 时，信噪比的改善不是线性改善情况下的 10 倍，相反，时间的改善倍数相当于$\sqrt{10}$或约等于 3.2。

对攻击者和攻击参数的假设

可以合理地预期，希望危害电磁信号中包含的信息的攻击者会从事以下活动并部署旨在提高信噪比的技术增强：

(1) 将高增益天线对准目标设备，例如计算机。

(2) 在频谱的安静部分寻找宽带脉冲。

(3) 受使用陷波滤波器抑制强的窄带信号（例如，切换电源）的影响，这些信号可能会干扰目标设备发出的感兴趣的信号。

(4) 使用信号处理技术，包括周期平均、互相关、数字解调和最大似然符号检测，将所需信号与干扰/噪声源分离。

上述方法推动了以下关于给定攻击的最佳情况（从攻击者的角度来看）假设。它们有助于确定所需信号保护的限制，并从防御者的角度代表最坏的情况：

(1) 检测可能的最小背景噪声。

(2) 在目标和接收天线之间建立视距，或至少将目标和接收雷达之间的衰减屏障数量降至最低。重新计算的衰减幅度可能与频率有关。

(3) 开发隐蔽天线可获得的最大信号增益。

(4) 开发可通过信号处理获得的最大信号增益。

(5) 实现无线电接收器与目标之间的最近距离。

上述所有这些都是由提高信噪比这一总体技术目标驱动的。

宽带信号检测

频谱

来自数字信息源（如计算机的视频显示器）的辐射信号能量以脉冲形式出现。这些脉冲是宽带的，这意味着它们的持续时间很短，并且也以高重复率传输。它们的频谱由重复频率的谐波组成。

图 7.2 显示了时域中的脉冲串和相关谐波。T 是重复脉冲之间的间隔时间，$1/T$ 是脉冲的重复频率或速率，τ 是脉冲宽度。这些脉冲构成未经调制的基带信号。①

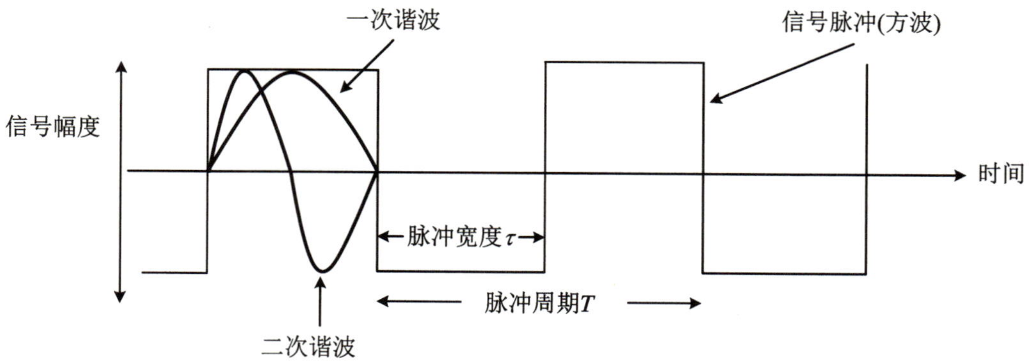

图 7.2　信号脉冲和谐波

在频域中矩形脉冲的频谱如图 7.3 所示。每条线代表一个谐波，因此谐波频率是基频 $1/T$ 的整数倍。重要的是，谐波之间的间距也由 $1/T$ 给出。

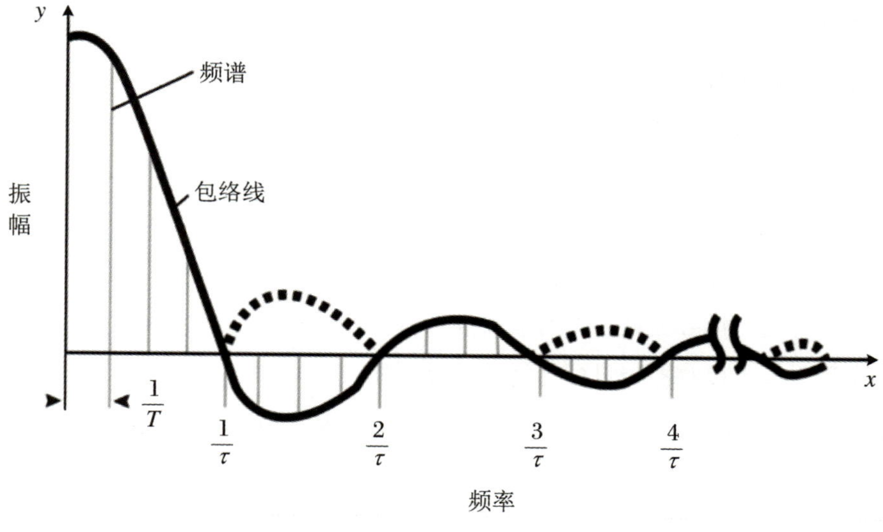

图 7.3　矩形脉冲的频谱

包络频率对应于脉冲宽度的倒数，即 $1/\tau$。② 频谱包络（实线）遵循与脉冲能量相关的众所周知的 $\sin x/x$ 形状。

---

① http://www.radio-electronics.com/info/t_and_m/spectrum_analyser/pulsed-signal-spectrum-analysis.php。

② http://www.anritsu.com/en-GB/Media Room/Newsletters/files/GuideToSpectrumAnalyzers.pdf。

脉冲也可以被调制以产生更复杂的频谱。图 7.4 显示了矩形振幅脉冲调制的频域图。包络下的每条线表示载波调制与脉冲发射频率及其谐波的乘积。

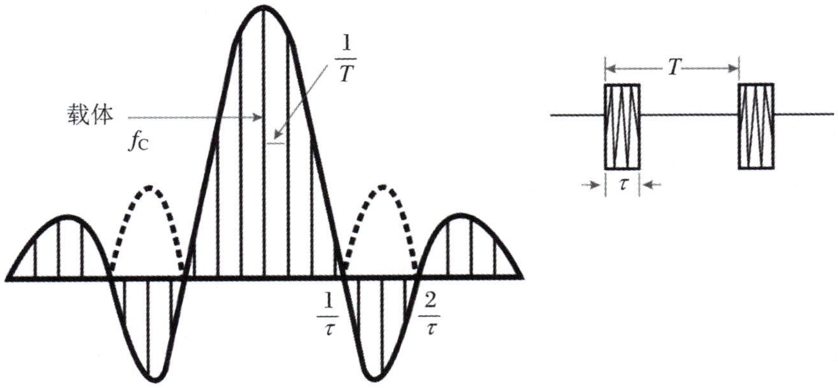

图 7.4 调幅矩形脉冲的频谱

回想一下，图 6.1 显示了通过对模拟信号的单载波频率进行调制而产生的边带。相同的原理适用于脉冲，但在这种情况下，由于脉冲重复频率的多个谐波的存在，调制产生多个边带。边带在频谱分析仪上显示为线条。再次强调，这些线是根据脉冲重复率 $1/T$ 来间隔的，并且包络的周长由脉冲宽度的倒数来确定。

脉冲宽度和重复频率对攻击者来说很重要，因为它必须使用根据该频率调整的滤波。目标是在接受脉冲频谱内容的同时，拒绝破坏所需信号的能量。

具体而言，攻击者利用信号周期性，将通过在多个周期内对脉冲请求率进行信号平均，以便将信号从噪声中提取出来。然后使用检测到的脉冲流来确定与信号重建相关的特征。稍后将对该过程进行更详细的描述。

通常，宽带脉冲信号具有以下特征：

(1) 持续时间短；

(2) 频谱宽度大于接收器中频(IF)滤波器带宽；

(3) 重复频率显著小于接收器中频(IF)滤波器带宽；

(4) 频谱强度以伏特/兆赫为单位表示。

宽带信号检测

考虑尝试远程破坏来自计算机的电磁信号，其最终目标是解析计算机监视器上的显示内容。感兴趣的电子元件通过与信号脉冲产生相关的电压差和电流辐射电场与磁场。让我们考虑辐射元件是产生直接辐射的计算机显示器接口的情况。这个确切的场景将在本章后面进行更详细的描述。

攻击者使用天线，根据法拉第定律将辐射场转换为电磁场。因为每个开关活动都会产生电磁脉冲，所以与每个信号脉冲的上升和下降相对应的电压波形都是有意义的。

因此生成的脉冲由一系列频率组成，共同提供有关计算机显示器上显示的像素的信息。如果知道像素的排序和对屏幕的映射，那么与每个像素对应的拦截的信号脉冲将提供显示在监视器上的信息。

此外，这些脉冲在频率上是宽的，因此在时间上是窄的。用于抑制不需要的频率的滤波必须至少与脉冲重复率 $1/T$ 一样宽。

攻击者面临的中心问题是，信号可能很弱，并受到外部干扰源的污染。因此，需要使用特定的方法来提高信噪比。如前所述，一种有效的方法是将接收信号频率偏移到频谱的低噪声部分，其中应用带通滤波器来抑制窄带干扰源。这种信号增强/降噪是如何实现的？

攻击者可能试图使用超外差接收器来检测这种脉冲。这项技术被频谱分析仪使用，并将所需信号与可调谐的内部本地振荡器混合，以产生滤波和放大的中频。

混频器本质上是一个可变调制器，用本地振荡器信号调制接收信号。从数学上可以看出，将两个周期性信号相乘会产生对应于两个原始信号的和与差的额外频率。超外差接收器的方框图如图 7.5 所示。①

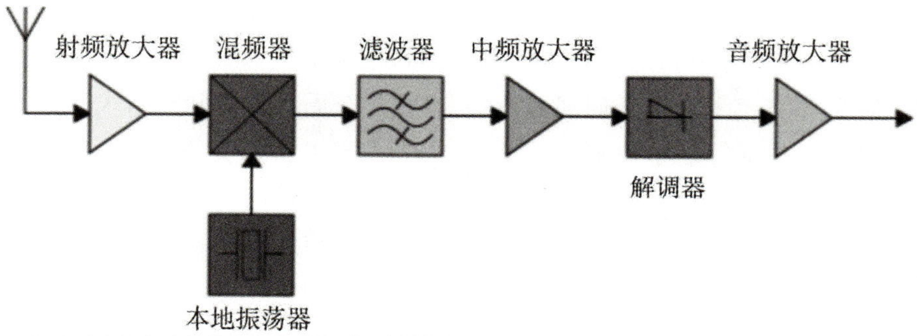

图 7.5 超外差接收器

中频滤波与脉冲带宽

中频滤波对于外差过程是至关重要的，并且强调一下，它可以被调用来提高信噪比。在对计算机的远程攻击中，例如由计算机视频显示接口产生的信号，脆弱信号由窄脉冲组成，这些脉冲以特定的重复率传输，并由多个频率组成，这些频率是该重复率的倍数。

---

① https://en.wikipedia.org/wiki/Superheterodyne_receiver。

这些脉冲被认为是宽带信号，这种分类基于信号占用的带宽与接收器带宽的比率，也就是用来测量它的中频滤波器。

脉冲信号在接收滤波器中引起瞬时响应，而这又是由稳态输入信号的扰动引起的。换句话说，正是脉冲的快速上升和下降时间导致了这些瞬变，而这种瞬变会扭曲信号的测量。

由于存在这种失真，为了准确测量信号脉冲，必须知道滤波器的脉冲响应。本书中的脉冲响应被定义为具有与实际仪器中频滤波器相同的电压响应的理想矩形滤波器带宽。脉冲的能量含量等于脉冲的峰值（最大）功率电平乘以脉冲宽度。

换句话说，滤波器响应不是完美的，这种不完美将影响攻击者的脉冲测量。因此，脉冲信号的测量必须与仪器的脉冲带宽无关，以获得准确的信号测量。图 7.6 给出了相对于理想矩形滤波器和频谱分析仪的中频滤波器的脉冲带宽。①

中频滤波器带宽与脉冲重复频率的比率对于准确测量信号强度也是至关重要的。在对计算机显示接口的攻击中，决定带宽标准的是相对于中频滤波器带宽的像素重复率。

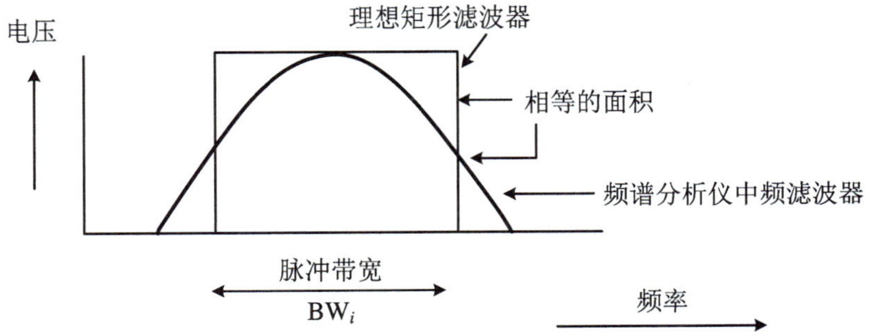

图 7.6　脉冲带宽（BW_i）

也就是说，如果接收器中频带宽小于或大于像素重复频率，则在每种情况下都会导致不同的测量结果。例如，接收器的中频带宽可能显著小于给定信号的脉冲重复频率，即中频滤波器宽度比信号谱线间距窄。在这种情况下，中频滤波器的分辨率足够窄，可以分辨出单独的谱线，并且中频滤波器的通带中只有一条谱线。

然而，接收器中频带宽可能明显大于脉冲重复频率。宽带信号就是这样，其中滤波器的通带中存在许多频谱分量。重要的是，滤波器瞬态脉冲响应的最大 RMS 值与前面定义的脉冲带宽成比例。

因此，需要脉冲带宽的知识来正确解释宽带测量。换言之，滤波器的响应通常偏离

① http://uspas.fnal.gov/materials/11ODU/AN150-4.pdf。

脉冲带宽方面的“理想”滤波器响应，因此必须相应地调整测量。附录 D 提供了有关滤波的其他技术细节。

其 他 技 术

最后，由于噪声的存在，统计方法经常被用来进行信号折中。如前所述，信号平均使用信号的相干性来将其与非相干噪声区分开来。

此外，互相关是另一种有效提高信噪比的统计技术。互相关利用两个信号（在这种情况下是实际信号和噪声信号）在统计上是独立的事实。相关函数是衡量两个时间序列之间所有点对的延迟关系的一种方法。互相关可以用来检测噪声中的已知信号。

具体地，可以为两个时间序列的数据样本计算相关系数。为随机测试信号创建预处理信号，并对测试信号的带通滤波版本执行称为卷积的数学运算，然后与实际接收信号（即信号加噪声）进行互相关，将得到减去噪声的所需信号。[1]

对辐射的安全限制

引言

对计算机产生的视频信号的破坏是确定对辐射的更一般安全限制的基础。这种讨论仅限于视频信号的射频泄露，其中视频信号的成功破坏已经在文献中得到了说明和记录。重复信号提供的冗余，再加上检测近似的像素时钟频率和精确的行与帧频率，促成了这种攻击。[2]

回想一下，在前面的章节中，假设数字 10 代表检测和随后解调信号所需的最低信噪比。这一比率通常是一个有效的安全度量，但为了估计现实世界中的脆弱性，分析造成信噪比的每个特征及其各自的限制将是很有帮助的。

幸运的是，这种分析已经完成，信噪比的精确表达式如下[3]：

$$\text{Signal-to-Noiseratio}\left(\frac{S}{N}\right)=\frac{EBG_{\mathrm{a}}G_{\mathrm{p}}}{a_{\mathrm{d}}a_{\mathrm{w}}E_{\mathrm{n,B}}f_{\mathrm{r}}} \tag{7.1}$$

其中 E 是设备发出的最大电场强度；B 是攻击者接收滤波器的脉冲带宽；a_{d} 是对应于攻击者天线与目标设备之间距离的自由空间路径损耗；a_{w} 是建筑物衰减；G_{a} 是攻击者天线的增益；G_{p} 是攻击者通过信号处理获得的增益；$E_{\mathrm{n,B}}$是在安静的射频带宽内攻击者天线位置上的自然和人为噪声的电场强度；f_r 是攻击者接收器的噪声因子。

假设噪声水平和衰减幅度是随机变量，在没有好的数据的情况下，必须建模为正态分布。① 平均值和方差将通过在各种环境中的多次测量来确定。

对于式(7.1)中的其他参数，需要合理的估计才能建立一个最大电场，该电场仍将使信噪比低于信号检测所需的水平。因此，必须为每种感兴趣的信号类型和给定场景估计这些参数。

射频干扰

意图泄露信号中的编码信息的攻击者与授权进行检测的个人会受到相同的限制。然而，对攻击者不利的是，他不太可能在物理上特别接近信号源。因此，通过技术手段提高信噪比是攻击成功的关键。

第 5 章对电磁干扰的讨论表明，攻击者必须克服外部射频干扰和由自己的电子设备引入的噪声，才能获得可接受的信噪比。本节的目的是更具体地说明噪声对信号检测极限的影响。因此，给出了重要噪声源贡献的更精确的公式。

测量室外环境射频噪声水平，在约 10 MHz 以下的频率范围内，大气噪声和人造噪声占主导地位，而热噪声则占次要地位。② 所有攻击者都必须与这种类型的干扰作斗争，使用频率转换、滤波等形式驱动所需的技术。图 7.7 给出了在英国测量的噪声频谱作为频率和相对于热噪声功率 kT_oB 的函数。③

此外，无线电频谱中的平均噪声水平以噪声系数的形式指定。[3]该系数被定义为在带宽 B 上检测到的噪声能量与室温(293 K)下电阻的热噪声能量 T_o 之比，即 $P_{n,B}/(kT_oB)$。换句话说，这个比率给出了环境射频噪声功率与热噪声功率极限的关系。

此噪声系数已转换为电场水平作为频率的函数，并以 dBμV/m 表示。[3]平均值测量是在 1 MHz 的带宽上进行的，包括农村和商业区。图 7.8 显示了这些测量和电场转换的结果。[3]

例如，在 1 GHz 时，商业区的平均电场幅度为 30 dBμV/m 或 1 mV/m，这大约比室温下用半波长偶极子天线测得的热噪声高出 8 dB。

射频信号衰减

建筑物中射频信号的测量信号衰减有很大的差异。这种情况将在第 8 章中更详细

---

① 有关保护方法的概率的讨论，请参阅第 13 章。

② https://www.itu.int/dms_pubrec/itu-r/rec/p/R-REC-P.372-7-200102-S!! PDF-E.pdf。

③ https://en.wikipedia.org/wiki/Loop_antenna。

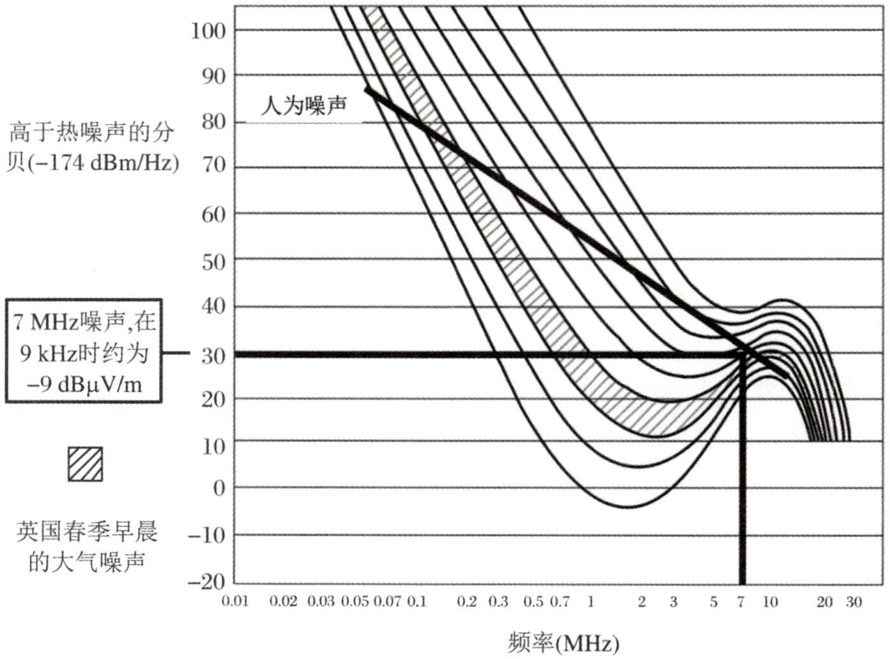

图 7.7 相对于热噪声的噪声频谱

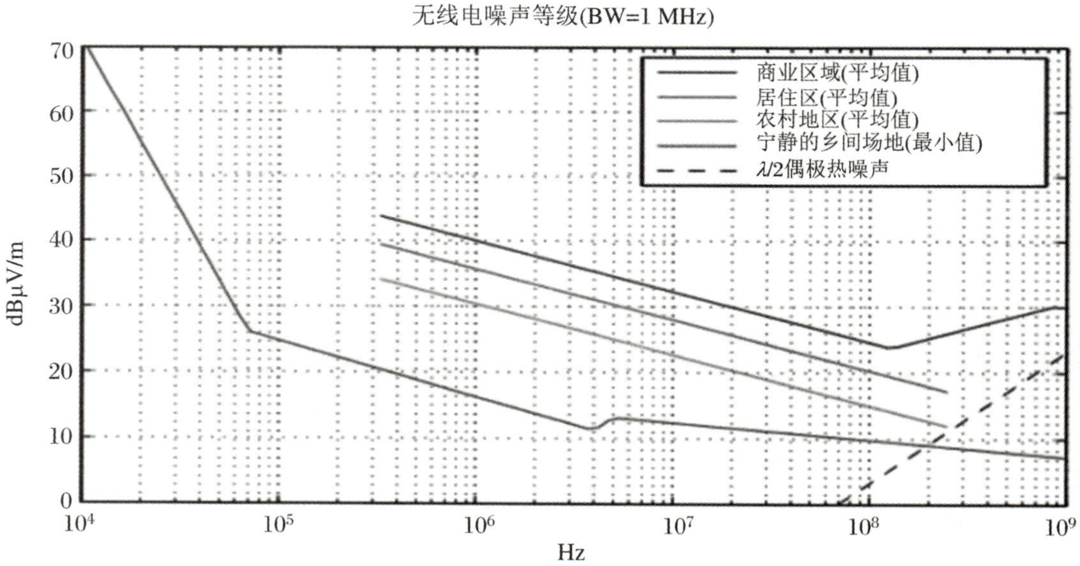

图 7.8 电场水平测量和射频干扰

地讨论，其中将给出楼内和楼间场景的量化模型。建筑材料、几何形状（如走廊和开放房间）、中间墙和楼层的数量等都会影响信号衰减的大小。

尽管这显然是一个粗略的近似，但从防御的角度来看，一种保守的方法是假设建筑物衰减相对不重要，即式(7.1)，除非能够进行对特定情景的测量并与这一假设相矛盾。在参考出版物中使用5 dB作为指示性数字，它大致对应于未指明成分的两个内壁造成的衰减。

天线增益

由于对隐蔽性的要求会限制操作，攻击者使用的天线在物理尺寸上是有限的。回想一下在关于衍射的讨论中，波长与天线或透镜的有效孔径之比确定了聚焦的物理限制。

由于信噪比通常会通过天线增益来提高，因此这项练习的一部分是对攻击者将使用哪种类型的天线进行知情推测。这并不需要大量的想象力来假设他或她会试图优化天线相对于其物理尺寸的增益，以便尽可能地隐蔽。

攻击者可以使用多种候选天线设计。这些设计包括双锥形、对数周期、对数螺线和双脊喇叭。与这些天线相关联的增益为2～6 dBi。回想一下，dBi将测量的信号幅度与各向同性天线测量的幅度进行比较。[3]

Yagi-Uda天线是一种既能优化增益又能提供一定隐蔽性的设计。天线尺寸是波长 λ 的一半宽，可以优化其增益 G 以实现图7.9，其中 L 对应于天线的长度[3]：

$$G = 7.8\ \text{dB} \times \log_{10}\frac{L}{\lambda} + 11.3\ \text{dBi} \tag{7.2}$$

天线增益和长度的增加是以牺牲带宽为代价的，而且根据定义，对方向的敏感性也会增加。在200～400 MHz的频率范围内，带宽为50 MHz，这被认为是影响视频信号的好选择，具有四个元素的八木天线提供了一个可接受的权衡，产生的增益为8.6 dBi，长度 $L\approx\lambda/2$。

通过连接多个Yagi天线，可以获得进一步的增益，其中每个数量翻倍将方向增益提高2.5～2.8 dB。Kuhn还引用了具体的数字，以说明这样一个系统在实践中会是什么样子：一个2×3的6个Yagi天线组，每个天线有4个元素，调谐到350 MHz的中心频率，尺寸为0.4 m×1.3 m×1.1 m，或约0.6 m^3。

重要的是，这种规模的系统可以隐藏在窗户后面，或在一个房间里使用。普通玻璃不会对接收到的信号强度产生实质性的影响，除非是用金属材料染色的玻璃。天线增益约为16 dBi。将接收频率加倍到700 MHz(或相当于将波长减半)，可以在相同的空间内容纳大约四倍的双极子，从而提供5～6 dB的额外增益。图7.9是一张高增益Yagi-Uda天线的照片。①

---

① https://en.wikipedia.org/wiki/Yagi-Uda_antenna。

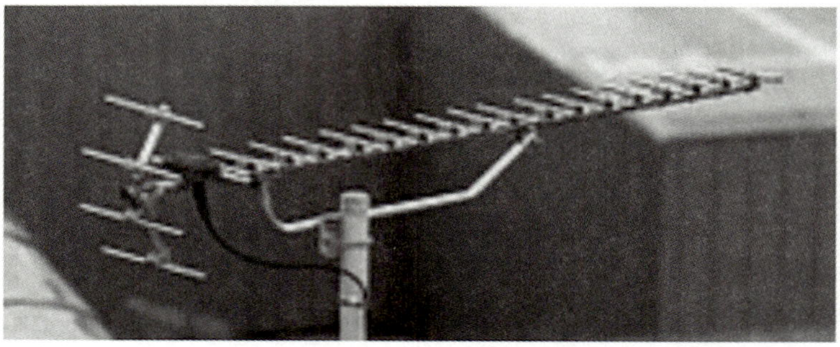

图 7.9 一个 Yagi-Uda 天线

处理增益

本章前面和第 6 章已经讨论了信号平均化。重申一下，信号平均只有一个目的：提高信噪比。之前已经确定，周期性信号是可以通过信号平均化来增强的。本章描述的具体攻击是为了说明平均化方法的应用等。

具体来说，第 6 章揭示了信号平均化可以实现相对于噪声的$\sqrt{N}$的理论信号增强，其中 N 是信号重复的数量，在正确的相位对齐的情况下可以观察和添加。信号平均的原理产生了一个处理增益的广义表达式 G_p①：

$$G_p = \sqrt{N} = 3\ \text{dB} \times \log_2 N = 10\ \text{dB} \times \log_{10} N \tag{7.3}$$

然而，就对计算机视频显示器的远程攻击而言，在实践中可以平均化的视频帧数取决于屏幕内容是否在适当的间隔内稳定。稳定性是由帧率决定的。此外，只有当帧率能够以较低的错误率确定时，定期平均化才能成功。

接收器带宽

如前所述，接收器带宽 B 将影响攻击者对信噪比的测量。在检测数字化视频信号时，攻击者可能要求 B 接近视频模式的像素频率，以便区分每个像素产生的个别脉冲，从而重建完整的视频带宽。

一般来说，更宽的接收器带宽将对这些类型的攻击产生更好的信噪比。受到攻击的数字波形是开关脉冲，其本身就是宽带信号。如前所述，对相关的信号进行平均化，比起不相关的信号，也就是噪声，会产生$\sqrt{N}$的理论优势。

---

① Kuhn 的《泄露辐射的安全极限》。我们注意到，所引用的参考文献包括对影响可存储的视频信号帧数的因素的讨论。该作者在危害辐射领域的大部分工作涉及计算机显示器和其他处理信息的电子设备中重建信号。

回顾一下，脉冲重复率被认为是一个关键的信号特征，涉及对计算机产生的信号的检测和泄露。一个原因是，脉冲的频率成分是脉冲重复率的谐波。因此，谐波是相关的，因为它们是基本频率的倍数，可以采用信号平均法从噪声中选出这些谐波。

第 6 章中关于信号平均化的讨论在此适用，假设检测设备有足够的脉冲带宽。具体来说，检测到的脉冲电压将随 B 线性增长。相比之下，热噪声和窄带背景信号的测量将仅随$\sqrt{B}$增加，因为频谱是加性白高斯噪声，具有以下特点：平均值的不确定性，也就是说，噪声等于$\sqrt{B}$。

因此，为提高信噪比而进行的信号平均化将产生一个与 $B/\sqrt{B}=\sqrt{B}$成比例的处理增益。然而，这种情况是理想化的，因为存在一些潜在的干扰，如来自其他计算机的发射，也包含宽带脉冲。

实际上，限制接收器带宽，而不是增加带宽以增强信号平均也是有原因的。限制带宽将具有减少强大的窄带无线电和电视发射器造成的干扰的效果。有人建议接收器带宽为 50 MHz，作为解决这些竞争性要求的折中方案。[3]

物理接近

假设攻击者与信号源的距离不超过 30 m。这个假设在农村环境中更为现实，注意在城市场景中，环境射频噪声水平平均高出 10 dB。如果威胁模型包括在同一设施内和附近房间的攻击者，例如，分离距离约为 3 m，则产生的测试限制将降低 10 dB。

辐射安全限制

人们普遍认为，检测信号和破坏编码信息所需的最低信噪比为 10 dB。对于针对计算机液晶显示器（LCD）产生的视频信号的攻击，有人建议根据字体的不同，这个数字可以降低几个分贝。

因此，在攻击地点测量的 0 dB 信噪比，即信号功率 = 噪声功率，可能应该被认为是确保免于破坏的最大值。

所引用的参考文献对发射所产生的电场的大小建立了一个安全限制。这个限制是基于对式（7.1）中规定的参数和攻击者的假定能力的估计。① 假设这些值，发射限制，即确保信噪比低于 10 的最大电场振幅，被计算为 41 dBμV/m（相对于电场振幅为 41 dB 的情况下 1 μV/m ～ 0.01 V/m）。这种测量假设检测设备能够以足够快的速度运行。足

---

① 用来计算发射安全极限的假设如下：① 攻击者将很难对准八木天线阵列；② 如果在平均 $N=32$ 帧后没有明显的可用信号，攻击者将遇到调谐到合适的中心频率和同步到准确的帧率的问题；③ 处理增益被限制在 15 dB；④ 攻击者将经历来自干预材料的最小衰减，即 5 dB。

够高的带宽突出了在低信噪比环境中进行充分过滤的重要性。与之前关于信号平均化的讨论一致，我们的目标是利用脉冲电压与 B 成比例增长，但噪声电压只与 $\sqrt{B}$ 成比例增长这一事实，从而利用信号平均化提供的处理增益。

如果使用较窄的脉冲带宽 5 MHz 和 1 MHz，电场辐射极限分别降低到 21 dBμV/m 和 7 dBμV/m。

远程攻击剖析 1：计算机视频显示接口

噪声对信号检测的脆弱性的贡献引起了相当大的关注。[4]对此引起如此高的关注是有充分理由的。克服信噪比较差可能是攻击者面临的技术障碍，因为与电磁辐射相关的信号强度可能较弱，并且需要与强大的无线电和电视广播信号竞争。

攻击者的首要任务除了尽可能靠近信号源外，还包括改善信噪比，他们的首要任务之一将是确定频谱中相对安静的部分。因此，攻击者的三个最重要的操作考虑可能如下①：

(1) 尽量减少接收器和信号源之间的距离；

(2) 将信号转移到电磁波谱的一个安静部分；

(3) 通过使用现有的最佳检测设备，优化信号带宽、增益和灵敏度。

第一项往往是攻击者无法控制的。显然，防御者应该试图控制尽可能广泛的周边地区，但这往往是不可行的，特别是在城市地区。

在许多公开的文献中记录了针对计算机成功的 TEMPEST② 攻击，并且在公共领域有相当多的工作。一个描述各种被动和主动攻击以及电子泄露历史的优秀参考资料可以在文献[5]中找到。

Wim van Eck 在 1985 年的一篇论文激发了公众对 TEMPEST 攻击的兴趣。[6]在那篇论文中，作者记录了在很远的距离上成功地重建了一个文字处理器的视频信号。辐射信号的来源是视频信号的宽带谐波，这些谐波被从晶体管到晶体管(TTL)的逻辑电平(几伏)放大到几百伏，然后被送入阴极射线管(CRT)。

近年来，CRT 技术已经被用于平板的 LCD 技术和等离子管技术取代。一个常见的误解是，相对于来自内部信号的电磁辐射，LCD 技术比 CRT 技术更安全。

已经证明，从视频显示界面发出的信号可以被用来重建出现在平板显示器上的信

① 回顾上一节中讨论过的影响安全的最重要的技术参数。

② TEMPEST，传播的电磁脉冲/能量标准和测试。

号。[4]该攻击是通过利用视频界面因图像刷新而产生的周期性信号，并通过脉冲重复频率的信号平均化来抑制其他频谱内容完成的。如上所述，攻击者很可能渴望信号的周期性，以方便信号的平均化，从而增加信噪比$\sqrt{N}$，其中 N 是平均化的数量。除了尽可能接近感兴趣的设备外，定位和同步脉冲重复频率可能是远程攻击计算机辐射的首要任务。

这一过程将在后面详细讨论。从这里的讨论中得到的关键启示是，要理解技术漏洞如何被利用来提高信噪比，从而损害电磁信号中编码的机密信息。对计算机视频界面中的视频显示器的攻击说明了与这种攻击有关的挑战，但也证明了在适当的条件下，这种漏洞是可以被利用的。

为此，现将视频显示的高级别审查作为背景。① 视频接口用于将信息从计算机内存传输到显示器上，以便进行可视化。目前使用的各种连接器设计和相关引脚配置符合商业视频接口标准。这些设计包括 VGA、DVI、HDMI 和 DisplayPort。

视频接口由三个视频信号组成，分别对应红、绿、蓝三色（RGB），加上两个同步信号，水平同步（H-sync）和垂直同步（V-sync）。为了在计算机显示器上表示视频信号，必须对信号进行采样，从而为显示器表面的每个像素分配其更新的颜色和二维位置。最终，像素的位置必须被映射到显示器上适当的行和列。

视频屏幕只是存储在计算机内存中的信息的视觉表现。通过对模拟视频信号进行采样并指示各种颜色的单个像素根据其在水平和垂直轴上的指定位置以规定的时间打开和关闭，信息在屏幕上被重新构建。

视频信号的行存储在缓冲区中，给定行中的所有像素同时驱动以最大化视觉对比度。在视频监视器上绘制像素的速率由像素时钟控制，该时钟产生指定宽度和指定传输速率的脉冲。绘制像素的速率多年来一直在增加。

平板显示器在数字存储器中存储视频线，将颜色信息和位置数据编码为一串离散的像素值。尽管平板显示器只对几个像素行进行数字缓冲，但整个帧图像都存储在视频控制器的帧缓冲器中。平板视频接口必须以一定的周期速率刷新整个图像。

这个周期性信号有一个频谱，而且重要的是，它包含了关于整个显示面板的离散像素位置、顺序和颜色的编码指令。

这就是辐射到大气中并成为后文攻击目标的信号。此外，连接显示面板与图形控制器的视频电缆被确定为辐射源。

周期性信号的频谱有被重复频率分开的线条。在高水平上，攻击的成功是以增加信噪比为前提的，通过在重复频率上的周期性平均，衰减所有其他频率。攻击者也会试图

---

① https://www.ntt-review.jp/archive/ntttechnical.php?contents=ntr200810sf2.pdf&mode=show_pdf。

将信号转移到频谱的安静部分，并应用滤波来最大化相对于检测带宽的信号内容。

攻击者实际上是如何发动攻击来检测和重建视频播放信号的？对这个过程的理解需要从攻击者的角度深入研究视频信号重建过程。[7]

大多数光栅显示技术以固定频率周期性地刷新每个像素。如果显示的信息与刷新率相比变化较慢，那么刷新信号的高冗余度有助于通过定期平均将其与不需要的背景噪声分开。

由于每个像素的信息是按顺序处理的，也就是说，一次一个像素，检测到的信号的连续样本可以归于单个像素，从而重建为光栅图像。在计算机视频显示器中，标准化的视频接口（VGA、DVI 等）使用一个简单的计时方案。

为了重建整个视频信号，攻击者必须确定像素、行和帧速率之间的关系。在这里叙述的攻击中，这种关系是在已知行业规范的帮助下，通过试错来确定的。攻击者还必须调整和跟踪像素的时钟频率，以处理波动问题。

精明的攻击者还利用信息理论来提高信噪比。具体来说，可以利用奈奎斯特采样定理来限制接收器检测到的噪声。数字设备中传输的符号具有超过传输频率 f 的频谱能量，因此，信号中的信息将在 $f/2$ 宽频带内以脉冲重复率 f 的谐波倍数重复。

因此，攻击者原则上可以在相对安静的频段中间选择一个这样的谐波作为中心频率。然后，他可以使用与奈奎斯特采样定理所规定的像素传输率 $f/2$ 的一半相对应的滤波器带宽。

但是制造在宽频率范围内运作的高质量可调滤波器并非易事。因此，直接对基带信号进行滤波是不切实际的。一种可行的方法是使用超外差接收器，如图 7.5 所示，并如前所述。

然而，接收器上的中频滤波器也必须能够解析短脉冲，即在时域上短，因此在频域上宽。接收器能解决的最短脉冲的持续时间等于 $1/B$，即中频滤波器带宽的倒数。

对于数字视频显示器的攻击，滤波器的带宽必须与像素时钟频率相当，这决定了在显示器上形成像素的脉冲的到来。因此，必须在窄带宽和宽带宽之间取得平衡，前者是为了减少噪声的影响，后者是为了解决短时的脉冲。

攻击者可以以所需速率对接收器输出的电压样本进行连续时间的平均。结果将显示为重建的光栅图像中一个像素的灰度①值。如上所述，接收器的中频分辨率带宽应接近像素的频率，以限制像素间的干扰。攻击者所针对的、用于重建显示器上出现的视频显示的数据的性质是什么？

攻击者针对的显示信息基于低压差分信号标准（LVDS）的辐射。回想一下连接显示

---

① 灰度是指像素携带强度信息，并由对应的灰度组成强度。

面板与图形控制器的视频电缆是辐射源。该电缆由双绞线组成，以减少对干扰和辐射能量的敏感性，并且是 LVDS 电路的一部分。

LDP-Link 是 LVDS 的第一个大规模应用。它的出现是为了在将图形处理单元的输出连接到显示面板的图形控制器时减少电缆尺寸和电磁信号辐射。

LVDS 接收器检测双绞线之间存在的电压差异。然而，噪声对每根导线的影响是相同的，因此接收器对干扰噪声毫不在意，因为噪声引起的电压差异为零。这种类型的噪声在第 5 章首次被称为共模噪声。在这种情况下的噪声减小方法称为共模抑制。

LVDS 的基本形式是在四个差分线对中序列化和分配传入的数据，同时还有一个在类似线对上传输的时钟信号。图 7.10 显示了 LVDS 配置的基本形式。①

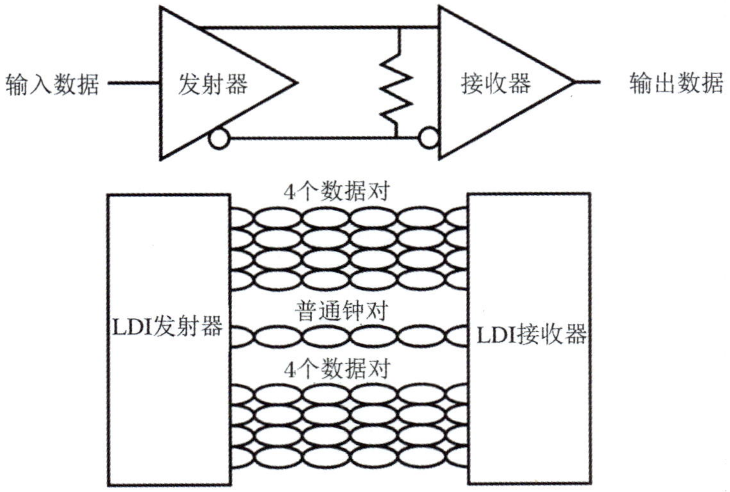

图 7.10 基本的 LVDS 配置

除了减少干扰外，在双绞线中流动的相同和相反的电流产生的电磁场趋于抵消，从而减少辐射能量。然而，尽管辐射被衰减了，但并没有消除，这种辐射是攻击者关注的技术重点。图 7.11 说明了使用平板显示器的笔记本电脑或计算机中的一个 LVDS 电路。

FPD-Link 使用 LVDS 传输 18 位 RGB 数据，通过三对双绞线发送视频信息。另一对双绞线传输 LVDS 时钟信号。FPD-Link 的数据传输方案在每个时钟周期将 7 个单端数据位串行到每个 LVDS 通道中。

因此，LVDS 的比特率是时钟信号频率的 7 倍。例如，在 18 位的 RGB 应用中，R，G，B 三色各有 6 个子比特，另有 3 个比特用于水平和垂直同步脉冲，外加一个使能信号。净结果是每个时钟周期内共有 21 个数据信号，这意味着 7 对 1 串行化将这种传输减少到

① http://what-when-how.com/display-interfaces/digital-display-interface-standards-part-1/。

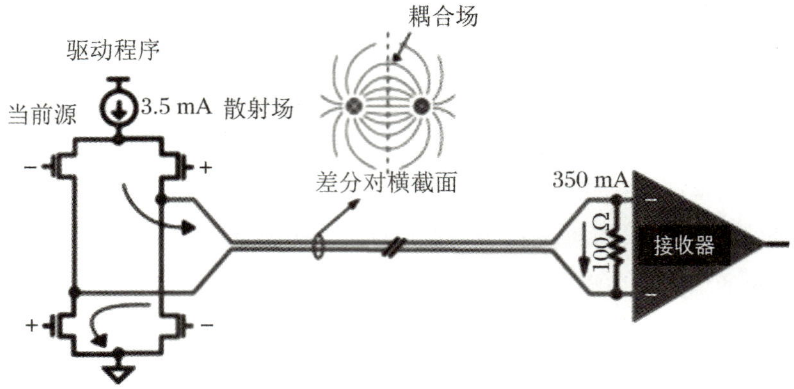

图 7.11　笔记本电脑或台式电脑的平板显示器中的 LVDS 电路

3 个数据通道。如果时钟信号是 50 MHz，则 LVDS 流媒体视频数据速率将是每通道 7 bit× 50 MHz = 350 Mbit/s，3 个通道总的数据传输速率将是 3 × 350 Mbit/s = 1.05 Gbit/s。图 7.12 说明了 FPD-Link 串行器的工作情况。

尽管此次攻击的目标机器包含了一个带有双绞线的 LVDS 电路以减少共模噪声和由此产生的电磁辐射，但通过对数周期天线测得的信号幅度在 3 m 的距离上为 100 μV。这个设置被证明足以重建显示在笔记本电脑监视器上的视频图像。

感应电压（再次回顾麦克斯韦第三方程）产生的电场强度为 57 dBμV/m，带宽为 50 MHz。这个电场对应于大约 150 nW 的等效各向同性辐射功率。该功率足以在几个房间内重建笔记本电脑的视频信号。

在另一个实验中，使用相同的接收器和天线从 10 m 远的地方破坏了相同的笔记本电脑信号，这是一个更实际的操作场景。在这种情况下，笔记本电脑和接收器设备位于不同的办公室，中间有两个办公室，并由三面 105 mm 厚的石膏板墙隔开。

在一次持续时间为 160 ms 的记录中，使用 50 MHz 的采样率采集了 12 个连续帧，这相当于 800 万个样本。所需的帧率是由第一和最后记录的帧的交叉相关性决定的。

这次尝试的信号破解产生了可读的文本。测得的信号为 12 μV，相当于使用相同的对数周期天线测得的电场幅度为 39 dBμV/m。这个结果与将笔记本电脑和接收天线之间的距离从 3 m 增加到 30 m 后预期的自由空间损耗一致。

其他视频接口技术在对信号破坏的脆弱性方面会有所不同。数字视频链路中使用的编码方案和比特排列可以降低脆弱性。特别是，据报道，随机化传输的 RGB 像素值的较小有效位将代表一个有效的干扰信号，对信号平均化具有免疫力。这种免疫力来自干扰信号与所需的文本信号具有相同的周期性，从而影响信号平均化的努力。[4]

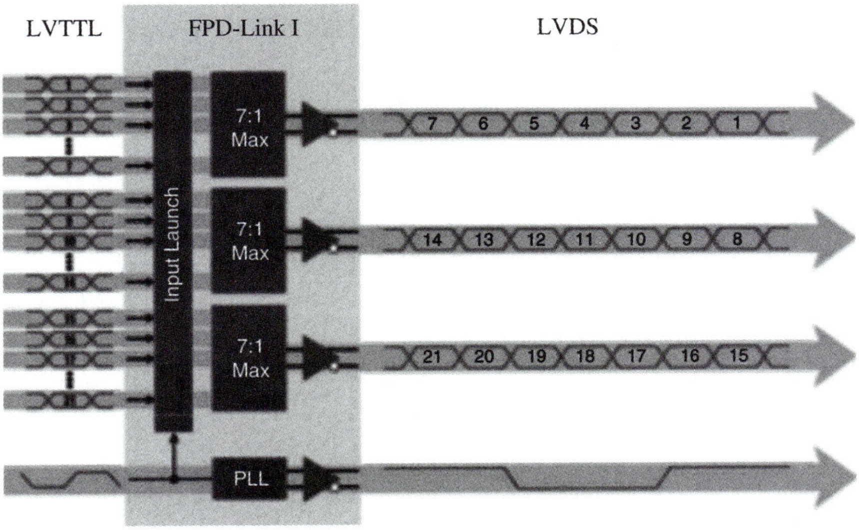

图 7.12 FPD-Link 串行器

类似的视频接口攻击尝试已成功，旨在开发干扰技术以阻止类似攻击。① 通过将干扰信号的基本频率与原始像素时钟同步，成功开发出了一种有效的干扰信号。尽管如此，在 3 m 处测得的电场幅度范围为 20 dBμV/m 到接近 40 dBμV/m。

这些电场振幅从受损的视频信号中明显减少。纵然如此，模拟攻击仍然是成功的。最后，表 7.1 显示了针对各类信息的攻击，以及它们的相对执行难度。

表 7.1 对信息技术组件的攻击

通过辐射的电磁能量的信息源	从源获得的信息量	重新产生源信息的相对难度	源辐射能量的相对强度	从源处泄露信息的风险
显示屏展示	高	容易	强	高
键盘输入	低到高（只有文本）	难（假设对应于键盘关键词的代码知识不可知）	弱	低到中等
打印信号	低	难（需要解调打印机接口信号）	弱	低
机器间通信	中等到高	难（需要解调 LAN 界面信号）	弱	中等

① https://www.ntt-review.jp/archive/ntttechnical.php?contents=ntr200810sf2.html。

远程攻击剖析 2：键盘辐射

在计算机泄露的世界里，所谓的侧信道攻击经常被引用为一种可能的方法。侧信道攻击指的是获取信息的辅助方法，这些信息被用来促进对感兴趣的信息的破坏。在这种情况下，揭示用户密码的键盘辐射是通过远程信号收集而被破坏的，然后可以应用于传统的网络破坏。

大多数用户开始会话时通过使用键盘进行身份验证，输入他们的用户名和密码。持有这些信息的任何人都将继承该用户账户的所有访问权限和特权，而不考虑实际用户是谁。因此，网络钓鱼或定向网络钓鱼攻击的第一个目标是欺骗受害者透露他或她的用户名和密码。①

因此，键盘可能是攻击者关注的焦点。为了破坏键盘上输入的信息而设计的各种攻击证实了这一论点。针对键盘的其他破坏模式包括第 9 章中分析的光学攻击，以及第 10 章中讨论的声音攻击。使用击键记录器是一个众所周知的针对键盘的攻击媒介。

一个具体的键盘攻击集中在破坏 PS/2 型号键盘击键时产生的电磁辐射。首先提供一些关于键盘发射物来源的细节。有四条有源线连接到这种类型的键盘：数据、地、+5VDC和时钟。在这个设备中，电线物理上靠得很近，而且屏蔽效果很差。发现能量从数据线泄露到地线或电缆屏蔽。地线被引导到主电源和适配器电缆的接地端，然后连接到电网的电源插座。

攻击包括一个差分测量，使用示波器检查电源线和参考地之间的电压降。图 7.13 说明了这种设置。② 在电源插头上可以检测到关于单个按键的信息。PS/2 的时钟频率为 10～16.7 kHz，低于 PC 泄露的任何其他频率。因此，可以用滤波来去除信号中的噪声，如后面所述。键盘派生的数据信号每次发送 1 bit。每个数据字节在一个由 11～12 bit组成的帧中发送。正如交流电源线所预期的那样，模拟的攻击遇到了明显的噪声。挑战是如何检测埋藏在这个嘈杂频谱中的 10～16.7 kHz。为了克服这一挑战，攻击者将有限脉冲响应作为一个带通滤波器，选择 1～20 kHz 之间的频率。攻击的结果如图 7.14 和图 7.15 所示，其中个别字母已经被重建。

---

① 读者应该注意到，双因素身份验证是解决社会工程攻击问题的比较好的办法。

② 逆向路径有限公司，https://www.blackhat.com/presentations/bh-usa-09/BARISANI/BHUSA09-Barisani-Keystrokes-SLIDES.pdf。

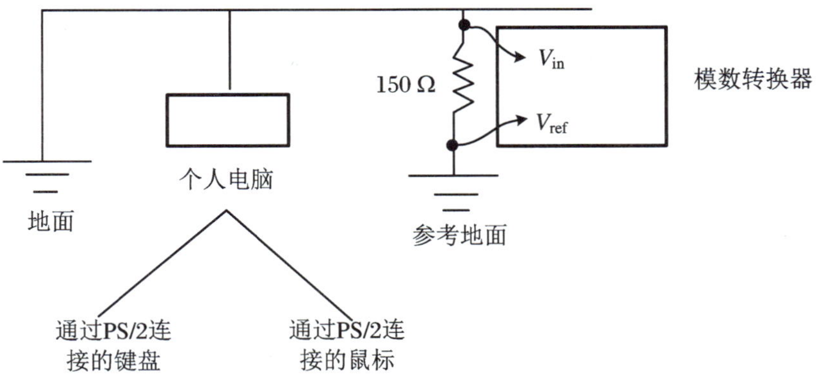

图 7.13　键盘接地线攻击设置

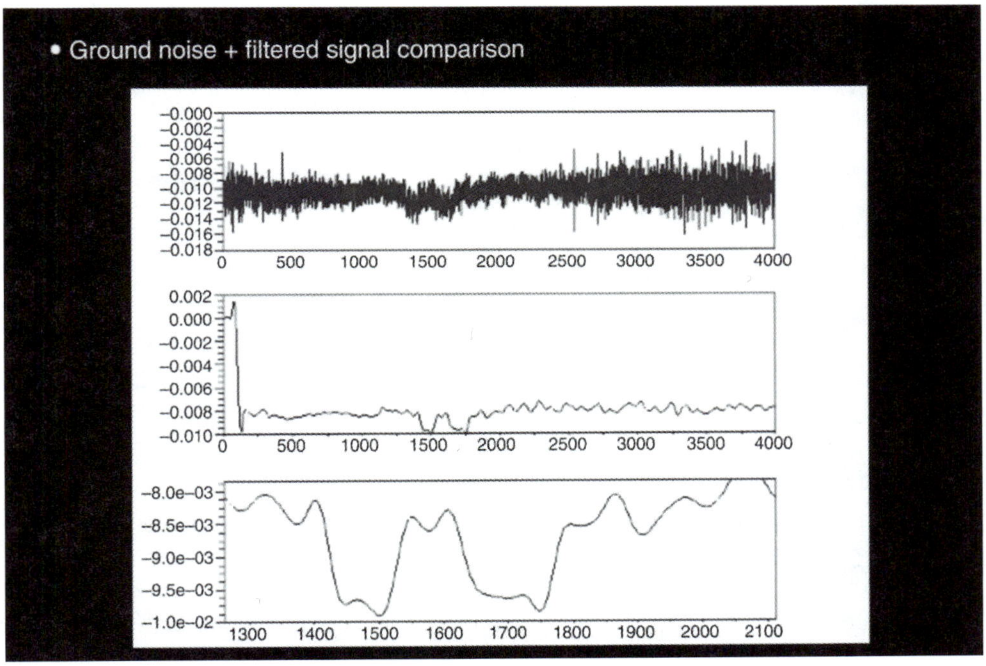

图 7.14　地面噪声与过滤信号的比较

在另一次模拟攻击中，测试了 12 种不同的键盘型号，使用了 PS/2、USB 连接器和不同设置中的无线通信链路，测试地点包括半吸声室、小办公室、相邻办公室和公寓。[8]

在这次攻击中，原始信号是直接从天线上收集的，而不是使用带宽有限的过滤和解调信号。然后计算短时傅里叶变换(STFT)，得出时间、频率和振幅的信号。

模数转换器(ADC)可以提供高采样率(例如，10^9 samples/s)。一个 ADC 被直接连接到一个宽带天线上，原始采样信号被导入一台计算机上，在那里，软件无线电库被用来即时突出潜在的有害辐射。原始信号的 STFT 计算甚至显示了短时的载波和峰值。

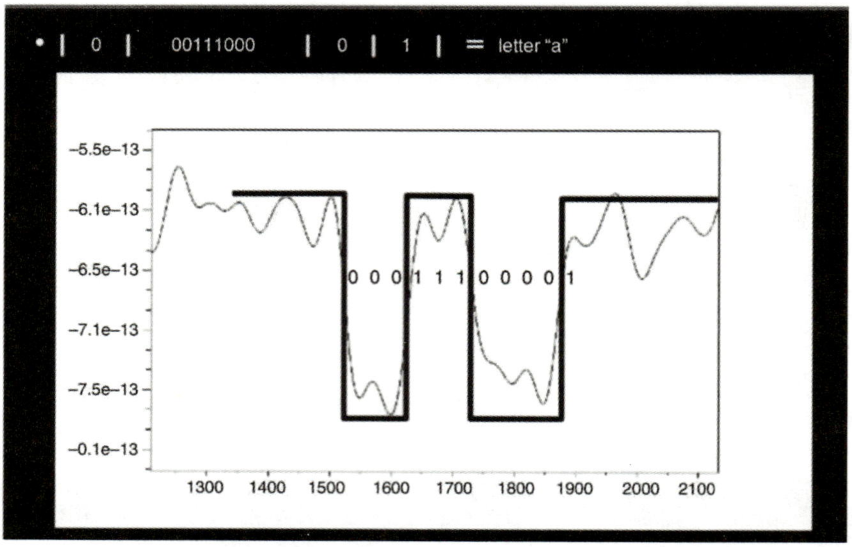

图 7.15 对应于被破坏的字母"a"的信号

四种击键恢复技术被调用。具体而言，测量了按键时发出的电磁辐射。发现以下直接和间接的电磁辐射可以泄露击键启动的信息：

（1）在 PS/2 协议中使用的双向串行电缆的下降沿，即从高逻辑状态到低逻辑状态的过渡（这些信号产生了每个按键有 1 bit 不确定性的按键信息）；

（2）从先前的同一信号源的上升沿和下降沿来恢复按键，每个按键的不确定性为 0 bit；

（3）键盘发出的谐波来恢复不确定性为 0 bit 的按键；

（4）从矩阵扫描程序（由 PS/2、USB 和无线键盘使用）发出的辐射，产生每个按键约 2.5 bit 的不确定性。

这些键盘都很容易受到前面提到的四种按键恢复技术中的至少一种的影响。最好的攻击方式是在距离 20 m 以内（包括穿越墙壁的距离）成功恢复 95%的击键。因为每个键盘都有一个基于时钟频率不一致的特定指纹，所以即使同时使用同一型号的多个键盘，也能确定泄露信息的源键盘。

总结

处理、存储和/或传输数据的电子设备发出的电磁辐射对潜在的攻击者来说是一个潜在的丰富的机密信息来源。这些辐射由时变的电场和磁场组成，其行为由麦克斯韦方程描述。

远程检测发射以破坏信号中编码的信息是为了增强信噪比。为此，攻击者希望距离信号源近，但很可能需要使用滤波、信号平均、互相关、了解信号和反复试验等手段来取得成功。

影响测得信噪比的参数包括电场强度、检测点的干扰、信号带宽、信号通过信号源和探测器之间的屏障时的衰减、天线增益、处理增益和接收器中频滤波器的脉冲带宽。

目前已经开发出许多技术方法于嘈杂的背景中检测弱信号。计算机固有的脉冲通信系统所特有的宽带信号必须与电视和广播等干扰源区分开来。

一种被称为调幅超外差探测的方法特别适用于这种应用。这种装置用一个可变的振荡器调制目标信号，将输入的信号转移到频谱的一个较安静的部分。由此产生的信号被过滤，以尽可能多地去除噪声。相对于目标信号带宽的过滤器特性对于成功的攻击至关重要。

信号平均是攻击者用来提高信噪比的另一种关键方法。它利用了这样一个事实，即 N 个信号测量结果，即 N 个信号加噪声的测量结果，将与 N 成比例，而几个噪声测量结果将与$\sqrt{N}$成比例。因此，对信噪比进行 N 次平均将产生$\sqrt{N}$的信噪比改进，为 $N/\sqrt{N}=\sqrt{N}$。换句话说，通过相对于干扰噪声源对总信号进行平均，利用了脉冲重复频率的周期性。

针对计算机的攻击的技术细节已经得到了详细介绍。在这种情况下，来自平板视频接口电路的信号是信号源。在距离为 10 m 的情况下成功地获取到了笔记本电脑的显示。

键盘是一个风险相关信息的来源，因为提供账户访问的用户名和密码是通过这些设备输入的。本书描述了几个成功的模拟键盘攻击，其中一个利用了交流电源线上存在破坏性信号，另一个检测到辐射。

参考文献

[1] Kuhn M. Compromising emanations：eavesdropping risks of computer displays. Technical report UCAM-CLTR-577. University of Cambridge；2003.

[2] Kuhn M. Electromagnetic eavesdropping risks of flat-panel displays. In：4th workshop on privacy technologies，May 26-28，Toronto，Canada；2004.

[3] Kuhn M. Security limits for compromising emanations. Cambridge：University of Cambridge；2005. https://www.cl.cam.ac.uk/～mgk25/ches2005-limits.pdf.

[4] Kuhn M. Electromagnetic eavesdropping risks of flat-panel displays. op. cit.

[5] Ross A. Security engineering；a guide to building dependable distributed systems. 2nd ed. New York：Wiley；2001.

[6] van Eck W. Electromagnetic radiation from video display units；an eavesdropping risk? Comput

Secur 1985;4:269-86.

[7] Kuhn M. Compromising emanations from LCD TV sets. In: IEEE symposium on electromagnetic compatibility, EMC (2011), August 14-19, Long Beach, CA; 2011.

[8] Vuagnoux M, Pasini S. Compromising electromagnetic emanations of wired and wireless keyboards, https://www.usenix.org/legacy/event/sec09/tech/full_papers/vuagnoux.pdf.

第 8 章

电磁信号泄露的对策

引　　言

电磁能是无处不在的。地球上的每个人实际上每时每刻都在受到人工或自然能源的轰炸。在前面的章节中，我们介绍了这种电磁能的行为，以便评估其对信号检测的脆弱性及由此导致的信息泄露。

在第 7 章中描述了对计算机传播的电磁辐射的远程检测。不难想象，如果这样的攻击得以实施，根据使用的计算机，可能会产生严重的后果。因此，通过设置屏障并将电磁信号限制在受信任的区域内，似乎是降低与这种威胁相关的风险的明智做法。

为此，本章将讨论电磁信号封闭的物理基础，也就是所谓的屏蔽。此外，还将研究特定材料对信号衰减影响的实际考虑因素。

此外，耦合机制被证明是造成目标设备内共模和差模电流的原因，这反过来又引起了电磁辐射。因此，减少这些耦合机制的方法，如接地，可能有助于降低信号被破坏的脆弱性，因此在本章中进行了回顾。

最后，由于传播路径上材料的吸收和反射，电磁信号会“自然”衰减。这种影响的大小是信号频率和材料类型的函数。这些措施本身并不总是故意的反措施，但它们确实有助于信号的衰减，因此与攻击者和防御者都有关。

电 磁 屏 蔽

信号成为攻击的目标，正是因为它们是用信息编码的。因此，谨慎的做法是采用反措施，减少对未经授权的信号检测的脆弱性。实现这一目标的方法之一是将发射物限制在信号所有者控制的区域内。这种限制被称为屏蔽，各种材料被用于这一目的，并以各种方式实施。电磁屏蔽实际上是如何工作的呢?

正如第 4 章所讨论的，电磁信号有电场和磁场两个组成部分。电磁屏蔽必须削弱这两种成分才能有效，尽管每种成分的相对屏蔽程度会因特定场景条件的不同而不同。电磁波在传播和遇到不同材料时的动态变化有助于解释屏蔽的有效性。

电磁波的波阻抗或辐射阻抗被定义为其电场强度与磁场强度的比率，即 E/H。E 的单位是伏特/米，H 的单位是安培/米。E/H 的测量单位是欧姆。自由空间的波阻抗是由辐射源决定的。具体来说，相关的参数为辐射源是开放式的/偶极子式的还是封闭式的/电流环式的，以及测量是在辐射源的近场还是远场进行。近场和远场是由与辐射源的距离相对于辐射能量的波长所决定的。

为了便于讨论，导致电磁场传播的电路可以分为以下四类：

(1) 静电；

(2) 静磁；

(3) 电性和时变性；

(4) 磁性和时变性。

第 4 章介绍了由时变电流元件和小电流环产生的最大电场振幅的物理模型。这些模型可以应用于小型电路，从而解释它们产生的辐射。此外，这些模型能够简单计算辐射电路元件产生的电场和磁场的大小。

现在将利用第 4 章中讨论的原理和计算方法，提供更多关于电路辐射和由此产生的电磁场的细节，这些电磁场同时是辐射的来源和攻击的目标。

静电电路是一个固定的电荷分布。由于电荷不移动，所以没有电流流动。一个简单的例子是电荷偶极子，其中两个相等和相反的电荷相隔一定距离。静电电路的另一个例子是在某个固定电压下的电线。

在这些情况下，根据麦克斯韦方程，有一个与电荷相关的恒定电场。然而，由于产生磁场需要运动的电荷，所以没有磁场。由于 H 为零，波阻抗的概念在静电学中是没有用的，因为 E/H 是无穷大的。

对于一个电荷偶极子来说，近场的电场随着距离立方的倒数，即 $1/r^3$ 而减少。反立方定律由相反电荷之间场的近似抵消推导而来。每个电荷都有一个 E 场，它以 $1/r^2$ 的速率下降，但由于电荷的符号相反，因此产生的场强随着与电荷构型的距离增加而下降得更快。

静磁电路由直流(DC)电流环组成。这种磁场情况是静电情况的镜像。有一个恒定的磁场 H，因此它是时间不变的，并随着距离的立方而下降，但没有电场。因此，这种情况下的波阻抗 E/H 为零。

因此，对于静电和静磁力学的情况，波阻抗的概念是没有意义的，因为电磁波并不存在，因此能量并没有传播。

然而，如果电荷或电流分布发生变化，就会出现如图 4.1 所示的变化电磁场。麦克斯韦第三和第四方程指出，变化的电通量必须产生一个变化的磁场，而变化的磁通量将产生一个变化的电场。这些变化会产生一个电磁波，以光速传播到周围的介质中。

在这种情况下，前面提到的第三类电路是时变电场。以下是将产生时变电场的电路配置的例子：

(1) 一个电荷偶极子，其电荷位置像正弦波一样振荡；

(2) 一个电流元件，电流沿着一条线来回振荡，这样电荷就会在两端积聚和逆转(这种情况在功能上相当于电荷的偶极子配置)；

(3) 由电压源驱动的开放式导线，例如偶极子天线和由共模电压驱动的电路板引线；

(4) 一个振荡的电流回路。

现在研究一下(1)～(4)的近场和相应的阻抗。这些是产生传播电磁能的电路的例子，因此将与屏蔽的讨论相关。我们首先研究与(1)～(3)有关的电路，因为这些电路在功能上是等同的。

考虑一个短的、振荡的电流元件，它也被称为赫兹偶极子。记得这个概念是在第4章小电路建模中介绍的。在这种情况下，"短"是相对于振荡频率的一个波长而言的。如果这个条件成立，可以假设电流在导线上是均匀的。如前所述，相对场强 E/H 决定了近场和远场的阻抗，而近场与远场的划分是基于与源的距离，以波长为单位。对于离赫兹偶极子源的距离远小于一个波长，电场占主导地位。在远场，波的阻抗等于介质的固有阻抗。自由空间的固有阻抗是用式(8.2)计算的。还有一个过渡区域，所有的电磁场项大约都有相同的幅度。图8.1描述了赫兹偶极子远场中的 E/H。

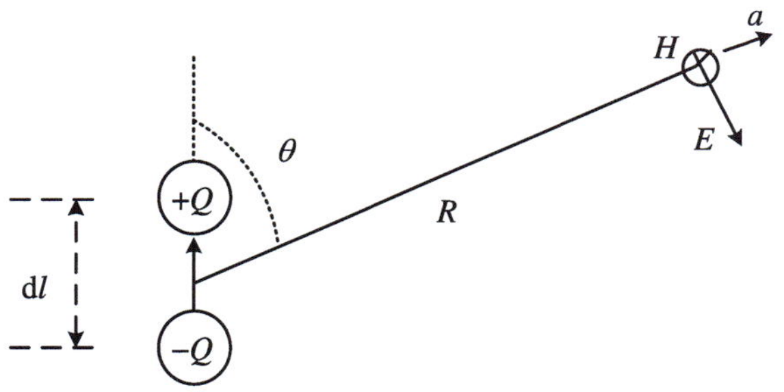

图8.1　赫兹偶极子远场的波阻抗

上述第(4)类电路是赫兹偶极子的磁性类似物。也就是说，一个电流环的特征是其磁矩，它被定义为电流与环形面积的乘积。回顾第4章，磁化 M 是以磁矩来定义的，而电流环则是在第5章与电子器件发射源有关的情况下引入的。

一个振荡的、无限小的电流环的电场和磁场反映了赫兹偶极子的场。但在这里，近场的磁场以 $1/r^3$ 的速率减少，而近场的电场以 $1/r^2$ 的速率减少。因此，电流环信号源的强度在近场比在远场下降得更快。

在远场，E 和 H 都表现出 $1/r$ 的行为，波阻抗等于周围介质的固有阻抗。因此，E/H对于电流环和赫兹偶极子在远场有相同的数值。图 8.2 说明了电流环远场中的 E/H。

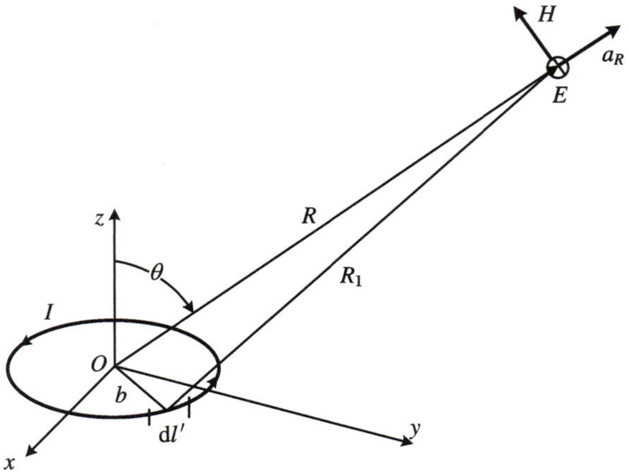

图 8.2　电流环远场的波阻抗

对攻击场景具有重要操作意义的事实是，在远场中，由于两个源的阻抗相同，因此它们在探测方面“看起来”是一样的。换句话说，没有办法知道在远场中电场和磁场的来源是偶极子还是电流环。

近场和远场的分界线有时被规定为 $\lambda/(2\pi)$，其中 λ 为波长。不同的参考文献对近场和远场的划分给出了不同的数值，通常引用的范围是 1～2 个波长之间。对于高频率/短波长的信号，近场-远场的过渡距离将位于靠近信号源的地方。

在低频率下，情况则完全不同。考虑一个磁源，如一个以 60 kHz 驱动的电流环。这种磁源的例子可以是阴极射线管(CRT)显示器的水平驱动(如果还在使用的话!)，一个开关电源，或磁性安全系统的场线圈。在这个频率下，近场和远场之间的转换将发生在离源头大约 800 米的地方。

因此，磁场检测的实际尝试将在近场进行。一个环形天线将被用于检测，以便根据法拉第定律使磁通量的变化最大化。如果电流环是信号能量的来源，预计近场区域的电场强度会比较低。

如果在源的附近测量到低 E 场或高 H 场，这种情况意味着低波阻抗。而低阻抗将表明振荡的电流环是源。重申一下，波阻抗测量的是电场和磁场的相对强度，反映的是辐射源的类型，即振荡偶极子和电流环。

相反，在近场测量的偶极子源会表现出高电场振幅和低磁场振幅。这表明波阻抗较高,这意味着源是一个赫兹偶极子。

对于振荡偶极子和电流环源,当与源的距离接近远场时,波阻抗的大小接近自由空间的值,即 377 Ω,参见式(8.2)。一般来说,远场的波阻抗接近于它在其中传播的介质的阻抗。图 8.3 展示了波阻抗作为 r/λ 的函数,分别对应于振荡偶极子和电流环,即高阻抗源和低阻抗源。

请注意,对于低阻抗和高阻抗源,当 $r/\lambda=1/(2\pi)$时,波阻抗会趋于相等,并在此后的所有 r/λ 值都相等。

表 8.1 总结了低阻抗和高阻抗源的近场与远场的电场和磁场特性。

那么,相对于屏蔽效果(SE)而言,波阻抗和特定材料之间的关系是什么? 所有同质材料都有一个被称为固有阻抗的量的特征 Z_i,它由以下表达式给出:

$$Z_i = \left(\frac{j\mu\omega}{\sigma + j\mu\varepsilon}\right)^{1/2} \tag{8.1}$$

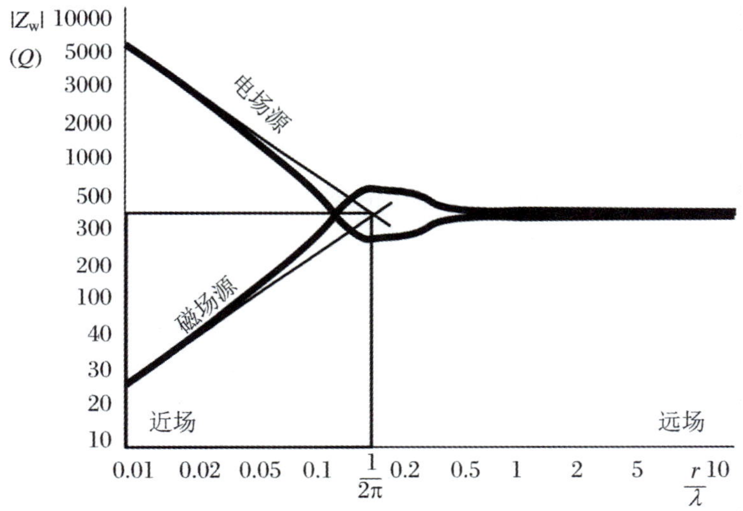

图 8.3　电场和磁场源的波阻抗是 r/λ 的函数

表 8.1　电场和磁场源的近场与远场特性

	近场阻抗(E/H)	远场阻抗(E/H)	电场强度依赖——近场	磁场强度依赖——近场	场强度依赖——远场
电场源(赫兹偶极子)	高	等于磁场	$1/r^3$	$1/r^2$	$1/r$
磁场源(电流回路)	低	等于电场	$1/r$	$1/r$	$1/r$

其中 j 是电气工程中表示复数的符号(数学家和物理学家用“i”表示复数)。$\omega=2\pi f$ 弧度,f 是频率(单位:赫兹),μ 是材料的磁导率,等于 $\mu_o\mu_r$,μ_o 是空气的绝对磁导率,等于

$4\pi\times10^{-7}$ H/m，μ_r 是材料相对于空气的磁导率，σ 是材料的电导率（单位：摩每米），ε 是材料的介电常数，等于 $\varepsilon_o\varepsilon_r$，$\varepsilon_o$ 是空气的绝对介电常数，等于 $1/(36\pi\times10^9)$ F/m，ε_r 是材料相对于空气的介电常数。

入射波的阻抗与其所遇材料的本征阻抗之间的差异越大，两个材料的边界处反射的能量就越多。如前所述，当电磁波在材料中传播时，波阻抗会逐渐接近该材料的本征阻抗 Z_i。

对于空气，导电性极小，即 $\sigma<<\omega\varepsilon$。空气的 Z_i 为 Z_a，计算方法如下：

$$Z_a = \left(\frac{\mu}{\varepsilon}\right)^{1/2} = \left(\frac{\mu_o}{\varepsilon_o}\right)^{1/2} = (4\pi\times36\times10^2) = 120\pi = 377\ (\Omega) \qquad (8.2)$$

空气中电磁信号与金属等材料之间的阻抗不匹配决定了屏蔽的有效性。具体而言，式(8.2)规定了空气中电磁波的远场阻抗为 377 Ω。金属表面的阻抗约为 2 Ω。

因此，这种不匹配导致入射能量被反射，因此屏蔽外部的场强相对于内部的场强显著降低。需要注意的是，如果金属处于源的近场区域，屏蔽效应（SE）将会有所变化，并且还依赖于源的阻抗。

入射的电磁波被金属屏蔽反射、吸收和/或透过。根据麦克斯韦第三方程，与此波相关的变化磁通量在金属中产生电场，进而对其中的电荷施加力。这个力导致电荷运动，即金属屏蔽中的涡流。这些电流产生自己的电磁通量，从而抵消入射的电通量。

入射电通量还与屏蔽体相互作用，并对金属屏蔽中的电荷施加力，$F = qE$。这也导致电流在屏蔽表面流动，从而产生自身的电场和磁场，这些场同样起到抵消入射能量的作用。

在屏蔽体中，感应电流密度和电流衰减速率受金属的导电性、金属的磁导率以及场源的频率和幅度的影响。电流密度和电流衰减速率均与屏蔽体的厚度有关。图 8.4 展示了入射电磁波与金属屏蔽体之间的相互作用。

电磁场确实会穿透金属表面，但并不会进入太深，这正是金属作为屏蔽材料如此有效的原因。图 8.4 中所示的皮肤深度是金属的一种物理特性，它指定了在给定频率下金属表面的厚度，使得电流在其中流动的比例为$[1-(1/e)]$，即 63.2%。

具体来说，材料的皮肤深度由以下公式给出：

$$\text{Skin depth} = \frac{1}{(\sigma f)^{1/2}} \qquad (8.3)$$

其中 σ 是材料的导电率，f 是波的频率。

铜是最好的屏蔽材料之一（见图 8.5），在 1 MHz 时其表面深度为 7.0×10^{-5} cm。

图 8.4 还描述了信号能量的内部反射。内部反射通过前面提到的损耗机制增强屏蔽效果，通过多次内部反射可以导致共振效应现象。尽管多次内部反射可以对 SE 作出

贡献，但它们对电磁屏蔽层衰减的贡献小于初始反射。

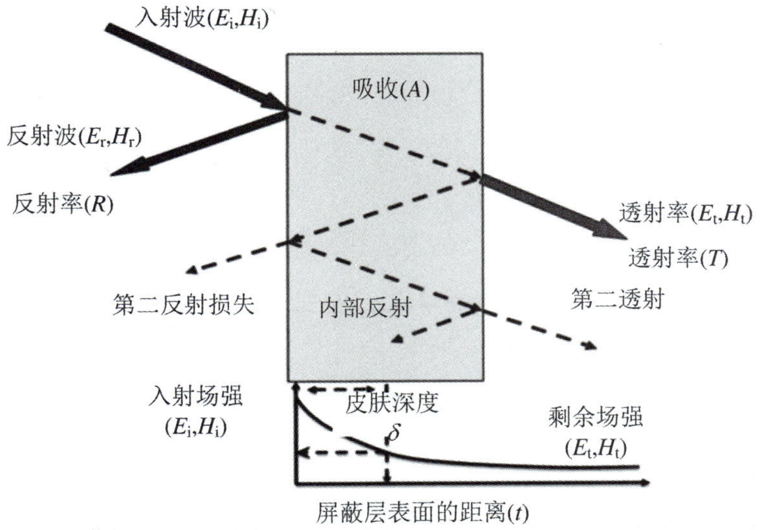

图8.4　入射到屏蔽层上的电磁波

那么吸收的效果又如何呢？吸收是导致电磁屏蔽层衰减的另一个主要因素。当电磁波与屏蔽材料相互作用时，吸收会导致能量以热的形式耗散。损耗与材料的电阻率和磁导率 μ 有关。

由反射和吸收产生的总SE由下面的表达式给出：

$$\text{SE[decibels]} = 20\log\left(\frac{Z_w}{4Z_s}\right) \tag{8.4}$$

其中 Z_w 是空气中的远场波阻抗，为377 Ω，Z_s 是屏蔽阻抗，为2 Ω。

将这些阻抗值代入式(8.4)得到33.5 dB，这被认为是足够满足大多数应用的屏蔽规格。

反射损耗随着频率的增加而减少，这是因为阻抗随着频率的增加而增加。换句话说，在较高频率下，金属的固有阻抗更接近377 Ω的平面波值。因此，空气-金属阻抗失配减少，屏蔽效果降低。

这种情况似乎与式(8.3)的预测相矛盾，因为皮肤深度与频率成反比。然而，吸收损耗随频率的增加而增加。因此，反射和吸收相辅相成，使得任何导电材料通常在整个频率范围内提供显著的屏蔽效果，但需要注意源阻抗的相关警示。

图8.5显示了反射和吸收对0.02英寸厚铜屏蔽层的总屏蔽效应的贡献大小。在1 MHz时，SE相当稳定，为200 dB！

实现有效的电磁屏蔽实际上是具有挑战性的。此外，如果操作不当，实际上可能会使事情变得更糟。反射会导致电磁能量相干叠加，从而导致信号增强或信号增益，这与期望的效果相反。

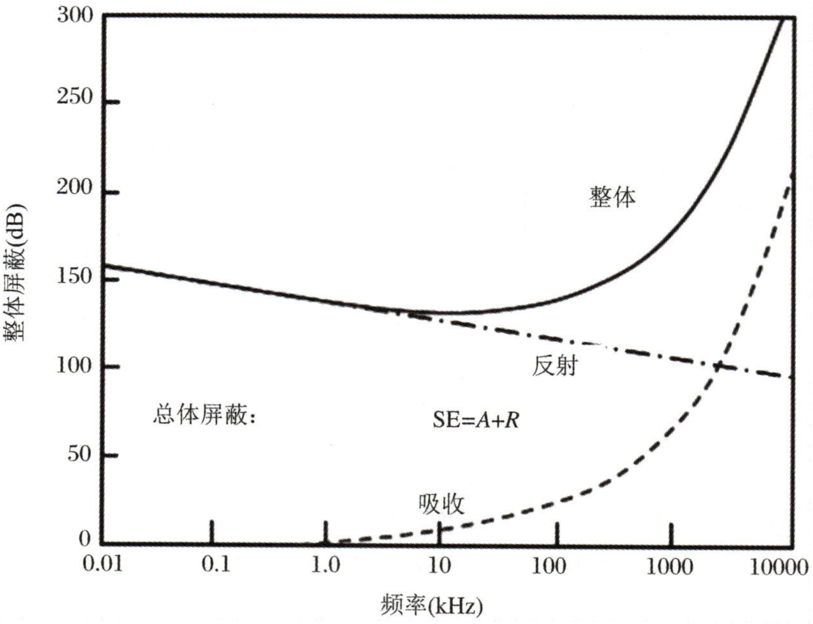

图 8.5　一个 0.02 英寸的铜屏蔽层在远场的屏蔽效果

磁　屏　蔽

在前一节中，我们了解到，来自电流环的磁场，即低阻抗源，在近场中与金属屏蔽的阻抗匹配优于电场。因此，磁场在近场中比电场更难屏蔽，尤其是在低频时，磁屏蔽更难。此外，根据麦克斯韦第二方程，没有自由磁荷的存在，所以不可能像电场那样在电磁屏蔽上终止磁力线。如第 4 章和麦克斯韦第二方程所讨论的，磁力线必须终止于相反的磁极。

然而，可以重定向磁通线以防止不必要的耦合。这种重定向可以通过在导电屏蔽中产生电流或使用可渗透（$\mu r \gg 1$）材料改变磁通线的路径来实现。如后文所述，后者在千赫频率下尤为重要。

有两种类型的磁场屏蔽：主动和被动。[①] 被动屏蔽利用铁磁和/或导电材料来集中磁力线。主动屏蔽使用外部通电导体，该导体被配置产生磁场。这样产生的磁场抵消了原始源的磁场。然而，本节将重点介绍被动屏蔽，因为它更普遍，更容易实施。

---

① http://www.ehib.org/emf/ckappend.html。

被动屏蔽磁场的传统方法包括使用铁磁性金属。这种金属含铁并具有高磁导率。用于铁磁屏蔽的典型材料包括低碳钢和所谓的高导磁合金。后者是镍、钢和钼的合金。因为这些材料具有高磁导率，所以它们集中了磁通量。高导磁材料为磁通提供了一条相对于空气的低磁阻路径。磁阻是磁性电阻的类似物。

第二种被动屏蔽方法包括使用铝或钢等导电材料。麦克斯韦第三方程指出，随时间变化的磁通量会导致电场发生变化，从而在导电材料中产生电势差(电压)。如前所述，电场与导电材料(即屏蔽层中的金属)相互作用，这些感应电压导致电流精确流动。

具体来说，对于任何在被振荡磁场穿透的屏蔽表面上的闭合路径，法拉第定律规定该表面上必须也存在电场。导体表面的电场会导致电流流动。这些电流将产生自己的磁通量，与入射磁通量相反。后一种效应被称为楞次定律。

法拉第定律规定，变化的磁通量必须随时间变化，以产生电场和随之而来的涡流。然而，由于导电板中缓慢变化的磁通量引起的涡流将在一个振荡周期内会充分消散，以允许磁通量穿透该板。由于这个原因，导电材料在低频，即低于几百千赫兹时，通常是不良的磁屏蔽材料。如果导电磁屏蔽具有中断涡流流动的槽或间隙，则它们也是无效的。

对于厚度小于趋肤深度的屏蔽物，屏蔽物内部的磁场呈线性衰减。此外，屏蔽物内部和外部的磁场差异与安培定律规定的屏蔽物中的总电流有关。如果衰减很大，这种情况意味着在屏蔽物中感应的电流足以几乎完全屏蔽入射磁场。

在理想导体中，这些电流产生的磁场会完全抵消入射磁通量。因此，描述法拉第定律的方程的两边都等于零，所以没有磁通量穿过导体，表面上也没有切向电场。图 8.6 说明了主动和被动磁场屏蔽。[①]

为了用导电板限制或转移磁场，产生持续的涡流是很重要的。但是涡流是由随时间变化的磁通量驱动的，导电板不能转移静态磁场。

因此，在千赫或更低的频率下，通常需要使用导磁材料($\mu r \gg 1$)来转移磁场。由于这些材料的磁阻值远小于空气，因此通过提供穿过诸如钢或高导磁合金的可渗透材料的替代路径，可以有效地重新路由磁力线。

接地以减少辐射

在第 4 章中，耦合机制被证明是辐射电磁辐射的共模和差模电流的原因。这些机制

---

① http://www.ehib.org/emf/ckappend.html。

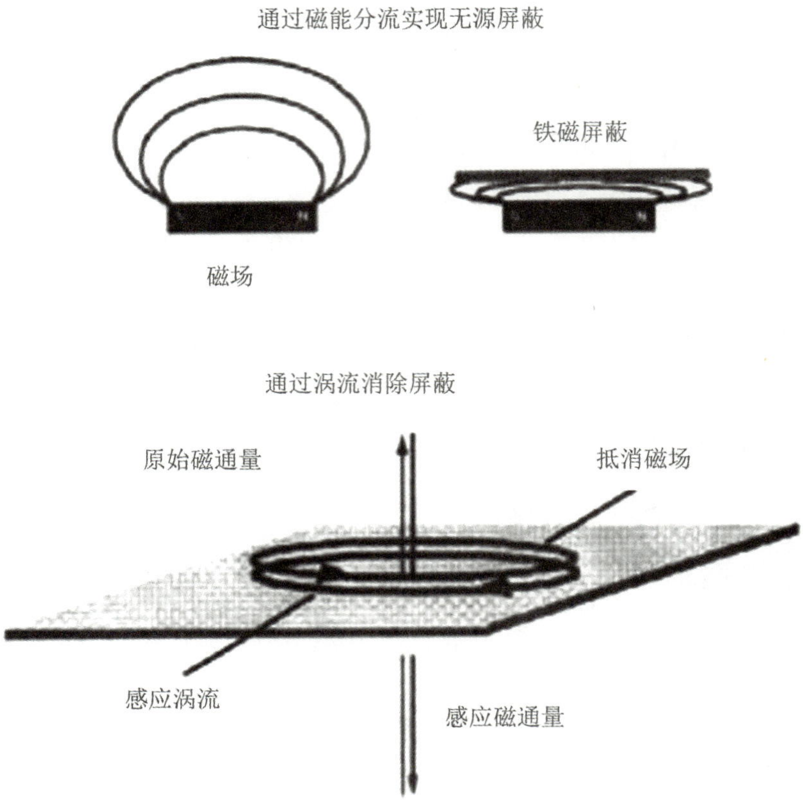

图 8.6　被动和主动磁场屏蔽

可以根据其效果进一步区分如下[1]：

(1) 杂散接地电流；

(2) 接地层电压差；

(3) 电容耦合；

(4) 电感耦合；

(5) 地面环形天线效应；

(6) 单极天线效应。

此外，在前述讨论中，还就一些可能有效减少导致电磁辐射的耦合的技术提供了暗示。这些技术分为四大类[1]：

(1) 导电元件的物理间距增加；

(2) 屏蔽增强；

(3) 接地层阻抗最小化；

(4) 接地回路断开。

对策可以进一步描述如下。需要注意的是，通常需要结合使用多种方法来减少耦合和辐射[1]：

(1) 将接地层或参考层的阻抗降至最低；

(2) 增加耦合电路或电子元件之间的间隔；

(3) 屏蔽易受影响的电路或干扰源；

(4) 减少信号回路的面积；

(5) 平衡信号传输路径；

(6) 在干扰频率下电中断信号传输回路；

(7) 防止信号电路的源端和负载端连接到不同电位的点；

(8) 最小化作为天线的接地引线的效率。

下面将提供这些技术的更具体的方法介绍。由于控制不必要的电磁耦合和由此产生的辐射是一个复杂的问题，并且有许多方面，本书将只触及一些高层次的相关问题。

减少超出预期电磁辐射的主要方法是减少接地平面的阻抗。如果电源和负载通过一个有噪声的接地参考互连，则存在干扰的可能性。如果源和负载之间的电势差可以减小，那么电磁干扰的幅度同样可以减小。

多点接地是降低接地平面阻抗的一种方法。在这种方法中，用于信号传输的每组信号线都通过尽可能短的路径连接到接地层，从而降低电感。回想一下，感抗的大小与电路元件的电感成正比(与频率成正比)，电感随元件长度的增加而增加。电抗的增加导致更大的阻抗 Z，这增加了所连接的电路元件上的电压降，从而使电流流动并伴随产生相关的辐射。

此外，接地层应使用最大数量的平行路径互连，并且接地层将通过使用固体金属块来最小化电阻率。

如前所述，电路中的接地环路是耦合机制的结果，当环路元件用作天线时会产生辐射。打开这些回路，从而减少由此产生的辐射，可通过以下方法实现[1]：

(1) 单点接地；

(2) 共模抑制；

(3) 频率转换；

(4) 光耦合；

(5) 选频接地。

顾名思义，单点接地涉及从信号传输环路的信号返回端的源端或负载端到地的一个连接。尽管这种技术可能是一种有效的方法，但良好的接地连接可能难以建立和维护。

当信号电路的源端和负载端必须连接到高噪声接地层时，接地层阻抗产生的差模电压会产生共模电流。即使在很宽的频率范围内，使用平衡-不平衡变压器或“巴伦”来平衡电路的两个引脚也是有效的。例如，平衡变压器可以在数百千赫兹范围内实现高达

70 dB的共模抑制。

为了解决与信号频率相同的共模干扰，可以将信号转换到新的频率。频率转换可以通过斩波或调制技术来实现。使用光隔离器或光纤等非电气元件来隔离电路也能有效降低共模干扰。

最后，不同频率下需要不同的接地方法，可以使用特定频率接地。例如，多点接地在高频时可能有用，而单点接地在低频时可能有用，反之亦然。在高频情况下，可以使用电容将电路接地，因为在这种情况下，阻抗会随着频率的增加而降低。这种技术有效地将信号接地。在低频下，由于电感会随着频率的降低而降低，因此可以通过在接地端插入一个 RF 扼流圈实现电感耦合。

信 号 衰 减

引言

实际情况表明，介入材料可以显著影响电磁信号能量。有时，故意引入这种材料是为了减少未授权检测的脆弱性，然而，接入材料有时会由于信号被介入材料阻止从而无法到达目标受众而产生问题。

信号衰减的程度取决于信号的频率，以及介于信号源和检测天线之间的材料的类型与厚度。本节的重点是评估材料在降低信号检测脆弱性以及编码信息泄露方面的有效性。

读者可能已经对至少一种材料引起的射频衰减量有了直观的感觉。换句话说，我们通过直接经验知道，空气对商业无线电广播或手机信号的衰减几乎没有影响。这一事实本身是有用的，但更广泛的目标是估计各种情况下这种影响的大小，从而评估信号检测的一般脆弱性。

材料引起的一般电磁衰减

根据经验，材料的频率和/或电导率越高，电磁信号衰减越多。从式(8.3)的趋肤深度表达式可以明显看出这种影响。这种效应可以通过直接观察得到证实：电磁波相对来说不受普通建筑材料如木材、干墙和玻璃的影响，除非能量在微波频谱的上部。

相比之下，混凝土肯定会影响手机和微波频率的传输强度。此外，建筑物中楼板的厚度在确定楼层到楼层的传输损耗时可能很重要。

表 8.2 显示了 5.8 GHz 电磁信号在各种建筑材料中传播的衰减情况[2]，展示了电磁

波的平行和垂直极化的结果。回想一下图 4.1,它显示了电磁波的电场和磁场分量的相互垂直的振荡平面。平行或垂直极化指天线是平行还是垂直于在平面内振荡的入射电场。

表 8.2　常见建筑材料在 5.8 GHz 下的信号衰减

建筑材料	衰减(dB)(平行偏振)	衰减(dB)(垂直极化)
聚氯乙烯	0.4	0.6
石膏片	0.8	0.7
夹板	0.9	0.9
石膏墙	1.2	3.0
硬纸板	1.3	1.0
胶合板	2.2	2.0
玻璃板	3.2	2.5
6.2 cm 隔音门	3.4	3.6
双层玻璃窗	6.9	11.7
混凝土砌块墙	11.7	9.9

所列极化的平均值应足以大致估算衰减。由于衰减以分贝为单位,因此只需将各层衰减的贡献相加,即可计算出总衰减。

值得注意的是,在不同的频率下,衰减会有很大的不同。这种效应已经得到了广泛的研究,并且在其他频率范围内对建筑物中的电磁信号衰减进行了大量的测量。[3]本文指定了 5.8 GHz 的结果,以提供指示性结果,展示可以被概括的"主题"。

尽管层内传输的衰减不同,但在层间传播路径中观察到的影响更一致。也就是说,衰减的增加是由于混凝土和钢筋的存在。接下来讨论建筑物内信号余量,即发射器和检测器在同一建筑物中的情况下,截取点可用于检测的功率。

建筑内和楼层间信号衰减①

射频信号的室内传播是评估信号检测和随后信息泄露的脆弱性的一个重要因素。举个例子,攻击者可能是一个受信任的内部人员,可以合法地进入存放相关设备的特定楼层。

攻击者可能会在源附近安装检测设备,并试图将信号传输到攻击者控制的同一建筑

① http://www.sss-mag.com/indoor.html。

内的收集站点，例如他或她的办公室。另外，可能会担心用机密信息编码的电磁信号从一层“泄露”到竞争对手的另一层，因此在源附近不需要主动收集设备。

每种攻击模式的有效性都高度依赖于场景。由于这个原因，我们总是需要采用保守的方法来估计易受检测的弱点。为此，需要对建筑物中的信号衰减进行测量，并把测量建立的数值范围作为操作指南。

在 914 MHz（手机频段）的“典型”办公楼中测量传播损耗，发现 10 m 间距的损耗在 50～90 dB 之间。10 亿倍可能听起来很多，但无线电接收器可以检测到非常低功率的信号（$\sim 10^{-12}$ W）。工程师称能够检测微弱信号的接收器具有较宽的动态范围。

如表 8.2 所述，在 5.8 GHz 时，建筑物的混凝土板可引起显著的衰减。这个频率在无线局域网中越来越受欢迎。垂直方向上 10 m 的传播路径将涉及至少三块混凝土板，因此在该频率下，假设每层衰减 10 dB，预计总衰减大约为 30 dB。也就是说，混凝土和钢地板仍然比装有混凝土浇筑的钢地板传播得更好。

室内场景下的测量显示，当信号源和接收器相距 10 m 时，衰减为 60 dB。据报道，在 50 m 处，信号衰减为 110 dB。因此，在 50 m 的距离上，几乎消耗了 120 dB 的整个链路预算。

在 2.4 GHz（使用 802.11 协议的无线局域网的传统通信频率）上，情况可能会有所不同。对于同时包含楼层间和楼层内通信链路的场景，以该频率在室内传播的发射信号强度与距离的 3.5 次方成反比$\left(\frac{1}{r^{3.5}}\text{或 } r^{-3.5}\right)$。①

如果这种尺度关系是准确的，那么室内信号的强度应该比在开放空间中工作的点源发射器，随着距离源的增加而更快速地减弱。该尺度可能部分解释了在现实生活中观察到的链路边距与在第 6 章中计算出的无线局域网信号的理论结果之间的差异。

一般来说，2.4 GHz 的损耗预计比移动电话频段高 4 倍左右，频率每加倍一次，损耗将进一步降低 3 dB。如前所述，无线系统的通信链路预算约为 120 dB，信号在传播的前 10 m 会显著衰减。①

与室内信号传播场景相关的路径损耗的一般表达式如下所示①：

$$\text{路径损失(分贝)} = 40 + 35\log r(\text{m}) \tag{8.5}$$

根据式(8.5)，源和接收器之间 10 m 的室内间隔将产生 75 dB 的路径损耗，其中，召回分贝是以对数形式计算的。因此，75 dB 的衰减对应于信号功率降低约 3160 万的线性因子。那么问题来了，10 m 处的信噪比是多少时，容易被信号检测到？

前面给出的路径损耗表达式可以用来说明：在距离接入点 10 m 处，250 mW 的无

① http://www.sss-mag.com/indoor.html。

线局域网信号降至 8×10^{-9} W。回想一下,以前假设城市地区 2.4 GHz 的本底噪声为 −80 dBm。这个数字意味着 10 m 处的峰值信噪比接近 29 dB,这对任何攻击者来说都是足够的信号裕度。即使本底噪声大于 10 dB,信号裕度都足以被攻击者检测到。

因此,尽管建筑物内会出现明显的信号衰减,但如果认为能够进入另一层楼的攻击者无法检测到无线 LAN 接入点发出的信号,那就错了。

根据式(8.5),在 100 m 的距离上,信号将衰减 110 dB。因此,如果假设室内无线局域网链路的总预算为 120 dB,则在 2.4 GHz 运行的室内系统,与接入点距离的理论检测阈值约为 100 m。需要注意的是,在室内场景中,约 13 dB 的偏差是常见的。

其他研究已经提出了一个完全不同的电磁信号室内传播损耗模型,并且实际上在这个模型中加入了建筑元素。具体地,室内传播的路径损耗由下面的表达式给出[4]:

$$30\ \text{dB(每一处的功率损耗)} + 10n\log d = kF + LW \tag{8.6}$$

其中 n 是功率延迟指数,d 是发射器和接收器之间的距离,k 是信号穿过的楼层数数,F 是损耗/楼层数,L 是信号穿过的墙壁数,W 是损耗/墙壁数。显然,地板和墙壁的存在对建筑物内的电磁传播起着一定的作用。在这项研究中,n 的范围为 1.6~3.3,取决于设施的类型,办公室和商店的模型准确性有显著差异。

这项研究还发现,信号强度取决于开放式办公室的存在、建筑材料、人员密度、家具等。路径损耗指数在 2 和 6 ($1/r^2$ 和 $1/r^6$)之间变化。这种指数上的差异转化为脆弱性评估上的显著差异!墙壁损失在 10~15 dB 的范围变化,地板损失为 12~27 dB。

这里的教训是,任何此类计算都应该主要用于将脆弱性评估限制在合理值的范围内。定量估计可用于实现对信号检测的脆弱性的物理现实的近似评估。

建筑间信号衰减

一个潜在的更常见的攻击场景是内部通信。例如,无线耳机等商用电子设备可能会发出信号,该信号可能会被公司控制范围之外的人检测到。作者在高盛任职期间就分析过这种情况。

如前所述,在这种情况下评估信息安全漏洞的坏消息是历史测量的高度可变性。[4]报告的损失是建筑材料、楼层布局、建筑高度、窗户百分比和传输频率的函数。

然而,以下观察结果与建筑间射频通信场景相关,可作为评估信号检测脆弱性的有效策略:

(1) 接收信号强度随着建筑物内高度的增加而增加,因为城市射频杂波/噪声随着高度的增加而减少。这种效果可以通过降低环境射频噪声基底来帮助攻击者。

(2) 穿透损耗随着频率的增加而降低。一种可能的解释是,较短的波长受衍射的影响较小。更长的波长能量将更容易受到尺寸相当的结构的影响,例如窗户和裂缝。

(3) 穿过窗户的损耗通常约为 6 dB 或更小，尽管这将取决于频率，并且是用于窗户着色的材料的函数。

对于室外到室内的场景，信号强度与距离的比例关系被测量出来，平均为 $1/r^{4.5}$。此外，已经观察到该比例关系的范围为 $1/r^3 \sim 1/r^{6.2}$，这代表了数值的巨大差异。[4]这种可变性对信息安全的影响是深远的。

例如，如果可操作的比例关系是 $1/r^3$，将发射器和接收器之间的距离增加 10 倍会将信号强度降低为原来的 1/1000。另一方面，如果比例关系是 $1/r^{6.2}$，将距离增加 10 倍会导致信号强度降低为原来的 $1/(1.6 \times 10^6)$。因此，根据假设的模型，衰减存在 32 dB 的差异。

最后，建筑物的信号衰减的变化范围为 2～38 dB，将近 4000 倍差异。[4]这种差异只会增加评估各种潜在情况下信息安全漏洞的难度。

总结

电磁信号可以用机密信息进行编码，在商业环境中非常普遍。产生与这些信号相关的电磁场的辐射电路元件是辐射源，并且是攻击者的潜在目标。因此，了解信号检测和导致信息泄露的有效对策，对于全面的信息安全风险管理策略具有重要意义。

使用金属的电磁屏蔽是一种常见的信息丢失的解毒剂，并由麦克斯韦方程解释。变化的电磁通量在金属表层产生电场。这些电场对金属中的电荷施加作用力，从而在金属外壳产生电流。这些电流产生自己的电场和磁场，抵消了原始信号的磁场。

所谓的趋肤深度规定了入射电磁能量的穿透深度，并且与材料电导率的平方根和辐射能量的频率成反比。入射能量大部分被金属反射或吸收。

电磁能量的波阻抗由电场与磁场的比值 E/H 给出。这段阻抗因源的不同而异，也就是说，取决于是电偶极子还是电流环，以及距离源的远近。在远场中，电场源和磁场源的波阻抗是相同的。

电场和磁场源的屏蔽效果将取决于在空气中传播的波相对于屏蔽材料的阻抗失配。在给定频率下，阻抗失配取决于场的类型和从源到屏蔽的距离。

接地是一种有多种用途的方法，包括电气安全和减少引起电磁辐射的过量电流。特别是，接地环路是无意辐射信号能量的重要来源。实施以下一项或多项措施可有效打破接地环路：

(1) 单点接地；

(2) 共模抑制；

(3) 频率转换；

(4) 光耦合；

(5) 选频接地。

建筑材料会影响电磁信号的强度,这取决于材料的频率和类型。提供了室内到室内和室内到室外场景的信号路径损耗表达式,该表达式可用于建立链路裕度,从而确定对未授权检测的脆弱性。在这两种情况下都测量到信号强度的显著变化。在估算信号检测的脆弱性时,假设最坏情况是明智的,这有助于制定稳健的信息安全风险管理策略。

参考文献

[1] Denny H W. Grounding for the control of EMI. Gainesville, VA: Don White Consultants; 1986. [fourth printing].

[2] Hou P. Investigation of the propagation characteristics of indoor radio channels in GHz wavebands. Göttingen: Cuvillier Verlag; 1997.

[3] Hashemi H. The indoor radio propagation channel. Proc IEEE 1993;81(7):943-67.

[4] Randy K. Radio propagation. Berkeley, CA: University of California at Berkeley; 1996.

第 9 章

视觉信息安全

引　　言

组织经常花费大量资源来保护可通过网络访问的信息。然而这些组织有时却几乎无法阻止在视线范围内的人查看这些信息。

此外，拥有最多窗户、最大空间的办公室通常分配给最高级别的管理者，从而使他们可以享有全景视野。一般来说，角落办公室通常保留给部门中地位最高的人员。

虽然这种额外的好处可以满足那些负责人的虚荣心，但它也增加了信息泄露的可能性。同样，装有显示器和白板的会议室中显示的信息可能被那些不属于组织或没有“知情权”的人员查看。

本章将分析对两种光学方法进行信息泄露的脆弱性：使用望远镜对图像进行光学聚焦，以及通过光子计数检测物体产生或反射的光。与这些情况相关的风险因素很直接，光学参数也很好理解。

值得注意的是，这些攻击不会留下任何痕迹，并且理论上可以在很远的距离上实施，这取决于特定场景的条件。像往常一样，物理学对攻击者施加了操作上的限制，这些限制可用于对信息泄露的脆弱性进行实际评估。

光学和光学设备基础

可见光是一种能量形式，存在于电磁光谱的特定频带内。人类只能看到波长在 4×10^{-7} m 和 7×10^{-7} m 之间的那部分光谱。图 9.1 显示了相对于其红外和紫外近邻的可见光谱。①

回忆一下第 3 章中介绍的衍射原理。这是一种导致能量在与尺寸相当的物体相互作用时扩散的效应。衍射决定了可见信息光学脆弱性的极限，因为它对透镜的聚焦能力施加了限制。

---

① http://science.hq.nasa.gov/kids/imagers/ems/visible.html。

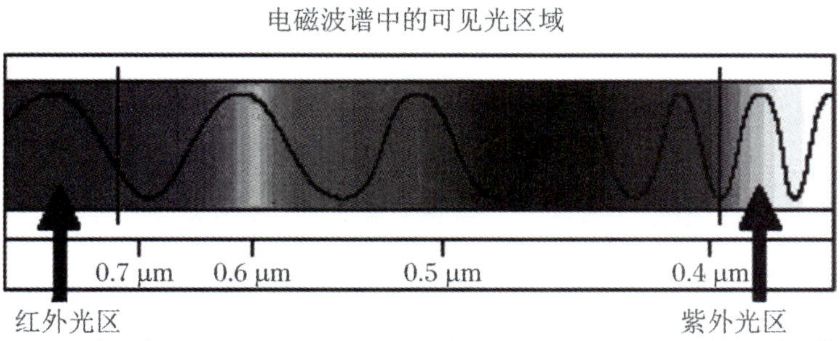

图 9.1 电磁能的可见波长

在重申这一限制之前，先简要回顾一下透镜的工作原理。当然，包括光学现象在内的所有电磁能量的基本行为都由麦克斯韦方程来描述。

在麦克斯韦方程之前的讨论中，引入了自由空间的介电常数 ε_0。回想一下，光在材料中的传播速度是由真空中的光速除以波在其中传播的材料的相对电容率或介电常数得出的。绝对介电常数是对施加在电介质(也称为绝缘体)上的电场效果的度量。

一些常见材料的相对介电常数如表 9.1 所示。①

表 9.1 常见材料的相对介电常数

材　料	相对介电常数
空气	1
玻璃(标准)	7.6～8
有机玻璃	2.8
橡胶	2～7
ABS(塑料)	2～3.5
特氟隆[聚四氟乙烯(PTFE)]	2.1
云母	3～6
纸张	3.85
FR4	44.7
氧化物	3.9
钻石	5.5～10
硅	11.68

从表 9.1 中我们可以看出，玻璃的介电常数是空气的介电常数的 8 倍。因此，玻璃

① http://www.sharetechnote.com/html/RF_Handbook_Permittivity.html。

的高相对介电常数导致入射电场(例如可见光)相对于其在空气中的速度变慢。这是因为给定的振荡电场使玻璃分子中的电荷比空气分子中的电荷极化得更强烈。图 4.3 和图 4.4 说明了这种影响。水对电场的影响与玻璃相似，任何看到勺子在空气-水界面弯曲的人都目睹了这种效应。

现在考虑一个由玻璃组成的透镜。透镜是弯曲的，并且厚度不均匀。较厚的部分位于中间，并且透镜在端部更呈锥形。因此，入射到透镜中心的那部分光相对入射到透镜顶部和底部的光能穿过更多的玻璃。

由于光速是由其传播的介质的相对介电常数决定的，所以它的速度以及穿过透镜指定部分的时间与它所遇到的特定透镜部分的厚度成正比。

光学透镜的存在是为了聚焦可见光。聚焦意味着从透镜出射的所有入射光能同时到达透镜远侧的空间中的一点。该点被恰当地称为焦点，与焦点共线的点构成焦平面。在人眼中，角膜和晶状体聚焦入射光，检测器是视网膜。透镜通过改变其形状来聚焦入射光线。

到达焦平面的路径越长，穿过的空气就越多，但是光在空气部分传播具有更高的速度，以补偿额外的距离。几何上，到焦平面的较短路径是那些最靠近透镜中心的路径，但是透镜的厚度在中点处比顶部和底部更大。

透镜的形状使得通过较长几何路径到达焦平面的光线比通过玻璃穿过更多空气，而通过较短路径的光线则相反。因此，这些路线用额外的距离来换取更快的速度。这种折中导致能量会聚到焦平面上的一个点。

透镜的聚焦能力是以单位给出的，这些单位可能为那些戴过老花镜的老年读者所熟悉。这些单位被称为屈光度。屈光度是以米为单位测量的焦距的倒数。① 短焦距的透镜或等效高屈光度的透镜的聚焦“能力”更强，因为它们使入射的平行光线以比长焦距透镜更锐的角度弯曲。由透镜引起的聚焦光和散焦光分别如图 9.2(a)和图 9.2(b)所示。②

然而，“焦点”的概念有些误导人。“焦斑”是一个更恰当的术语，因为聚焦的能量总有一个有限的直径。此外，这种能量的传播是由第 3 章和其他地方所描述的衍射引起的。能量的圆形扩散被称为艾里斑。

在相机的焦平面上有一个传感器。在过去，这种传感器是由薄膜组成的。在现代数码相机中，传感器通常是由光敏像素组成的电荷耦合器件(CCD)阵列。摄像机镜头将摄像机视场中的入射光聚焦到 CCD 传感器上。光会在每个像素上产生与光强度成比例的

① 从人类的角膜到视网膜的距离约为 2 cm。因此，人眼聚焦系统的总光功率为 1/0.02 = 50，其中 35 个屈光度来自角膜，15 个屈光度来自晶状体。

② https://str.llnl.gov/str/Oct07/Menapace.html。

电荷。

控制电路将累积的电荷发送到电荷放大器，电荷放大器将电荷转换成模拟信号。CCD检测器将模拟信号发送给CMOS晶体管，在其中一个晶体管的输出端读取信号并将其他晶体管用作缓冲和复位光电探测器。

适当的光照强度对许多光学传感器的操作至关重要。没有足够的光，或者更准确地说，没有足够的可见波长的电磁能量，光学设备将无法正常工作。信号强度或功率密度是光学传感器（如人眼、人耳或CCTV摄像机CCD）检测到的物理参数。光学传感器通常使用的强度单位是勒克斯或流明每平方米。作为参考，1勒克斯=0.09英尺烛光，其中英尺烛光是一个旧的度量单位。

未聚焦的光源发出的光线可以被视为点光源，因为从光源到物体的距离通常远大于光源的尺寸。光的波长通常也比光源的尺寸小得多。表9.2规定了光照强度作为距离光源远近的函数。这些数字遵循点光源的反比定律。

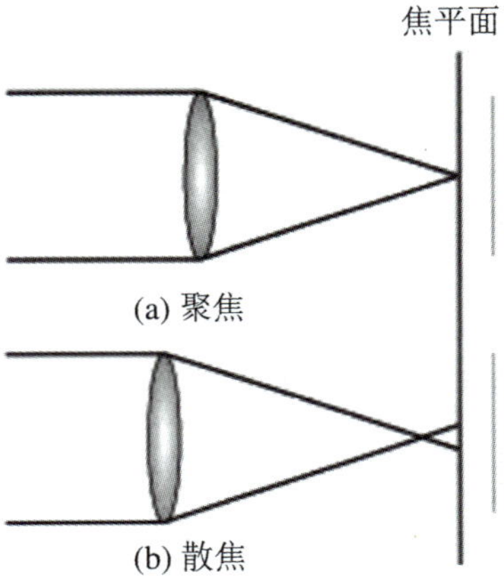

图9.2　镜头聚焦和散焦

表9.2　光照强度和距离

勒克斯	64	16	4	1
米	1	2	4	8

为了对环境的光照强度的相对大小有所了解，提供了以下近似值：

(1) 夏天的阳光：约50000勒克斯；

(2) 昏暗的日光：约10000勒克斯；

(3) 商店/办公室环境：约500勒克斯；

(4) 黎明/黄昏的光线：1～10勒克斯；

(5) 主要街道照明：约30勒克斯；

(6) 侧街照明：0.5～3 勒克斯。

将 CCD 传感器上形成的图像元素或“像素”想象成收集光线的小桶是很有帮助的。让我们来探讨像素级别的图像创建。顾名思义，百万像素相机使用了数百万个对光敏感的像素。光线反射到物体上，一部分反射光照射到镜头上。镜头将光聚焦到相机的 CCD 传感器上。

较大像素的“桶”能够收集比较小像素更多的光线，于是在低光条件下能够提供更好的性能。因此，在相同的其他条件下，百万像素相机相对亚百万像素相机需要更多的光强度。图 9.3 描述了传感器阵列中的单个像素。

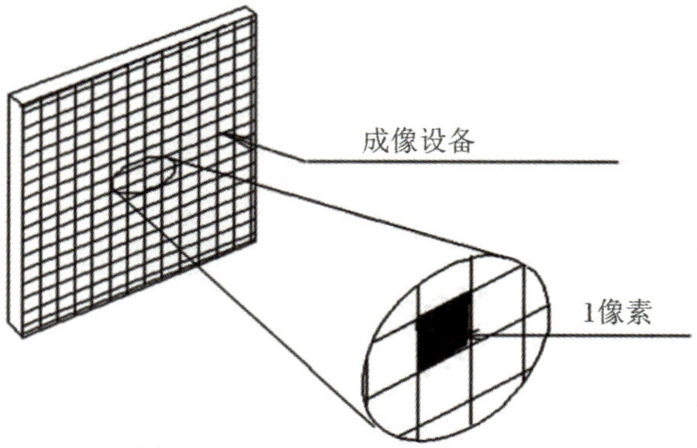

图 9.3 像素

有一个简单的规则需要记住：相机随着分辨率的提高，对光的敏感性会降低。这种影响是由于传感器上个别像素的尺寸随着像素密度的增加而减小。但需要注意的是，为了实现更高的分辨率，需要更高的像素密度。

重要的是，攻击者操作的相机或望远镜必须能够拍摄到整个感兴趣的场景，这由镜头的视场决定。相机镜头的焦距、光学传感器的尺寸（例如 CCD 阵列）以及到物体的距离都是决定成像的因素。焦距是图像放大倍数的量度，虽然更长的焦距产生更高的放大倍数，但这是以损失视角范围为代价的，图 9.4 很好地说明了这一原理。

相机镜头的视角决定了 CCD 传感器相关维度上成像场景的接受角度，即水平或垂直。它在确定相机分辨率时也很重要，因为它与像素密度有关。

视角通常用弧度表示。一个完整的圆有 2π 弧度，也可以用度数来表征。读者可能知道，一个圆有 360°。要将弧度转换为度数，请将弧度数乘以 $180°/\pi$。例如，1 弧度的角大约等于 57°。

通过几何论证可以看出，视角的近似表达式等于 CCD 传感器尺寸（CCD_W）除以透镜焦距 f，即 CCD_W/f。换句话说，视角是传感器的相关尺寸除以透镜焦距的函数。假设相机的 CCD_W 是固定的，因此确定视角的变量通常默认为镜头焦距。

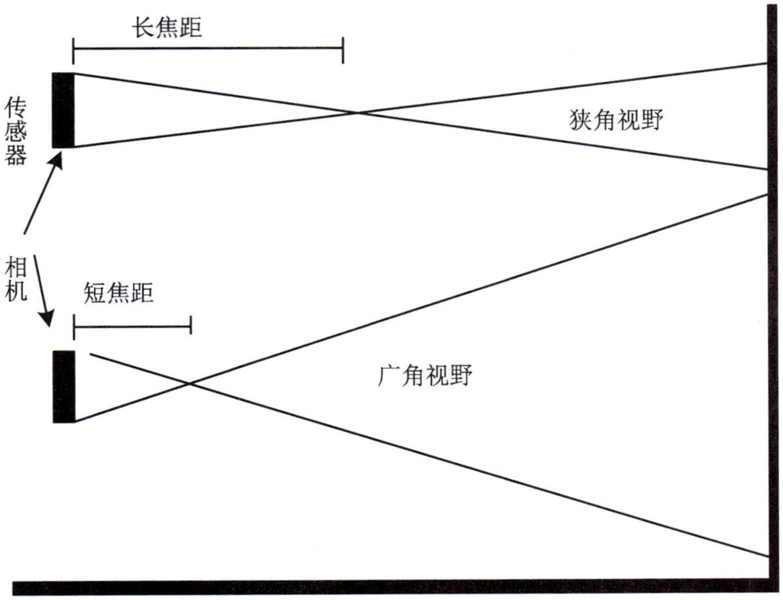

图 9.4　焦距与视野

图像必须聚焦在 CCD 平面上，这也取决于镜头和物体之间的距离。对于薄的会聚透镜，可以通过几何论证示出，视场的宽度（W）可以通过以下表达式来近似：

$$W \sim D \times \frac{CCD_W}{f} \tag{9.1}$$

这里 D 是镜头到物体的距离，CCD_W 是 CCD 传感器的相关尺寸，f 是镜头的焦距。换句话说，视场的宽度等于物体和镜头之间的距离乘以视角（弧度）。

式(9.1)的关键是：① 增加焦距会减小视野，但也会增大物体的放大率；② 增加传感器宽度和物体与镜头之间的距离会增大视野。在焦距和视野之间总是有一个折中，焦距可以提高放大倍数。

图 9.5 显示了带有 CCD 传感器的摄像机的视野。①

视野中的像素数量或像素密度决定了图像的分辨率。有人建议，指定安全 CCTV 摄像机分辨率的关键参数是像素数与视野宽度的比率或“每英尺像素数”，而不是绝对像素数。[1]

此外，CCD 传感器尺寸和其表面的像素数量之间存在直接关系。CCD 传感器的尺寸以及像素数量与图像分辨率有着不可分割的联系。归根结底，更大面积的 CCD 传感器可以提供更大的像素密度，因此提供更高的分辨率以及更宽的视野。但是如前所述，

① http://www.photogrammetry-software.com/2011/11/what-is-photogrammetric-cameras-field.html。

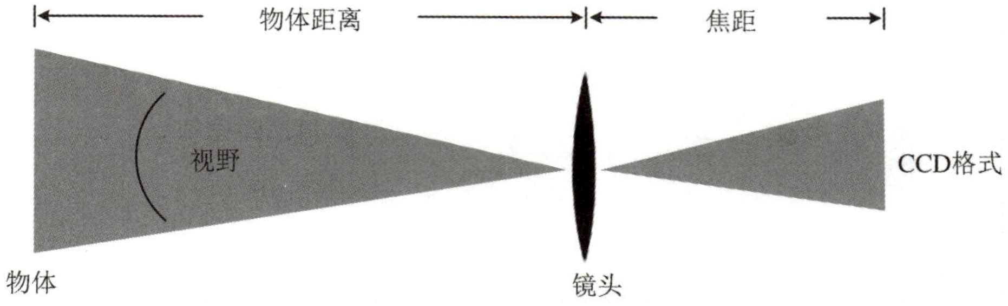

图 9.5　摄像机视野

它们需要更多的光来工作。

再次重申，视野取决于传感器尺寸、焦距和镜头到物体的距离。这些参数还决定了对象在捕获图像中出现时的大小。捕获图像中对象的大小至关重要，因为这是攻击者通过镜头查看显示文本时实际看到的内容。

图像的最终像素大小取决于像素密度、物体大小、与物体的距离和焦距。具体来说，直接视线场景的图像大小可以计算如下[2]：

$$尺寸_{直接} = \frac{(传感器分辨率/传感器尺寸) \times 物体尺寸}{[(目标距离/焦距)-1]} \tag{9.2}$$

分辨率极限

衍射限制了对可见信息的损害，因为它决定了分辨率的极限。式(3.7)在第 3 章中规定了圆形孔径的角分辨率极限(α)。再次强调，$\alpha = 1.22\lambda/D$，其中 λ 是波长，D 是孔径的直径。① 这是一个基本限制，对与信息可见泄露相关的情况有着深远的影响。

幸运的是，攻击者无法控制光的波长。但是他或她确实可以通过增加透镜的尺寸来限制衍射的影响。这具有操作意义，因为较大的光学设备，例如望远镜，增加了被防御者发现的可能性，或者可能不适合安装在他们的监视地点。和往常一样，镜头越大的望远镜在同等的监视距离下分辨率越高。

与所有攻击场景一样，噪声可能是影响信号检测的一个重要因素。在这种情况下，噪声代表数码相机像素强度的随机变化，导致图像出现斑点。在捕获的图像中可能有几种类型的背景噪声，每一种都有恒定的噪声水平。[3]

为了避免噪声对图像质量的视觉影响，通常选择曝光时间，使得光的总量盖过背景

① 这就是所谓的瑞利准则。

噪声。对于在一次键盘攻击中使用的视频捕获，曝光时间被限制在单帧内，这对于较暗的场景来说是特别的挑战。[2]

通常，具有大传感器的相机更能抵抗噪声，因为单个像素更大，可以捕捉更多光信号的光子。出于这个原因，数码单反相机（相对于手机或傻瓜相机）提供的较大传感器是摄影的理想选择，即使它们在物体上产生的像素数量较少。

光学攻击

白板、键盘和电脑显示器

当然，攻击者不必仅仅依靠人类晶状体的聚焦能力来远距离观看书写文本。有许多人工晶状体系统可供选择，但是所有这些装置的性能最终都受到衍射的限制。

再次回忆一下第 3 章的式(3.7)。这个表达式被用来计算一个人可以用肉眼分辨汽车前灯的最大距离，假设人的晶状体是衍射受限的。通过光学成像评估信息泄露漏洞的计算与第 3 章中用于说明目的的计算是一致的。

假设攻击者希望读取会议室中计算机显示器上显示的字体，而从街对面的建筑物中可以看到该字体。攻击者只能使用可见光，因此他或她无法调整波长 λ。但是使用光圈更大的镜头绝对是一个选择。

除非攻击者能够实际进入放置计算机的房间，否则他或她会被限制在与所显示的感兴趣的信息有一定距离的地方。如果不是这种情况，只需走到屏幕或白板前，对其进行拍照或抄下来，就可以观察到信息。虽然本章没有讨论，但后一种情况并非不现实，它是第 15 章中介绍的物理安全控制的重要动机。

攻击者和感兴趣的信息之间的距离肯定会影响信息泄露的脆弱性。衍射极限规定了透镜的最小光斑尺寸，也就是可以分辨的最小物体，等于透镜的角分辨率乘以攻击者的透镜和目标计算机显示器之间的距离。

然而，为了进一步复杂化攻击者的情况，考虑攻击者相对于屏幕可能处于一定的角度。如果像素直径由 r 给出，并且攻击者相对于监视器屏幕的垂直视图的角度为 φ，他或她将看到像素的视角（以弧度表示）为 $(r/d)\cos\varphi$。

因此，孔径直径为 D 的圆形透镜所产生的光斑尺寸的更一般的表达式如下[4]：

$$\text{光斑尺寸} = \frac{1.22\lambda d}{Dr\cos\varphi} \tag{9.3}$$

因此，解析直径为 r 的像素所需的圆形孔径的直径

$$D = \frac{1.22\lambda d}{r\cos\varphi} \tag{9.4}$$

让我们假设攻击者很幸运，他正对着 100 m 外的目标计算机显示器。如果假设光的波长为 5×10^{-7} m，像素大小为 2.5×10^{-4} m，则可以达到此分辨率的最小直径为

$$\frac{100\times(1.22\times5\times10^{-7})}{2.5\times10^{-4}} = 0.24(\text{m}) \tag{9.5}$$

因此，直径为 0.24 m 的透镜是能够在 100 m 处分辨单个像素大小物体的最小透镜。分辨给定图像所需的孔径大小与物体和透镜之间的距离成线性比例。因此，这个直径的十分之一(0.024 m)的衍射极限透镜在仅仅十分之一的距离或 10 m 的距离处最多可以分辨相同的像素。

然而，单个字符是文本的组成部分，而文本由多个像素组成。光学攻击的目标是读取单个字符，因此解析单个像素可能是过度的。所谓电脑中字母 Y 的高度是 4 mm 或者 8 个像素左右。

因此，在 100 m 处，能够分辨计算机显示器上的单个字母的最小透镜的直径是 0.03 m (3 cm)，假设透镜和显示器屏幕垂直和水平对齐。①

应该强调的是，商业级望远镜的光学质量通常不会接近衍射极限。可能需要更大的镜头来分辨 100 m 处的字符大小的物体。然而，高等级的商业望远镜确实存在，并且可以由攻击欲望坚定的攻击者建造或购买。

例如，一个 10-in. f14.6 由天文物理公司制造的卡塞格伦望远镜公布的分辨率为 0.45秒，相当于 2.0×10^{-6}弧度。② 因此，在 100 m 处，该望远镜能够分辨直径 0.2 mm 的物体。

在会议室中使用白板，如果这些白板对外部环境或无须知晓相关信息的员工可见，那么这构成了一个信息泄露的风险因素。此外，白板上书写的信息往往会在会议结束后很长一段时间内仍然保留。

因此，尽管白板上显示的信息可能内容密度较低，但其在时间上的持久性和字符大小可能会增强其成为攻击目标的吸引力。

白板攻击的物理参数与计算机显示器相同，但成像对象的尺度增加，因此对攻击的脆弱性也增加。光的波长和透镜的衍射极限决定了在给定距离下的光学分辨率极限，尽管制造接近衍射极限的透镜是具有挑战性的。

如果光的波长是 5×10^{-7} m，白板上的一个字母的像素大小是 3 cm，望远镜透镜的直

① http://www.translatorscafe.com/cafe/EN/units-converter/typography/5-7/character_(X)-pixel_(X)/。

② http://www.astro-physics.com/index.htm?products/telescopes/10mak/10f146mak。

径为 10 cm 并且衍射受限，则可以实现该分辨率的望远镜和白板之间的最大距离大约为 4900 m！

反射图像

另一种潜在的光学攻击利用了附近物体中监视器图像的反射，从而部分克服了直接视线的操作限制。然而，如果反射物体是凸透镜，例如一副太阳镜或人的眼球，则被观察物体的尺寸将比用直接视线观察小得多。注意由式(9.2)指定的通过直接观察的图像尺寸的表达式($尺寸_{直接}$)，当通过反射观察物体时，观察到的尺寸为

$$尺寸_{反射} = \frac{尺寸_{直接}}{(2\text{ 倍到反射面的距离})/(曲率半径 + 1)} \tag{9.6}$$

从这个表达式可以看出，反射面的曲率半径是观察到的图像大小的一个重要因素。反射面越弯曲，反射光的弯曲程度就越大。对于凸面，光的弯曲将导致观察到的物体尺寸变小。最后，反射面和目标物体之间的距离，即式(9.6)中的“到反射面的距离”，也影响观察到的物体尺寸。

在一次使用反射图像的记录攻击中，攻击者利用了眼镜、茶壶、勺子、塑料瓶甚至人眼的反射。[5]这种攻击成功地针对使用廉价的、现成设备的小字体，攻击距离最高达 10 m，而更昂贵的设备在距离超过 30 m 的情况下也能成功进行攻击。这一结果表明，即使从街对面或附近建筑物进行攻击，也是可行的。

由于反射表面导致可见信息的脆弱性，我们可以得出一些明显的教训。最明显的是，为了增加观察到的物体大小，只需减少到目标物体的距离。然而，从攻击者的角度来看，这通常并不是最佳选择，因为这会影响隐秘性。因此，在其他条件相同的情况下，使用具有长焦距的望远镜镜头可以提供更高的隐秘性，并且在特定情况下可以产生所需的物体放大效果。这种做法的权衡是视野缩小，但对于观察计算机屏幕上的文本来说，这可能不那么重要。具有更高像素密度的摄像头传感器在给定距离和焦距下提供更好的分辨率。

任何反射面的曲率都会影响图像大小。例如，人眼球的典型曲率约为 8 mm。因此，当一个人看着离他们眼球 25 cm 远的物体时，该物体的反射看起来是使用直接视线观察到的同一物体的 1/60 大小。

最后，和所有光学场景的情况一样，反射场景的采集图像质量受光的波动特性影响很大。正如反复强调的，分辨率的物理极限是由衍射决定的。基于瑞利准则[2]，被观察物体的最大有效尺寸可以近似为

$$最大有效尺寸 = \frac{孔径 / 波长}{1.22 \times 目标距离} \times \left(\frac{目标尺寸}{2\text{ 倍到反射面的距离} / 曲率半径} + 1\right) \tag{9.7}$$

对键盘的更复杂的攻击使用视频监视结合光学方法和分析手指运动。此外，还启动了一个进程来推断被按下的特定按键。[2]

作为补充的后处理工作，推断出的按键和相关的置信度值被输入一个语言模型中，以获得更准确的结果。语言建模被视为一个嘈杂的信道解码问题，并且从语音识别社区借鉴了技术来执行推断，这个过程被称为最大似然解码。

成功的攻击不受键盘类型的限制，无须直接视线，且攻击距离超过最初的预期。分析包括直接视线、单次反射和重复反射的各种情况，以及 3～50 m 的距离。

光子计数

除了将图像聚焦到焦平面之外，还推荐了其他光学方法来获得对视觉信息的未授权访问。具体而言，时域中光学信号的光子计数可用于重建视频信号。[4]针对发光二极管（LED）显示器的攻击，其过程的高级描述如下：

注意，这确实是一种光学攻击，因为需要收集光子。然而，它不涉及对这些光子成像。这种区别的一个操作含义是，使用半透明屏障来隐藏监视器可能在光子计数中无效，因为尽管存在屏障，LED 显示器产生的光子仍可能被检测到。

在一些调制解调器中使用发光二极管来光学指示数据线的逻辑电平。因此，可以利用 LED 发光度的远程监控来重建传输的数据。具体地，从 LED 的单个脉冲接收的光子的预期数量以及来自背景信号的光子的预期数量的估计被用于确定 LED 的状态，即开或关。

关于背景信号，光子的数量被假设为随机变量，因此足够大数量的光子是呈正态分布的。分布的平均值是 LED 打开时噪声加信号贡献的光子数加上 LED 关闭时噪声光子数。光子正态分布的标准差等于探测到的噪声光子数的平方根，如第 6 章所述。

假设传输的比特值为 1 或 0 的可能性相等，则可以使用匹配滤波器来计数比特间隔中的光子。将得到的数量与噪声加信号的光子阈值数量进行比较，以确定 LED 是开还是关。散粒噪声是信号不确定性的来源，光子计数的正态分布可用于确定比特误差的概率。

此攻击的特定场景参数值如下：

（1）0.3 m^2的望远镜光圈；

（2）源和探测器之间的距离为 500 m；

（3）10^{-5} s 的单比特脉冲时间（100 kbit/s）；

（4）统一的反映因素；

（5）1 cm^2的观察面积；

(6) 环境/背景辐照度为 1 W/m^2 或大约 103 勒克斯①;

(7) 辐射强度为 10^{-5} W/sr 的绿色 LED(波长为 565 nm)。

使用上述值,误码率为 10^{-7},这意味着 10000000 比特传输中会产生一个错误。这看起来可能是一个很小的数字,显然足以满足手头任务的要求,但更理想的误码率是电气链路中的 10^{-9} 和光纤链路中的 10^{-12}。[6]

因此尽管这种攻击可能会成功,但攻击者遇到的错误率将比标准的电气或光学通信链路的预期要高几个数量级。

望远镜

一次旨在访问视觉信息的攻击可能涉及位于较远位置的攻击者,并使用望远镜来获取白板、计算机显示器或任何显示书面信息的物理实体的情况。因此,了解望远镜的基础知识非常重要,因为它将是实现此类攻击的工具。

图 9.6 详细地展示了望远镜的光学组件和功能。②

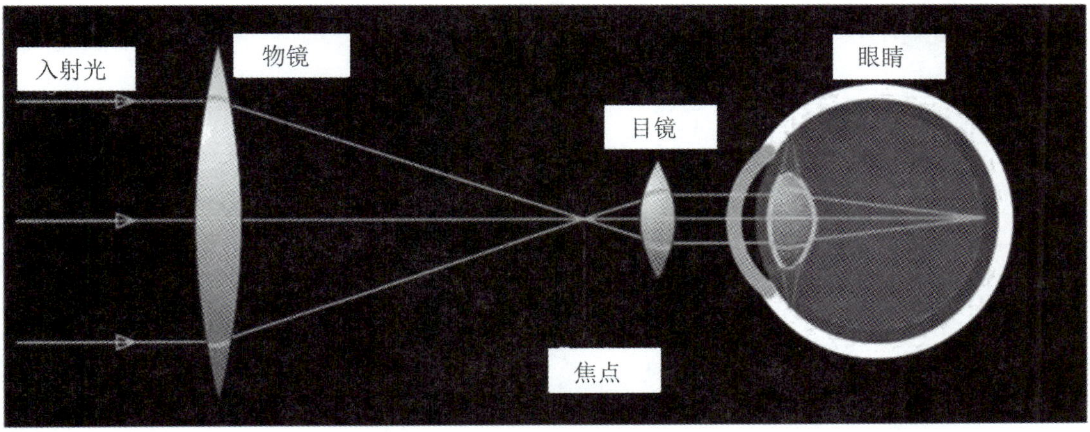

图 9.6 望远镜的功能

目标处的光线射入望远镜目镜。由于物体和镜头之间的距离较远,这些光线可以被视为平行光线。目镜将进入的光线聚焦到一个焦点上,即图像平面。光线从焦点散出并射入目镜,目镜再将这些光线“并行化”,通过人类的眼角膜和晶状体再次聚焦在视网膜上。

---

① 每米的流耳或管腔是照度的测量单位。作为参考,直射阳光照度约为 10^5 勒克斯,阴天夜空的照度约为 10^{-4} 勒克斯。亮度可以衡量入射光照亮表面的程度,通过光度函数进行波长加权,与人类的亮度感知相关。

② http://www.rocketmime.com/astronomy/Telescope/telescope_eqn.html。

重要的是，目镜可以作为一个放大器使用。目镜透镜有不同的焦距。较短焦距的目镜会将目镜的焦点带近眼睛。因此，对于较短焦距的目镜，由于眼睛靠近图像平面，图像看起来更大。望远镜的放大倍数等于目镜焦距与物镜焦距之比。

视野是用于远程解析图像的望远镜的另一个相关参数。对于试图在远处查看数据的攻击者来说，查看整个感兴趣的对象显然是优先考虑的。视野和与镜头相关的放大率是成反比的：放大率增加 10 倍，视野就会同比例缩小。

圆形透镜的衍射极限在第 3 章中由式(3.7)规定，并随后多次提及。读者已经反复被提醒，衍射极限是设置任何光学设备(包括望远镜)的透镜分辨率的理论极限。再次回顾一下，关键的操作参数包括光的波长、透镜的直径以及目标和透镜之间的距离。

表 9.3 规定了 5 cm，10 cm，15 cm，20 cm，25 cm 和 30 cm 直径的物镜在不同距离上的分辨率极限，波长为 5.50×10^{-7} m，即绿光。计算中使用了 25 m，50 m 和 100 m 的距离。计算机字体大小范围通常为 3～5 mm。

表 9.3　望远镜分辨率极限

距离(m) 物镜直径(cm)	25	50	100
5	3.4×10^{-6}	6.7×10^{-6}	1.3×10^{-5}
10	1.7×10^{-6}	3.4×10^{-6}	6.7×10^{-6}
15	1.1×10^{-6}	2.2×10^{-6}	4.5×10^{-6}
20	8.4×10^{-7}	1.7×10^{-6}	3.4×10^{-6}
25	6.7×10^{-7}	1.3×10^{-6}	2.7×10^{-6}
30	5.6×10^{-7}	1.1×10^{-6}	2.2×10^{-6}

从这些数据来看，计算机显示器上的单个字母比在指定距离下使用这些直径透镜的望远镜可以分辨的最小物体尺寸要大 3～4 个数量级。

总结

可见信息能够以多种形式存在，每种形式在不同情况下都存在信息泄露的潜在漏洞。计算机显示器、白板和键盘都可以显示机密信息，攻击者可以通过直接或反射的视线对目标物体进行成像。

透镜是用于收集机密信息的关键光学设备。它们基于空气和透镜材料(通常为玻璃)之间的相对介电常数的差异工作。介电常数的差异导致在玻璃中传播的光速相对于空气减慢。透镜的形状使通过透镜传递的光能够聚焦到焦平面的一个点上。

所有光学设备的分辨率极限都由衍射决定。具体而言,光波长与透镜孔径之比乘以透镜与物体之间的距离确定了给定透镜所能够分辨的最小物体。

通过观察直接和反射图像,本书已经演示了各种光学攻击。可以使用特定于情境的参数计算与各种攻击场景相关的可行性。除此之外,本书还演示了一种使用光子计数而不是成像的光学攻击。由于使用这种方法,通过半透明障碍物视觉混淆的图像有可能受到检测的影响,因此这种攻击在操作上有局限性。

参考文献

[1] Young C. The science and technology of counterterrorism: measuring physical and electronic security risk. Oxford, UK: Butterworth-Heinemann; 2014.

[2] Xu Y, Heinly J, White AM, Monrose F, Frahm J-M. Seeing double: reconstructing obscured typed input from repeated compromising reflections, http://frahm.web.unc.edu/files/2014/01/Seeing-Double-ReconstructingObscured-Typed-Input from-Repeated-Compromising-Reflections.pdf.

[3] Nakamura J. Image sensors and signal processing for digital still cameras. Boca Raton, FL: CRC Press; 2005.

[4] Kuhn M. Optical time domain eavesdropping risks of CRT displays. In: Proceedings 2002 IEEE symposium on security and privacy, May 12-15, Berkeley, CA; 2002. p. 3-18.

[5] Backes M, Durmuth M, Unruh D. IEEE symposium on security and privacy; 2008. SP 2008.

[6] Mckeown N. Error detection and correction. Stanford University computer science course CS244A, web.stanford.edu/class/…/H13%20%20Control%202008.ppt.

第 10 章

声音信息安全

引　　言

声学振动通常被描述为声音，是机械能在材料中传播的例子。语音是通过调制转换为可听信号的声音，因此可以传达信息。说话的过程是机械能的产生和传播的一个例子。本节将回顾第 3 章中的一些内容，以便读者复习记忆。

在第 3 章中，我们发现声波是纵波。这意味着波的振幅变化与波的传播方向相同。

作为语音特征的声学信号不由单一频率组成，而由从几赫兹到数千赫兹的频谱组成。由于人类的听觉响应能够适应人类的语音，因此我们的耳朵对从几赫兹到大约 20000 赫兹的频率做出反应也就不足为奇了。人耳的灵敏度在约 3000 赫兹时达到峰值，人类的听觉响应如图 10.1 所示。①

现在让我们来研究在声带初始振动之后产生的语音声波。当一组空气分子开始振动时，一系列分子振动会从源点向外递增扩散。通过改变口腔的形状同时改变声带的振动可以产生称为语音的可理解声音。每个振动的分子都会接触邻近分子，从而引发一个不断扩展的振动球体。上述过程会在物质中创造出压缩和稀薄区域，其等效于收缩和扩张区域。这些材料的运动表征了从源点向外在所有方向传播的压力波动(假设是点源)，直到振动能量通过摩擦被消散。

然而，这个过程并不会永远持续。否则，地球上的居民将有幸听到世界各地产生的每一种声音。口腔和声道的确可以被认为是一个点源，因此声音的强度会随着假想球体的表面积增加而减小。

正如先前所提到的，分子振动最终会因摩擦而逐渐消散，但这种消散可能在长距离上发生，具体取决于传播介质。由于语音可以传输机密信息，因此计算声音强度作为声源距离的函数，并由此估算对检测的脆弱性和潜在泄露将会很有用。

辐射信号的总功率不会随着其距离声源的远近而改变，除非一些介质吸收或反射了

---

① http://msis.jsc.nasa.gov/sections/section04.htm。

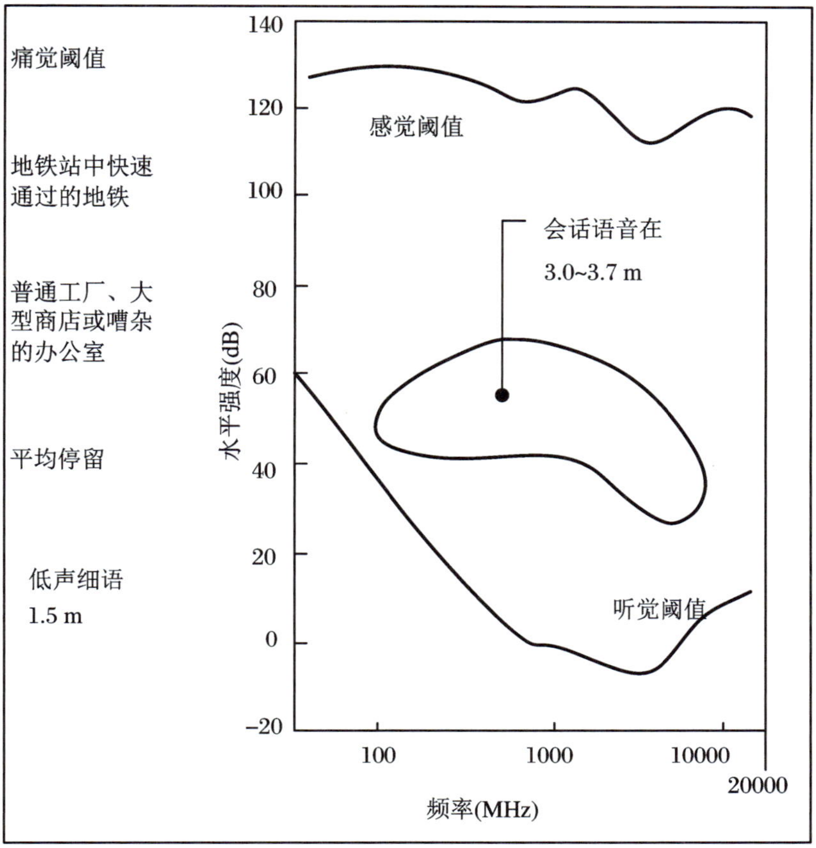

图 10.1　人类听觉响应

一些能量。然而,信号的强度或单位面积的功率确实会随着其与声源的距离而变化。回想一下,这同样适用于电磁和光学情景,其中能量和功率的定义适用于所有形式的能量。具体而言,信号强度随着能量在给定介质中传播的距离的增加而变得越来越弱。

回顾一下第 3 章中关于灯泡和为阅读提供足够光线所需功率的讨论。辐射出的能量对于阅读爱好者来说意义不大,重要的是利用可用能量进行阅读的辐射功率。这种情况同样适用于声学、电磁和光学传感器。当诸如人耳这样的传感器检测到声能时,被鼓膜检测到的是声压波每单位面积的强度或功率。因此在这种情况下,强度的变化可以来自信号功率的变化、压力波动,以及由于受到能量影响的物理面积的变化。对于固定的信号功率,受信号能量影响的面积越小,信号强度就越大。增加传感器的面积将需要相应地增加信号功率以保持相同的强度。

当人耳这样的传感器检测声能时,被鼓膜检测到的是声压波的单位面积的强度或功率。因此,强度的变化可以由信号功率的变化引起,这种变化在压力波动中显现,或者可以由能量作用于受影响的物理区域的变化引起。对于固定信号功率,受影响面积越小,信号强度就越大。传感器的面积增加会需要成比例增加的信号功率来维持相同的强度。

人类听觉的阈值是以强度来定义的。因此，在估算对可听信息的适应性时（在没有电子辅助的情况下），必须确定语音相对于这个阈值的强度。然而，正如读者可能从前面的章节中怀疑的那样，人类听觉对应的带宽中存在噪音会影响对语音的检测。

信息安全更普遍的一个核心主题是，噪音在信号对检测的脆弱性以及信息泄露方面起着至关重要的作用。事实上，在涉及电磁能量的场景中缺乏噪音会产生物理上不现实的结果。同样，这一原理也适用于涉及声学能量的场景，在这些场景中，噪音对声学信号的检测产生了深远影响。

声音噪声和干扰

电磁信号并不是唯一包含信息的信号，因此它们也不是唯一可能引起攻击者兴趣的信号。所谓的基带语音，即未经调制用于电子记录和/或传输的语音，可以成为一个丰富的信息来源，历来是政府、工业和个人监控工作的重点。

大量的声学能量会以不同程度影响城市居民的日常生活。试想一下典型繁忙街道上的声音频谱。这些声音以类似弹簧的空气压力波动的形式持续地影响着街道居民。任何去过我家乡的人都知道，传向人耳的信号未必能被理解或欣赏，但这些能量仍然会被检测到。人类耳朵无意识地感知声学能量，无论是否愿意，因为进化尚未赋予我们物种听觉上像眼睑一样的等效物。

此外，人类听觉非常敏感，这可能是进化的结果之一。请回想语音是作为波动的气压波通过我们的人类声学传感器（耳膜）表现出来的。它们能够检测大气压力中 $1/10^{10}$，即 10^{-10} 的变化，在海平面上的大气压力为 14.7 lb/(in.)^2 或 10^5 dynes。① 绝对地，听觉门槛大约为 3 kHz，相对于 20 μPa 约为 0 dB，这等效于 0.98×10^{-12} W/m^2 的强度，如图 10.2 所示。②

回想一下图 2.9 揭示了相对于其他声源的这个阈值。例如，普通可听对话的强度约为 10^{-6} W/m^2，比以听觉阈值广播能量的源强度高出 60 dB。

任何在拥挤的餐厅用餐并尝试交谈的人都会受到可听噪声的影响。通常房间里有

---

① https://courses.physics.illinois.edu/phys406/lecture_notes/p406pom_lecture_notes/p406pom_lect5.pdf。

② http://www.diracdelta.co.uk/science/source/t/h/threshold%20of%20hearing/source.html#.VZbkVShhzIo。

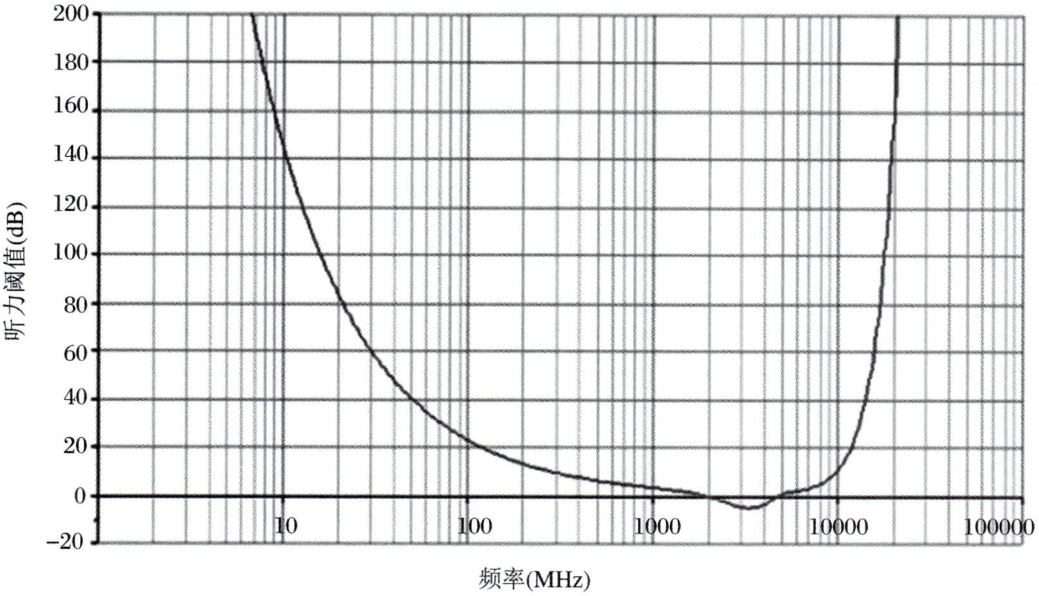

图 10.2　作为频率函数的人类听力阈值

许多人同时说话，这使得听者很难辨别感兴趣的对话。此外，听觉环境极大地受到房间结构以及发言者数量的影响。低矮的天花板、小的房间、坚硬的表面和大量的人的组合是听觉灾难的因素。更糟糕的是，随着干扰的增加，客人往往会提高他们的声音，从而加剧了影响。这种情况是正反馈循环的一个例子。

当然，除了语音之外，还有许多可听干扰源。想象一下在活跃的压路机附近进行交谈的情景。图 2.9 还说明了距离为 15 m 的压路机的声强水平。这个数字大约比人类听力阈值高 100 dB，或等价于比对话级别的音量高 40 dB。实际上，在 20～10000 Hz 之间的任何声学能量，在相对较近的距离内对人类而言都将被认为是噪声。

距离对噪声的影响

标准办公楼通常并不考虑信息泄露问题。然而，敏感信息通常在与未受物理控制的空间相邻的区域中被讨论。此外，会议室通常很容易被普通员工进入。此外，商务人士经常在公共场所讨论敏感信息，并可能忽略周围的人。接下来是常见安全场景的漏洞分析主题。

首先将估算听觉信息的理论漏洞。想象一下，American Widget Corporation (AWC)的两位高级执行官正在阿姆特拉克列车的安静车厢里进行敏感谈话。他们语音交流中的声能强度处于轻声交谈水平。World Gadget Corporation（WGC）的一名代表，AWC 的激烈竞争对手，正坐在距离两位 AWC 高管 3 米远的地方。

现在假设一些不寻常的、高度不现实的物理条件。首先，火车与外部世界隔音，因此没有外部可听信号的干扰。其次，在车内，除了两位 AWC 高管以外，没有其他人在说话。

第三个条件是，AWC 高管和 WGC 代表之间有一条畅通无阻的空气路径，车厢内的结构（座位、地板、顶部行李架）不会吸收或反射任何声音能量。

因此，以下条件有效：① 没有外部声音能量进入车厢；② 车内结构不会吸收声能；③ 车内除了两位 AWC 高管传输的声音能量外，没有任何声音能量产生；④ 在相关信号带宽内没有干扰；⑤ 除了空气中声波振动的摩擦，没有任何东西会削弱听到的声音信号。

暂时接受这些不寻常的条件，AWC 高管被过分好奇的 WGC 代表偷听的风险有多大呢？

假设 AWC 高管产生的声音能量功率 P 为 10^{-6} W，即谈话水平。根据反比例平方定律，当距离 r 为 3 m 时，这个点源的强度等于以下值：

$$\text{强度} = \frac{P}{4\pi r^2} \tag{10.1}$$

将假定的声功率和 AWC 与 WGC 雇员之间的距离代入式(10.1)，可以得到以下结果：

$$\frac{10^{-6}}{4 \times 3.14 \times 3^2} = 9 \times 10^{-9}(\mathrm{W/m^2})$$

人类听觉在 1 kHz 频率下的最小听阈已经通过实验确定为 10^{-12} W/m²。人耳能够感知等于 2.0×10^{-5} N/m² 的压力变化。这些变化比正常大气压力小 2.0×10^{-10}，这证明了人类耳朵的极度敏感性。在此强度以下，人耳无法做出反应。因此，如果强度低于这个频率依赖的阈值，那么就没有被第三方偷听的漏洞。

因此，对于好管闲事的 WGC 人员“可用”的会话声能量强度是 $9\times10^{-9}/10^{-12}$。该漏洞风险的组成部分可以很好地用零漏洞条件来表达。该条件被定义为信号强度等于声音检测的最小阈值的距离。

在这种情境下，为了实现零脆弱性条件，需要在源和听者之间达到多大的距离？值得重申的是，这是一个非常刻意设定的场景，这种刻意的本质将在后面变得清晰。然而，这个场景仍然具有教育意义。

目标是确定语音强度等于人类最小听阈的距离。这可以通过使用听觉最小阈值作为强度在式(10.1)中解出 r 来实现：

$$\frac{10^{-6}}{4\pi r^2} = 10^{-12}(\mathrm{W/m^2})$$

这个距离非常遥远，达到了 282 m！作为参考，美式橄榄球场长约 91 m。因此，AWC 高管要想不受 WGC 工业间谍窃取听觉信息的威胁，必须保持至少 282 m 的物理距离。无懈可击是需要代价的，在这个理想化的世界里，这个代价是超远的物理距离。

个人经验表明，这个结果毫无意义。为什么呢？这种分析的一个主要简化是忽略了噪声的存在，而在现实世界中，噪声是无处不在的，会进入每一个物理上现实的检测情境中。因此，让我们现在将背景噪声引入情境，观察它对实现零脆弱性条件所需的分离距离的影响。

来自 WGC 的人必须应对与 AWC 高管发出的声音带宽相同的声学背景噪声。假设背景的强度为 10^{-8} W/m^2，这成为了可听度的新阈值，因为声学信号低于这个强度将被背景噪声淹没。

使用这个新的阈值强度，并再次解出式(10.1)中的距离 r，实现零脆弱性条件所需的距离现在约为 3 m，似乎在物理上更具现实意义。这是一个更合理的答案，告诉我们在说话者和听者之间距离大于约 3 m 时，就不存在信号检测脆弱性了。

这显然与无噪声环境中的结果截然不同，也进一步强调了在评估信号检测脆弱性时环境噪声的重要性。

更全面的讨论将涉及环境温度和压力对声能的影响，这在之前的讨论中出于简洁性考虑被忽略。这些影响因素是累积的，对于可感知的距离来说可能是显著的。然而，这些距离超出了通常用于评估可听信号泄露脆弱性时的范围，特别是对于谈话情境而言。重要的是，环境噪声的强度必须始终包含在评估可听信号泄露脆弱性的任何分析中。

声音信号传播

之前的分析忽略了介质结构对声音信号泄露的影响。现在考虑这些对象的影响。回想一下弹簧状诱导的压力变化，这导致了传播介质中出现压缩和稀疏区域。图 10.3 显示了支撑声波的材料的压缩和稀疏的振幅。①

由于声能通过振动传播介质内相邻分子的一系列链条来传导，密度大的材料实际上比密度小的材料更能传导声音。例如，木材中的声速大约是空气的 11.6 倍，因此通过木材传导的声能在衰减之前可以行进相当远的距离。任何材料中的声音衰减都是由于摩擦引起的，因为受到声能扰动的分子的振动会产生少量的热量。

各种材料中声速的差异在现实生活场景中是显而易见的。例如，由于被钢轨传导的声能存在，驶近的地铁列车可以在实际出现之前被听到。钢中声速为 5000 m/s，是标准

---

① https://www.osha.gov/dts/osta/otm/new_noise/。

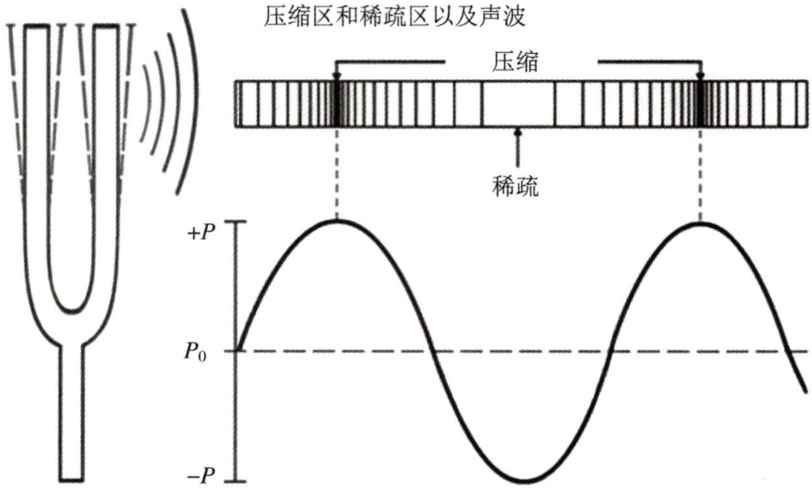

图 10.3 传播声波对材料的影响

温度和压力下空气声速(344 m/s)的 14.5 倍。

既然声音在诸如木材和钢铁之类的材料中传播比在空气中更好，为什么在说话者和听者之间加上屏障后，窃听谈话变得更加困难呢？更重要的是，当存在这样的障碍物时，听觉信息泄露的脆弱性是什么？

正如大多数人从经验中知道的那样，在木质障碍物或墙壁的一侧的听者可能会努力听另一侧发生的谈话。当然，大部分入射声能量最初会在空气-木质的界面处被反射。然而，认为入射声能量的某些部分不会使木质屏障中的分子振动是错误的。

这种错误将被加剧，因为假设耦合声能量不会在结构内传播一定距离，因此在建筑物的其他部分不会被检测到。图 10.4 说明了这种情况。①

从障碍物的一侧到另一侧的声音强度确实会减小。机械能量肯定会受到所传播材料的影响，尤其是在传播过程中遇到的材料密度的差异所决定的影响。因此，当振动的空气分子遇到密度大于空气的木质屏障时，大部分入射能量会被反射。

但是那些没有被反射的能量实际上会被木材吸收并传播到隔板的另一侧。因此，人们可以从一个房间听到另一个房间的对话。② 声学工程师称之为材料之间的“声阻抗失配”，并且在设计声学结构时要特别关注这个参数。材料的声阻抗定义为该材料的密度乘以该材料中声速的大小。

如果在会议室中进行机密讨论，则估计在会议室内产生的声能中有多少能量实际上保留在该房间内是有用的。可以通过检查隔板和空气之间的声阻抗失配来确定隔板反

① http://www.gov.scot/resource/buildingstandards/2015nondomestic/chunks/ch06.html。
② 房间之间经常有管道和开口，使声能在房间之间传播，因此不会出现反射。

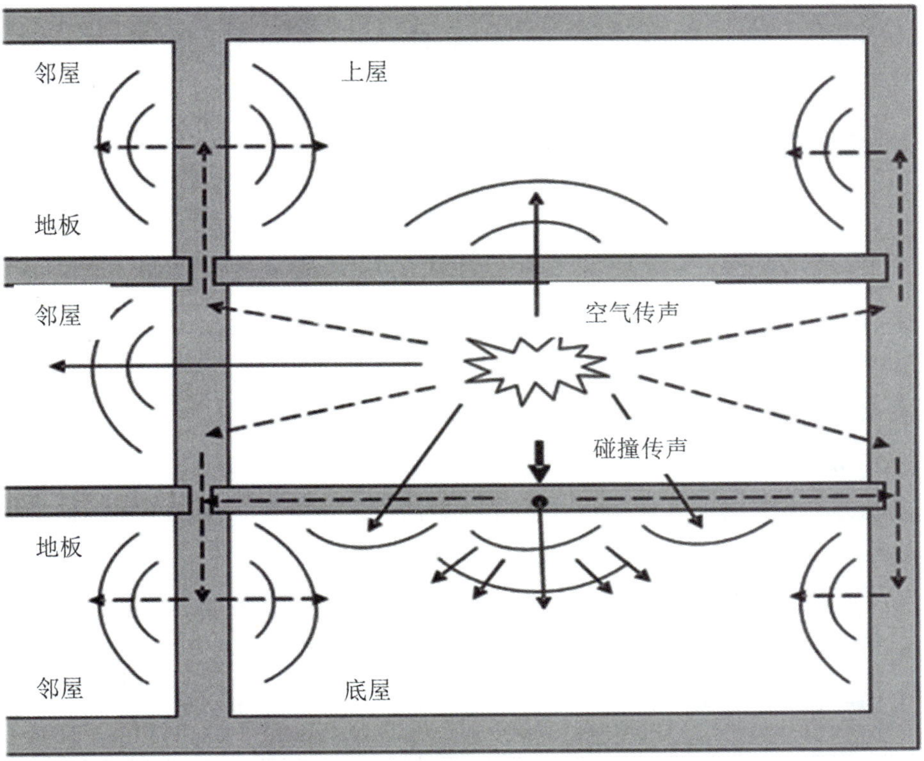

图 10.4 声音能量从建筑物的房间内传播

射回源头的能量的分数，从而确定从会议室到另一侧隔板反射的声能分数。

具体而言，两种不同材料的声阻抗之差与之和的比值给出了反射能量的分数。如果 d_1 是空气的密度，d_2 是隔板的密度，v_1 是空气中的声速，v_2是隔板中声速的大小，则反射能量的分数由下式中的 R 给出：

$$\text{反射能量的分数} = R = \frac{d_1 v_1 - d_2 v_2}{d_1 v_1 + d_2 v_2} \tag{10.2}$$

未反射能量会引起墙体的振动，并且要么被屏障吸收，要么被传递到隔壁房间的空气中激发。传递(T)、反射(R_e)和吸收(A)能量之和构成信号中的全部能量。换句话说，$T + R_e + A = 1$。

对于缺乏足够吸收的房间，必须小心进行这种分析。在存在多次反射的声学活泼房间中，即使墙只传输声能的 1%，99%的反射能量仍然会不断地在墙面间反射。①

每次反射都会导致小部分能量泄露到相邻房间。如果每次反射后有 1%的能量泄露

① 房间是一种储存能量的腔体形式。一个高度混响的房间据说有很高的 Q 值，其中 Q 值被定义为 $2\pi f_r$(储存的能量/平均耗散的功率)，f_r 是房间的谐振频率，或者更普遍的是空腔谐振器。

到墙外，那么在三次反射后，初始能量的百万分之一就会泄露到相邻房间。即使是非常厚的墙也无法减弱高度混响房间中所有传输的能量。

可以简洁地通过传输损失(TL)来表征分隔一个房间和另一个房间的墙所产生的声能损失，如下所示：

$$TL = 10\log \frac{I_{inc}}{I_{trans}} \tag{10.3}$$

使用强度比的对数是由于 I_{inc}/I_{trans} 为一个很大的数字，而对数可以缩小值的范围。因此，TL 的单位指定为分贝，在第 2 章中已经介绍了这一概念。

需要注意的是，即使是墙上的一个微小孔洞也会允许声能传播到另一侧，从而显著增加被探测的脆弱性。这在电磁能量中不一定成立，因为光圈尺寸相对于能量波长的比值是关键参数。

光圈大小对电磁能量的影响已经在微波炉的设计中很好地体现出来。微波炉的网格由金属制成，可减弱入射的电磁能量。然而，网格的开口间距被设置为振荡微波电场的极大值，大于孔洞直径，因此对于入射的微波电场来说，网格看起来像一块固体金属板。但是，网格开口仍足够大，可以允许光波通过。

空气分子中的顺序压缩和稀疏化在大大小小的光圈中都可以发生。随着孔径尺寸的增加，传递到下一个房间的入射能量的比例也将增加，直到到达影响隐蔽性的某个极限。

回想一下，本章早期估计了列车车厢内部声能易被探测的理论脆弱性。为了说明噪声对信号检测脆弱性的深刻影响，估计中存在包括噪声和不包括噪声两种情况。通常情况下，从一个房间到另一个房间之间的信息丢失脆弱性的估计是一个复杂的技术问题，但通过简化的物理模型可以帮助进行风险的大致估计，这在许多信息安全场景中都是如此。

让我们更详细地研究扬声器对墙壁的影响。虽然肉眼看不到，但墙壁会对空气分子的振动做出反应而产生振动。墙壁的频率响应，即振动幅度随频率变化的情况，会随着可听频谱的变化而变化，而且还取决于墙壁的质量。

回顾一下第 3 章关于共振和受迫振动的讨论，特别是图 3.10 描述的质量和弹簧谐振器。这个系统近似于墙(质量)对驱动力(扬声器)的响应。施加在质量上的非恒定力会导致振荡运动，振荡频率取决于系统的刚度与质量的比值。此外，结构具有固有的振动频率，当阻尼或衰减很低时，这个固有频率大致等于结构的共振频率。

在低频率下，墙面容易发生共振，吸收更多能量，从而趋向于共振频率。共振是任何振动系统中都会出现的重要物理现象。一般而言，共振效应在一个明确定义的带宽内发生，与系统相对于激发能量的物理特性直接相关。

对于低质量的墙壁，更高的频率也可能在所谓的吻合频率上表现出共振效应。在这种情况下，沿着墙面的感应波纹的波长与入射声能的波长相匹配。在这种情况下，共振发生在1～4 kHz 范围内，因此更有效将声能传递穿过墙壁边界。从安全角度来看，共振的影响会增加信息泄露的风险。请注意，1～4 kHz 大约在人类语音频率范围的中间。

在低于100 Hz 的频率下，恢复力占据了墙的响应，因此 TL 近似由以下表达式给出[1]：

$$\mathrm{TL} = C - 20\log\left(\frac{fR^4}{Yh^3}\right)(\mathrm{dB}) \tag{10.4}$$

其中，C 是一个常数，f 是声波频率，R 是墙体支撑之间的典型横向距离，h 是墙的厚度，Y 是墙的刚度，也就是杨氏模量(与作者无关)。重要的是，墙的刚度对声波的衰减效果会随着声波频率的增加而降低。

在100 Hz 到1 kHz 之间的频率范围内，相邻两个房间之间的隔音量(TL)由以下公式给出：

$$\mathrm{TL} \leqslant 20\log(f\sigma) - 48(\mathrm{dB}) \tag{10.5}$$

其中，f 是声波的频率，σ 是墙的质量密度，单位为千克每平方米。在这个频率范围内，声音频率每增加一倍，即一个八度，TL 会增加2倍。

从式(10.5)中可以清楚地看出，在这种情况下决定信号检测易受攻击的两个物理参数是墙的质量密度和入射声波的频率。

由于人类听到的声音能量延伸到许多个八度，因此在评估由式(10.5)表达的 TL 时必须考虑到语音的带宽，因为 TL 是频率的函数。

在各种材料的墙壁中，传输损失(TL)将给出关于听觉信息丢失的大致估计。例如，0.5英寸石膏板的质量密度 σ 为10 $\mathrm{kg/m^2}$。在1 kHz 的频率下，TL 为32 dB。[1] 32 dB 的 TL 意味着说话者房间内的声音强度在这个频率上比听者房间内的声音强度高1584倍。

从表面上看，这似乎是很大的衰减，但这对于可听信息泄露的漏洞到底意味着什么？当然，必须考虑到人耳的巨大敏感性。也就是说，必须估计信号强度相对于人类听力检测阈值，回忆 AWC 高管在火车上的场景。

如果相邻房间之间的分贝级别的声音强度为 10^{-5} $\mathrm{W/m^2}$，则墙壁的 TL 为 10^{-5} $\mathrm{W/m^2}$，再减去之前计算的32 dB。这相当于使用32 dB 的线性表达式计算可得到以下数字：

$$\frac{10^{-5}}{1584} = 6.3\times10^{-9}(\mathrm{W/\,m^2})$$

如果在墙的另一侧即听者侧的背景强度为 10^{-8} $\mathrm{W/m^2}$，即图书馆级别的背景噪声，则在1 kHz频率下，语音信号泄露的易感性仍高于零易感性1.6倍。

这只是大致估算，具体条件可能有很大差异。例如墙体两侧可能存在隐蔽通道。隔壁房间的人直接将耳朵贴在墙上，或者使用接触式麦克风等设备检测结构传导声能，也都无法阻止。

或者，隔壁房间的人也可以在墙上钻个小孔，那么发言人产生的声能就会直接通过这个小孔传出。因此，这种简单的阻尼计算对隔壁房间无效，或者说是穿墙而过。

根据式(10.5)，低密度材料如石膏板墙体对低频声音的阻尼效果较差。所以在评估信息泄露易感性时，必须考虑可听频谱。如果使用密度更高的材料如 4 英寸砖墙，是否可以提高阻尼效果？理论上，墙体质量增加可以更好地抵抗声能的激发。砖的质量密度 σ 为 200 kg/m^2，在 1 kHz 时，其衰减量为 58 dB。[1]在所谓的频谱的质量控制区间，即 100～1000 Hz，声学频率每翻倍一次，衰减也将翻倍。

在 100～1000 Hz 频率范围内，同时随着墙体质量翻倍，阻尼也翻倍。不过，如果墙体重量成为问题，这种方法实际可行性可能较低。

表 10.1 总结了墙体结构声学衰减的频率依赖性。表 10.2 显示了质量对声音阻尼量化影响。这些值是平均值，高低频声能的响应可能会有很大差异。[2]

不幸的是，这些场景模型过于理想化，因为没有考虑回声效应。发射源房间内的声波会反射多次，每次反射后声波的一小部分能量会渗透墙体，从而增加传输信号的强度。

表 10.1　墙体结构的声音信号衰减

频率(Hz)	墙/屏障声衰减因子
＜100	刚度是衰减的主要因素，共振存在
100～1000	质量或声音频率加倍，衰减也加倍
1000～4000	重合角的共振

表 10.2　平均声音衰减作为墙体质量密度的函数

墙体质量密度(kg/m^2)	9.8	24.4	48.8	97.6	146	244	366	488	976
平均声音衰减(dB)	26	32	36	39	42	45	48	50	54

这一点尤其适用于高品质因数或高 Q 的房间。任何曾经站在隧道内大声呼喊的人都会亲身体验高 Q 环境。在这种情况下，信息泄露的易感性会增加。因此，式(10.5)给出的阻尼值应视为最优情况下估计的可听信号检测易感性。

如果存在更便捷的路径，声音可以更容易地在源和接收者之间传播，之前的对于可听易受性的分析就变得不那么相关了。对于声波而言更方便的路径意味着两个房间之间的声阻抗不匹配更小。如果该路径由空气组成，则阻抗不匹配为零。这样的路径可能包括通风管道或悬挂天花板上方的空间。

考虑一个例子，有两个相邻的房间，共用 3/4 英寸厚的玻璃钢吊顶(密度 $\sigma = 6$ kg/m^2)，吊顶上方有 60 cm 的可用空间。在这种情况下，两房间通过吊顶上方形成同一个空气通道。估算两房间声强减弱程度在300～1000之间。[①]

这可能看起来足够了，但如果我们再次假设房间中的对话级声强度大约为10^{-6} W/m²，而隔壁房间中的背景强度为10^{-9} W/m²，即使声音强度减少为原来的1/1000，仍会产生接近听觉极限的声音水平。这个计算结果应该视为近似值，由于特定情况下可能会有变化。因此，在没有直接测试来否定这种假设的情况下，应该假定存在信号检测的漏洞。

声音信号检测设备

空气中的语音检测：麦克风

到目前为止的讨论中，假设检测传感器是人类耳朵。当然，实际情况可能使用专门用于检测语音的传感器。

大家都知道麦克风，它是一种用于检测可听信号的传感器。麦克风是一种变换器。变换器这个术语一般用于描述将一种能量转换为另一种能量的设备。麦克风将机械能转换为电能，电信号通过放大、调整，最终重新转换为可听信号。麦克风会按照可听信号的强弱产生电压或电流。

麦克风有许多不同类型，但它们都有一个共同的部件：振膜。这是一块薄的材料，它会在响应可听能量时振动。所有这种类型的麦克风都需要一个未受阻碍的空气路径，从声源到振膜。在下一节中，我们将分析一种不需要空气路径的麦克风类型。

尽管从可听声源到传感器的空气路径的要求在操作上可能听起来有限制性，但请记住，听觉信号能量可以通过微小的孔隙很好地传播。因此，只要传播路径不包含具有不同声学阻抗的材料，可听信号就可以很好地传播。最终，与声学激发的分子振动相关的摩擦会将入射能量降低到零强度，但这个距离可能足以进行一次成功的攻击。

这意味着墙壁或障碍物上的针孔大小的开口就可以传导空气传播的听觉能量，从而激发麦克风振膜。那么，麦克风振膜是如何工作的呢？

我们知道，如果静态导体处于变化磁场中，或导体在静态磁场中运动，就会产生电压。法拉第电磁感应定律描述了这种现象。而且，如果电压应用于阻抗负载或反应负载，根据欧姆定律会产生电流。

传感器膜片的运动方向，即垂直于磁通线的方向，控制电流流动的方向，传感器的运动产生与运动相关交流电流，其频率与幅度将随之变化。特别地，动式麦克风经常用于

---

① www.engineeringtoolbox.com。

空气传播的语音检测。动式麦克风由膜片和固定在其后的电磁铁组成，电磁铁的缝隙中绕有线圈。膜片的振动会使线圈在缝隙中运动，从而产生交流电流。

由于根据法拉第电磁感应定律，产生的电动势与磁通量的时间变化率成正比，因此使用线圈来增加感应的电压和电流。由于线圈所包含的表面/环路数量增加，因此产生的磁通量也增加。线圈-膜片结构的质量阻碍了其在高频下的快速运动，通常导致响应较低。通常在 5 kHz 左右会出现一个共振峰。图 10.5 说明了动式麦克风的工作原理。①

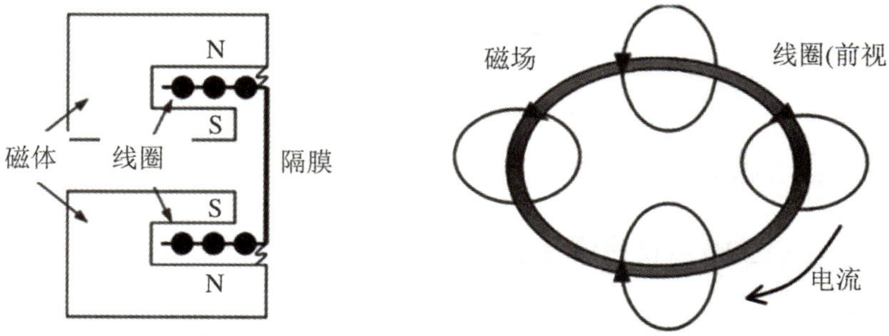

图 10.5　动式麦克风的工作原理

仅响应压力的麦克风是全向的。一些麦克风设计为具有增益，从而产生方向敏感的响应。这在操作上是有用的，以便有选择地放大来自一个方向的声源，从而抑制其他方向的声源。

方向性可以存在于各种模式中，如心形模式。通过使用压力敏感和速度敏感的麦克风组合可以实现这种模式。通过调整声波的相位关系来获得特定的模式，在一个方向上增强振幅，在另一个方向上取消振幅。所选择的模式将取决于特定场景的操作要求。

最后，基于其他技术和工作原理的麦克风也存在。包括电容麦克风（也称为电容器麦克风）、光纤麦克风、激光麦克风、碳麦克风、带式麦克风和接触式麦克风。

结构性的语音检测：接触式麦克风

如果在说话者和声学传感器之间不存在空气路径，是否可以通过直接接触材料来检测语音传导的能量？我们暂时不回答这个问题，转而简要介绍固体中声波传播的物理原理。声波在固体中的传播直接影响远离声源位置进行可听信号检测的易感性。

回想一下，我们发现语音产生的大部分振动能量在与固体表面初次接触时被反射回来。然而，我们也了解到表面材料每次受到压力波的接触时都会吸收部分能量。被吸收的声能会导致固体表面的分子振动并产生在物质内传播的波的振动。值得一提的是，横

① http://www.nyu.edu/classes/bello/FMT_files/3_microphones.pdf。

波和纵波都可以在固体材料中传播。①

哪些因素会影响传播距离，进而影响传播路径上信号检测的易感性呢？

对于细长的、与波长相比较小的直管和薄管，声音速度由以下公式给出：

$$\nu = \sqrt{\frac{Y}{d}} \tag{10.6}$$

其中 Y 代表杨氏模量，它与材料的弹性特性有关，尤其是与抵抗变形的能力有关，d 代表材料密度。①在密度更大的材料中，声速降低可能看起来与直觉相反，因为直觉可能会指向相反的结论。考虑一下声音在钢铁和橡胶中的传播情况。一个典型的例子是，地铁列车靠近时会在轨道上传播声能，导致预警。

根据定义，密度更高的物质比密度较低的物质具有更大的单位体积质量。较大的分子通常具有更大的质量。如果材料 A 比材料 B 更密，则因为其分子更大，那么材料 A 传输声音将比材料 B 更慢，原因是大分子振动比小分子需要更多的动能。然而，这样的表述不够完备，正如式(10.6)所示。

刚性材料由具有强烈相互吸引力的原子和分子组成。回想一下胡克定律，$F = -kx$，它描述了恢复力对位移的响应行为。k 是弹簧系数，x 是与平衡位置的距离。力是质量乘以加速度，加速度是质量位置变化的时间变化率，即 x 相对于时间 t 的二阶导数。

声压一开始会将材料中的分子从它们的平衡位置位移出去。分子之间的相互作用力类似于弹簧，在位移的作用下产生一个恢复力。迅速返回平衡位置的粒子可以以更快的速度振动，而坚硬的材料具有更大的弹簧系数。

换句话说，分子振动的角频率由 $\sqrt{k/m}$ 给出。声音在坚硬的材料中(即具有较大的 k 值)传播的速度比在易变形的材料中更快，因为坚硬的材料具有更大的弹簧系数，导致产生更高的振动频率但更小的变形振幅。

如果两种材料具有相似的弹性特性，如铝和金，那么声音通过密度更大的材料将以更慢的速度传播，但只有在它们的弹性特性相等的情况下才会如此。如果声波通过两种具有近似相同弹性特性的材料，如铝和金，声音在铝中的传播速度约为在金中传播速度的两倍(0.632 cm/μs 对 0.324 cm/μs)。②

表 10.3 给出了各种材料的声速。③

---

① http://www.kayelaby.npl.co.uk/general_physics/2_4/2_4_1.html。

② https://www.nde-ed.org/EducationResources/HighSchool/Sound/speedinmaterials.htm。

③ http://muller.lbl.gov/teaching/Physics10/PffP_textbook/PffP-07-waves-5-27.htm。

表 10.3 各种材料中的声速

材料和温度	声音传播速度(m/s)
0 ℃空气	331
20 ℃空气	343
0 ℃水体	1402
20 ℃水体	1482
钢	5790
花岗岩	5800
木材(不同硬度)	3300～3960

这对信息安全的影响是，在建筑物内，声音有可能被远距离地检测到源头。这是因为在某些建筑材料中，能量会以更快的速度传播，并在不衰减的情况下传播更远。根据传播单位长度的衰减，信号可以在源头下游保持可检测的信号幅度。

建筑结构元素可能会支持一种或多种声学传播模式，一旦波被启动，即使只有少量声波能量在表面入射后被吸收，残余能量在衰减到与环境噪声相当的水平之前也可能会传播相当远的距离。

这引出了衰减问题。声速与此攻击场景相关，因为声音传播得越快，在给定的时间间隔内它所覆盖的距离就越大。但是，在特定材料内传播的结构中声波随着距离的增加而衰减的速率也需要被纳入考虑，以估计泄露距离与声源间的函数。

表 10.4 列出了特定固体材料中声音的衰减情况。值得注意的有三点。

表 10.4 固体材料中声音的衰减

材　　料	衰　　减(Np/m)	频　　率(MHz)
钢(硬化)	4.94	10
橡胶(天然)	15	0.35
聚苯乙烯	23	2.5
混凝土	7～13	0.2
玻璃(皇冠)	2	10
聚氯乙烯(PVC)	3.5	0.35

第一，这些值只能作为参考，因为许多因素会影响固体中的声速。对于金属来说，诸如纹理、冷加工、应力、硬化、淬火和老化等因素均可能导致与此处列出的值有显著偏离。塑料的性质会随着分子量、添加剂和温度而变化。岩石和建筑材料的物理特性也可能有

很大的差异。

第二,衰减的单位为 N_p/m。N_p 是一种对数比率,类似于分贝,但它是基于自然对数而不是以10为底数的对数。①

第三,表格还指明了声波衰减的频率,单位是MHz。这些值远高于对应于语音的频率,这进一步证明了这些值仅具参考性。

由于数据的可变性,该表格主要用于提供对衰减的相对理解。衰减率较低的材料会增加远程语音检测的易感性,因为它增加了能量可以传播的潜在距离,同时保持足够的信噪比。

曾经有人将耳朵贴在墙上,试图倾听相邻房间内的活动声音,这表明声音可以通过与表面直接接触被探测到。实际上,商用设备——加速度计或接触式麦克风,被用于检测在扬声器和传感器之间不存在直接空气路径时的可听信号。这种设备在许多应用中被广泛使用,包括取代嘈杂环境中的麦克风、秘密监视和吉他拾音器。②③④

一类接触式麦克风基于压电传感器。⑤ 压电元件是一种材料,通常是晶体,在受到机械干扰时会产生电压。在这种情况下,干扰源是可听信号,电压是对该刺激的直接响应。

接触式麦克风固定在由声源响应而振动的表面上。正如前面的讨论所表明的那样,在这种情况下,减少表面和接触式麦克风之间的声阻抗失配以减少反射能量是一个值得优先考虑的问题。

为了优化能量传输到压电传感器,一个匹配阻抗层被放置在活动元件和传感器表面之间。⑥ 通过将匹配层的厚度调整为特定波长的四分之一可以实现最佳能量传输。这样做的原理是保持匹配层内反射的波处于同相位,从而呈现出构造性干涉。

对于接触式传感器,匹配层由一种材料制成,其声阻抗值介于活动元件和其所附着的材料之间(例如钢)。支撑压电晶体的背板材料会对传感器的阻尼效应产生很大的影响。目标是提高对听觉信号的灵敏度,并减弱外来听觉能量的影响。使用与活动元件声阻抗接近的背衬材料将产生最有效的阻尼响应,从而增强活动元件所检测到的信号。

这种设计的传感器将具有更宽的带宽,从而产生更高的灵敏度。随着活动元件和背

---

① $1\text{Np}=20/(\ln 10)(\text{dB})\sim 8.686\ \text{dB}$。相反地,$1\ \text{dB}=1/(20\log e)=0.115\text{Np}$。

② http://www.knowles.com/eng/Products/Sensors/Accelerometers。

③ http://www.officer.com/product/10850059/maxsur-wasp-accelerometer-audible-surveillance。

④ http://www.analog.com/library/analogdialogue/archives/43-02/mems_microphones.html。

⑤ 换能器是任何将一种形式能量转换为另一种形式能量的设备。扬声器是换能器的一种形式,因为它将电信号转换为机械能,即声音。

⑥ 请注意,压电传感器可以被设计为接收或传输能量,声学阻抗匹配在任何一种模式下都很重要,以优化不同材料之间的能量传输。

板材料之间的阻抗不匹配程度增加，传感器的灵敏度会降低。图 10.6 展示了一个压电传感器以及所需的声波相位关系。[①]

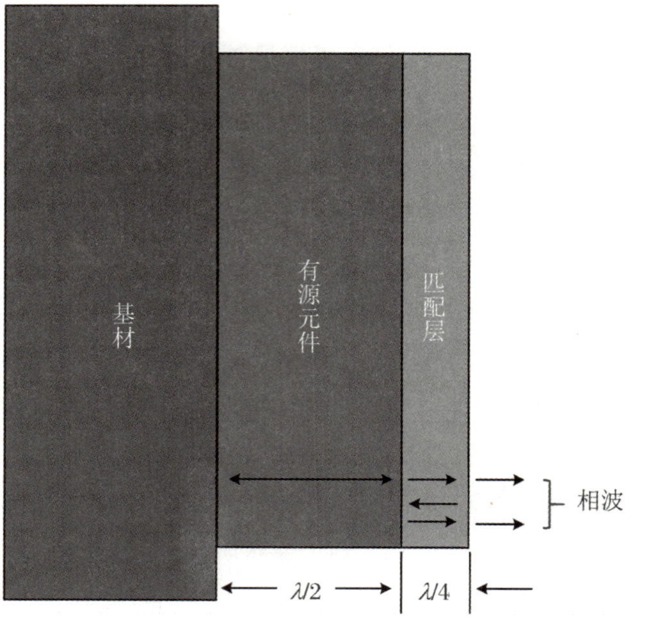

图 10.6 压电传感器(接触式麦克风/加速度计)结构

户外的语音检测：抛物面式反射器和麦克风

下面考虑一种信息泄露的户外场景。具体而言，关注的是攻击者试图在公共区域中检测敏感交谈信息的情况，这对攻击者是理想情况，现实场景出现概率不高。

可以想象一下，一块户外区域，雇员可以进入，但该区域与常被非员工甚至竞争对手使用的空间是相连的。在同一组织的员工聚集时，与工作相关话题的交谈不可避免地会出现。

问题是，在这种情况下如何减少信息泄露的脆弱性。

似乎有四种明显的选择：① 减少讲话来源的强度，换句话说，讲话更轻声一些；② 增加声源和潜在的非员工听众之间的距离；③ 增加背景噪声；④ 在声源和任何潜在非员工听众之间安装屏障。

低声说话似乎是最简单的解决方案，但人们往往会恢复到他们自然的说话音量。此外，即使精确计算了阈值强度，并将该数字转化为适当的说话水平，持续地执行这一规则

① https://www.nde-ed.org/EducationResources/CommunityCollege/Ultrasonics/EquipmentTrans/characteristicspt.htm。

也是一项艰巨的任务。

增加声源和听者之间的距离可能会起作用，前提是这具有可行性。公司通常在城市地区拥有有限的房地产，因此不能够大幅度扩大其周边范围。人们可以限制某些区域不得进入，从而创造缓冲区。在这种情况下，需要在本章后面进行计算以更准确地估计信号泄露的脆弱性。与往常一样，必须考虑到整个可听频谱上的环境噪声。

如果业务竞争对手决定采取更具攻击性的方法，对方可能不会仅依靠人耳作为侦测传感器。如果无法接近所感兴趣的位置，即无法部署传统的麦克风，攻击者可能会使用抛物面反射器和麦克风系统来提供信号增益。那么，这样的系统如何提高检测到的可听信号强度？

抛物面反射器和麦克风通过其形状在可听频率上产生增益，从而建立一个虚拟的焦点。此焦点具有以下特征：① 来自反射面上任何地方的入射声波具有相同的路径长度；② 反射面上每个点的角度使得声波能够精确反射到焦点。这两个特征使得抛物面采集到的声能能够集中到安装了动式麦克风的焦点处。

图10.7说明了这样的事实，声波打在抛物面靠近中心轴的位置，会比打在距离中心轴更远的位置弯曲的角度更大。其几何形状使得每一个进入的声波都在轴线上的同一个点处入射，也就是焦点。正如前面所述，传统的听觉传感器（例如动式麦克风）会被放置在焦点处以实现所需的信号增益。①

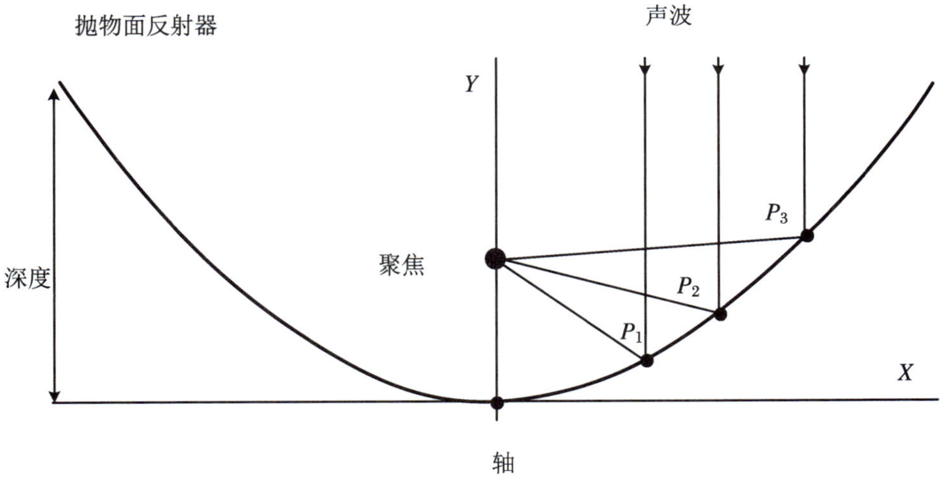

图10.7 抛物面反射器产生信号增益

更具物理意义的解释如下：声波是在海平面上的空气中以大约340 m/s的速度传播

① http://www.wildtronics.com/parabolicaccuracy.html#.ViXIlihye20。

的压力波动。这些压力波动以波状形式出现，具有特征波长。正是相对于抛物面形状的波长，决定了抛物面的增益。

在一个波长范围内，声压在一个周期的前半段增加，在后半段降低。因此，压力的振幅遵循正弦波形。由于整个盘面正在收集对应于语音的声能，许多单独的声波前沿被组合在焦点处和不同的波长处。

抛物面反射器的形状使得反射盘表面上每一个点的路径长度相等。因此，当反射盘精确对准时，所有声波前沿都会同时到达焦点，保持相位一致。两个极端之间会存在中间的到达距离，为了获得合理的增益，所有到达距离必须保持在六分之一波长范围内。

如果反射盘检测到来自远距离源的声音，则反射盘上每一个点的精度都必须达到波长的十二分之一，才能确保所有的声波相位一致，从而产生增益。如果麦克风的位置相对于焦点的偏差超过十二分之一波长，将会导致损失。

如果攻击者使用抛物面反射器和麦克风作为探测器，则相对于裸露的人耳，信号检测易受攻击性将因抛物面反射器的增益而增加：

$$\text{反射器增益} = \frac{k(\pi R)^2}{\lambda^2} \tag{10.7}$$

其中 R 是抛物面盘子的半径，λ 是波长，k 是约为 0.55 的效率因子。

一个直径为 1 英尺的抛物面反射盘产生的增益大约是单独使用人耳检测时强度的 1.7 倍。① 与动式麦克风配合使用的抛物面反射器的一个重要操作限制是，必须在可听声源和麦克风传感器之间存在畅通的空气传播路径。

针对键盘的声学攻击

接下来本书将介绍一种完全不同的漏洞，其同样利用了声学能量信息。这种漏洞将对一些读者有所启示，它体现了与日常技术相关的潜在漏洞的广泛性。

如第 7 章和第 9 章所述，键盘对于攻击者而言是获取机密信息的一个重要突破口。这在很大程度上是因为键盘用于输入进行电脑账户身份验证的用户名和密码。前面章节中描述的攻击利用了键盘的电磁辐射以及键盘可被攻击者看到的情况所导致的漏洞。

因为单个按键的声学特征差异导致的信息泄露的漏洞已在文献[24]中被考虑，所以键盘声学特征差异是由不同的键位置和相应的机械运动产生的不同声音造成的。②

针对键盘的声学攻击还利用了神经网络来分类通过键盘敲击产生的常见声音，其使用个人电脑麦克风（由 Radio Shack 制造的全向接收器型号）来检测近距离或最多 1 m 的

① 1 kHz 的声学信号在空气中传播的波长约为 1 英尺。

② http://www.almaden.ibm.com/cs/projects/iis/hdb/Publications/papers/ssp04.pdf。

声学能量。现在广泛使用的抛物面反射器和麦克风(由 Silver Creek Industries 制造的 Bionic Booster 型号)可用于更远的距离。单个键盘点击在时域中的声学特征见图10.8，点击持续时间约为 100 ms。

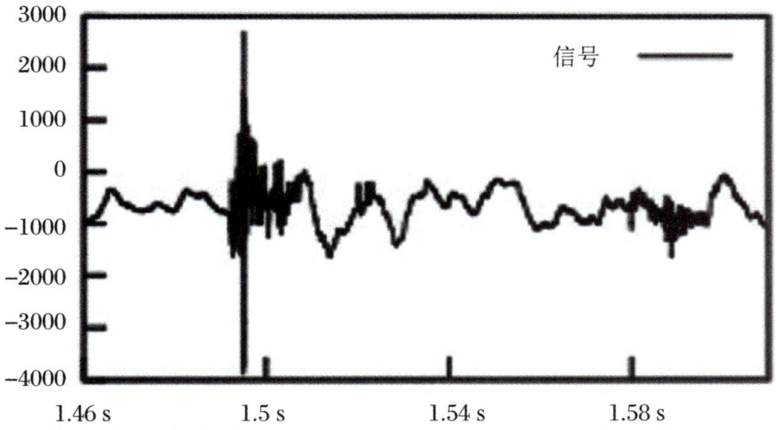

图 10.8　键盘点击的时域声学特征

可以从频域特征中看到，每一次键盘敲击由三部分组成：按键峰值信号、沉默间隔信号和释放峰值信号。由于按键峰值信号幅度更大，因此攻击多集中在该信号上。有关上述信号组成更详细的说明见图 10.9。

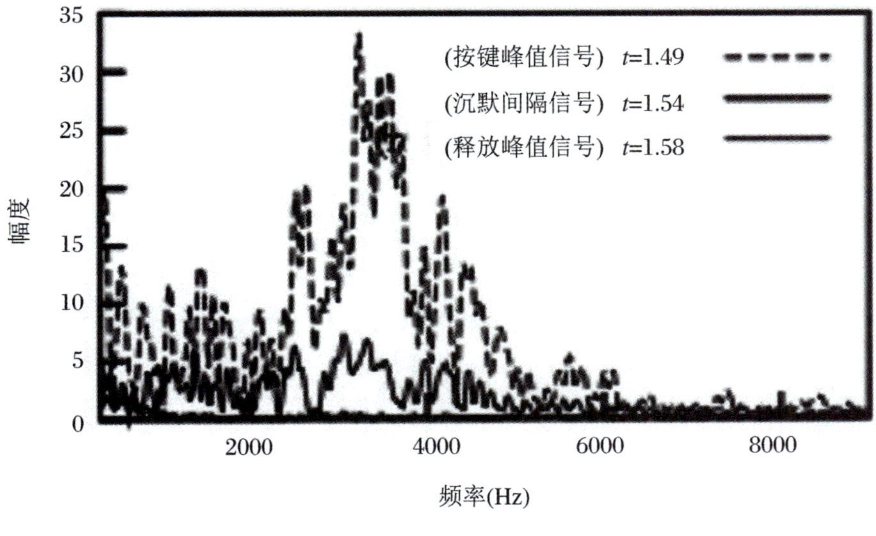

图 10.9　键盘点击的频域声学特征

JavaNNS 神经网络模拟器用于构建反向传播神经网络模型。该方法不使用原始信号分析键盘敲击，而使用从原始数据中提取的相关频谱特征来构建神经网络模型。模型的输入和输出节点数目分别对应于特征的维度和按键的种类。频谱特征提取的过程见

图 10.10，其中 FFT 是快速傅里叶变换的缩写。

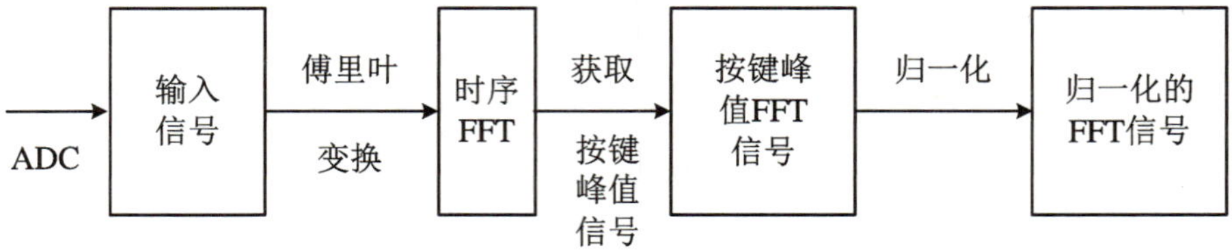

图 10.10　神经网络使用的声学频谱特征提取

原始模拟信号首先通过模数转换器（ADC）进行数字化处理。由此产生的时域信号通过傅里叶变换转换为频域信号，其中键盘敲击的按键峰值信号将再次进行傅里叶变换并作归一化处理。

神经网络经过训练，可以识别频域中不同键的按键峰值信号的声学特征。然而，即使没有聚合峰值特征信号，如果使用 2～3 ms 的窗口，此类攻击仍能通过视觉区分按键。相关情况详见图 10.11。

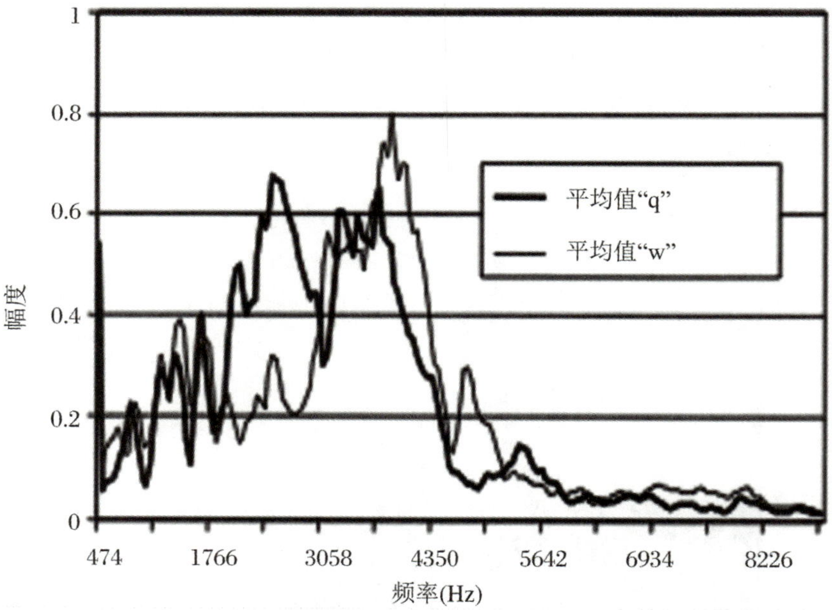

图 10.11　“q”和“w”按键的归一化平均频谱

神经网络模型经过训练，可以准确识别单个按键敲击信号。例如，在一次实验中，测试了 10 次“k”键点击和 10 次“l”键点击，神经网络正确识别了所有 20 次点击。平均而言，每 20 次点击中有 0.5 次错误识别，这表明该技术具有潜在的有效性。需要注意的是，使用抛物面反射器和麦克风在距离键盘 15 m 的地方进行信号收集与攻击均能达到同样的效果。

主动防御措施

如何应对声学信息泄露？在电影中，间谍和有组织犯罪分子在背景中播放音乐以破坏政府的监视。这种加大背景干扰程度的方式对经验丰富的攻击者效果一般，除非背景干扰程度大到影响正常场景的声学信号传递。

攻击者可以轻松地将上述干扰信号剔除，从而恢复成可理解的声音。特别是在使用多个麦克风的情况下，对存在的相干和空间局部化干扰源进行剔除并实现原始信号处理增益是极有可能实现的。

反过来，这种天真的隐藏信号的尝试实际上可能使攻击者更容易获取声学信息。这是因为说话者可能会把自己的声音提高到背景声音之上，从而增强攻击者的信噪比。这种情况与人们在嘈杂餐厅中为了使自己声音能够被正常听到从而提高音量十分相似。

一种更有效的干扰形式可能是使用多个机械设备，这些设备可以产生空间多样性、多频率和时变的干扰源。理想情况下，这些干扰源分布广泛且物理上相隔较远。这些干扰源可能使信号平均更困难，但也可能使房间内的说话者难以听到彼此的声音。

对于户外场景，如果干扰源与声学信号在空间上相隔较远，则抛物面反射器和麦克风的方向校准将更好地利用信号和噪声源的空间多样性。其结果是以干扰声音为基础增加有效信号的强度。因此，任何干扰源，最好是由多个声音频率组成的空间不相干的干扰源，应尽可能靠近说话者。

目前有各种网站提供多种技术来防止声学信号监视。① 在依赖这些网站服务前应该仔细审查并进行测试。此外，防御技术的有效性可能与攻击者的技术水平成反比。

声音信号屏蔽

简介

根据声音传播路径中所遇反射与吸收表面的数量和类型，信号可能遭受的攻击多种多样。尽管学术界对声学信号泄露关注度不高，但考虑到这些泄露发生的容易程度以及广泛性，对这类风险的防范意识亟待提高。

此外，有关此类信息泄露的相关统计数据获取难度较大。

---

① http://www. independentlivingnews. com/privacy/privacy-defenses/20397-9-counter-surveillance-tools-you-can-legally-use. stml。

本章讨论的是基于空气的声学信号传播，攻击场景主要集中于漏听方面，其利用了发声者的距离。声能在空气和开放区域中传播的强度根据熟知的$\frac{1}{4}\pi r^2$公式衰减，其中，r是声源与听众之间的距离。

在封闭区域内，一些声学信号的能量将被密度较高的障碍物反复反射，而不是从源头处传播并通过摩擦消散。在本章之前分析的一个声学场景中，评估了可听信息泄露的脆弱性，并对噪声是否存在的情况进行了讨论。之后讨论的场景涉及声学能量源和探测器之间的传播路径是否存在阻挡。在本节中主要考虑障碍物对信息泄露的影响。

部分声屏障

减少信息泄露漏洞的第四种方式是建立一个部分声学屏障，即高度有限的屏障。这种方式在某些情况下是可行的，但是这种屏障需要设置什么样的规格才能有效减少声学信号泄露的影响呢？

在衍射过程中，间隙的物理尺寸接近相互作用能量的波长导致能量在空间中扩散。衍射适用于电磁波和声波，因此常使用衍射来估计在给定频率的情况下，由声源与听者之间的部分屏障引起的声能衰减。

考虑以下场景示例，某听众购买了一张便宜的音乐会门票，却发现自己的席位直接位于表演厅内的柱子后面。在这种情况下，虽然视觉体验会受到显著影响，但听觉体验却由于柱子周围入射声能的衍射而得到保持。这种衍射现象见图 10.12。①

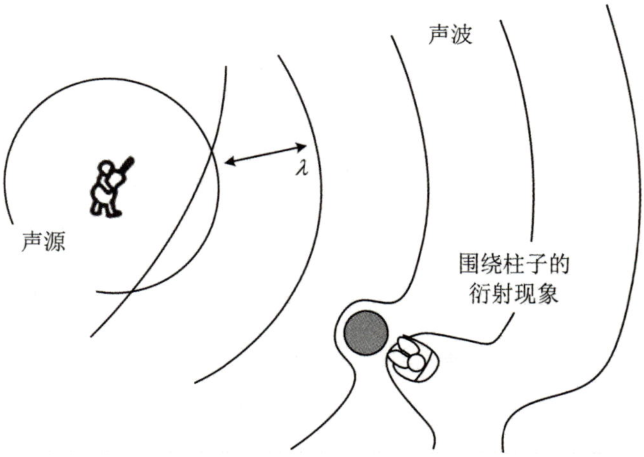

图 10.12　声学信号围绕柱子的衍射现象

① http://hyperphysics.phy-astr.gsu.edu/hbase/sound/diffrac.html。

声音在涉及部分障碍的情景中也会出现同样的现象。本书的分析使用了菲涅耳数，定义为声能越过屏障的最短路径超过穿过屏障本身的直线路径的半波长数。①

参考图 10.13，菲涅耳数可由 $2\lambda/d$ 计算，其中，$d = A + B - L$。

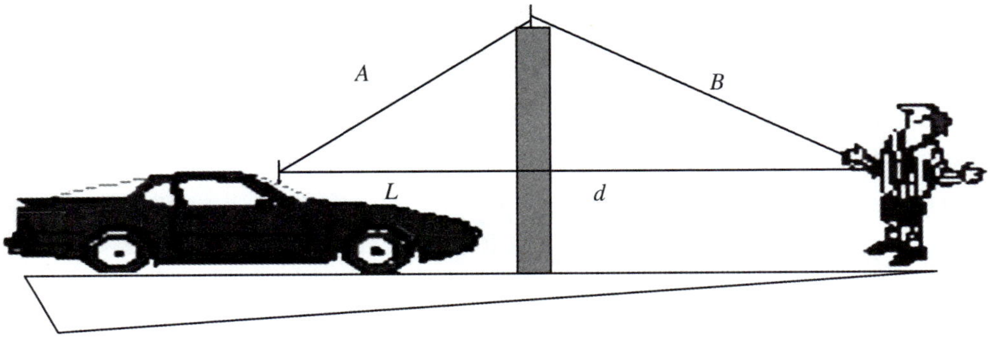

图 10.13　部分屏障插入损耗的几何形状

除系数之外，需注意 N_f 与第 3 章给出的圆形透镜衍射极限角度发散表达式较为相近。菲涅耳数在这种情况下测量了由部分屏障导致的入射衍射波的发散度。

对于简单的几何形状，可以计算与可听源之间摆放的部分屏障的效果。

菲涅耳数同样可写为如下形式：

$$N_f = \frac{A + B - L + d}{\lambda} \tag{10.8}$$

其中 L 表示声源到墙的距离，d 表示声音接收者与墙的距离，A 表示声源到墙顶的距离，B 表示接收器到墙顶的距离，λ 表示声学能量的波长。

插入损失（I_L）以分贝为单位衡量，并根据菲涅耳数定义如下：

$$I_L = 16 + 10\log N_f \tag{10.9}$$

该公式表示由于部分屏障的存在声强的减弱幅度。对于 N_f 表达式中的波长，若屏障高度不变，则 I_L 将随波长增加而减少。这种特性对信号检测的脆弱性有影响。这种情况与上述在音乐厅的柱子后面坐着的音乐会观众十分相似。

换句话说，对于声学信号，较长的波长或较低的频率将导致其更难衰减。声学信号由许多频率组成，其频谱能量密度是功率与频率的函数，中心在 3 kHz 附近。

与材料相互作用的声学和电磁能量的物理效应通常随频率变化。因此，必须在频谱的多个区域内对信号行为进行分析，以全面了解信号检测风险和导致信息泄露的风险。

---

① 这以法国物理学家奥古斯丁-让·菲涅耳（1788—1827）命名，他也是照相机和灯塔中使用的透镜的命名者。

在这种情况下，优化目标是量化部分屏障所实现的衰减，以减少屏障另一侧听者所受到的声能。这涉及要计算屏障对几个代表性的可听能量频率造成的插入损失。

参考式(10.8)，假设有以下参数：障碍物高度为 4 m，声源距离墙壁 6 m，听者距离墙壁 2 m。在 1.7 kHz(波长为 0.2 m)的频率下，A 为 6.32 m，B 为 8.55 m，$L+d$ 为 14.04 m。通过几何论证并利用式(10.8)，计算得到菲涅耳数为 8.3，此时的插入损失为 25 dB。

当频率为原来的十分之一，即 170 Hz 时，波长变为原来的十倍。在这种情况下，$\lambda/2$ 为 1 m，因此菲涅耳数为 0.83，相应的插入损失被计算为 15 dB。插入损失的增加要求在 N_f 表达式中将 $A+B-L+d$ 的数量成比例地增加。这意味着必须提高屏障的高度才能实现显著的衰减。这再次说明了使用部分屏障来阻挡低频可听信号的困难。

随着菲涅耳数的变化，部分障碍物的声衰减情况见图 10.14。①

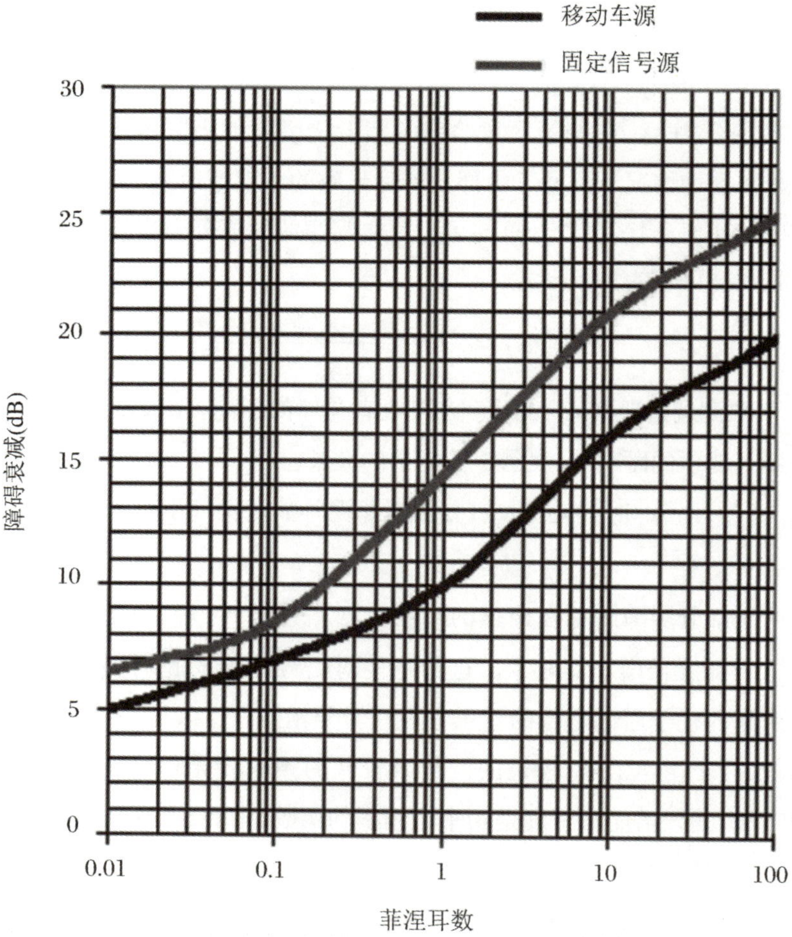

图 10.14　部分障碍上菲涅耳数对障碍衰减的影响

---

① http://www.engineeringtoolbox.com/outdoor-sound-partial-barriers-d_65.html。

对于上述情况的应对方法,最佳做法是将屏障尽可能靠近声源,以获得最大的声衰减。这将导致传播波穿过屏障后在空气中传播尽可能远的距离。因此也产生声源和听者之间最大的夹角。次好的方法是将声学屏障摆放位置靠近听者,最差的方法是将屏障摆放在声源和听者之间的中间位置。

无论扬声器相对于屏障的位置如何,都会有一部分声能被反射,一部分被衍射,其余部分传输到屏障的另一侧。这些效应见图 10.15。

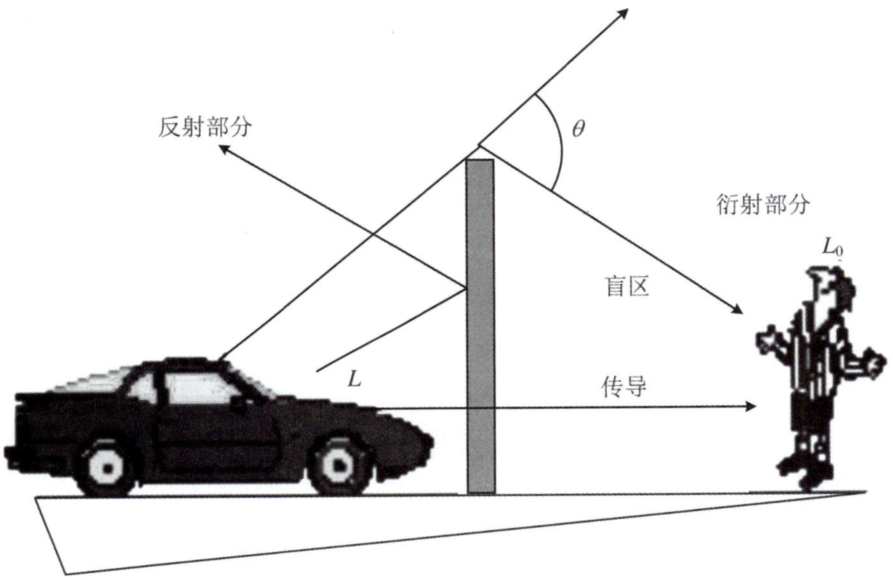

图 10.15　声能信号在部分障碍物上的传播表现

本章前面已经讨论了地板到天花板墙对相邻房间中可听信息泄露的影响。我们注意到,给这样的屏障添加质量将减弱声能,并且在特定频率范围内,衰减量随频率的增加而线性增加。

特别是对于低频声能,增加屏障的质量是降低未经授权的窃听风险的一种选择。然而,除非我们有一个非常坚固的基础来支撑这些额外的重量,否则该方法是不切实际的。幸运的是,还有一种更好的方法。

声音反射和吸收

回顾本章前面介绍的声抗阻失配概念,这一概念在声能通过不同密度的材料传播时尤为重要。声能的传播高度依赖于它所传播的介质。反射系数 R 体现了材料反射声能的能力,数值上等于声阻抗的差除以声阻抗的和。

将实际场景中的参数代入 R 的表达式中,会发现在空气-木材界面上,约有 99%的声能被反射回声源。这意味着每次声波在空气-固体界面反射时,来自包含扬声器房间的1%声能会泄露。由于声阻抗不匹配，对于从空气入射的能量，密度较大的材料将比密度较小的材料反射更多的能量。

此外，能够激发墙壁木质分子的声能传播速度比空气更快。如前所述，在较硬介质中传播的声能速度更快。在与其他租户共享空间的建筑物中需要关注这种问题。一个有效的解决方案是向暴露于可听能量的建筑结构元素中添加吸音材料，以减少两个房间之间的能量泄露及声能在建筑结构中的传播。

声能的吸收会导致在声能所传播的材料内部产生热量。热量是由振动的空气分子之间的摩擦引起的。如之前章节所述，在声学激发材料中振动的分子就是声能本身。

可以应用于建筑表面的声学吸声材料有很多种不同类型，其中多为多孔吸声材料，如矿物棉、纤维板或塑料泡沫。这些材料均具有开放的孔隙结构，振动的空气分子被迫通过这些孔隙，衰减振动，并在过程中将声能转化为热能。多孔材料更倾向于吸收高频声能。①

如果吸声材料的厚度远小于入射声能波长的四分之一，则该方法的有效性会大打折扣，因为声压波在四分之一波长处达到最大振幅，这与正弦运动一致。

本章之前有关于构建压电传感器以用作接触式麦克风的讨论。这些传感器的设计要求包含一个阻抗匹配层，其厚度等于声能的四分之一波长。通过这种方式，反射能量的振幅是同相的。

类似地，将吸声材料放置在墙壁四分之一波长到四分之三波长之间的位置，可以通过影响声能的最大振幅来提高吸音效果，从而避免了使用更厚的吸音材料。

膜式吸声器可以采用柔性薄片形式，如拉伸在支撑物上，或作为刚性面板的形式，置于将两个房间分开的实体墙的前面。以这种方式安装材料，会在吸声器和屏障墙之间产生一个空气间隙。在空气和支撑结构之间存在阻抗不匹配的情况下，空气是一个极好的声能吸收体(其结构类似三明治)。同样，吸收过程是将空气振动转化为热量的结果，该过程基于薄片对声学信号传播所需的高频形变的阻力以及封闭空气对压缩的阻力。

这些类型的吸声器在共振频率下最为有效，该频率由面板的表面密度 $M(\mathrm{kg/m^2})$ 和空气间隙的宽度或深度 $b(\mathrm{m})$ 确定，其中共振频率 F 由以下表达式给出：

$$F = \frac{60}{(M \times b)^{1/2}} \tag{10.10}$$

谐振子模型在第3章中作过介绍，并在本章之前的部分进行了讨论。当有效弹簧系数 k 增加时，这种振荡系统的共振频率会增加。这是因为膜后空气间隙中的压缩空气增加了恢复弯曲所需的力。此外，使用薄膜可以增加振荡频率。膜式吸声器在低频下最为

① http://www.squ1.com/index.php? http://www.squ1.com/sound/absorption.html。

有效。

腔体吸声器是带有狭窄颈口的空气容器。腔体内的空气在封闭空气体积的共振频率下起到弹簧一样的作用。这种类型的吸声器具有很高的吸声性能，但仅在以共振频率为中心的非常狭窄的声学频率范围内有效。

对于腔体吸声器，共振频率 F 由以下表达式给出：

$$F = \left(\frac{340}{2\pi}\right) \times \left(\frac{S}{VL}\right)^{1/2}$$

其中 S 是颈部的横截面积（以 m^2 为单位），V 是腔体的体积（以 m^3 为单位），L 是颈部的长度（以 m 为单位）。

穿孔板吸声器将以上三种方法结合起来组成一个系统。面板可以由胶合板、硬纸板、石膏板或金属制成，并且也可以作为膜式吸声器。面板上的穿孔起到腔体共振器的作用，并辅以多孔吸声材料。穿孔板吸声器是市面上大多数声学隔音材料的主要形式。

在反射表面之间插入空气屏障也可以有效地减少声学信息的泄露。在隔墙或障碍物之间添加薄薄的一层空气也可以产生显著的声学衰减现象，从而限制能量的泄露。需要注意的是，任何连接不同房间之间的建筑结构材料或管道，例如支架或管道，都将提供声能传导的路径，因此必须使用适当的隔绝材料进行处理。

总结

人类交流的主要形式是语言，而对话有时涉及机密信息，这些信息可能是攻击者寻求未经授权访问的目标。信息内容是风险的重要组成部分，因此应当应用信息安全风险管理策略进行评估。

语音由调制的声学能量组成，通过特定频率范围内的机械振动传输。人类可听到的频率范围为几赫兹到两万赫兹。

声学信号产生的机械振动表现为空气和其他传导声能的材料中的压力波。这些振动传播时会扩张和收缩材料。声压波是纵波，这意味着材料的扩张和收缩与传播方向一致。

声学信号在传播过程中遇到的材料对其传播和泄露有显著影响。具体而言，声能反射的大小由沿传播路线遇到的不同材料之间的声阻抗不匹配程度决定。

声阻抗是材料密度和传播材料内部压力波速度的函数。虽然在声阻抗不同的表面上反射了大量的入射声能，但是空气中的一部分能量激发了密度更大的材料中的分子。材料内的声速与其刚度成正比。此外，障碍物是否完整将以不同方式使声学信号衰减。例如，墙这类完整的障碍物，障碍物本身的特性将有重要影响；对于部分障碍物，发声位置和障碍物之间的距离将有重要影响。声能可以很好地通过小孔传播。

检测声音信号的声学传感器被设计用于在不同的介质和/或不同的工作条件下运行。在评估信号接收过程的脆弱性时，必须考虑它们各自的特点和性能规格以及给定攻击场景中的相关参数。

具体而言，动式麦克风和其他带有振膜的麦克风常用于检测空气传播的语音，接触式麦克风常用于检测其他介质传播的声能，抛物面反射器与动式麦克风结合使用可以用于室外攻击场景。在所有现实场景中，环境噪声必须被考虑在内以评估威胁。目前商业声学信号处理方法已被广泛应用，并且在多个噪声源和不同相干性下均有效。

目前已经设计了各种材料用于声能衰减。这些材料通过将空气振动转化为热量来吸收声能。常用的三种吸声材料是：多孔吸声材料、膜式吸声材料和腔体吸声材料。共振效应会影响每种方法的频率依赖性。

第 4 部分

信息技术风险

第 11 章

信息技术风险因素

引　言

可以看出，在前面的章节中，对信息技术(IT)漏洞的评估基本上被忽略了。诚然，这类内容是复杂困难的，因为影响 IT 网络的风险概况的应用程序、系统、协议、服务非常多。此外，这些主题下的子主题足够复杂，到了可以自成一章的程度(例如，Windows 安全、Linux 安全、VPN 安全)。目前的书籍很难囊括对 IT 风险相关问题的讨论。

出于这个原因，在处理如此广泛的主题的写法上，本书所采用的方法与传统的书籍不同。本书采用的视角基于如下断言：IT 风险通常是更深层次、更系统性问题的表现。对这类风险的研究最终目标应该是解决企业战略层面的信息安全风险。为了从战略上解决这个问题，有必要确定有关 IT 风险根本原因和相关风险度量指标，为研究者提供更深入的视角。

这里采用的方法是，利用技术漏洞检测推断这些根本原因。在这个过程中必然会面对需要解决的技术问题，但解决这些问题后分析所得的论断将使读者对信息安全风险驱动因素有更好的理解。

有时候，专注于特定的漏洞是有必要的。必须采取战术措施来解决关键或紧急的漏洞。但是，就像生活方式是导致许多健康问题的根本原因一样，商业实践和缺乏安全治理是威胁信息的根本原因。

利用技术漏洞解决信息泄露风险的方法在所有威胁中都是相同的，正如第 1 章所描述的那样：

(1) 确定最值得关注的威胁和攻击向量。

(2) 确定能够增强这些威胁的风险因素。

(3) 检查现有措施在解决这些风险因素方面的有效性。

(4) 根据上述(1)～(3)中评估的风险和资源限制，优先考虑缓解措施以增强控制。将资源用于解决优先漏洞。必要时使用补偿控制措施，以明确考虑所有风险因素。

(5) 建立度量标准，根据基于风险的信息安全政策和相应的技术标准，衡量安全控制措施的有效性。

对于第5点，建议使用特定的风险度量和指标，这些度量和指标旨在促进对先前提到的信息安全风险根本原因的推断。有五种度量类型旨在促进对这些根本原因的推断，如下所示：① IT漏洞在IT设备中的扩散；② IT漏洞在IT资源中的集中；③ IT漏洞数量和分布随时间的趋势；④ IT漏洞随时间的持久性；⑤ IT漏洞时间序列之间的相关性。①～④被称为“时空度量”，这里借用了物理学中描述这些度量和所得指标的性质的术语。这些“时空度量”将在第12章中详细讨论。

互联网上的一幅图对本书中讨论的IT风险度量的目的进行了很好的介绍。本书中讨论的IT风险度量的目的可见图11.1。该图显示了暴露的漏洞所占常见漏洞的百分比(CVE)，作为漏洞公布后发生漏洞利用的周数的函数。① 如果将同一度量标准应用于特定组织，它可能用于评估对更有效的漏洞管理措施的需求程度。

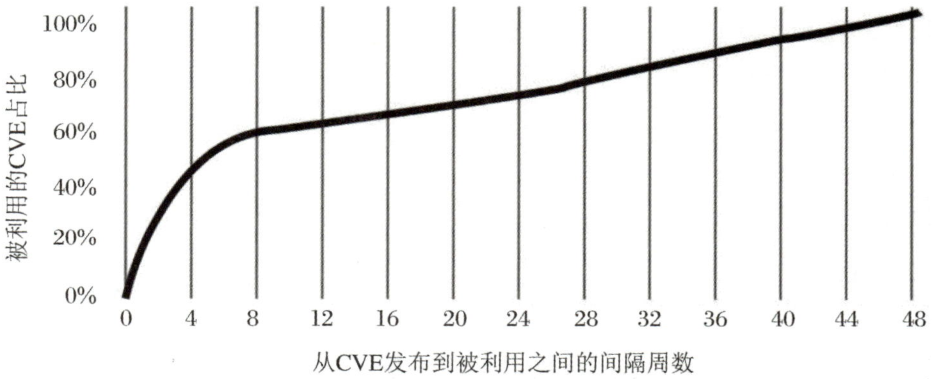

图11.1 CVE的累积利用占比关于发布后时长的函数曲线

未能及时解决已公布的技术漏洞的更深层次的影响是，整个组织存在着次优的安全管理。原因可能是未能为IT部门分配适当的资源，这种情况可能反映了不当的企业文化，这样的文化难以支撑企业实现其远大战略。

将IT部门视为简单服务部门的普遍观点可能是不采取行动或至少是非战略性补救方法的根本原因。这种情况一定程度解释了为什么技术漏洞会普遍存在，并长期难以消除。

因此，这种CVE度量标准显然表明存在重大的战术问题，但也可能表明存在需要系统性解决的潜在问题。归根结底，需要进行更彻底的调查以确定产生IT风险的根本原因，从而获得战略性的解决方法。

① https://cve.mitre.org/。

总之，安全风险评估的目标是促进对解决方案的研究。在没有无限资源的情况下，基于风险的安全管理方法是实现该目标的最有效手段。确定推动 IT 漏洞的系统风险因素是制订战略信息安全风险管理计划的基础。

业务实践和组织文化

IT 风险和业务实践之间应该有关联是显而易见的。然而，这种关联的重要性有时会被忽视。这种情况可能由于业务和技术人员之间常见的脱节而被加剧。

IT 存在的目的是通过促进有效的信息管理和沟通来完成组织目标。IT 部门负责管理这种技术，从而为组织提供实现业务目标所需的工具。

这并不意味着 IT 部门在组织，特别是在安全方面扮演次要角色。但是，他们的角色是根据组织对风险的容忍度来实施安全控制，而业务领导者则定义了这种容忍度的大小。

业务实践与组织文化密切相关。所有成功的组织都以使命为导向，而那些成功多年的组织往往奖励创造力、创新和灵活思维。但是，安全机构和企业的工作方式不一定是一致的。在业务环境中，创造力和适应性行为具有巨大的价值，但不一定是安全领域的必要属性。[①]

企业内部遵守安全实践的集体意愿假定规则和法规是合理的，即基于风险，并且通常被用户视为有效。强制实施无效的控制，常被戏称为“安全剧院”，实际上可能会带来更多的风险。因为几乎可以肯定的是，聪明的用户会采取各种手段来规避这些规则。[②]

此外，糟糕的安全规则可能导致用户失去对安全机构的信心，并诱使他们规避这些规则。这在美国机场对旅行者实施的一些安全措施中是显而易见的。其中有一些被认为是既不方便，也无法有效地阻止恐怖主义的措施。

业务实践与其对安全的影响之间有许多例子。甚至可以说，认识到这种关系是必要的常识。然而，在任何组织中，业务和安全部门之间通常存在天然的紧张关系，这种紧张关系可能会产生种种困难，并表现在各类安全问题上。

具体而言，业务需要完成任务，这通常涉及个体间的无缝通信，而通信越来越依赖于

---

① 这并不意味着安全专业人员或程序不应该具有创造性或适应性。相反，安全程序必须对安全风险状况的变化做出反应。然而容忍或默认鼓励为了方便而规避基于风险的安全策略和程序的文化很可能会遇到问题。

② 这个术语的起源归功于 Bruce Schneier。

IT。IT 部门负责确保通信技术符合既定的安全策略和最佳实践，这有时会减缓项目的进展。任何组织中的信息安全都不可避免地归结为在安全和便利之间找到适当的平衡。

例如，一所声誉卓著的面向学术的机构承担了相当大的业务驱动 *IT* 风险。他们允许所有科学家在其 Windows 账户上保留本地管理员权限。IT 工作人员非常有能力，因此非常清楚与这种做法相关的风险。但是科学家们主导了这个领域，他们坚决认为如果不能下载和安装自定义软件，就无法履行职责进行工作。

当然，如果一名攻击者成功通过社会工程学攻击了其中一位科学家，攻击者将拥有相同的高权限。科学家的密码也很弱，因此如果攻击者成功访问加密的密码文件，访问他们的账户将不是难事。最后，该机构非常著名，所以黑客可能自然而然地视其为目标。这代表了一个经典案例，其中业务实践和组织文化是导致 IT 漏洞的根本原因。

有一些补偿性控制措施其实是可以实施的，例如推出软件来管理访问权限，并将高权限账户放入其子网中，并施加严格的入站/出站限制。但是，该机构的组织文化抑制了任何削弱部门和员工之间互动的安全措施。同时，安全预算的限制也影响了问题的解决。许多组织存在非常相似的漏洞，这些漏洞由相同类型的根本影响导致。表面上看，这些似乎是 IT 问题。但是，技术的不安全实施通常是组织文化的体现。

比如，允许对网络中各个子网的不受限制的访问显然是一个技术问题。但是，这种漏洞背后的驱动因素使得其得不到缓解。该驱动因素是一种组织文化的产物，这种组织文化隐含地强制执行“从任何地方访问任何东西”的要求，而这恰巧也是恶意软件的主要目的之一。

此外，与 IT 工作人员的访谈揭示了他们其实非常清楚某个特定漏洞，但受到组织文化规范的限制无法采取措施。试图对访问信息的限制仅限于那些“需要知道”的人，或者实施补偿性控制，可能会遭到组织文化拥护者的反对。而这些组织文化拥护者决定了 IT 人员的薪水。在这种情况下，解决即时问题固然重要，但找到根本原因才是更具战略性的目标。

在大多数情况下，可以通过明智地应用补偿性控制来解决安全问题。业务领导者必须要求安全风险得到有效管控，并承认即使只有一个人采用高风险的做法也可能对整个企业产生潜在的安全影响。此外，如果希望实现广泛的合规性并保持一定的可信度，这些建立和延续组织文化的领导者，必须同样遵守政策。

这并不意味着应该盲目地应用规则，而不发表意见。健康文化的标志是鼓励对话。此外，大多数合理的安全决策的结果是妥协，即没有实现最佳的安全，并使受影响的用户经历一些不便。

任何组织都会面临的一个难题是，如何调整组织文化，以纠正这些系统性的安全风险驱动因素，同时不会对历史上为组织的成功做出贡献的属性产生不利影响。

安全治理

缺乏安全治理是IT风险和信息安全风险的另一个风险因素。它也经常与当前的组织文化联系在一起。安全治理是衡量一个组织内部信息安全认知水平的有用指标。如果存在健全的信息安全治理流程,则表明信息安全是优先考虑的文化。

相反,缺乏安全治理会增加信息安全事件发生的概率和受到攻击的脆弱性。因此,它是信息泄露威胁的风险因素,需要进行测量并给出相关的风险指标。虽然安全治理的重要性也可以被视为常识,但有时需要明确说明为什么这些增加IT用户负担并引起他们不满的流程应该继续存在。

制定基于风险的政策和标准是安全治理的核心,并对任何组织的安全措施具有重要影响。政策和相应的技术标准是必要的,它们用于衡量偏离可接受实践的程度,并且这种衡量应根据组织的风险容忍度进行。在之前的论述中已经对信息安全风险和医疗风险问题进行了对比。这样的对比具有一定启发性,但需要强调的是,它们在风险管理方面存在差异。在医学中,科学家能够进行控制变量实验,从而隔离测试中的特定变量的影响。一般来说,这些测试的受控性质以及具有统计学意义的样本可以产生因果关系的明确联系。

弗雷明翰的心脏研究是一个很好的例子。该研究始于1948年,旨在确定心脏疾病的风险因素。它今天仍在进行中,并包括许多成千上万的参与者。此外,它对于理解一种重大疾病的病因学有着重要的贡献。

以这种方式评估特定治疗的积极和消极作用具有深远的影响。它使医生能够向患者发表以下声明:"这种药物有90%的可能性在预防或控制这种疾病方面有效。"本书作者从未听过安全专业人员就安全控制措施的有效性发表这样的声明,这样的事实是有其充分理由的。

药物试验的结果适用于基于大量实验参与者的样本空间的一般人群。这种概括中隐含的事实是,人们在生理上相似或足够相似。此外,大规模人群研究使得能够对治疗的有效性得出可量化的结论。在统计术语中,更大的人群意味着平均值的标准偏差更小,这意味着结果更加确定。①

敏锐的读者可能会说:"安全技术产生了大量数据,以及许多可衡量的风险因素。可以看到入侵检测系统、数据泄露保护解决方案、防火墙日志等海量的输出。那么,为什么

① 第1章有关于均值的标准偏差随着人口规模的平方根而变化的讨论。

IT 安全专业人员很难准确评估风险呢?”

本书对此的回应是，测量事物是安全中容易的部分。与安全相关的事件不一定是合法的安全事件，而且更重要的是，它们的风险相关性可能会根据特定情况的细节而显著变化。为了在考虑修复成本（广义定义）的情况下准确评估风险，需要将事件与结果相关联，这更加困难。这在医学中有时也是正确的，正如乳腺 X 线检查和前列腺特异性抗原（PSA）检测在降低死亡率方面的有效性引起争议一样。

正如第 1 章和本书其他章节所描述的，问题关键为安全本质上是防御性的，对手进攻的动机要更强烈，二者不一致。并且 IT 环境中风险因素的相对重要性可能会因特定情况而大大变化，这些条件使得很难以统计置信度关联因果关系。这也加强了对以风险为基础的安全策略和相应标准的需求。为什么呢?

由于在 IT 环境中确认因果关系的实验不容易实施，因此一个可行的替代方案是建立一个基于风险的信息安全策略和相应的 IT 标准，以衡量合规性。与标准之间差距将突出风险存在的部分，从而使得与组织对风险的容忍度相符的相应缓解成为可能。当然，策略和标准可能存在缺陷，这显然会影响评估的结果。

有三个条件可以增强信息安全治理有效性。第一个条件是 IT 部门不应负责政策的制定和执行。针对该条件的原因有三个。首先，当负责实施安全控制的人员也负责这些控制政策的制定时，存在固有的利益冲突。

第二个原因是，IT 部门可能受业务部门压力修改其执行的规则。通常情况下，IT 部门默认负责制定政策，因为业务领导错误地认为信息安全本质上是一个技术问题。

将安全政策的制定从 IT 部门的职责列表中移除的第三个原因是技术人员制定的政策难以满足非技术用户需求。相比之下，与信息安全策略相关的 IT 安全标准应由 IT 专业人员适当编写。该标准应与政策相符，并规定与安全技术实施相关的性能规范。

增强信息安全治理有效性的第二个条件是系统性地监测信息安全政策的合规性。组织的信息安全风险概况可能会发生变化，这些变化必须反映在一份易于阅读的更新的政策文件中。确保持续遵守政策和相应的标准需要相应流程，以检查安全控制的有效性和持续相关性。

增强信息安全治理有效性的第三个条件是集中管理。集中管理意味着一个具有权威性和全局范围的中央管理治理实体，能够代表组织就安全政策问题发表统一意见。创建一个安全委员会，在企业范围内解决与政策相关的问题，是朝着集中管理治理流程迈出的积极步骤的一个很好的例子。

这对于拥有多个业务单元和/或地理多样性的组织尤其重要。使用一致的监督流程更有可能识别影响不同实体的不良行为模式。此外，它们可以通过应用一致的控制措施进行全面、战略性的解决。通过旨在提供有关政策和标准驱动的控制措施有效性的度量标准,更有可能发现企业范围内的行为模式。

总之,有效的安全治理取决于制定良好的政策和标准、定期评估该政策的风险以及集中的安全治理。此外,缺乏安全治理本身就是信息泄露的风险因素,因此应开发优先度较高的补救措施进行衡量。

用户行为

不难理解,信息资源的用户是信息安全漏洞的来源,因此这也是信息泄露的风险因素。用户处理机密信息并利用促进 IT 账户访问的技术。在大型组织中可能有数十万用户。他们的个人信息访问要求和行为可能会有很大的差异,而跨司法管辖区的隐私限制增加了在全球网络上运营的复杂性。

与用户行为相关的一些 IT 风险因素包括访问外部站点的历史记录、访问内部资源的广度、访问特权的级别、密码的选取和物理访问系统特权。这些风险因素的汇合可以用于对组织内的个人进行风险排名。这有助于优先考虑以风险为基础的安全方法的修复工作,同样也是以风险为基础的安全方法的存在理由。

建立用户风险配置将补充通过信息安全风险评估确定的信息资产的风险配置。它可以为整体信息安全风险配置增加一个新的维度,其中优先控制措施适用于用户和资产。重要的是要记住,与单个用户相关的漏洞可能对 IT 环境产生重大影响。

争议在于,用户风险,如个体行为所表现的那样,是组织整体信息安全风险的一个重要因素,并应作为综合和全面的风险管理方法的一部分加以解决。

反映用户行为风险的潜在指标可以从 Windows 环境下的 Active Directory 数据或通过密码破解获得。具有弱密码的用户本质上代表了易受攻击的目标。特别是,具有高级账户权限(例如,本地管理员和域管理员)的用户,如果其使用较弱的密码,将显著增强该用户的风险。

此外,如果拥有所有这些风险因素的使用者比例过高,则会提高组织的整体风险概况。

信息资产的物理安全

信息资产的物理安全并未被充分认识,这是信息安全威胁的一个风险因素。尽管无法证明,但这种缺乏认识的部分原因可能与信息技术人员和物理安全人员之间长期存在的文化分歧有关。

好消息是，网络化的物理安全技术的增加已经将这两个群体拉得更近。他们甚至开始使用基于 IT 和物理安全技术不断融合的相同术语进行交流。坏消息是，尽管这种演变具有好处，但它也带来了风险。

许多信息安全攻击向量都是通过物理访问实现的。与虚拟化相关的物理安全攻击将在第 15 章中进行讨论。这些攻击仅代表物理访问控制被破坏时可能攻击的一小部分。具有物理访问网络端口的恶意个体处于利用与网络相关的漏洞的有利位置，与此同时，越来越多的设备具备这样的端口。

闭路电视摄像头和物理访问卡读卡器是关键的物理安全设备，它们通常通过互联网或企业内部网络进行通信。具体来说，这些设备负责物理监控以及在数据中心和组织内部限制对关键信息资产的访问。据估计，截至 2014 年，全球已安装了 2.45 亿个闭路电视摄像头，这仅包括由专业人员安装的设备。

对这些设备的攻击并非只是理论上的。2013 年，一次分布式拒绝服务(DDoS)攻击成功发起，攻击由一个 HTTP"Get"泛洪攻击组成，峰值达到约 20000 个请求/秒。[①] 调查相关 IP 地址表明，被攻击的资产是网络化的闭路电视摄像头，每个检查过的摄像机都可以通过其默认的登录凭据进行访问。

所有被攻击的设备都在运行 Linux 操作系统，使用了一个名为 BusyBox 的应用程序，这是一个将多个 Unix 打包成一个小型可执行文件的程序，专为资源有限的系统设计。在事后分析中还发现了一种恶意软件，它会扫描运行 BusyBox 的网络设备，并寻找易受暴力字典攻击的开放 Telnet/SSH 服务。显然，密码强度对于物理安全设备和 IT 资产都非常重要。

一个重要的教训是，闭路电视摄像头和其他关键的物理安全技术越来越多地被网络化。因此，这些设备可能具有与其他网络设备相同的漏洞，这些漏洞可以被利用来进行更广泛的 IT 网络攻击。这种情况显然对网络的信息安全有影响，并也直接影响到关键信息资产的安全。如果保护服务器和交换机等信息资产的物理安全设备变得无效，这些资产受攻击的可能性将大大增加，特别是对于拥有物理访问权限的个人，即"内部人员"来说。

最重要的是，物理安全基础设施和流程应包括在信息安全风险评估中。对数字视频录像机(DVR)和网络视频录像机(NVR)等技术的电子访问也应成为用户风险配置的一部分，因为拥有这种特权的个人承担着更强的风险，特别是如果存在其他风险因素，例如增强的访问权限和弱密码。最后，具有网络端口的物理安全设备不应安装在公共可访问

① https://www.incapsula.com/blog/cctv-ddos-botnet-back-yard.html。

的地方，在这种情况下，最好使用与 IP 转换器连接的模拟摄像头。

信息技术实施

尽管 IT 漏洞可能指向信息安全风险的根本原因，但技术实施，特别是技术安全控制的不良实施，也代表着其自身的风险因素。我们当然不能排除 IT 部门对 IT 风险的贡献。

网络技术的不良配置、缺乏严格的实施和测试流程已被证明是许多网络泄露的罪魁祸首。缺乏资源通常被认为是根本原因，并且必然会影响其他问题的解决。

然而，缺乏 IT 标准来衡量性能是很难被原谅的。如果没有这样的标准存在，或者只是试图符合标准，则表明存在更系统的信息安全风险。例如，这样的标准中的一项可能会指定网络设备上的默认设置应立即更改，并制定一个程序来检查这一情况。符合标准的情况将作为定期评估过程的一部分，每年进行评估。

这样一个标准并不能保证在每个实例中都会遵循正确的程序，但是缺乏标准会增加不遵循的可能性。未采用符合 IT 标准的 IT 部门会增加信息安全风险。

一般来说，IT 部门往往是通过应对危机来运作的。此外，高级管理人员通常对技术知识和安全关注很少(请参见“业务实践和组织文化”章节)，可能会提出不合理的要求。这留给了安全策略很少的空间，并创造了一种伴随着安全风险的紧张氛围。IT 部门经常在便利性和强制安全之间权衡，有时会使他们处于尴尬的境地。这种情况进一步增强了需要由具有广泛监督和执行职责的客观实体进行适当安全治理的需求。

最后，虽然 IT 部门的表现可能受到系统性风险因素的驱动，但必须审查特定技术实施工作的有效性。此外，必须将负责技术实施的人员的能力、组织和动机作为全面信息安全风险评估的一部分。

信息安全政策和信息技术标准

由于信息安全政策和相应标准对安全治理至关重要，因此需要进行单独的讨论。信息安全政策可以看作一种宣言，就像任何好的宣言一样，它应该在前面明确规定组织的基本安全原则。这些原则指导用户行为的限制，所有安全要求和实践最终都应源自这些原则。

这些原则是信息安全领域的箴言。然而，与箴言不同的是，信息安全政策本身应该是一个相对灵活的文件。它应该定期进行审查，并随着技术的变化、出现意外风险问题和组织的安全风险状况的变化而发展。政策语言应该明确、无歧义、简单明了，并包含基于风险的有用内容，以促进合规性推广。

例如，一个有用的信息安全政策应该包括直接影响大多数用户群体的主要问题。这些问题可能包括远程网络访问、自带设备、在高风险国家使用 IT 和使用云资源等。这些问题所涉及的风险是动态的，因此管理这些技术使用的政策也要相应地发展。

一份有效的信息安全政策应该为所保护信息的风险类别指定一个层次结构。这些类别可以根据其对组织的影响程度进行排名。这些类别既不应过多也不应过于复杂。高、中、低影响等级及其相应的标准就足够了。

高风险类别的一个标准示例是，未经授权披露特定的信息，可能会对组织产生长期的灾难性财务和声誉影响。

这些信息类别将使安全问题的决策变得富有逻辑、基于风险判断并具有保护性。例如，一个组织可能允许在云中存储低影响信息而无须进一步审查，但如果正在考虑将中或高影响信息存储在相同类型的云中，则需要更多的审核。这正是所谓的基于风险的信息安全方法的含义。

技术标准应该与信息安全政策区分开来。标准为用于管理信息安全风险的安全控制提供性能规范。因此，其受众是安全控制的实施者，如 IT 和运营部门。针对这些受众的文档应该是具体的、技术性的，并且必须是及时更新的，以反映由技术和组织变化所驱动的风险变化。

例如，标准应该规定密码复杂性和身份认证的要求(例如，采用双因素/单因素认证)。与实施安全控制相关的预期服务水平，例如解决高风险漏洞的平均时间，也可以包含在 IT 安全标准中。

相比之下，安全政策将说明有关访问 IT 资源的身份认证的一般要求。换句话说，政策将要求通过身份认证方式访问公司 IT 资源。标准则会指定该身份验证的具体方式。如上所述，标准预计会比政策更频繁地更改，因为诸如密码复杂性之类的问题将根据威胁复杂性和组织的安全风险概况进行调整。

总之，IT 安全标准规定了具体的安全控制及其性能规格。这些规格由组织对信息安全风险的容忍度决定，反映在信息安全政策中，而信息安全政策应该与组织文化相一致。

总结

互联网的爆炸性增长归功于它在增强通信和提供信息访问方面的有效性。然而，这种通信的便利性本身就是信息泄露的风险因素。此外，基于 Web 的通信使用了互联的软件和硬件，这些软件和硬件通过服务和协议进行交互，而这些服务和协议经常被各怀鬼胎的全球攻击者利用。

有效的信息安全依赖于旨在管理网络固有不安全性的信息技术。众所周知，IT 漏洞会对组织的信息安全风险概况产生影响。由于众多交互式系统的广泛性和复杂性，潜在漏洞的范围是巨大的。

尽管信息安全漏洞通常表现为技术问题，但信息安全风险的根本原因通常源于更系统的风险因素。这些风险因素包括与组织文化相关的业务实践、安全治理、用户行为、信息资产的物理安全和 IT 具体实施。

组织文化影响着高风险的业务实践以及安全治理的有效性。最终，是组织的文化推动了信息安全风险管理的态度和方法。文化很难直接衡量，但可以通过指标的间接测量和推断来进行评估。

为此，研究者已经提出了时空风险度量和指标，旨在帮助推断产生信息安全风险的根本原因。这些内容将在第 12 章中进行详细说明。

用户行为也会影响任何组织的信息安全风险概况。用户行为的风险因素包括增强的账户访问权限、账户访问历史记录、物理访问系统权限和密码强度。组织通常会监视和评估与设备相关的安全风险，但很少评估与个人相关的风险。评估与设备和个人相关的风险可以为企业提供有关漏洞性质和适当补救措施的深入视角。

信息资产的物理安全在信息安全风险评估中经常被忽视。原因部分为物理安全和电子安全实体之间通常存在隔阂。物理安全技术与信息安全风险有不可避免的联系，具体表现在两个方面。

首先，这些设备愈发依赖 IT 网络进行通信，因此安全漏洞会影响网络的整体安全性。其次，物理安全设备保护关键信息资产，因此它们被攻击对信息安全的影响可能会被放大。

因此，应该评估信息资产的物理安全和物理安全基础设施的电子安全，并将其包括在对信息安全风险的全面评估中。

第 12 章

信息技术风险度量和指标

引　言

对大多数组织来说，度量信息技术风险以寻找信息安全风险的根本原因是十分困难的。信息安全主管（CISO）有时不知道要测量什么或如何解释测量结果。讽刺的是，实际上可用于研究这个问题的数据并不短缺。

入侵检测系统（IDS）、数据泄露防护（DLP）解决方案、防火墙日志等可以产生海量数据。安全信息和事件管理（SIEM）工具用于捕获、组织和关联事件以突出显示与风险相关的问题，这些工具通常用于协助风险分析。然而，数据泄露仍以惊人的频率发生。我们应当为这个现象寻求一种解释。

也许组织不了解信息安全技术生成的数据所产生的指标，可能组织只是忽略了这些指标或缺乏采取行动的资源。另一种解释可能是现有指标无法衡量信息安全风险的根本风险因素。在本章中，我们假定后一种解释是许多情况下的原因。

在检查多个 IT 环境之后，我们总结出一种现象，在企业规模上检查时，每个环境都有类似的信息安全问题。此外，形成信息安全风险的因素往往与技术无关。一些普遍的观察结果表明，企业的文化特征会影响信息安全。

IT 部门负责创建和执行信息安全策略是很常见的。第 11 章就着重指出了这种不利情形。IT 部门工作人员常会因这一情况陷入进退两难的境地，因为尽管有政策规定，他们也很难拒绝上级的指令。此外，如果 IT 负责人制定了管理实施的信息安全政策，则也会带来内在的利益冲突。

在各个组织中存在另一个一致的观点，信息安全问题通常是相当基础的，深奥的问题相对较少。因此，如果以改进信息安全策略为目标，使用衡量细微风险的度量标准将不是有效利用资源的方法。

就策略而言，在安全风险度量系统中缺少的是与医疗生命体征相同的衡量方式。在医学上，体温是衡量总体健康状况的一个很好的指标。体温肯定不能说明在细胞水平上发生了什么，但如果一个人的身体核心温度明显高于 98.6 华氏度（37 摄氏度），那么显然是出了什么问题，需要进一步调查。请注意，反过来不一定正确：没有升高的体温本身并不意味着身体健康，这就是为什么要进行例行健康检查和其他化验。

继续用医学类比，一个好的内科医生知道各种疾病的危险因素。此外，他应该知道什么时候把病人转介给专家。内科医生相当于 CISO，而医学专家类似于 IT 工程师。内科医生使用生命体征作为初步筛选机制。CISO 需要类似的度量，以便对系统安全运行状况进行精确的估计。

重要的是，这样的指标不可避免地无法解决所有问题。试图测量所有东西可能和什么都不测量一样糟糕，甚至更糟。实际上，试图捕获和分析所有风险可能也是导致当前安全风险管理失调的原因。下一节将介绍系统信息安全风险度量和度量标准。

信息安全风险度量和度量标准

IT 及系统信息安全风险度量和结果度量的一个标准是，它应该来自相对常见且容易获得的数据。由此产生的度量标准更加直观，评估过程的负担更轻，这将有助于标准化和广泛实施。

风险度量的另一个标准是应该使用标准的统计度量。基于这些指标的分析可以极大帮助观测风险，且度量指标的简单性会增强其实用性。具体来说，使用平均值、标准差和相关系数等测量方法可以发现显著问题，从而提出有待于进一步调查的问题。

最后，风险度量的数据来源应该产生企业层面的风险指标，这些测量的来源如下所示。本章的剩余部分将致力于说明如何测量与风险相关的数据来源，以揭示具有重要影响的安全指标：

(1) 密码的加密哈希值文件；

(2) 通过扫描工具识别的活动目录漏洞，例如 StealthAUDIT；

(3) 基于标准扫描方案的主机漏洞，例如 Nessus 和 Qualys。

这些资源通常为大多数组织所熟悉。此外，这些资源生成的数据在不同的环境中是相对一致的。当然，实际上还有更多的信息可用，潜在的来源包括防火墙日志、IDS 数据、DLP 解决方案输出等。

在这种情况下，在 IT 环境中确实有许多参数可以测量，而难点在于如何衡量具有重要影响的参数。

由于目标不同，使用更多的数据实际上可能会适得其反。来自上述提数据来源的海量数据可能会混淆对重要信息的分析。因此，本书仅介绍上述(1)～(3)中规定的风险相关的数据来源，通过测量信息技术生命体征，从而推断信息安全风险的根源。

然而，组织可能希望利用更多来自漏洞扫描的未经过滤的输出。这样的数据可以提供额外的环境信息，从而增强对度量实用性的理解。这一环境信息还将通过集中注意于风险最高的资产来促进修复工作。

例如，如果漏洞扫描发现60%的高风险漏洞集中在1%的终端设备上，应该如何处理？风险集中性测量(后续会介绍)将捕获此风险度量。漏洞扫描结果的原始数据可以提供与包含这些高风险漏洞的设备相关的内存使用情况。这反过来可能表明在该设备上存储着一个数据库，从而说明应优先考虑与该设备相关的漏洞。一般来说，修复工作优先级的关键，在于确定高影响信息资产与其中存在的重大漏洞的联系。

建立有意义但基础的信息安全风险度量标准的最后标准是，将当前的外部威胁与特定的内部漏洞联系起来。人们会投入大量的防御性工作来防止攻击者从电子上访问内部资源。如果没有度量标准将当前外部威胁的情报纳入其中，那么一个重要的环境要素就会缺失。

安全风险维度

如本章前面所述，真正具有战略意义的信息技术风险指标应该指向信息安全风险的根本原因。从高层次来看，这些驱动因素可以根据不同的类别、“维度”或广义的安全风险类别进行分组。前一章所强调的组织风险因素的来源隐含在以下三个维度中：

(1) 威胁暴露；

(2) 漏洞管理；

(3) 安全治理。

威胁暴露的测量产生了将当前的外部威胁与内部漏洞联系起来的指标，并且重要的是，它们提示了有关内部组织力量的工作情况。此类测量识别出具有漏洞的特定主机，例如终端和服务器，这些漏洞可以被当前实际环境中已知的恶意软件工具包所利用。显然，受到这种影响的主机存在更高的风险，修复其松懈、低效或无效的补救措施是非常重要的。

漏洞管理及其相关测量反映了IT部门在处理安全“家务事”的有效性。尽管传统上漏洞管理被视为一个固有的技术问题，但它实际上可能揭示了与组织文化相关的风险相关特征。

例如，对漏洞管理的拖延态度可能直接与IT部门资源有限有关。这种情况可能归因于IT部门管理不善，也可能是因为存在反安全文化，导致IT部门缺乏资源。只有进一步的调查才能确定产生此现象的根本原因。

安全治理是本方案中测量信息安全风险的第三个维度。组织中安全治理的质量，无论好坏，根本原因都指向文化。密码破解是安全治理测量的主要信息来源。为什么这个信息来源有助于从根源上识别信息安全风险？

尽管弱密码是一种常见且众所周知的攻击载体，但它们在各个组织中仍然普遍存在。如果允许使用弱密码，特别是对于那些具有增强访问权限的高风险账户，这说明便利性相较于安全性占据了主导地位。因此，密码的质量反映了一个全面的安全治理问题。

另一个用于衡量安全治理的数据来源是 Windows 活动目录，注意到目前大多数 IT 环境都是基于 Windows 的，并且使用活动目录很常见。具体的测量特征包括过期账户的数量和持续时间，这关联到与用户行为相关的风险。

请注意，这里所规定的度量指标可能适用于多个维度。

例如，与现有恶意软件工具包相关的漏洞测量可能与漏洞管理和威胁暴露同样相关。此外，用于衡量漏洞管理维度的持久性漏洞可能也与安全治理相关。

时空风险度量概述

显而易见地，风险度量的一个基本方面是度量本身。在这里，我们认为测量所谓的时空特征特别适合建立 IT 生命体征。时空一词意味着与空间和时间有关。但是，在这种情况下，“空间”不是指物理距离或空间中的区域，而是指存在漏洞的设备集合。在信息技术漏洞中，重点是应用程序、服务器、端点等内部的漏洞。具体来说，对安全治理、漏洞管理和威胁暴露的三个安全维度应用了四种时空度量。这些度量如下所述：

(1) 风险集中度是对漏洞密度的空间测量，产生了信息资产中漏洞的累积分布。例如，这样的度量可能指定百分之“x”的漏洞存在于环境百分之“y”的信息资产中。

(2) 风险扩散度是反映漏洞分布的空间测量，表示信息资产中漏洞的绝对或平均数量。例如，这样的测量可能指定每个端点的平均漏洞数（VpE）为“x”，或者百分之“z”的资产至少有一个高风险漏洞。

(3) 风险持续性衡量信息资产中漏洞的持续时间。例如，这样的测量可能指定端点上最旧的可被恶意软件利用的漏洞（根据其发布日期）为“x”个月或年。

(4) 风险趋势衡量漏洞平均数或绝对数的变化速率。例如，VpE 被测量为增加、减少或不变。

漏洞的分布（风险扩散度）、密度（风险集中度）、方向（风险趋势）和持续时间（风险持续性）的波动可能是安全控制不连贯、不一致或疏忽导致的问题。

另外还有一个补充的风险度量，可以提供信息技术风险的额外见解。具体来说，时间序列之间的相关性度量产生了关于安全控制的数据，这些数据提供了关于工作中组织力量的线索。趋势中的相关性或反相关性可能指向组织风险管理机制中存在潜在的惰性或低效情况。最重要的是，在企业层面上识别程序缺陷有助于采取战略性的补救措施。

尽管风险似乎是一个有些抽象的量，但漏洞在空间和时间上的分布或变化提供了关于潜在组织力量的间接数据，从而帮助推断信息安全风险的根本原因。

时空风险度量和指标

风险扩散度

风险扩散度是一种空间测量。它指定了环境中所有物理和虚拟主机上的漏洞数量。从这个测量中得到的指标可以有两种形式：漏洞的绝对数量和每个端点的平均漏洞数量（VpE）。

每个端点的平均漏洞值可能被认为是更敏锐的指标，因为发布的漏洞数量以及主机的增加或减少可能在短时间内发生很大的变化。这样的波动可能会极大地影响漏洞的绝对数量，而不一定实质性地影响风险。

然而，漏洞的绝对数量本身就是一个简单直观的指标。它通常是一个好的指示企业级风险的初级指标，也可以合理地考察网络上风险集中度，这将在后面讨论。

关于扩散度的具体指标说明了这个测量的实用性。特权账户是信息泄露的风险因素，因为它可以随意下载和安装软件。攻击者试图入侵网络的一个优先目标就是窃取具有更高访问权限的账户的登录凭证，以便按照其指示自由安装恶意软件。

因此，企业内部特权账户扩散情况的指标能够指示组织系统风险。除非有强有力的业务理由，特权账户数量过多可能表明组织缺乏足够的安全治理能力。显然在大多数组织中，大多数人不应该拥有特权账户。

任何一个 IT 部门的关键职能，也是他们存在的根源，就是更新安全补丁。这种西西弗斯式的活动通常被称为漏洞管理。CVSS 评分①是一个行业通用的漏洞风险评估的标

① 共同漏洞评分系统（CVSS）是一个开放的框架，用于沟通软件漏洞的特征和严重程度。CVSS 由三个度量组组成：基础、时间和环境。基础组表示漏洞的固有属性，时间组反映随时间变化的漏洞特征，环境组表示用户环境中独特的漏洞特征。基础度量产生一个从 0 到 10 的分数，然后可以通过对时间和环境度量进行评分来修改（https://www.first.org/cvss）。

准。漏洞的CVSS评分越高，漏洞存在越大的潜在影响和其他风险，说明其被评估为易于被利用的漏洞。

在终端设备上出现高CVSS漏洞扩散，表明修复漏洞的工作出了差错，这种情况说明IT资源或IT部门的效率存在问题。如果存在扩散且深层次的漏洞分布，同时伴随着后面提到的趋势指标，那么就应该与IT管理层进行开诚布公的讨论。

通过这样的讨论，我们可能会发现信息安全风险存在的根本原因。正如前面提到的，几乎每个IT部门都在努力进行漏洞管理。这些指标的意义在于看到表面问题的本质，从而以更广泛的视角去审视风险。

平均VpE可以被认为是一个核心指标，它类似于体温，因为它是粗略、简单，并能反映潜在风险管理过程的质量。对于一个拥有数千甚至数十万台主机的大型组织来说，平均值的大变化肯定意味着某些积极或消极的事情正在发生，这取决于变化的方向。

然而，像任何平均值一样，这个数字本身并没有很大的信息量。平均值周围可能存在很大的差异，所以仅仅使用一个平均值可能会产生误导。尽管如此，它依然是一个很好的候选指标，作为一个重要的信号，组织应该根据其值和变化趋势来进行进一步的调查。

威胁暴露的扩散风险是通过测量具有可被现有恶意软件工具包利用的特定漏洞的端点比例来捕获的。这个指标具有明显的危险性，因为黑客或脚本小白可以运用现成的武器，通过网络钓鱼或其他社会工程方法获得内部网络资源的访问权限。

这种脚本的存在使得黑客不需要开发新代码，从而促进了未来攻击的漏洞。注意，这个指标明确地将当前的外部威胁环境与内部漏洞联系起来。图12.1总结了安全治理、漏洞管理和威胁暴露安全风险维度的扩散测量结果的指标。

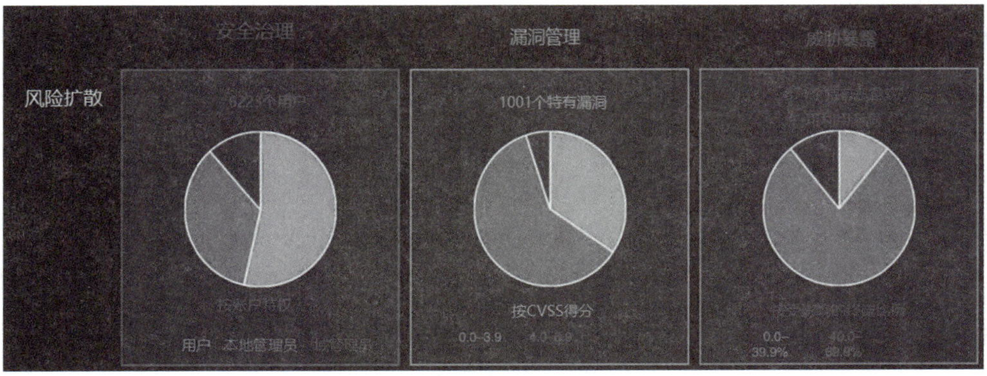

图12.1　信息安全风险的扩散度量

风险集中度

在漏洞管理中，风险集中度是一种空间测量，用于测量信息资产中漏洞分布的不均匀程度。该指标由累积分布表示，其中漏洞的数量被计算为资产总数的百分比函数。因此，根据定义，最后一个数据点表示100%的漏洞存在于100%的信息资产中。

换句话说，漏洞的集中度测量了随着信息资产百分比增加而增加的漏洞比例。这种风险的集中度测量在风险管理方面具有重要意义。值得注意的是，低集中度的高风险漏洞和高集中度的低风险漏洞可能说明漏洞管理是有效的。本章后面将讨论两个时间序列的相关性测量，以帮助确定这种情况的含义。

当然，如果情况反过来，说明情况不容乐观。具体来说，如果一组重要资产存在高集中度的漏洞，则可能表明补救措施是不对症的，甚至是完全疏忽大意的。从漏洞扫描数据或其他获得的关于资产性质的信息将有助于优先考虑修复工作。例如，如果风险集中度出现在托管了重要数据库的服务器上，那么应该优先考虑该服务器而不是价值较低的主机。

如果这个指标指向漏洞分布不均的情况，那么就需要进一步分析。修复工作将再次取决于这些资产的性质，可能包括隔离受影响的资产、密集打补丁或增加对这些资产的流量监控。

无论喜欢与否，密码是限制访问信息资产最常用的身份验证形式。尽管有理由摆脱使用密码作为主要身份验证形式，但它仍然在IT环境中被广泛使用。由于它对身份验证过程的重要性，密码的复杂性直接反映了安全治理的质量。我的公司进行的大多数成功的道德黑客攻击演习以及许多历史攻击，都利用了密码破解。

在这个测量方案中，安全治理的风险集中度指标是根据Windows环境中三种账户特权类别（用户、本地管理员和域管理员）中密码破解的百分比给出的。例如，入侵者破解域管理员密码的潜在影响显然比普通Windows用户大得多。事实上，获得管理特权很可能是黑客的首要任务之一。

最后，威胁暴露面临的风险集中度也是通过累积分布来衡量的。具体而言，测量环境中恶意软件可利用漏洞的总数与主机百分比之间的关系。

“信息资产集中”和“易受恶意软件攻击的漏洞”之间的关联，极大地增加了这些机器对现有威胁的敏感性。与其他漏洞集中情况一样，了解哪些资产承载着最高密度的易受恶意软件攻击的漏洞，是优先进行修复工作所需的情景信息。

信息资产之间的空间不均匀性表明，具有特定功能或地理位置的特定资产处于较高的风险之中。这样的发现可能表明一些较高的风险会关联于特定业务单元。例如，漏洞分布的不均匀性可能合理地与相应的修复工作分布不均匀性联系起来。如果资产组由特定 IT 组件管理,则可以使用风险集中度指标来确定组织缺陷。

对这些数据的另一种理论解释是,由于业务方面的反对,这些特定资产没有进行修复,这反映了组织文化是根本原因。这也为战术性和战略性的修复工作提供了重要的数据。无论在进一步深入调查之后得出的结论是什么,那些受影响的主机和终端设备都将成为需要解决的重点领域。如果修补措施不可行或不切实际,则需要部署补偿性控件,以降低已存在的安全漏洞对系统造成的风险。

图 12.2 说明了信息安全风险的上述维度中风险集中度的测量。

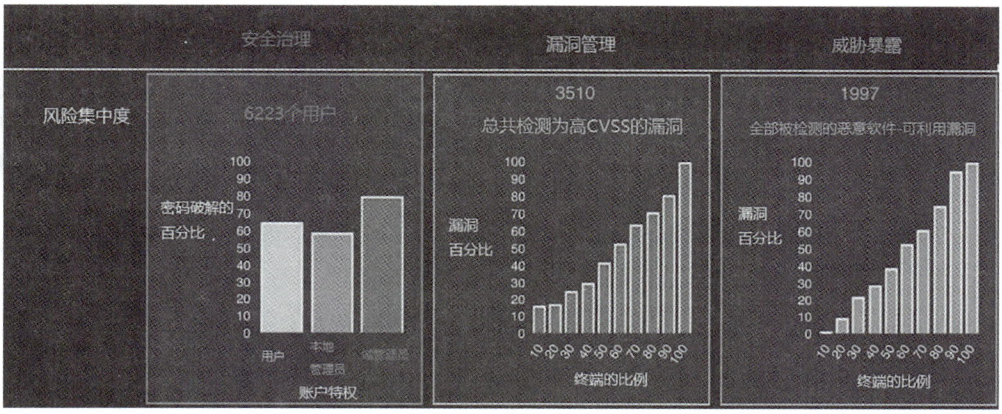

图 12.2　信息安全风险的集中度

风险持续性

漏洞存在的时间长度是衡量持续的风险状况的关键因素。漏洞存在的时间越长,系统受到攻击的风险就越高。因此,漏洞持续存在的时间可以作为评估风险程度的指标。尽管从技术上讲,这个风险度量的含义与本书所述的有所不同,但企业有一个度量标准,可以考虑长时间间隔所带来的风险增加。这个指标被称为"回报周期",它指定了随着时间间隔的变化,损失超过某个特定金额的概率。

理论上,暴露时间间隔越长,风险就越大。持续的风险状况可能表明存在一个本质上难以解决的问题,或者表明在修复层面存在拖延的现象。这两种情况相对于信息安全策略来说具有不同的影响。因此,对于持续的风险状况,需要进行一些度量和调查,以确定问题主生的根本原因,并着手采取相应的战术修复措施。

具体而言,应用于安全治理的风险持久性测量涉及检查过时账户。这些账户仍然可用但已处于闲置状态。攻击者可以悄悄地破解该账户的密码,并伪装成合法用户,因为该账户处于休眠状态,可能没有受到密切监视。

与安全治理相关的持久性测量指标是自上次账户登录以来的平均时间,应用于具有不同特权的账户：Windows 用户、本地管理员和域管理员。显然，特权账户越长时间不活跃表明存在更高的风险。可以推断，安全治理流程存在缺陷，很可能反映了必须在企业范围内解决的文化问题。

应用于漏洞管理的风险持久性度量，重点关注已发布漏洞未得到解决的持续时间。回想一下前面介绍的 CVSS 评分，CVSS 风险等级从 1 到 10 的漏洞（其中 10 为最高危级别）会被不断公开出来，这对安全社区是有利的。这些漏洞可以通过标准的主机漏洞扫描工具来检测其存在于 IT 环境中的情况。

这里的风险持久性指标以漏洞严重性为函数，度量自漏洞被检测到以来的平均时间。如果高危漏洞在检测后仍然持续存在，那么表明漏洞管理的效果不够理想。需要注意的是，漏洞持续存在可能对安全治理也有影响。

另外，风险持久性度量标准也可以应用于威胁暴露度（threat exposure）。在这种情况下，度量的是特定恶意软件可利用漏洞发布以来，平均时间与受影响的终端设备百分比之间的关系。该度量标准明确了外部威胁暴露的持续时间与包含此类漏洞的主机百分比之间的关系。

组织应使用此指标确定那些表现出最大风险持久性的主机，从而相应地开展集中整治工作。这项工作应该有一定的紧迫性，因为这个指标表明了容易实施的威胁的暴露程度。发现持久度存在梯度的情况后，能够进行更深入的调查和分析，找出持久度梯度的根本原因。

图 12.3 说明了持久性风险测量应用于安全治理、漏洞管理和威胁暴露安全维度所产生的指标。

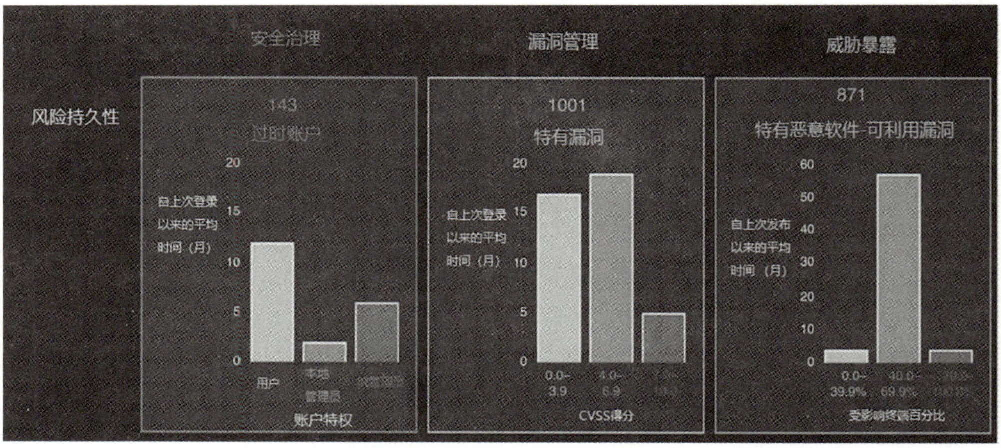

图 12.3 信息安全风险的持久性度量

风险趋势

风险趋势可能是本书所描述的最直观的测量之一。在这个背景下，趋势表示特定安全参数的时间历史。

时间历史的可视化呈现了相关安全类别或维度的变化。这样的描述可以用来衡量修复的效果，从而衡量相关因果关系。时间历史也可以促进对修复工作的跟踪。

由趋势风险测量得出的特定指标应用于安全治理、漏洞管理和威胁暴露的时间历史包括以下内容：

(1) 强特权账户密码被破解的百分比；

(2) 具有高 CVSS 等级的唯一漏洞的百分比；

(3) 具有恶意软件易受攻击漏洞的终端百分比。

这些指标对应着三个安全风险维度，尽管相对粗略，但每个指标都符合其本身的特点。图 12.4 说明了安全治理、漏洞管理和威胁暴露的风险趋势指标。

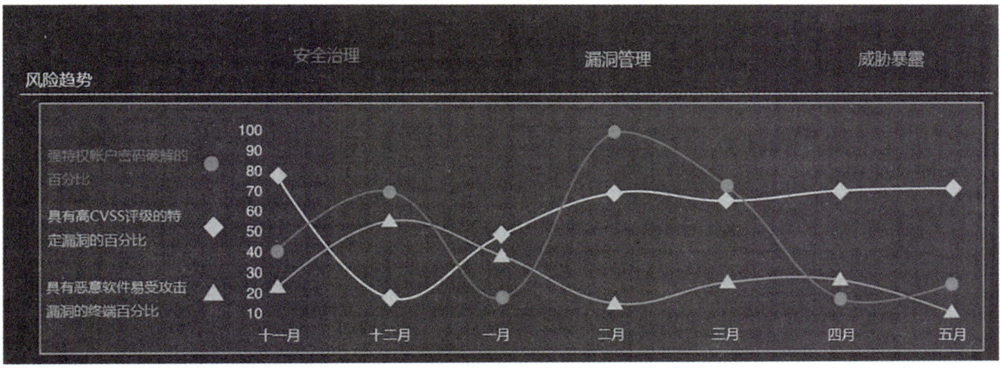

图 12.4　信息安全风险的趋势度量

相关性度量和指标

相关性是与四个时空测量指标相关的第五个测量指标。定性地，两个事件或变量之间的相关性表明它们之间存在关系。换句话说，一个存在与另一个相关联。但是，相关性并不意味着一个事件发生实际上会导致另一个事件发生。例如，降水量传统上与四月份相关联，但四月份并不会导致降水。

事件之间确实存在因果关系。一个引人注目的例子是吸烟年数和肺癌发病率之间的关系。图 12.5 显示了一个相当令人信服的图形，表明了一个人戒烟时年龄与患肺癌的累积风险之间的函数关系。① 确定两个变量之间的关系在挖掘有关现象根本原因的理论方面非常有效。如果一个变量有递增/递减趋势，而另一个变量也有相应的递增/递减趋势，那么可以有理由说明其中确实暗含相关关系。

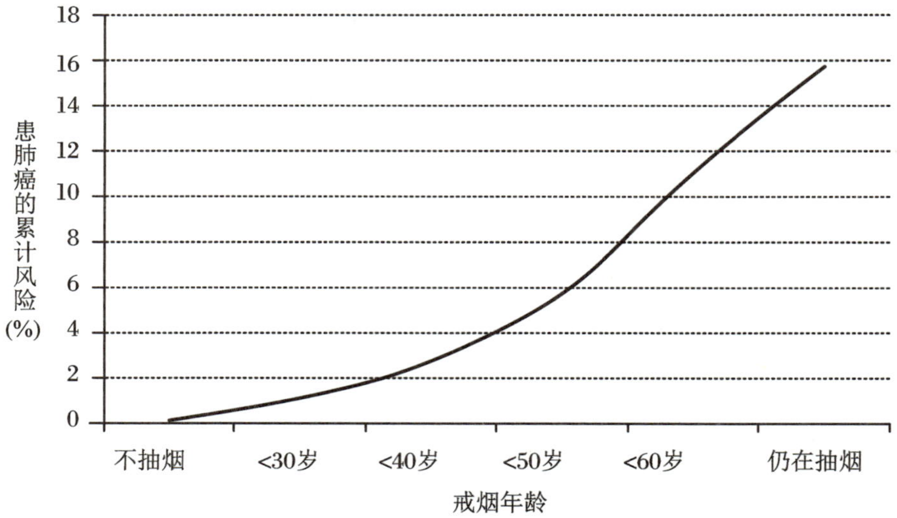

图 12.5　英国男性 75 岁时吸烟和患肺癌的累积风险(根据他们停止吸烟的年龄而定)

此外，量化两个变量之间关系大小的工具可以提供数据，从而能够对风险进行有意义的度量。此外，相关性可能是细微的，这样的度量可能会识别出隐藏的关系。识别这种类似隐藏的关系可以更好地了解信息安全风险的根本原因。具体而言，计算相关系数是一种定量技术，有助于确定和识别给定威胁的风险因素。

皮尔逊积矩相关系数(PPMCC)测量两个变量之间的线性程度。该系数可以假定为从 +1 到 −1 的一系列离散值。值为 0 表示变量之间没有线性关系。系数的值大于 0 表明两个变量之间存在正线性关系。更高的数字意味着更高的相关性。也就是说，正相关意味着随着一个变量的值的增加，另一个变量的值也会增加。负系数意味着“反相关”。换句话说，随着一个变量的值的增加，另一个变量的值往往会减少。类比于正相关，−0.5到 −1.0 之间的负数越大，负相关越高。PPMCC 由 r 表示，并由以下公式给出，其中 X，Y 的和 $X+Y=N$。它看起来很复杂，但仔细检查公式发现，只是 X，Y 和 N 之间进行乘法和除法以及平方根运算：

$$r=\frac{\sum XY-\left[\left(\sum X\sum Y\right)/N\right]}{\sqrt{\left\{\sum X^2-\left[\left(\sum X\right)^2/N\right]\right\}\left\{\sum Y^2-\left[\left(\sum Y\right)^2/N\right]\right\}}} \tag{12.1}$$

① http://topreview-ilonawarf. blogspot. com/2013/11/ilona-warf-blog-day-in-fact-they-able. html。

举个例子。假设我们有如下两组数据：

Array1(X) = 1,2,3,4,5,6,7,8,9,10；

Array2(Y) = 10,20,30,40,50,60,70,80,90,100。

细心的读者会注意到，描述 Array1 和 Array2 之间关系的方程式是 $Y=10X$。图 12.6 清晰地反映了这种完全线性关系。这两个序列 X 和 Y 的 PPMCC 是多少？虽然执行计算可能看起来是一个多余的练习，但将 Array1 和 Array2 列出的值插入在线计算器中会得到 $r=1$。请注意，1 是正相关系数的最大值。换句话说，PPMCC 确认 X 和 Y 之间存在完美的线性关系。这对于 $Y=10X$ 来说是可以预期的，因为它表征了一条完美的直线。

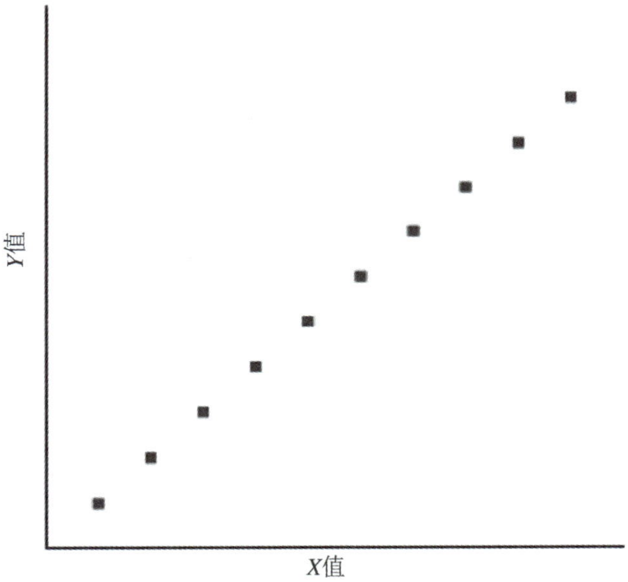

图 12.6 完全线性关系

寻找一个更相关的例子，PPMCC 可用于确定安全风险因素与另一个自变量之间的相关性大小。例如，假如有一个假设，即每天出现的主机漏洞数量与月初 20 天之间存在相关性。

换句话说，该假设认为在任何一个月的前三分之二时间段内，漏洞数量会随着天数的增加而呈线性增长。此外，有人建议 IT 部门不应在每月的后十天部署控件，以便更有效地应用资源。要确定该假设和所推荐的策略是否合理，就需要对数据进行严谨的分析。

PPMCC 现在被用于使用人为编造数来检验这一假设。在线计算器将再次被利用来执行计算，从而节省时间和精力。[①] 第一步是创建每个变量和两个分数乘积的分数表。第一列表示月份的天数，最多到第 20 天，第二列表示相应日期出现的漏洞数量。表 12.1 显示了这些数据。

将表 12.1 中的数字插入上面的 r 表达式中，可得 $r=0.058$。如前所述，相关系数的范围为 -1.0 至 $+1.0$。其为负表示负相关，即漏洞数量随着月份的增加而减少，0 表示没有相关性，正数表示正相关。

相关系数为 0.058 意味着月初 20 天和每天出现的主机漏洞数量之间只有轻微的正相关性。相关性的大小应该可以反驳这个假设，并因此反对任何可能有缺陷的修复策略。

回到寻找信息安全风险根本原因的探究，如果两个时间序列之间存在负 PPMCC，其中一个将高风险漏洞数量作为时间函数绘制，另一个则在相同时间段内绘制总漏洞数量，那么会有什么影响？

如果这些时间序列是负相关的，也就是一个上升而另一个下降，那么负相关系数实际上可能意味着得出与安全治理质量完全相反的结论。这些和其他相关性以及它们对信息技术风险的影响将在下一节中进行探讨，并应用于一个日益广泛使用的信息安全风险框架中。

表 12.1　皮尔逊积矩相关系数的例子

X（每个月的第几天）	Y（漏洞数量）	X^2	Y^2	XY
1	2	1	4	2
2	1	4	1	2
3	3	9	9	9
4	1	16	1	4
5	4	25	16	20
6	2	36	4	12
7	3	49	9	21
8	2	64	4	16
9	2	81	4	18
10	2	100	4	20
11	5	121	25	55

① https://statistics. laerd. com/calculators/pearsons-product-moment-correlation-coefficient-calculator-1. php。

续表

X(每个月的第几天)	Y(漏洞数量)	X^2	Y^2	XY
12	1	144	1	12
13	2	169	4	26
14	3	196	9	42
15	3	225	9	45
16	1	256	1	16
17	1	289	1	17
18	2	324	4	36
19	3	361	9	57
20	3	400	9	60

NIST 网络安全框架

引言

信息安全政策和一套配套的安全技术标准是严格的信息安全风险管理计划的必要条件。[1]由于安全的防御性质，防御者常常缺乏充分的安全事件统计数据，难以衡量安全控制措施的有效性。因此，需要根据基于风险的政策和标准来衡量安全控制措施的有效性。

第 1 章提到的 NIST 网络安全框架是信息安全专业人员日益接受的标准之一。该框架的一个特点在于它试图表征过程和安全控制的“成熟度”。

相比之下，其他信息安全标准更倾向于提供更具规范性的安全控制列表，而缺乏相应的上下文。基于清单的评估可以指定是否已实施控制，但无法衡量这些控件的实施情况究竟如何，甚至无法确定它们是否真的应该被实施。此外，它们无法根据风险对特定控制措施进行加权。相比之下，NIST 框架可用于评估企业安全风险管理工作的方法，并在程序级别上提供风险视图。

关于 NIST 框架分类法，“功能”被确定为代表高级别控件类别。每个功能下包含安全控件的类别和子类别。这些功能如下：识别、检测、保护、响应和恢复。

NIST 框架还建立了代表功能有效性的层次结构。根据复杂程度，这里有四个层次结构，按照倒序进行分类。从 NIST 框架中引用的这些层次结构的标准如下：

第一层：部分层

(1) 风险管理流程：组织网络安全风险管理实践尚未形成规范，风险是由临时的，有时甚至是被动的方式进行管理的。网络安全活动的优先级可能并非直接依据组织风险目标、威胁环境或业务/任务要求来确定。

(2) 综合风险管理计划：组织层面对网络安全风险的认识有限，未建立全面的网络安全风险管理方法。由于经验不同或从外部获得的信息不同，组织以案例为基础实施网络安全风险管理。组织可能无法在组织内部共享网络安全信息的流程。

(3) 外部参与：组织可能没有建立与其他实体协调或协作的流程。

第二层：风险知情层

(1) 风险管理流程：管理层批准了风险管理实践，但可能尚未作为全组织政策制定。网络安全活动的优先级直接受到组织风险目标、威胁环境或业务/任务要求的影响。

(2) 综合风险管理计划：组织层面意识到网络安全风险的存在，但尚未建立全面的网络安全风险管理方法。基于风险，经过管理批准的流程和程序已被定义和实施，并且员工有足够的资源来执行他们的网络安全职责。网络安全信息在组织内以非正式方式共享。

(3) 外部参与：组织知道其在更大生态系统中的角色，但尚未正式确定其与外部互动和共享信息的能力。

第三层：可重复层

(1) 风险管理流程：组织的风险管理实践已正式批准并表达为政策。根据业务/任务需求的变化以及威胁和技术环境的变化，定期更新组织的网络安全实践。

(2) 综合风险管理计划：采用全组织方法来管理网络安全风险。定义了基于风险的政策、流程和程序，并按照预期实施和审查。建立了一致的方法，以有效应对风险变化。人员具备执行其任命的角色和职责所需的知识与技能。

(3) 外部参与：组织了解其依赖关系和合作伙伴，并从这些合作伙伴处获得信息，以便在组织内响应事件时进行协作和基于风险的管理决策。

第四层：自适应层

(1) 风险管理流程：组织根据以前和当前的网络安全活动中得出的教训与预测指标调整其网络安全实践。通过不断改进，采用先进的网络安全技术和实践，组织积极适应不断变化的网络安全环境，并及时应对不断发展和复杂化的威胁。

(2) 综合风险管理计划：采用全组织方法来管理网络安全风险，使用基于风险的政策、流程和程序来应对潜在的网络安全事件。网络安全风险管理是组织文化的一部分，并从以前活动的意识、其他来源共享的信息以及对其系统和网络上活动的持续关注中发展而来。

(3) 外部参与:组织管理风险并积极与合作伙伴分享信息,以确保在网络安全事件发生之前传播和利用准确、及时的信息,以改善网络安全。

每个功能的等级都是根据层级标准相对于所有安全控制进行评估的。可以根据各个功能的等级为信息安全计划分配一个总体层级等级。许多组织面临的困难是确定可用于根据适当的 NIST 层级对这些功能进行等级的测量和相关指标。

本章指定的安全测量和指标可能提供部分解决方案。虽然前一节引用的指标可能不适用于所有 NIST 功能,但即使是一部分功能的测量也有助于确定层级等级。这个过程将为安全程序管理的状态提供实质性和可重复的证据。这些度量标准不应被宣传为全面的,而应被认为是信息安全风险管理的严格而高层次的方法的指示性指标。

由于时空度量相对直观,因此从这些度量标准派生的指标还可以帮助管理层、安全人员和信息技术人员之间建立一种通用的语言。在充斥着大量首字母缩略词的技术环境中,因风险沟通困难而产生的隔阂会导致系统性的安全问题。而基于这些度量构建的语言可以显著降低这一风险。

具体来说,NIST“识别”和“保护”功能与早期提到的时空风险测量导出的指标相一致。以下是 NIST 框架中对这些功能的描述:

(1) 识别:开发组织的理解,以管理系统、资产、数据和能力的网络安全风险。识别功能中的活动是有效使用框架的基础。了解业务背景、支持关键功能的资源以及相关的网络安全风险使组织能够根据其风险管理策略和业务需求集中精力与优先考虑其工作。此功能中的结果类别示例包括:资产管理、业务环境、治理;风险评估和风险管理策略。

(2) 保护:开发并实施适当的安全措施,以确保关键基础设施服务的交付。保护功能支持限制或包含潜在网络安全事件影响的能力。此功能中的结果类别示例包括:访问控制、意识和培训、数据安全、信息保护流程和程序、维护和保护技术。

安全治理指标可直接应用于“识别”功能。威胁暴露和漏洞管理适用于“识别”和“保护”功能,因为后者涉及“信息保护流程和程序”以及“风险评估”。下面提供了如何将时空风险测量应用于 NIST 框架的详细信息。

应用于 NIST 框架的风险趋势

相关安全参数的趋势能够根据是否存在拐点来说明安全风险管理的改善、恶化或停滞。趋势是通过绘制某个变量与时间的大小关系图来呈现的。

科学家喜欢使用图表,因为简单的一条线的大小和方向可以描述关于两个变量之间的关系,从而支持或反驳假设。在这种情况下,这个描述涉及管理信息安全风险的过程。

使用趋势数据来支持 NIST 分级方案相对容易。例如，通过对漏洞管理、安全治理和威胁暴露进行测量所得到的各项指标的趋势，都可根据 NIST 层级评估方案来评估安全计划的复杂程度。

例如，如果安全治理指标随时间减少，但由另外两个安全维度测量所产生的指标在同一时间间隔内增加，这些指标可能仅支持“风险知情”层的 NIST 识别和保护功能评级。

如果三者在适当的时间间隔内都下降，这可能是“可重复”甚至“自适应”评级的证据，具体取决于时间间隔的长度和下降速率。特定 NIST 分层等级（例如，测量时间间隔、测量在该时间间隔内的指标变化幅度以及用于确定给定等级的指标数量与类型）的标准将基于组织的风险管理流程以及对风险的容忍度制定。

应用于 NIST 框架的风险持续性

风险持续性测量能够反映安全风险管理流程的质量和一致性。除了趋势外，持续性还揭示了可用于测量 NIST 识别和保护功能的时间信息，因此可用于指定 NIST 层级等级。

例如，过期账户和具有高 CVSS 等级的主机的增加将表明信息安全风险管理流程不可重复。因此，将相应地对 NIST 识别和保护功能进行评级。同样，必须为每个组织确定用于证明 NIST 层级等级的特定标准，例如风险持续性测量的幅度。

应用于 NIST 框架的风险集中度和风险扩散度

人们应该如何解释企业中不均匀或广泛的漏洞扩散现象？这是风险集中度和风险扩散的空间度量可以解释的。可以提出一个可信的观点，即漏洞的扩散，即在企业范围内广泛分布，是安全风险管理流程可重复性不足的证据。

同样，如果特定的资产受到大量漏洞的影响，尤其是受到高 CVSS 或恶意软件攻击的漏洞影响，并且未采取相应的控制措施，这可能表明在识别和/或保护 NIST 功能方面的风险知情度评级最好是“风险知情”，尤其是如果这些资产被认为具有高风险。

类似地，企业范围内广泛的特权账户将成为安全治理无效的潜在证据，除非有充分的商业理由来支持这种情况。然而，即使有特权账户扩散的商业理由，缺乏补偿控制来抵消风险也表明信息安全风险管理计划不成熟。这也意味着对识别和保护功能的较低 NIST 层级等级是合理的。

时间序列相关性

PPMCC（Pearson Product-Moment Correlation Coefficient）是一个可以用来评估时空安全测量之间关系的指标，更重要的是，可以对信息安全风险的根本原因做出额外推断。如果两个安全风险度量在足够的时间间隔内高度正相关或负相关,并且在特定方向上呈现一定趋势,可能说明了潜在风险管理流程的质量。结果可用于确定 NIST 网络安全框架层级等级。

例如,如果总体漏洞数量呈上升趋势,但高风险或恶意软件可利用漏洞呈下降趋势,则可能推断该组织实际上正在以程序化级别优先解决高风险问题。总体上,结合其他度量标准,这些测量结果可能表明该组织在信息安全风险管理方面是有效的。

换句话说,通过对风险相关参数的时间序列进行相关性分析,可以为 NIST 的识别和保护功能提供支持。同时,应该确认高风险漏洞的趋势不是由于"随机"波动造成的。为此,需要更长的测量时间间隔来消除或支持随机性假设,并因此增加给定 NIST 层级等级的权重。

使用 PPMCC 检查风险相关参数时间序列之间相关性的大小、极性和持续时间将支持具有识别和保护功能的 NIST 层级评级。本书接下来提供了相关性以及对安全风险管理有效性评级的影响的实例。

(1) 恶意软件可利用漏洞的平均存在时长(按发布日期计算)的时间序列与恶意软件可利用漏洞的平均存在时长(按检测日期计算)的时间序列。

这些时间序列之间的高正相关性,即系数在 0.5 和 1.0 之间,其中两者都呈上升趋势,可能推断该组织在漏洞管理或安全治理方面拖延。

假设恶意软件可利用漏洞在公共领域存在的时间越长,且在 IT 环境中持续存在的时间越长(以检测日期衡量),网络资源的脆弱性就越大。

这个现象的逻辑在于,更多的恶意个体将获得公开可用的恶意软件工具包,这些工具包促进了不需要高级编程技能的攻击。

相反,如果这两个时间序列相关且都呈下降趋势,则可能推断该组织相对于其他漏洞优先考虑较高风险漏洞,因此其 NIST 识别和保护功能值得更高级的层级等级。

(2) 总体 VpE 数量与高 CVSS 等级 VpE 数量的时间序列。

高正相关且两个时间序列都呈上升趋势,表明安全治理或漏洞管理存在问题。这种情况可能表明应该降低 NIST 识别和保护功能的层级等级。

高负相关或反相关度量,即系数在 −0.5 和 −1.0 之间,其中高 CVSS 等级系列呈下降趋势,但总体 VpE 时间序列呈上升趋势,可能表明正在实施的安全风险管理是有效的。

这种情况可能推断出高风险漏洞的修复正在作为优先事项进行。在这种情况下,风险度量将为 NIST 识别和保护功能的更高级 NIST 层级等级提供定量的理由。

(3) 平均 VpE(所有漏洞)的时间序列与恶意软件可利用漏洞相关的 VpE 的时间序列。

此处适用的推断与上一个实例相同。

(4) 特权账户密码破解百分比的时间序列与具有高 CVSS 等级的唯一漏洞百分比的时间序列。

如果两个时间序列之间存在高度正相关并且趋势都向上，则说明信息安全风险管理过程存在挑战，可能会导致较低的 NIST 层级评定。

而如果两个时间序列之间存在高度负相关，并且其中一个时间序列有向上或向下趋势，这可能意味着这些安全风险管理过程与整体风险管理计划脱节。这种情况可能需要跟进，以了解为什么存在这种情况。

(5) 特权账户密码破解百分比的时间序列与具有恶意软件可利用漏洞的端点/主机百分比的时间序列。

这里适用的推断与上面的实例相同。

(6) 具有高 CVSS 等级的漏洞百分比与破解密码特权账户百分比的时间序列。

如果两个时间序列的相关系数高且同时呈上升趋势，那么就可能意味着存在挑战性的漏洞管理或安全治理，进而会影响到 NIST 识别和保护功能的等级。

如果两个时间序列之间的相关系数很低，除非这两个过程由不同的组织实体拥有，否则这种情况很少见。这种情况可能表明在安全风险管理方面存在困难，并相应地降低 NIST 识别和保护功能的等级。

敏锐的读者会意识到，在某些情况下，两个时间序列可能高度相关，但趋势方向表明需要增强风险管理。例如，平均 VpE 可能会增加，同时高风险 VpE 的平均数量也会增加。相关系数可能表现为完美的正相关性，但对组织来说，这并不令人欣慰，应该是无效安慰，因为两种情况下漏洞数量都随时间增加。两个风险相关时间序列的正相关性本身并不意味着有效的风险管理。

讨论趋势方向引出了在解释漏洞时间序列数据时需要考虑的一个实际问题。为了更全面地陈述信息安全风险的根本原因，必须指定每个时间序列的斜率。但是，如果风险管理过程不稳定，时间序列的斜率在给定时间间隔内可能会有很大的变化。因此，为了便于风险测量，人们引入了一种简化方法，尽管这只是一种粗略的近似方法。

即时间序列的趋势方向由图形端点的值定义，其中忽略了中间数据点。因此，如果时间序列中最后一个端点的值小于第一个端点的值，则趋势向下，而不考虑中间端点的值。如果情况相反，即最后端点的值大于第一个端点的值，则趋势向上。

为了说明由于时间序列极性不同而导致推断差异，可以针对给定的相关性测量值确定四种情况。类似的情况应当为任何两个时间序列之间的相关性测量值制定。

例如，假设时间序列 A 是平均总体 VpE，时间序列 B 是平均高风险 VpE。可以从这两个时间序列构建四种情景。

如图 12.7 所示,情景 1 表明有利的安全推断,因为在选定的时间间隔内,两个漏洞时间序列都呈下降趋势。

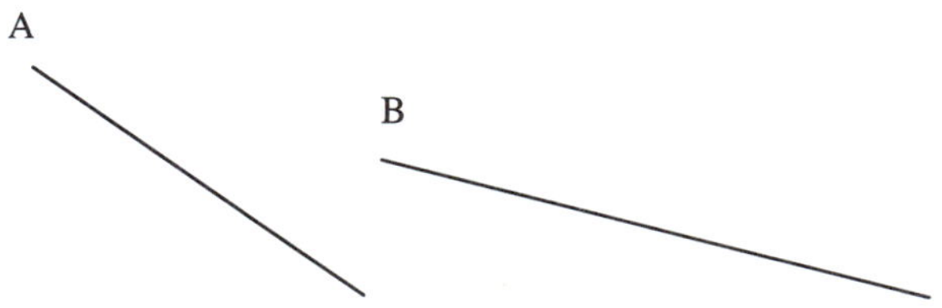

图 12.7 情景 1——VpE 时间序列均正相关且呈下降趋势

相反,情景 2 表明不利的安全推断,因为在时间间隔内,两个时间序列都呈上升趋势且正相关。图 12.8 显示两个 VpE 时间序列呈上升趋势。

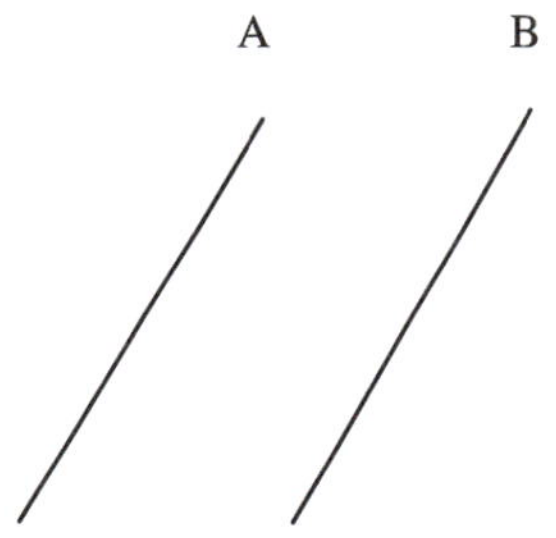

图 12.8 情景 2——VpE 时间序列均正相关且呈上升趋势

情景 3 表明有利的安全推断,因为平均总体 VpE 时间序列(A)呈上升趋势,但平均高风险 VpE 时间序列(B)在选定的时间间隔内呈下降趋势。这种情况将意味着安全风险优先级流程正在生效。图 12.9 显示这两个时间序列,其中 A 呈上升趋势,B 呈下降趋势。

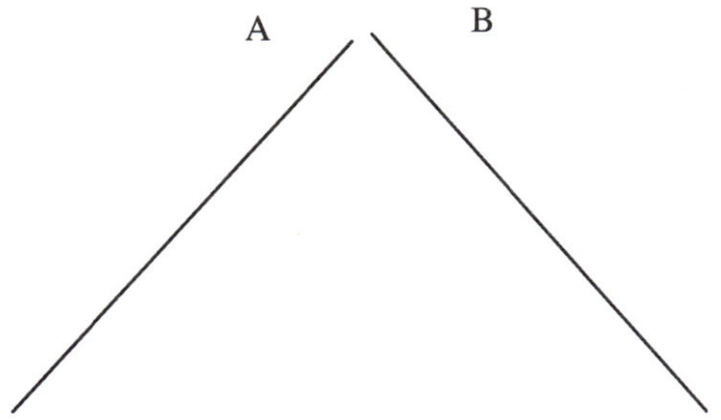

图 12.9 情景 3——平均 VpE 时间序列趋向较高,平均高风险 VpE 时间序列趋向较低

情景 4 表明不利的安全推断,因为平均总体 VpE 时间序列(A)呈下降趋势,而平均高风险 VpE 时间序列(B)在选定的时间间隔内呈上升趋势。换句话说,在总体趋势下降的同时，未解决高风险漏洞。图 12.10 显示两个时间序列呈相反方向趋势，但与情景 3 相反。

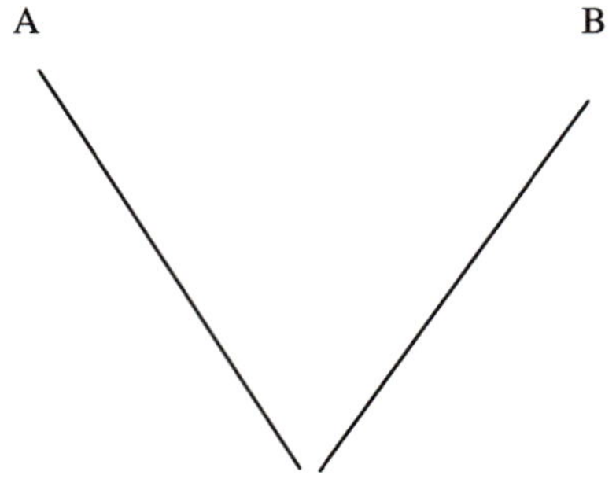

图 12.10 情景 4——平均 VpE 时间序列趋向较低，平均高风险 VpE 时间序列趋向较高

时间间隔的持续时间将提供对风险管理工作一致性的见解，并因此提供支持给定 NIST 层级等级的额外数据。此外，相关系数的其他特征将增加特定 NIST 层级等级的权重。

例如，可以根据它们相对极性、相关性大小和相关性时间间隔来描述四种情景。这种分类将产生粗略数据以支持对根本原因的推断。此外，相关性的大小、方向/极性和持续时间可用于为给定的 NIST 功能指定一个 NIST 层级等级。

表 12.2 和表 12.3 提供了应用于情景 1～4 的 NIST 识别和保护功能的等级方案摘要。尽管层级等级与 NIST 标准一致，但它们最终还是具有主观性，并将基于组织对风险的容忍度以及充分考虑风险相关安全度量标准。

表 12.2 使用情景 1 和情景 2 的相关系数进行 NIST 评级

相关性时间间隔（月）	0～0.5（情景 1）	0.5～1.0（情景 1）	0～0.5（情景 2）	0.5～1.0（情景 2）
3	可重复	可重复	可重复	部分
6	可重复	风险知晓	可重复	部分
9	风险知晓	自适应	可重复	部分
12	风险知晓	自适应	部分	部分

表 12.3　使用情景 3 和情景 4 的相关系数进行 NIST 评级

相关性时间间隔（月）	0～0.5（情景 3）	－0.5～1.0（情景 3）	0～0.5（情景 4）	－0.5～1.0（情景 4）
3	可重复	可重复	可重复	可重复
6	可重复	风险知晓	可重复	部分
9	可重复	风险知晓	可重复	部分
12	风险知晓	风险知晓	可重复	部分

总结

信息技术风险度量是信息安全风险的一个重要组成部分，仍然是许多组织面临的挑战。此外，当前的信息技术风险度量标准大多指向战术而非战略安全风险指标。大量来自信息安全技术解决方案的数据可能会使风险评估变得更加复杂。因此，业界提出了基于时间空间特征的信息技术风险度量，包括集中度、扩散度、趋势和持久度，并将其应用于三个基本的信息安全风险类别：安全治理、漏洞管理和威胁暴露。

这些维度涵盖了以下多个主要信息安全漏洞来源：业务实践、安全治理、信息资产的物理安全、用户行为和信息技术实现。与威胁暴露维度相关联的度量标准还将内部漏洞与外部威胁情报相联系。

使用基本数据源来计算这些度量标准，包括主机漏洞扫描结果、活动日志漏洞扫描结果以及应用于包含密码哈希值文件的密码破解工作结果。这些数据在组织之间普遍可用，加上测量和相关度量标准较为简单，其目标在于促进数据的深入了解和广泛采用。

皮尔逊积矩相关系数测量时间序列补充了时空测量和度量标准。这些额外的细节为支持或拒绝关于信息技术风险和更广泛的信息安全风险根源理论提供了进一步的证据。

最后，时空和相关性测量与指标可以应用于 NIST 网络安全框架，以协助确定识别和保护功能的层级等级。

参考文献

[1] NIST. NIST framework for improving critical infrastructure cybersecurity, version 1.0. NIST; February 12, 2014.

第 13 章

特殊信息技术风险度量和指标

引　言

衡量信息技术风险的方法有很多，没有两个组织会使用相同的方法。前几章的一个重要教训是风险是与环境相关的。因此，风险评估也必须具有情境性。此外，解决漏洞并非没有财务和运营成本。尽管成本本身并不是风险度量的组成部分，但在安全决策中，它是一个主要考虑因素。这些决策受到组织对风险的容忍度的影响，这种容忍度反过来又会影响安全风险管理策略。

尽管每个组织都是独一无二的，但不同组织之间在安全控制方面存在很多相似之处。组织倾向于使用基于相同操作系统和协议的相似类型的 IT 设备。然而，在 IT 实施、允许的实践和信息安全治理方面存在相当大的可变性。

第 12 章提出了一组时空测量和结果指标，旨在帮助推断 IT 风险产生的根本原因。本章建议借鉴其他科学和工程学科中的具体方法，以开发更复杂的 IT 风险模型。

诚然，这些方法之间没有统一的主题，但是每种方法都可能在特定情况下发挥作用。此外，每种方法都提供了确定定量安全指标的机会，而且在科学和工程背景下都是众所周知的，但迄今为止尚未被安全从业人员广泛实施。

密码强度问题是信息安全中一个永恒的话题。本章的目的是针对三个重要的威胁类别，提供关于长度和复杂度的定量建议。讨论的核心是定量地证明，对于给定的源字母表和攻击者，破解密码所需的时间随着密码长度增加指数增长，从而提供关于密码强度的可行建议。

鉴于虚拟化技术在 IT 环境中的日益普及，本书讨论了虚拟化技术所带来的物理安全风险。这是由虚拟化风险集中度和其在数据中心的大规模使用所驱动的，也象征着信息和物理安全风险的日益融合。

傅里叶分析和简单马尔可夫模型被应用于安全日志，以识别信息安全泄露的风险因素。这些技术目前可能被应用于解决信息安全问题，但并不为安全从业人员所熟知。因此，它们将为现有的分析工具套件增加价值。

所谓的无标度网络是指节点之间链接数量遵循指数分布的网络。这种网络中节点分布的模型被用来确定病毒增长或衰减的可能性,并导出网络感染的弹性度量标准。

最后,我们介绍一种比较新颖的方法,这是蒙特卡罗方法的一个变体,被称为"保护概率"方法。重要的是,它并不能预测未来安全事件发生的可能性。但它确实提供了一种量化安全控制有效性的可能性的方法。它假定可以根据风险因素构建控制性能模型,但这些风险因素的确切值是未知的。

密码弹性指标

无论好坏,密码仍然是验证用户请求访问计算机系统中的账户或资源的最常用方式。若身份成功验证,经过验证的个人将继承与该账户相关联的权限。

在现代操作系统中,密码以哈希值的形式保存在数据库中。哈希是一种数学函数,也称为陷阱或单向函数,它应用于密码并分配一个值,从该值无法轻易推导出原始密码。此外,哈希值集合与已"哈希"密码集合之间存在一一对应关系。换句话说,没有两个不同的密码具有相同的哈希值。

MD5 和 SHA-1 是常用的哈希算法。各种哈希算法的相对优势超出了本书讨论的范围。但由于哈希对信息安全的重要性,有许多参考资料①可供参考。

攻击密码通常使用两种方法:字典攻击和暴力攻击,这两种方法通常结合使用。前者包括创建一个单词列表,对每个单词进行单独哈希,并将输出与哈希进行比较。如果匹配,则列表中的单词就是密码。后者是这种方法的扩展,包括尝试每种可能的字符组合来创建单词,或更准确地说,是创建不同长度的字符串。

随着处理速率的迅速提高和图形处理单元(GPU)并行计算的普及,暴力攻击已成为"破解"或解密密码的有效手段。接下来将简要介绍 GPU 执行的并行处理。这个话题是相关的,因为随着计算能力的提升,越来越多的人群能够获得更强的计算能力,伴随而来的是潜在的风险。②

GPU 是多核机器。例如,GTX 9800 + (c. 2009)由 128 个核心组成,每个核心都能够

---

① 以下是一些例子:Pieprzyk J, Sadeghiyan B. Design of hashing algorithms. In: Lecture notes in computer science. Springer Verlag; 1993; Hoffstein J, Pipher J, Silverman J. An introduction to mathematical cryptography. 2nd ed. Springer; 2014; Smart NP. Cryptography made simple. Springer; 2015。

② http://security. stackexchange. com/questions/32816/why-are-gpus-so-good-at-cracking-passwords。

处理一系列指令。这些指令由每个时钟周期一个 32 位算术运算组成。128 个核心集合被分成 16 个多核心。每个多核心每周期可以处理 8 个操作。

每个 16 核多核处理器都以 32 个为一组处理工作单元，即一组指令或“线程”。也就是说，给定的多核处理器在四个时钟周期内向其八个核心发出一条指令。这条指令代表了一个操作的启动，每个操作总共需要 22 个时钟周期。这类似于一个波浪，指令在核心之间传播。重要的是，这些“指令波”可以顺序发射，这是系统实现处理效率的方式之一，如下所述。

只要有至少 22 倍于操作数的线程可用于运行，每个周期就会保持 128 个 32 位操作的节奏，即每个核心每次操作至少需要 22 个时钟周期 × 128 个核心 = 2816 个线程，这样线程就可以分成 32 个相同线程的组。每个线程同时执行相同的指令，从而提高效率。实际上，内部阈值和限制要求更多的线程才能达到最佳带宽，最多约 4096 个线程。

GPU 通过使用大规模并行来实现性能的增强，有时涉及数千个核心。这种并行性是通过一种名为“流水线”的过程来实现的。每个单独的操作需要多个周期才能运行，如前所述，连续的操作可以以波的形式启动，同时共享指令解码，因为许多核心将同时运行相同的指令。

例如，一个利用 25 张 Radeon 显卡在 5 台 Linux 服务器上运行 Virtual OpenCL 集群平台的系统已经用来以前所未有的速度破解密码：针对普遍存在的 Microsoft NTLM 算法每秒 3500 亿次哈希，针对 SHA1 每秒 630 亿次哈希，针对 MD5 每秒 1800 亿次哈希。这台机器可以在不到 6 小时内尝试所有可能的 Windows 密码，换句话说，在 5.5 小时内尝试95^8种密码组合。①

如果相同的 Windows 密码受到微软 LM（LanMan 或 LAN Manager）算法的保护，该算法仍被组织用来确保与旧版操作系统的向后兼容性，那么密码可能在 6 分钟内被破解。

尽管这里提供的计算和应用于复杂攻击者的计算并没有假设与这类机器相关的破解能力，但具有显著处理能力的机器的日益普及不断改变着密码弹性的目标标准。

另一个公开可用的破解密码资源的例子是 ccl-Hashcat Plus，这是一个免费的密码破解套件，运行在上述机器上，并通过将其处理能力应用于字典攻击和暴力破解攻击，成功攻击了其他 44 种算法。这个工具可供任何人使用，可以预期一个有决心的攻击者会使用这个工具。

我的公司的高级工程师 Jean Gobin 从零开始构建了一台自定义机器，使用单个 GPU 卡专门用于破解密码。它可以尝试大约每秒 5 亿个哈希值，建造成本不到 5000 美

① 请注意，典型的组织使用八个字符长度的密码，大写/小写字母、数字和符号作为源字母表。

元。这意味着这种技术是许多潜在攻击者能够接触到的，甚至包括“脚本小子”，他们在这次分析中被认为是复杂度最低的攻击者。

值得注意的是，一些供应商(例如 SuperMicro)销售包含 GPU 的服务器切片。这些服务器比上面描述的服务器更加强大，建造成本在 10000 到 15000 美元之间。亚马逊云服务提供两种类型的 GPU 实例：2 倍大(2×large)和 8 倍大(8×large)。它们的不同之处在于安装的 GPU 卡数量不同，前者有一个，后者有四个。这些选项增大了弱密码所带来的风险，因为不太复杂的攻击者将越来越多地获得更复杂的破解资源。

通常，密码策略需要一个最小的密码长度，同时要求至少包含一个大写字母、一个小写字母、一个数字和一个符号，即键盘上出现的标点符号或任何非字母和非数字字符。假设一个组织的密码策略相对宽松，要求长度为 6 个字符，并使用上述的源字母表。

计算表明，这种密码复杂度对于拥有一台每秒能对特定哈希算法进行 50 亿次哈希值计算的机器的黑客来说，不足以提供足够的抵抗力。

表 13.1 指定了破解由从复杂字符源(大写/小写字母、数字和标点符号/符号，如 t^9Q,M$3ka)随机选择的字符组成的密码所需的时间。

表 13.1　密码长度对随机密码和构造密码破解所需时间的影响

密码长度	破解随机构造密码所需的时间	单位	破解非随机构造密码所需的时间	单位
6	166.594	秒	0.032	秒
7	4.489	小时	0.832	秒
8	18.142	天	21.624	秒
9	4.818	年	9.370	分钟
10	467.351	年	4.061	小时
11	45333.1	年	4.399	天
12	4397308	年	114.371	天
13	426538832	年	8.141	年
14	41374266690	年	211.677	年
15	4013303868929	年	5503.6	年
16	389290475286093	年	143094	年
17	37761176102751000	年	3720440	年
18	3662834081966850000	年	96731440	年
19	355294905950784000000	年	2515017436	年

表 13.1 比较了破解所谓的构造密码与随机密码所需的时间，这些密码由大写字母、

小写字母、数字和符号/标点组成，例如 Abnhseuh9！或 Password0!.4。① 换句话说，表 13.1 比较了对于不同密码长度，所谓的构造密码和随机密码的破解时间。②

表 13.1 表明，减少第 6 章讨论的信息熵会导致破解给定密码所需时间的大幅缩短。③ 例如，对于六位密码，破解时间从近 3 分钟缩短到三百分之一秒。

数据清楚地表明，即使只增加了一点点密码长度，也会带来指数级的好处。

假设一个组织的信息技术标准规定，密码长度必须能够抵御暴力破解攻击，以便在 90 天内最多只能破解总密码空间的 1%。90 天是 Microsoft Windows 要求更改密码的默认时间间隔。对于随机密码，满足这个条件所需的最小密码长度为 10 个字符。而对于非随机或"构造"密码，为了满足相同的条件，最小长度必须为 14 个字符。

随机和非随机构造密码在韧性上的差异如图 13.1 所示。垂直轴表示给定密码长度的密码空间总大小，水平轴表示密码长度。图 13.1 说明了构造和随机选择密码的密码空间大小作为密码长度的函数。

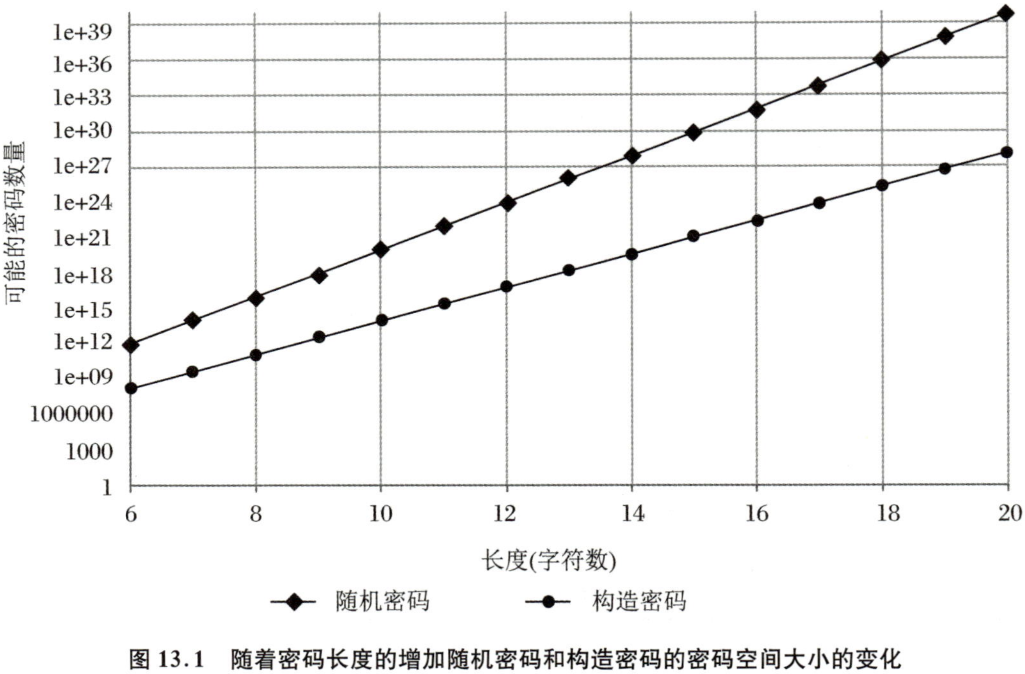

图 13.1 随着密码长度的增加随机密码和构造密码的密码空间大小的变化

---

① 非随机选择的密码字符会增加可预测性，因此降低信息源的熵。密码选择通常不是随机的，攻击者利用这种情况来减少破解时间。由于人类的可预测行为，构造密码被认为更有可能，这也导致了漏洞。

② 该表格和所有后续内容都考虑了微软 Windows 使用的哈希。

③ 信息熵或香农熵在信息论中有严格的定义。回忆一下这是在第 6 章中引入的。熵是衡量与消息源相关的不确定性的度量。回忆一下第 6 章中的讨论，熵 $H = -\sum p_i \log_2(p_i)$，以比特为单位。因此，增加源的多样性会增加可能的密码组合，从而增加熵。

需要注意的是，确定密码韧性是一种固有的统计过程，这些数字表示找到给定密码的概率。总有一种可能性，即使在某些情况下非常小，攻击者可以立即或仅仅经过几天猜测出正确的密码。关键是，通过增加密码空间，可以使给定源字母表的密码长度指数级增加，从而大幅降低这种概率。

在密码破解过程中，对手会拥有不同的资源。例如，一个"脚本小子"的资源相对于一个国家赞助的威胁来说可能是有限的。后者可能拥有专门用于密码破解的大型数据中心。表 13.2 根据每个组假定的购买力估计了三组攻击者的计算能力。

表 13.2　威胁类型估算的预算和相关密码破解能力

威　胁	预算(美元)	密码破解能力(密码散列/s)
"脚本小子"	1000	10^9
网络罪犯	10000000	10^{13}
独立国家	10000000000	10^{16}

如果有适当的资源，攻击者可以处理某个密码长度定义的整个密码空间。表 13.3 指明对于随机密码和构造密码相对于这三种威胁的破解弹性，这些威胁的计算能力之前在表 13.2 中已经假设过了。

表 13.3　相对于密码长度和攻击者类型的随机密码与构造密码的密码弹性

密码长度	破解随机密码所需的天数			破解构造密码所需的天数		
	"脚本小子"	网络罪犯	独立国家	"脚本小子"	网络罪犯	独立国家
6	0.010	0.000	0.000	0.000	0.000	0.000
7	0.935	0.000	0.000	0.000	0.000	0.000
8	90.711	0.009	0.000	0.000	0.000	0.000
9	8798.971	0.880	0.001	0.003	0.000	0.000
10	853500.147	85.350	0.085	0.077	0.000	0.000
11	82789514.246	8278.951	8.279	2.000	0.002	0.000

需要注意的是，在传统的密码更改周期为 90 天的情况下，即使是随机密码，长度为 6,7 或 8 个字符的密码也仅仅只是提供了有限的保护。例如，为了提供对抗网络犯罪分子的相对保护，应选择长度至少为 11 个字符的密码，假设密码是完全随机选择的。在这种情况下，网络犯罪分子可以在 90 天内破解约 1%的总密码空间。然而，鉴于可能使用的构建密码，即使是威胁资源有限的情况下，11 个字符的密码也提供很少的保护。

让我们像之前一样将足够长以提供充分保护的密码定义为：在不超过 90 天的时间内无法通过暴力破解攻击解密出超过密码空间的 1%。表 13.4 展示了相对于之前考虑的同样三种威胁所提供的这种弹性所需的密码长度。黑体数值表示根据上述 1%标准的足够韧性。

“破解构造密码所需的天数”栏可以用作组织制定密码长度要求的指南。保护免受网络犯罪分子攻击的最小密码长度为 16 个字符。对于国家安全而言，最小密码长度为 18 个字符。然而，这里需要说明的是，对政府计算能力的估计只不过是猜测，而且很可能被低估了。[①]

因此建议将密码长度增加 2 个字符，因为密码构造，例如连续使用大写字母、小写字母、数字、符号，是广泛使用的，可以显著降低熵。因此，保护敏感账户（例如，访问个人数据或特权账户）的密码应根据上述统计数据至少为 20 个字符。应鼓励使用密码短语以方便记忆。

表 13.4　特定威胁下建议的密码长度

密码长度	破解随机密码所需的天数			破解构造密码所需的天数		
	“脚本小子”	网络罪犯	独立国家	“脚本小子”	网络罪犯	独立国家
12	**80305828.819**	**8030.583**	8.031	0.520	0.001	0.000
13	**7789665395.435**	**778966.540**	**778.967**	13.517	0.015	0.000
14	**755597543357.185**	**75559754.336**	**75559.754**	**351.432**	0.387	0.000
15			**7329296.171**	**9137.242**	10.051	0.010
16				**237568.299**	**261.325**	0.261
17				**6176775.777**	**6794.453**	6.794
18						**176.656**
19						**4593.050**
20						**119419.312**

① “合理”一词无疑是一个回避，因为正如文中所述，对国家可用计算能力的估计可能偏低。此外，摩尔定律预测计算能力每 18 个月翻一番，因此这些关于最小密码长度的数字应不断向上修订。

网络感染指标:无标度模型①

引言

通过互联网传播的计算机病毒一直是一个令人担忧的问题。正如多次提到的那样,计算机安全文献上有大量关于防火墙、病毒扫描工具等方面的信息。然而,有关预示网络感染蔓延条件的风险指标,特别是定量的指标,信息相对较少。

鉴于全球范围内的通信依赖于计算机网络以及机器之间的互联性,明确测量网络对病毒的脆弱性一直是计算机安全专家的一个重要目标。自 20 世纪 60 年代以来,对网络结构和组织问题的关注越来越高。特别是,在数学和物理学领域也有关注于网络理论的研究。

其中一些工作由于物理模型适用于这些环境,因此直接适用于计算机网络。具体而言,通过电子邮件交换而形成的机器连接模式,适合通过之前用于物理问题的数学模型进行分析,并且这种模式被认为对感染蔓延具有深远影响。[1]

无标度网络与安全:稳态网络条件

电子邮件发送者和接收者的计算机可以被视为一个网络中的节点。这构成了现在常被称为社交网络的形式。其他社交网络的例子包括演员之间的联系以及科学期刊中引用的分布。电影《六度分离》揭示了社交网络的一个关键特征。

在社交网络中,只有少数几个网络成员与网络中其他成员有大量联系,而大多数成员只与少数几个成员有联系。这种结构的网络拓扑特征是节点具有所谓的无标度分布。在这些类型的网络中,任何具有连接度 k 的节点的连接概率 $P(k)$ 都遵循一个幂律关系:

$$P(k) = k^{-\gamma}, \quad m < k < k_{\max} \tag{13.1}$$

图 13.2 显示了两个虚拟电子邮件网络中的不同连接度节点的概率。

回想一下非线性函数的讨论,指数中的负号意味着函数是递减的,对于指数 γ 的增加,递减速度会更快。因此,γ 的大小决定了曲线的陡峭程度。典型的电子邮件网络已经证明其 γ 值在 2 和 4 之间,并且在某些情况下,测量到的值为 1.81。[2]

观察到 $P(k_1)$ 比 $P(k_2)$ 更平缓,即 γ 更小。因此,$P(k_1)$ 有更多具有高连接度 k 的

① 这部分内容参见 Chang D, Young C. Infection dynamics on the Internet. Computer Security 2005;24(4):280-6。

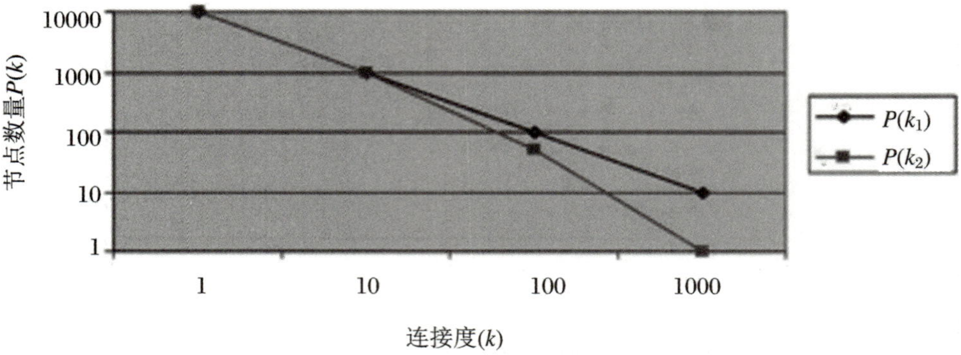

图 13.2　两个虚拟电子邮件网络中的不同连接度节点的概率

节点。拥有更多连接的节点数量较高，代表了网络感染传播的风险因素。这种情况定量说明了如果计算机网络中引入了计算机病毒，感染的可能性会如何。

如果 X 先生习惯给很多朋友发送电子邮件，那么显然，如果他或她被感染，X 先生的朋友们就会处于危险之中。类比传染病，第一个被感染的个体被称为指数病例。

然而，如果 Y 先生只向少数人发送信息，那么 Y 先生感染其他网络用户的概率就比 X 先生低。因此，相对于 $P(k_2)$，电子邮件传播病毒的感染风险对于网络节点分布 $P(k_1)$来说应该更大；γ 值是网络中计算机病毒感染风险的指标。

使用所谓的"平均场"[1]对计算机病毒的传播进行了分析。使用平均场近似是一种对系统的许多元素进行平均的方法，常用于物理学。研究了互联网上的病毒感染，并针对节点连接性开发了病毒传播概率的时间演化的平均场方程。

数值模拟用于研究计算机病毒传播的时间行为，并获得稳态病毒传播条件的表达式。稳态条件意味着节点感染概率的变化为零。

结果显示，具有连接度 k 的感染节点的感染概率的时间变化率等于应用网络补救措施（例如修补感染节点）导致的感染概率衰减，加上与连接到已感染节点的概率成比例的项。

对连接度范围较窄的节点进行了检查。连通性值的范围包括低连通性节点，其中病毒衰减率超过增长率，以及更高连通性节点，其中病毒增长率超过其衰减率。分析得出了一个表达式，表示无标度网络中给定节点指向稳态下感染节点的概率 Ω：

$$\Omega = \frac{\exp^{-1/(\lambda m)}}{\lambda m} \tag{13.2}$$

其中 ν 是未感染节点在连接到感染节点时感染的概率；δ 是未感染节点在连接到感染节点时感染的概率；k 是未感染节点在连接到感染节点时感染的概率；m 是可用于连接的最小节点数；$\lambda = \nu/\delta$。

可以从式(13.2)推断出，对于有限的 λ，不允许概率 Ω 为 0。这意味着计算机病毒可以在足够大的网络中以有限的持久性存在于网络中。换句话说，一旦建立，病毒将增长或衰减，但在稳态条件下不会保持静止。

这个结论与之前的研究结果相矛盾，之前的研究结果认为，在某个阈值感染率以下，病毒会死亡，也就是表现出零持续性。这种偏离之前研究结果的解释是，在无标度网络中，遇到具有更高连接性的节点的统计可能性增加了。

然而，对稳态条件的进一步分析表明，在以下情况下可能存在网络感染的情况：

(1) 当感染增长大于感染衰减(感染衰减意味着应用了补救措施)对于较大的连通性值(k)，以及感染增长小于感染衰减对于较小的连通性值时。后一种情况可能存在于终端安装了防病毒软件(并且该防病毒软件识别特定病毒!)并且已经迅速应用了补丁。

(2) 当感染增长率大于所有连通性值的感染衰减时。如果终端上缺乏足够的防病毒控制或缺乏补救措施，就会出现这种情况。

当衰减率大于所有 k 值的感染率时，不可能存在稳态条件。因此，即使对于无标度网络，稳态下网络感染持续性也存在阈值条件。

然而，该条件取决于网络的大小，通过网络中可用于连接的最大节点数 k_{max}来体现，并由以下表达式给出：

$$\lambda = \frac{\nu}{\delta} > \lambda_{阈值} \tag{13.3}$$

其中

$$\lambda_{阈值} = m\ln\left(\frac{k_{max}}{m}\right)^{-1}$$

图 13.3 绘制了 k_{max}(网络大小)与 $\lambda_{max} = \nu/\delta$ 的阈值条件。如果 $\lambda < \lambda_{max}$，衰减率超过增长率，感染消失。应该注意的是，阈值依赖性的对数条件仅适用于缩放指数 $\gamma = 3$，这个值被认为是电子邮件连通性的指示值。

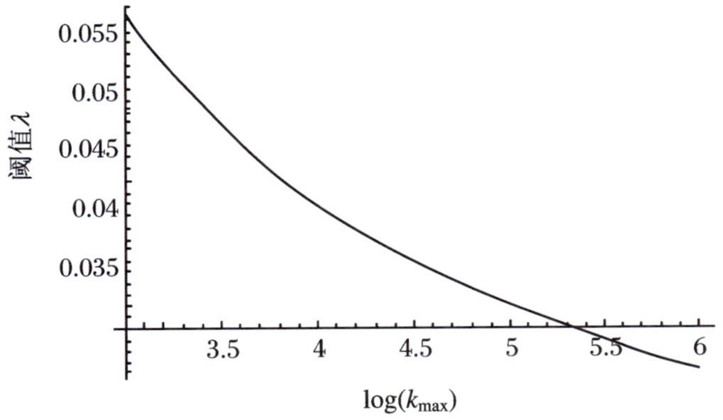

图 13.3　阈值随网络大小的变化

图 13.4 显示了由两条曲线分隔的病毒行为的三个区域。在最低曲线以下，没有持续感染。在两条曲线之间，感染持续但概率较小。当接近较低曲线时，持续性概率变得极小。在较低曲线以下，病毒感染没有持续性。

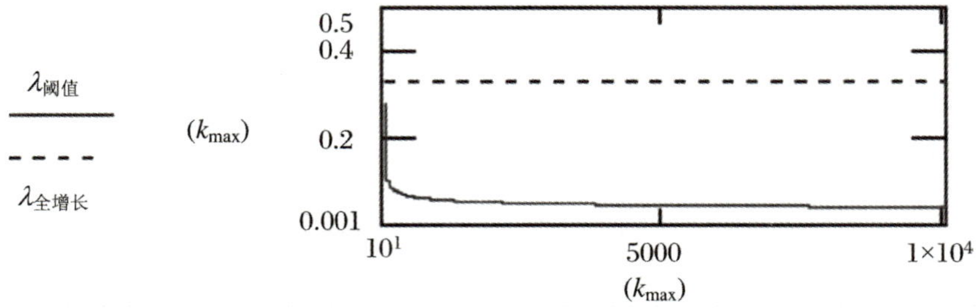

图 13.4　病毒行为的三个区域的边界

无标度网络与安全：一般网络

在前一节中，确定病毒感染网络的持续性在稳态网络条件下是可能的。在本节中，检查了病毒传播和更一般情况下的阈值条件。假设病毒被引入没有指定连通性的节点的网络中。

通过未最初感染的节点连接到感染节点的概率可以用 $P(k)$ 的第一和第二矩来表示，分别记作 D_1 和 D_2：

$$D_1 = \int kP(k)\mathrm{d}k \tag{13.4}$$

$$D_2 = \int k^2 P(k)\mathrm{d}k \tag{13.5}$$

当满足以下条件时，网络感染增长到持续状态的一般条件存在：

$$\frac{D_2}{D_1} > \frac{1}{\nu/\delta} = \frac{1}{\lambda} \tag{13.6}$$

相反，非持续性感染的条件如下：

$$\frac{D_2}{D_1} < \frac{1}{\nu/\delta} = \frac{1}{\lambda} \tag{13.7}$$

最初感染的节点的感染概率继续增长，直到达到稳态条件或持续值。

事实证明，网络的大小对于无标度网络感染脆弱性具有重要的安全意义。式(13.7)意味着网络越大，感染持续性的阈值条件越低。换句话说，对于较大的网络，持续性更容易实现，因此存在更大的感染脆弱性。

对于最初感染的连通性范围较窄的节点，无持续性条件将更容易满足较小网络而不是较大网络，因为较小网络具有更短的衰减时间。然而，较大的网络将导致病毒潜伏时间更短。

尽管与最初未感染的感染节点相连的连接概率随着网络大小增加而增加，但单个节点感染概率随着网络变大而减小。因此，网络规模的增加实际上提高了特定节点的感染抵御能力。

无标度网络的安全影响和风险缓解

前面的讨论揭示了网络规模的增加对安全性有相互竞争的影响。具体而言，无持续性条件在小网络中更容易满足，同时也产生了更短的感染衰减时间。但是，特定节点被感染的概率实际上会随着网络规模的增加而增加。感染概率与先前被感染的节点连接成正比。

因此，感染高连通性节点会造成最大的损害，这与直觉相符。然而，如果达到稳态条件，感染概率与最初目标节点的连通性无关。调整感染增长和衰减率会导致最高连通性节点的节点感染概率发生最大变化。

从这个分析中还可以得出以下安全结论：

(1) 网络越大，λ 的阈值越低。换句话说，λ 的较低阈值意味着更容易实现病毒持续性。

(2) 对于分布 $P(k)$，网络指数 γ 越大，允许的 λ 值越高，即网络对病毒持续性更具抵抗力。

上述分析建议采取以下安全风险缓解措施以增强计算机感染的弹性：

(1) 优先隔离和修补高连通性节点。其他研究也提出了类似的建议。

(2) 快速干预和补救高连通性节点。对这些节点的快速行动将增加所需的病毒潜伏时间。

(3) 根据节点连通性对服务器日志进行特征化，以有针对性地监控感染风险。

(4) 根据网段中节点的数量对网络进行分段。

(5) 采用网络安全度量 $S=D_1/(D_2\lambda)$。S 的值越大，意味着计算机病毒感染的易感性越强。特别地，$S=1$ 表示病毒一旦被引入网络，就会持续存在的阈值条件。

频率和时间中的度量：傅里叶变换[①]

在第 3 章中简要介绍了一种分析周期函数的技术。这种技术称为傅里叶分析，常用

① 作者将本节提供的数据和大部分分析归功于让・戈宾(Jean Gobin)先生。

于许多科学和工程领域。傅里叶分析涉及将周期性、带限函数表示为一系列正弦和余弦函数，并能够在时间和频率域中表示数据。

图 13.5 显示了余弦函数、单脉冲和脉冲列在其各自的时间和频率域表示。这些形成了所谓的傅里叶变换对。回忆一下，这些都与第 7 章中讨论的信号泄露有关。①

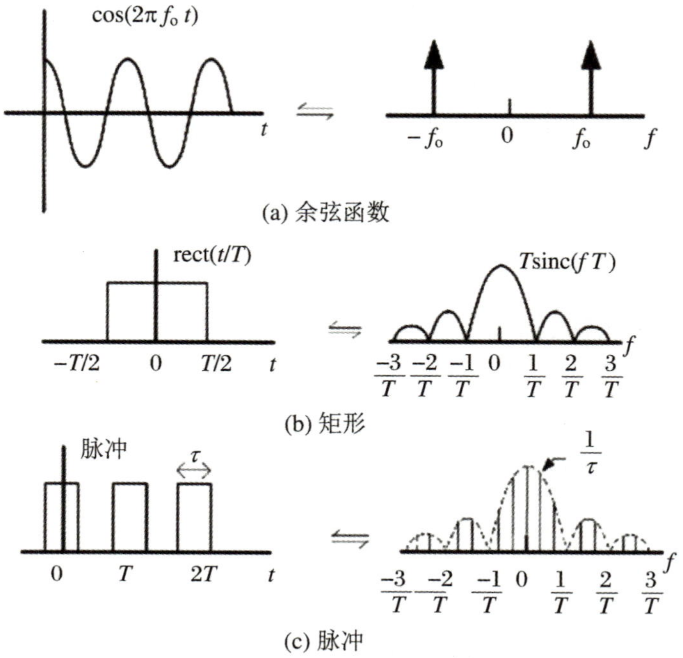

图 13.5　时间和频率域中的余弦函数、矩形和脉冲的表示

这些表示法与信息安全有什么关联？有时，如果不在时间和频率域中查看数据，就很难发现数据中的微妙异常。具体来说，安全分析师寻求识别与特定威胁相关的数据中隐藏的风险因素。②

例如，防火墙日志显示了与外部网站之间的入站和出站网络连接。恶意软件的典型操作方式是试图从一个由外部网站命令和控制的内部网络 IP 地址建立一个隐蔽的通信渠道。

因此，恶意软件感染的风险因素是可疑连接的出现，其中"可疑"的标准可能包括连接数量、连接频率、连接时间和与外部连接站点相关的国家。

---

① http://download.ni.com/evaluation/rf/Super_Heterodyne_Signal_Analyzers.pdf。

② 请注意在这种情况下使用"已知"一词。如果与攻击相关的方法是未知的，那么这显然会增加检测的难度，因为风险因素不一定会被杀毒软件等识别。然而，傅里叶变换在揭示风险相关的行为现象方面特别有用。这样检测到的事件在任何情况下都可能被合理地认为是异常的，因此应作为整体网络监控能力的一部分进行突出和调查。

傅里叶分析能够提供这样的视角，并且是一种可以用于这类信息安全风险分析的测量工具。具体来说，可以将傅里叶变换应用于防火墙日志数据，从而在频率域中查看数据。

图 13.6 显示了在 2 天的时间间隔内，以下 IP 地址的出站连接在时间域中的表示：10.0.1.104，10.150.4.24，10.52.1.21 和 10.150.1.100。重申一下，这里的任务是确定攻击者试图建立对机器的隐蔽控制的异常出站连接的证据。数据似乎会根据峰值表示特定测量偏移时间的连接幅度而重复。但是，当仅在时间域中查看连接时，这些重复的确切性质很难确定。

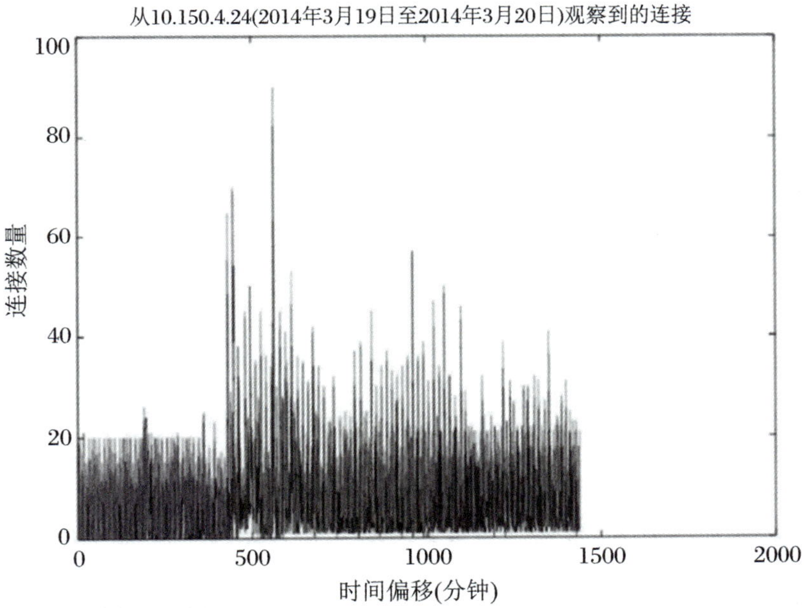

图 13.6　四台内部机器出站连接历史在时间域中的表示

然而，当数据转换为频率域时，这些重复的性质就变得非常明显，如图 13.7 所示。具体来说，在每天约 580 次或每 2.5 分钟一次，以及每天约 290 次或每 5 分钟一次的连接频率处有两个显著的峰值。

从这个角度来看，这些峰值占据了谱图，并且可能会引起调查，因为这种规模的连接频率会引起担忧。

可以使用此分析来隔离来自特定机器的连接尝试，从而确定罪魁祸首。图 13.8 显示了 10.0.1.104 在时间域中的连接配置文件。

似乎有一些连接会重复。值得注意的是，在测量期开始后约 10 小时，该机器与网络断开连接。图 13.9 显示了以频率域表示的相同数据。

从这个角度来看，很明显谱图中高频部分没有集中大量能量。当在时间域中查看

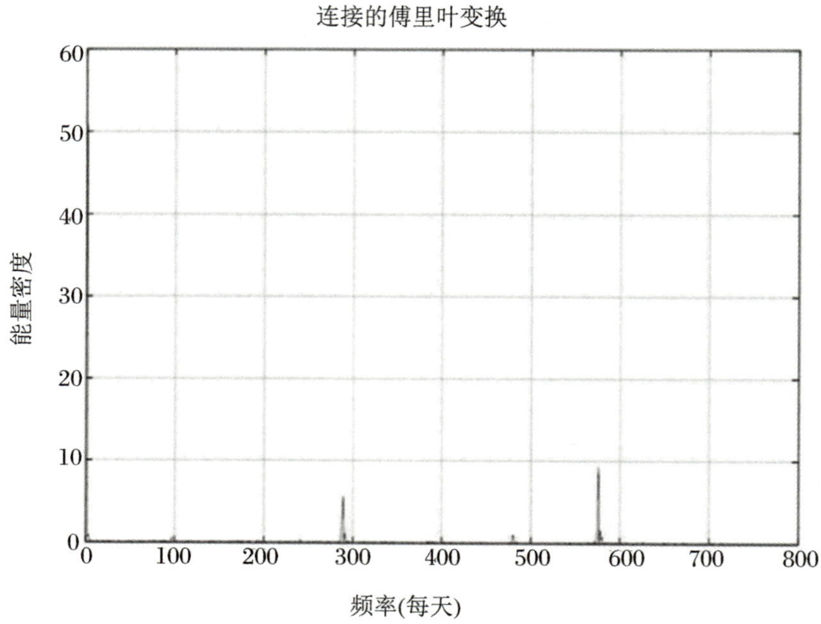

图 13.7 四台内部机器的出站连接在频率域中的表示

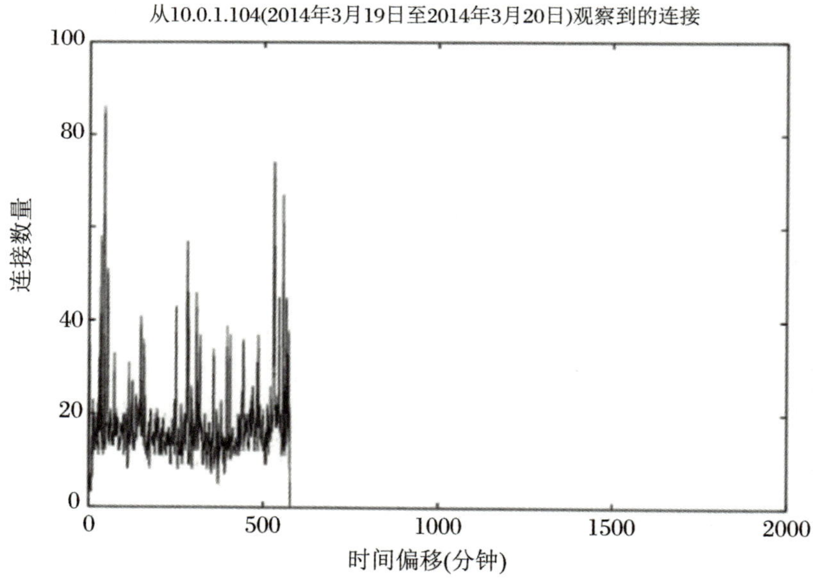

图 13.8 来自 10.0.1.104 的连接在时间域中的表示

时，该部分谱图中能量的存在并不明显。

接下来要评估的机器是 10.52.1.21。图 13.10 显示了时间域中的结果。

似乎平均每分钟有 35 个连接，数据中的峰值在这种表示中立即显现。此外，信号的平均值与峰值幅度之比非常低，即约为 1∶7(不包括两个显著峰值)。该比率从未超

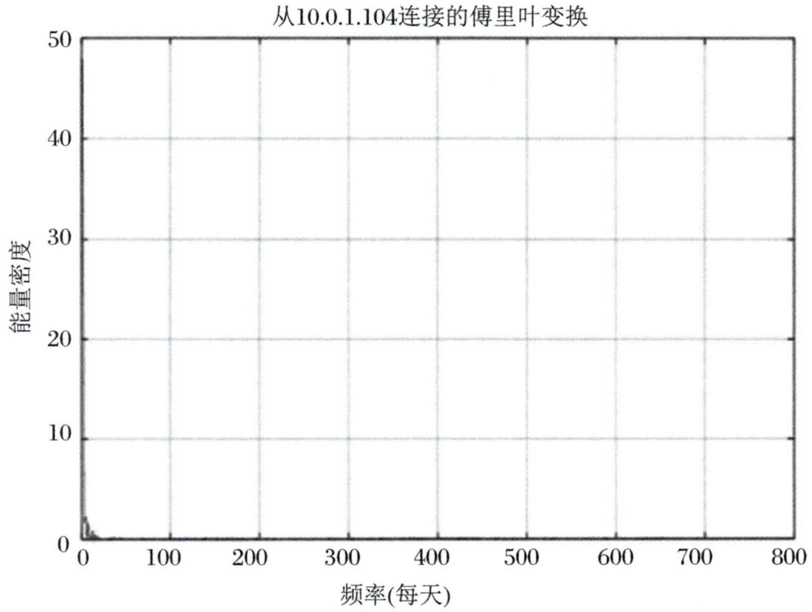

图 13.9 10.0.1.104 的连接历史在频率域中的表示

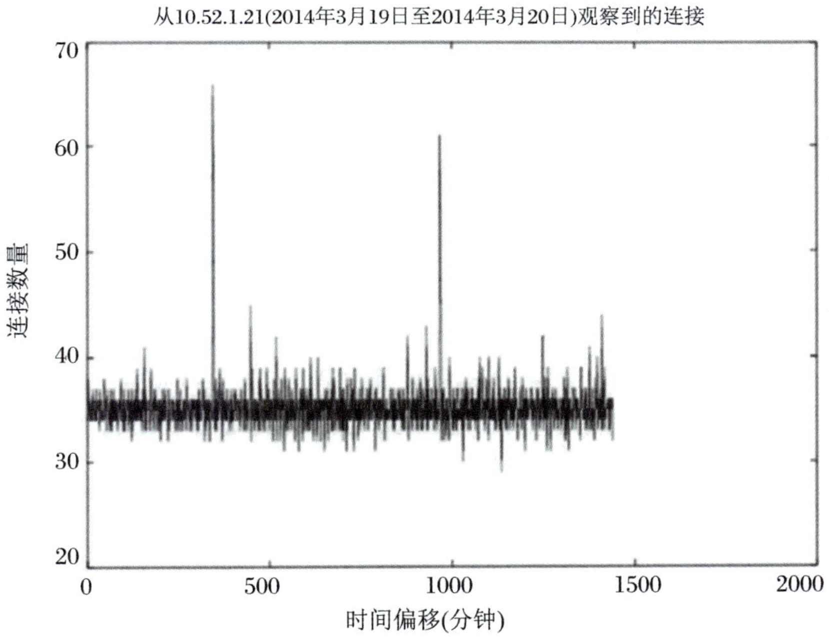

图 13.10 来自 10.52.1.21 的出站连接在时间域中的表示

过 1。

因此,能量并未集中在某一特定频率。图 13.11 证实了这种情况。当去除与连续广播能量对应的峰值时,没有单一频率出现大量能量。

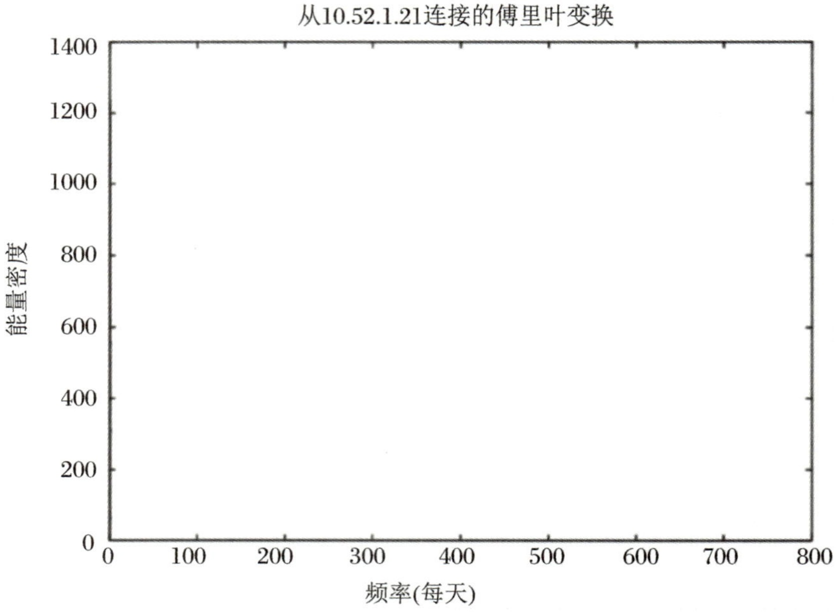

图 13.11 来自 10.52.1.21 的出站连接在频率域中的表示

现在检查 10.150.1.100 的谱图。通常情况下，首先在时间域中查看 2 天的出站连接历史。这台机器产生了大量连接。然而，有一些峰值似乎占据了所有其他信号。图 13.12 说明了时间域的结果。

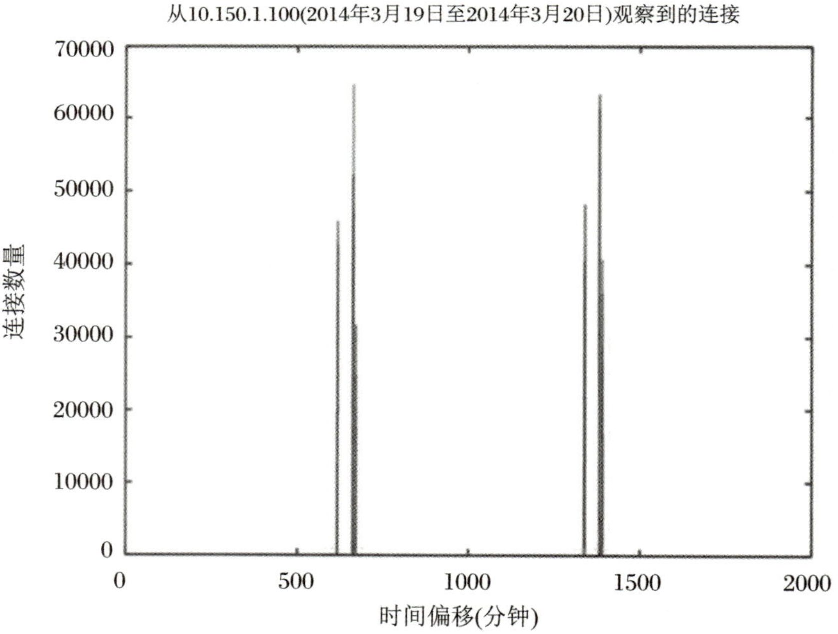

图 13.12 来自 10.150.1.100 的出站连接在时间域中的表示

频率域的视角揭示了每天在 290 和 190 处有两个主要峰值。此外,还存在其他一些峰值。例如,每天有一个 24 次的峰值。这种周期性表明一个过程以每小时一次的速率执行。这样一个频率的存在可能会引起好奇的网络安全工程师的怀疑。图 13.13 和图 13.14分别说明了在连续频率分量被移除和未被移除时,在频率域中发现的这些结果。

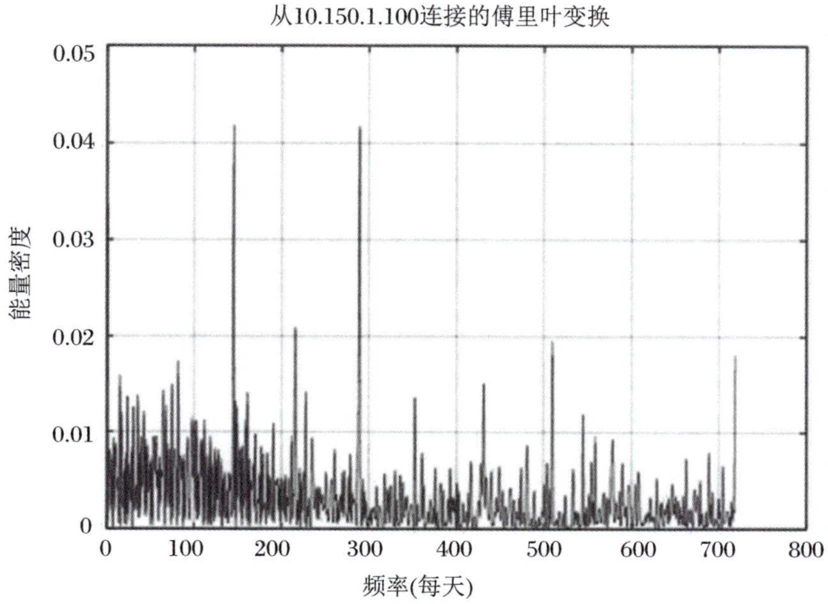

图 13.13　来自 10.150.1.100 的出站连接在频率域中的表示(去除连续分量)

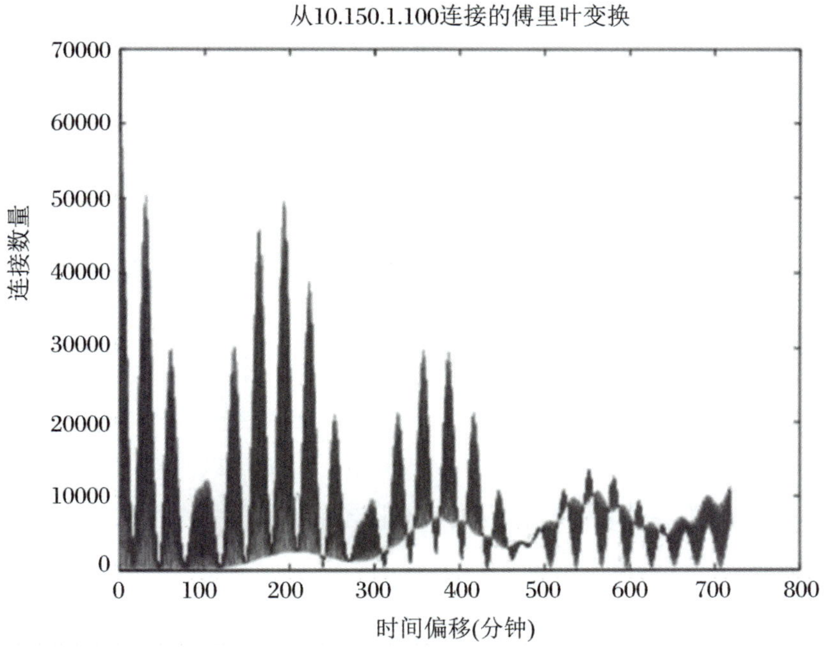

图 13.14　来自 10.150.1.100 的所有出站连接在频率域中的表示

从所有四台机器的频率域分析来看，很明显 10.150.1.100 是最重要的通信者。除了在高重复频率处大量能量外，还确定了一个每小时一次的信号信标，这可以合理地促使后续调查。

这种方法在应用于防火墙日志时的强大之处在于，即使连接的绝对数量不大，每“n”分钟重复连接的机器似乎也具有显著的能量。仅从时间域中查看连接历史时并不明显。换句话说，一台机器可能只以每小时一次的速率进行通信，但它可能每小时都这样做，从而在谱图中产生与每天 24 次相对应的频率峰值。一个稳定但低水平的、以规律间隔的通信节奏可能是攻击者试图在监控雷达下飞行时进行通信的方式。傅里叶变换方法为该雷达增加了纹理，从而可能获得与风险相关的洞察。

此外，在频率域中表示时，给定频率处信号能量的积累会突显出来。在这种情况下，它暴露了连接尝试的模式。此外，该技术可以应用于记录事件时间历史的任何数据集。目前已提出了许多使用傅里叶变换应用于其他风险情景的其他分析。[3]

与高频信号对应的显著信号能量的存在可能会引发关注，但规律性（如果不频繁的话）的模式也同样可能引发关注。对防火墙日志进行频率域分析不会消除对潜在误报进行后续处理的需求。一如既往，需要判断力以及过滤数据集中噪声的标准。底线是，这里概述的程序为信息安全风险分析增加了另一个维度。

确定保护概率的指标

在第 1 章介绍过，风险有三个组成部分：影响、脆弱性和可能性。本书几乎只关注脆弱性部分。是否有可能衡量风险的可能性部分呢？换句话说，人们想知道未来安全事件发生的概率。有没有可能像气象学家预测飓风那样进行这样的预测？

正如第 1 章和其他地方所讨论的，缺乏关于事件的强大统计数据是这种类型的衡量标准的一个重要障碍。具体来说，由于缺乏稳定的条件，特定的风险因素与安全事件之间的关联性变得困难。

假设我们可以建立一个对特定威胁的脆弱性模型。术语模型意味着可以确定影响脆弱性大小的一个或多个参数，而这些参数又是一个或多个风险因素的函数。安全领域的一个问题是，这些风险因素的大小往往是未知的。我们可以假设一个风险因素的最坏情况，并将该值带入脆弱性参数的表达式中。但这样的方法并不细致，理想情况下，人们希望能对风险有一个更细致的看法。

如果我们假设一个或多个风险因素是正态分布的随机变量，或其他适合这个场合的概率分布，这样的观点是可能的。更具体地说，我们可以假设概率分布的极限与场景的具体条件有关。这些极限必须根据定义整合到统一。前面提到的脆弱性参数现在是以风险因素值的分布为特征的。实际上,风险情景的分布已经产生。

如果人们知道必须达到的脆弱性参数值,以提供对特定威胁的保护,现在可以将该值与脆弱性参数值的正常分布进行比较。这种比较产生了对威胁的脆弱性概率。换句话说,它规定了安全参数的值超过提供保护所需的最小值的概率。相当于这个指标规定了保护的概率。

重要的是,这种方法"没有"说明未来发生威胁事件的可能性。此外,它没有说明缓解方法实际上是有效的。有一个有效性的假设,在可能的漏洞情况的范围内,它规定了这些情况中的哪一部分是由特定的缓解方法成功解决的。让我们借助于一些图形来说明这一技术。

假设一个特定的安全参数驱动着特定威胁的风险的脆弱性部分。此外,这个参数是一个或多个风险因素的函数,对于物理威胁,可能是距离、时间、压力等。让我们进一步假设,我们不能先验地确定这个风险因素值。因此,默认情况下,我们假设风险因素值是一个正态分布的随机变量。

此外,这个分布的极限是由特定场景的条件决定的。这一事实意味着概率分布并不延伸到正负无穷大。因此,要求正态化分布的数学精确性,以便使概率分布整合到统一。

正态分布的随机变量在第 1 章很常见,特别是在图 1.6 中。由于在这个简化的例子中,安全参数是一个单一风险因素的函数,所以安全参数已经被描述为正态分布的随机变量。更令人印象深刻的是,如果已知实现对特定威胁的弹性所需的安全参数的最小值,那么保护的概率也就确定了。

图 13.15 显示了安全参数值的指示性正态分布。[①] 阴影部分代表不超过保护所需的最小值 x 的参数值。因此,分布图中的阴影部分的值是那些仍然容易受到攻击的情景,而非阴影的部分代表受到保护的情景。

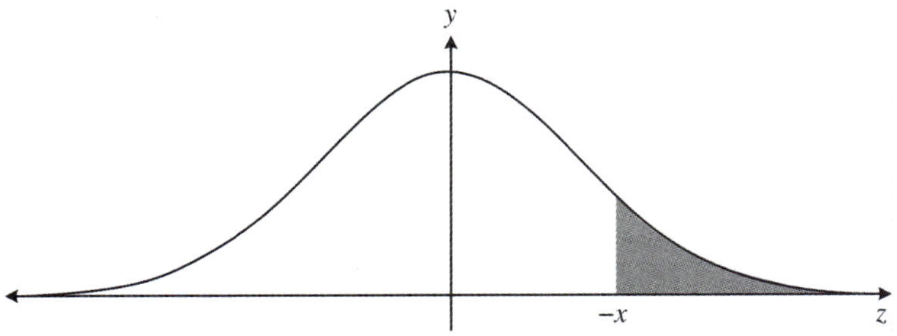

图 13.15 (指示性)安全参数的正态分布和保护的概率

---

① http://www2.latech.edu/~schroder/slides/stat/cdf.pdf。

如果将图 13.15 中的曲线从情景决定的下限整合到阴影区域 x 的开始，就会得出所需的累积分布。累积分布指定了所有小于保护所需值的参数值，图 13.16 描述了这样一个累积分布。①

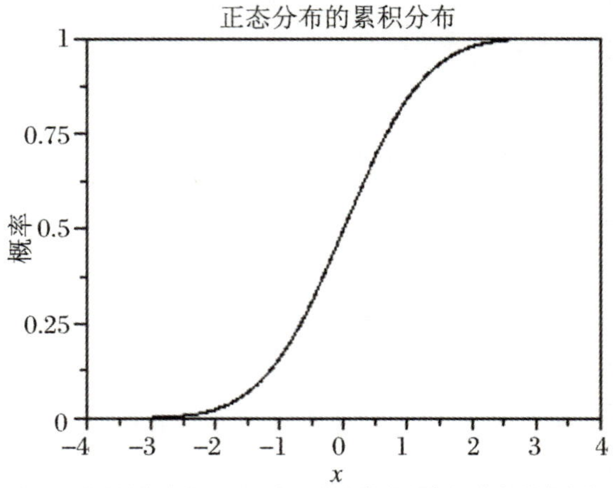

图 13.16 安全参数的累积分布

显而易见的是，这种技术在确定缓解方法的投资回报方面有潜在的作用。在这种情况下，可以确定期望值，也就是缓解的成本乘以保护的概率。期望值能够直接比较安全控制措施，以得出它们的性价比。特别是，它可以衡量为实现增量保护所需的额外投资是否合理，这基于它提供的额外保护，即它成功解决的额外场景数量。

该技术最初应用于对车载爆炸的脆弱性的描述。[4]在这种情况下，强化玻璃窗所提供的保护概率是目标。超压或超过大气压力的压力，以及冲力，即冲击波造成的压力随时间积分的冲量，决定了它与结构相互作用时对结构的破坏。

压力和冲力都可以用两个风险因素来模拟：炸药源和目标结构之间的距离，以及炸药的有效载荷。飞行器引爆其有效载荷的距离不能预先确定，但可以根据特定场景的条件建立合理的限制。同样，爆炸物的有效载荷也不能事先知道，但由隐蔽性和运输限制所决定的实际约束限制了攻击者的选择。

相对于炸弹爆炸的影响，一个特定窗口的性能规格可以用超压和冲力的方式进行参数化。现有的超压和冲力模型是两个风险因素的函数，即距离和有效载荷。

因此，窗口规格可以相对于超压和冲力值的分布进行评估。正态分布被用来描述作为超压和冲力模型中的变量的距离与有效载荷的可能值。通过这种比较，确定了特定窗口的保护概率规格。请注意，距离和有效载荷是车载爆炸物威胁的风险因素，因为它们

① http://www.itl.nist.gov/div898/handbook/eda/section3/eda3661.htm。

增强了风险的脆弱性部分。

一般来说，信息安全威胁比物理安全威胁更难建模。然而，有一种威胁可能适合于这种模型，那就是拒绝服务攻击。在这里，数据包流，一个关键的脆弱性参数，取决于特定的风险因素。①

这里简要地考虑一下已经提出的一个模型。它是以网络流量的总量 V 来制定的。因此，应用保护概率法来确定相对于这种威胁的网络鲁棒性，可能是可行的。[5]

这个模型包含了调节每个通信链路上传输的数据包数量的参数，加上更新路由表时传输的数据包总数。这个模型中的 V 的表达式如下：

$$V = \frac{T_{\text{sys}}}{\Delta t_{\text{sys}}} \sum_{i,j=1}^{N} P_i Q_j \tag{13.8}$$

其中 Δt_{sys} 是一个系统时钟周期的时间；Q_j 是每个通道在一个时钟周期内传输的数据包数量；N 是计算机网络中的节点数量；P_i 是被破坏节点的度量；T_{sys} 是在网络节点的拓扑结构发生变化时，恢复路由时重新分配信息的时间。

如果知道所有参数的精确值，理论上可以估算出最大网络容量。但获取 Q_j 会很困难，因为它取决于攻击者的操作方式。

为了与保护概率法保持一致，我们可以假设 Q_j 和其他变量是具有确定极限的正态分布随机变量，这可以用来建立 V 的分布。多个正态分布的变量会使数学运算变得复杂，但基本技术仍未改变。

如果 V 的理论极限是已知的，可以使用正态分布的特性来确定对于一系列 Q_j 值分布的 DDoS 攻击的韧性保护概率。反之，该方法将得出在给定的 Q_j 下，对这种攻击的保护概率。

当然，不同的模型会产生不同的结果。保护概率方法对于区分好的和坏的模型没有帮助，也不清楚式(13.8)属于哪一类。

总之，保护概率法是一种相对简单的技术，但当应用于复杂的安全场景时，从其使用中得到的关于风险的潜在见解可能会有帮助。它利用关于脆弱性的信息来确定一个给定的控制在发生事件时提供保护的可能性。② 人们可以利用这些结果，通过对具体控制措施的直接比较，做出减轻风险的战略决策。

---

① 这归功于我的同事 Chris Briscoe 博士，他建议将保护概率模型应用于 DOS/DDOS 威胁。

② 必须重申，尽管这种方法产生了关于脆弱性的概率声明，但它不等同于说明未来威胁事件的可能性。

入侵检测的度量：马尔可夫过程

检测网络入侵的合法指标可能是一个具有挑战性的问题。首先，意图入侵的攻击者通常会尽一切可能保持隐蔽。更复杂的是，即使在一个规模不大的网络中，也有大量的活动，而安全日志产生大量的数据，需要很强的分析能力来进行彻底的研究。

许多防病毒软件包依赖于根据先前确定的攻击模式的签名来识别恶意活动。假设攻击已经被识别和报告，这种方法效果很好。

尚未被观察到的攻击被称为"零日"攻击。由于"零日"攻击没有签名，所以已经开发出旨在识别表明感染风险的异常行为的方法。这样确定的异常值被挑出来进行潜在的调查。与内部威胁一样，网络入侵检测本质上是一个信噪比问题，其中有大量的噪声，而信号往往非常少。

已经从概率论中采用了一些方法，并与模式识别相结合，以识别异常行为并减少假阳性。这里讨论一种异常检测方法，主要是因为它是众所周知的，而且它已经成功地应用于许多场景，包括一些与安全有关的场景。①

马尔可夫过程是一个随机过程，其未来或事实上的下一步只取决于当前状态。该过程没有关于如何达到当前状态的记忆。更确切地说，对于任何马尔可夫过程，系统在时间 $t+1$ 的状态只取决于系统在时间 t 的状态。此外，过渡概率，即与状态之间的过渡有关的概率，是与时间无关的。② 一个简单的例子如下：

假设我可以处于两种状态中的一种，即快乐或悲伤。如果我今天是快乐的，那么我明天会快乐的概率就被确定为 0.4。假设我只能在两种状态下存在，即快乐和悲伤，那么如果我今天快乐，我明天会悲伤的概率必须是 0.6，因为我是一个双状态系统，两种状态必须总和为 1。

另一方面，如果我今天很伤心，那么我明天会伤心的概率是 0.8。因此，根据之前的相同推理，如果我今天悲伤，那么我们就说我明天会高兴的概率是 0.2。图 13.17 描述了这种情况。

这个过程可以用一个过渡概率矩阵来描述，其中的 P_{ij} 对应于从状态 i 到状态 j 的概率。在这种情况下，过渡概率矩阵看起来如下，其中 P_{ij} 指定从状态 i 过渡到状态 j 的

---

① 我的同事 Jean Gobin 将这种技术应用于安全日志数据，试图检测异常的出站连接。我对该方法进行了一些修改，尽管风险因素是相似的，即可疑的出站连接，这里介绍的数据完全是发明的。

② 这被称为静止的假设。

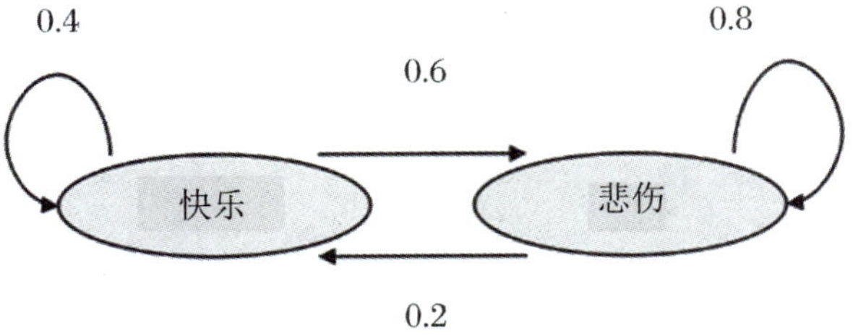

图 13.17　一个简单的马尔可夫过程

概率：

$$P = \begin{bmatrix} P_{11} & P_{12} \\ P_{21} & P_{22} \end{bmatrix} = \begin{bmatrix} 0.4 & 0.6 \\ 0.2 & 0.8 \end{bmatrix}$$

现在，这种通用方法被简单地应用于识别与网络活动相关的异常行为。这显然是马尔可夫技术的简单应用，但仍然说明了这种通用技术的基本原理。

假设人们对检查 IT 环境中可能表明存在泄露的 IP 地址的连接感兴趣。我们假设有一个特别关注的国家，并且要检查一个主机的出站连接的日志活动。

例如，对某些主机来说，连接到某个国家的一个 IP 地址可能是非常正常的。但对其他主机来说，连续连接到这个国家将是非常不寻常的，因此这种行为将需要进一步调查。回顾一下，试图连接到一个正在指挥内部资源的远程服务器是恶意软件的一个风险因素。

假设一台主机在连接到一个低风险的 IP 地址之后，立即连接到一个低风险的 IP 地址的概率是 0.9。此外，在连接到一个高风险的 IP 地址之后，立即连接到一个高风险的 IP 地址的概率是 0.8。

过渡概率矩阵和相关的马尔可夫过程图见图 13.18。①

$$P = \begin{bmatrix} 0.9 & 0.1 \\ 0.2 & 0.8 \end{bmatrix}$$

鉴于一台主机刚刚连接到一个高风险的 IP 地址，也就是说，该主机处于“高风险状态”，那么它在两次连接后连接到一个低风险的 IP 地址的概率是多少？这个计算是相当直接的，有两个过渡选项需要考虑：① 主机从高风险状态连接到高风险地址，然后再连接到低风险地址；② 主机从高风险状态连接到低风险地址，然后再连接到低风险地址。

从一个高风险的地址连接到一个低风险的地址的概率是 0.2。从一个低风险的地址连接到一个低风险的地址的概率是 0.9。因此，联合概率为 $0.2\times0.9=0.18$。关于第二

① 关于马尔可夫过程的一个容易理解的教程可以在 webcourse. cs. technion. ac. il/236522/Spring2007/ho/.../Tutorial05. ppt 找到。该教程中的数字也被用来计算书中提供的例子。

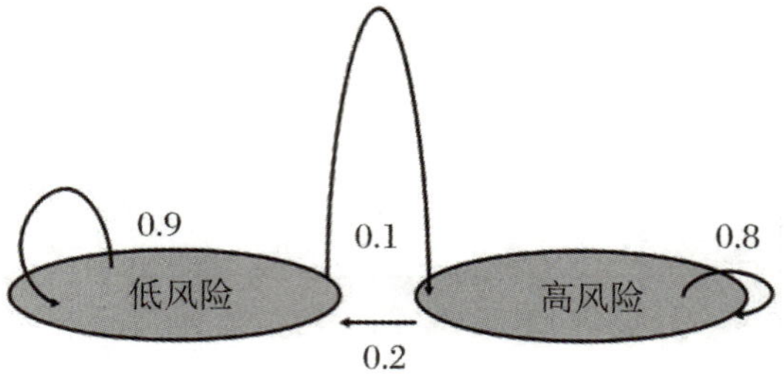

图 13.18　相关的马尔可夫过程

个过渡选项，从高风险状态连接到高风险地址的概率是 0.8，然后连接到低风险地址的概率是 0.2。联合概率为 $0.8\times0.2=0.16$。

因此，主机连接到一个低风险状态的总概率是两个选项的总和，即 $0.18+0.16=0.34$。过渡矩阵表示如下：

$$P^2 = \begin{bmatrix}0.9 & 0.1\\0.2 & 0.8\end{bmatrix}\begin{bmatrix}0.9 & 0.1\\0.2 & 0.8\end{bmatrix}=\begin{bmatrix}0.83 & 0.17\\0.34 & 0.66\end{bmatrix}$$

如果主机目前处于低风险状态，它在三次连接中连接到高风险地址的概率需要再次应用过渡概率矩阵 P，如下所示，其中所求得的概率为 0.219：

$$P^3 = \begin{bmatrix}0.9 & 0.1\\0.2 & 0.8\end{bmatrix}\begin{bmatrix}0.83 & 0.17\\0.34 & 0.66\end{bmatrix}=\begin{bmatrix}0.781 & 0.219\\0.438 & 0.562\end{bmatrix}$$

如前所述，尽管这个例子很基础，但它很好地说明了这种技术。从特定风险因素的历史记录，如连接历史，马尔可夫过程可以用来衡量不可能或异常事件的概率。例如，已经记录了一种异常检测技术，该技术首先使用类似于上述的马尔可夫链模型开发时间行为的正常轮廓，从计算机日志数据中学习马尔可夫链模型，并根据时间行为的马尔可夫链模型检测异常。[6]

值得注意的是，可以从对之前系统状态的观察中学习到静止马尔可夫链的转移概率矩阵和初始概率分布。该系统将被训练来识别“正常”行为，并根据概率来标记异常的事件。

概率越高，状态序列就越可能来自历史上的正常活动。来自入侵性活动的状态序列预计会从马尔可夫模型中得到一个低概率。

最后，一些可以包括在入侵检测的行为模型中的属性被列举如下[7]：

(1) 单个事件的发生，例如，审计事件、系统调用、命令、错误信息和 IP 源地址；

(2) 单个事件的频率，例如，连续密码失败的次数；

(3) 单个事件的持续时间，例如，一个命令的 CPU 时间，以及一个连接的持续时间；

(4) 通过逻辑运算符(如 AND、OR 和 NOT)组合的多个事件的发生情况；

(5) 多个事件的频率直方图(分布),以及事件的序列或过渡;

(6) 事件的序列或过渡。

总结

信息技术的实施是信息安全风险因素的主要来源。因此,对技术风险进行定量分析的指标是安全专家感兴趣的课题。在这一章中,介绍了与信息技术和信息安全有关的各种测量和相关指标。

密码的复杂性是一个长期关注的话题,因为它们在认证中的普遍性,它们对信息资产的脆弱性的历史贡献,以及用户在被要求加强密码弹性时表现出的挫败感。本书提供的风险分析包含了对复杂性要求的明确理由。此外,它还提供了与三种威胁类型有关的密码长度建议。一个关键点是,对于一个给定的源字母表,增加密码长度的好处是指数级增加的。

具体来说,建议使用至少 14 个、16 个和 18 个字符的密码长度,以提供对"脚本小子"、复杂的黑客和国家支持的对手的防御,假设字符的来源包括大写和小写字母、数字和符号。特别要注意的是,在保护每个攻击者类型方面增加两个额外字符的"保险"将增加指数级的弹性,鉴于任何此类分析中固有的不确定性,这似乎是谨慎的。

网络感染是 IT 环境中非常常见的情况。我们提出了一个所谓的网络感染的无标度模型,其中网络节点服从与节点连接分布相对应的反幂律。幂律中指数的大小传达了关于网络感染的脆弱性的定量信息。

这一分析不出意料地证实,拥有最多连接的节点对网络感染的脆弱性贡献最大。然而,网络规模对安全性有相互竞争的影响。因此,对于较大的网络来说,网络的风险总体上是增加的,但对于特定的节点来说实际上是减少的。我们提供了减少网络感染脆弱性的建议,并规定了病毒持续存在的阈值条件。

安全日志数据的分析也是网络安全专业人士面临的一个持续问题。虽然缺乏与风险相关的数据肯定会成为一个问题,但大量的数据也带来了自己的挑战。建议采用从科学和工程中借鉴的著名技术,将其应用于随时间捕获的安全日志数据。

这种技术被称为傅里叶分析,它在数学上能够代表时域和频域的周期性信息。分析表明,将防火墙日志数据在频率域中表示有助于识别与出站连接相关的风险特征,从而能够洞察与已知攻击(特别是恶意软件)有关的风险。

马尔可夫过程的基本例子被用来说明它们在识别风险相关的网络行为方面的实用性。具体来说,这种众所周知的方法被用来突出显示异常的出站网络连接,从而为监测 IT 环境的感染风险因素提供了另一种工具。

最后,我们提出了一种新的方法来确定安全控制有效性的可能性。如果一个威胁模型是已知的，但该模型中的风险因素的精确值是未知的，或者事实上是不可知的，那么这种方法就适用。该方法包括用概率分布代替威胁模型中的一个或多个风险因素，得出“保护概率”。这种方法在安全风险决策过程中可能很有用，在这个过程中，可以对照其他安全对策，对某一特定控制措施的有效性及其成本进行定量评估。

参考文献

[1] Pastor-Satorras R, Vespignani A. Epidemic spreading in scale-free networks. Phys Rev Lett 2001;86:3200.

[2] Ebel H, Mielsch L-I, Bornholdt S. Scale-free topology of e-mail networks. Phys Rev E; 2002; 66:035103.

[3] Young C. Periodic behavior and automated money laundering detection. J Money Laundering Control 1994;7(4):295-70.

[4] Chang D, Young C. Probabilistic estimates of vulnerability to explosive overpressures and impulses. J Phys Secur 2010;4(2):10-29.

[5] Shangytbayeva GA, et al. Mathematical model of protection of computer networks against attacks DoS/DDoS. Mod Appl Sci 2015; 9(8): 106-111. http://portal.kazntu.kz/files/publicate/2015-06-08-11940_1.pdf.

[6] Yee N. A Markov chain model of temporal for anomaly detection. In: Proceedings of the 2000 IEEE workshop on information assurance and security, The United States Military Academy, West Point, NY, June 6-7; 2000.

[7] Ye N, et al. Probabilistic techniques for intrusion detection. IEEE Trans Syst Man Cybern 2001; 31(4):266-74.

第 5 部分
信息资产的物理安全

第 14 章

物理安全控制

引　言

在第 1 章中，物理安全被列为信息资产面临威胁的主要风险因素。尽管大多数安全专家可能不会对增加物理安全和 IT 安全实体之间的互动提出异议，但令人惊讶的是，这些功能在大多数组织中仍然没有得到很好的协调。

具体说明一下为什么物理安全在信息安全策略中发挥着越来越重要的作用是很有意义的。首先，物理安全控制可以防止未经授权的对信息资产的物理访问，而未经授权的物理访问是信息泄露的一个主要风险因素。由于虚拟化的使用，信息的集中度正在迅速增加。因此，信息泄露的脆弱性以及单次泄露的潜在影响正在增加。

其次，大多数物理安全技术控制是联网设备，也是支持互联网协议（IP）的。因此，它们会受到与其他联网设备相同的威胁。这有两方面的影响：① 物理安全设备是整个网络的攻击媒介；② 这些物理安全设备所保护的信息资产的脆弱性增加。

了解如何轻松地破解现代闭路电视（CCTV）摄像头是很有启发性的。这种启发性恰好与黑客如何攻击这些设备的信息的公开性有关。回顾一下第 11 章中介绍的信息资产的物理安全问题。在那次讨论中，我们讲述了一个僵尸网络感染闭路电视摄像机导致成功的 DDoS 攻击。以下是在 Facebook 上出现的关于黑掉 CCTV 摄像机的简单攻击指南①：

（1）请从这里下载 Angry IP Scanner http://www.angryip.org/w/Download。这是一个简单的工具，可以扫描一系列的实时 IP 地址，并识别用户指定的开放端口。（这不需要任何安装，只要下载并运行它就可以了。）

（2）当打开这个工具时，你可以看到设置 IP 范围进行扫描的选项。

（3）只要去谷歌搜索你的 IP 地址，你会在这些链接中得到你的 IP 地址：www.cmyip.com、www.geobytes.com、www.iplocator.com。

---

① https://www.facebook.com/expertsprogramming/posts/368513023265880。

(4) 在开始字段和结束字段中输入你的 IP 地址。这肯定会花很多时间来扫描整个范围,但会增加找到更多易受攻击的摄像头的概率。

(5) 接下来是指定一个端口,这样 Angry IP 扫描器就会对每个 IP 进行 ping,以发现该端口是否开放,进入工具>偏好>端口标签。在端口选择中输入你想扫描的端口号。我注意到,在我所在的地方,大多数人都在使用 HIK Vision 数字视频记录器。这个设备使用 8000 端口。所以我在文本框中输入端口 8000。

(6) 如果你想扫描多个端口,你可以输入由逗号分隔的端口号。输入端口号后,进入显示选项卡。在这里你可以自定义显示的结果。默认情况下,所有已扫描的主机将被选中。在这种模式下,所有死的 IP 将显示为红色,活的为蓝色,开放的端口为绿色。所以我建议只选择有开放端口的主机,这样你就不需要滚动浏览整个死亡和活着的 IP 池。一旦完成,点击确定。

(7) 现在点击"开始"按钮并等待一段时间。如果你在"显示"选项卡中选择了"所有已扫描的主机",你会看到单个 IP 被扫描并被列出。

(8) 如果显示的是目标。只要在 IP 地址上点击右键就可以复制它。

(9) 将链接粘贴在你的 Internet Explorer 的地址栏中,然后点击回车。成功了!!!它加载了登录页面。正如预期的那样,这是 HIK VISION DVR 的登录页面。我们使用 IE 的原因是,为处理这些页面而设计的 ActiveX 只能在 IE 中工作。即使在 IE 中,有时你也要等待提示安装 HIK Vision 的 ActiveX 控制。如果你的 IE 屏蔽了这个插件,请看这个视频 http://youtu.be/RymqP4uDC9U 来启用它(或谷歌"在 IE 中启用未签署的 ActiveX 件")。

(10) 这里有一个技巧。大多数目标在安装了网络硬盘录像机后,未能从制造商提供的默认证书中改变其证书。所以 HIK VISION 的默认用户名是:admin,密码是:12345。

(11) 如果你遇到不同的制造商,你可以在谷歌上搜索制造商的名称和"默认密码"来找出默认的证书。

这段 Facebook 上的文章强调了当前 CCTV 系统部署的几个重大漏洞。其中最值得注意的是,数字视频录像机(DVR)和网络视频录像机(NVR)这些控制 CCTV 系统功能的设备,经常在其默认凭证下运行。此外,制造商还公布了这些凭证供全球使用。

分享这篇文章的目的并不是引诱读者测试自己的黑客技能,而是突出一个 IT 网络漏洞可能对关键的物理安全控制产生负面影响的事实。此外,考虑到使用互联网启用的闭路电视摄像机系统或 DVR/NVR 来保护其信息资产的组织的信息安全风险概况可能产生的风险状况,这一点尤其让人警醒。

本章专门探讨高级物理安全控制。在某些方面,这些控制措施反映了那些用于防止未经授权的 IT 账户访问的措施,但它们在某些重要方面也有不同。在这两种情况下,这些控制措施都是为了确保只有具有适当权限的个人才能访问受限资产和位置。

关于物理安全技术控制,特别是闭路电视系统的参考资料有很多。这种控制的技术细节可以在引用的参考文献中找到,第 3 章和第 9 章描述了 CCTV 功能的基本光学原理,如衍射、焦距和视场,但也有许多其他来源可供参考。[1]这里略过这些细节,以便理解这些控制的动机,因为它们与全面的信息安全策略有关。

最后,这种处理方法不包括对 CCTV 和物理访问限制技术的详细分析,这是两种关键的物理安全控制。同样,许多文献提供了足够的细节使读者熟悉这两种方法。此外,第 9 章中介绍的关于光学攻击的材料同样适用于 CCTV 技术,将为读者提供必要的背景,以了解 CCTV 的基本原理。

有许多技术被用来限制物理访问。具体的技术和规格将根据威胁的不同而有所变化。另一份参考资料为感兴趣的读者提供了关于对未经授权的物理访问的脆弱性的详细分析,这些分析产生了一些最常见的方法的定量性能指标。[1]

身 份 认 证

管理与实际进入受限空间相关的风险的一个前提条件是验证请求进入的个人的身份。身份认证需要一个或一组与有关个人唯一关联的凭证。接下来提供任何身份认证过程的基本属性。

减少不确定性

身份认证凭证必须以足够的统计置信度将凭证所有者与凭证联系起来。身份证上通常有一张持证者的脸部照片,以确认持证者的身份。照片肯定是生物特征的一种形式,尽管它在这种情况下可能不那么可靠。为什么呢?

这类照片在验证持卡人的身份时可能很困难,因为图像质量问题。另一个导致无效认证的因素,也是使图像质量差的问题更加严重的因素是,负责审查这些照片的人有时不够专心或不善于观察。

更加自动化和可靠的生物特征证书形式已经被开发出来,它依靠与计算机相连的传感器来尽量减少不确定性。应该注意的是,不确定性包括误接受和误拒绝。可以说,误接受是一个更严重的安全问题,因为其后果是未经授权的对受限空间的物理访问,而误拒绝可能仅仅导致不便。

特定生物特征技术的置信水平基于两个纳入性能统计数据的因素:一是该生物特征在一般人群中的独特性;二是传感器正确解释区分生物特征的能力。

一个生物特征系统以两种可能的配置运作：识别和验证。识别是指将获得和处理的生物特征与系统中存储的所有生物计量模板进行比较，希望能有一个匹配的结果。[2] 换句话说，生物特征被提交给读卡器，系统通过其数据库搜索实际生物特征与系统中存储的数据之间的匹配。这种方法通常需要更多的处理，取决于生物特征的性质和模板数据库的大小。

验证是指用户在系统中登记他/她的身份，并在此过程中扫描一个生物特征。系统将先前注册的参考特征与存储在 ID 上的生物特征进行比较。如果匹配成功，验证就成功了。例如，一个证件所有者的指纹数据可以存储在一个 ID 上。为了实现验证，系统将存储在 ID 上的指纹与请求者提供的指纹进行比较。验证通常没有识别那么复杂。

使用单一生物特征的系统被称为单模态系统。当识别是通过比较 N 个不同的生物特征之间的匹配值来计算时，该系统被称为多模态系统。多模态系统旨在通过利用每种方法的统计独立性来提高系统准确性。

换句话说，如果方法一出错的概率是 x，方法二出错的概率是 y，那么两种方法出错的概率就是概率的乘积 xy。由于 x 和 y 总小于 1，xy 总小于 x 或 y 本身。①

最常被引用的生物特征包括指纹、签名（笔迹）、面部几何、虹膜、视网膜、手部几何、静脉结构、耳朵形状、声音、DNA 匹配、气味（人类气味）、键盘笔画分析和步态比较。[2] 表 14.1 比较了一部分生物特征识别方法的错误率（错误接受和错误拒绝），这反映了它们各自性能的不确定性。显然，根据这份参考资料，截至目前，在统计学意义上视网膜识别取得了最好的效果。

表 14.1 生物特征错误率的比较

指纹识别	小于 1/500
面部识别	无数据
手部几何识别	1/500
语音识别	1/50
虹膜识别	1/131000
视网膜识别	1/10000000
签名识别	1/50
按键识别	无数据
DNA 识别	无数据

① https://sites.google.com/site/biometricsecuritysolutions/crossover-accuracy。

抗泄露性

任何身份认证方法的一个重要特征是其抗泄露性。抗泄露性与不确定性的最小化有关，但要认识到这两个特征是不相同的。例如，一个方法在统计学上可能是强大的，但它仍然可能是相对容易被泄露的。这显然会影响该方法随着时间推移的有效性，而且对凭证和凭证持有人之间一对一的关联的信心最终会下降。

多因素认证的目的是通过增加抗泄露性来减少不确定性。它通过将"你知道的东西"与"你拥有的东西"相结合来减少不确定性。"你知道的东西"通常是一个秘密号码或个人识别码(PIN)，而"你拥有的东西"是一个物理 ID 或生物特征信息。任何使用过自动取款机(ATM)的人都非常熟悉多因素认证。

多因素身份验证并不是绝对安全的，但在阻止非法获取身份验证凭证的攻击方面非常有效。[①] 除非密码正确，否则偷来的身份证对潜在的罪犯来说毫无用处。因此，当一个有效的 ID 被出示并证明知道密码时，人们对认证过程的有效性的信心就很高。

但是这种信心的程度是基于持证者是该证件的合法拥有者的假设。当持卡人输入正确的密码时，这种信心会得到加强。还需注意，这种信任是基于合法持卡人没有与任何其他人分享他的密码的假设。

身份的唯一性

任何用于验证要求进入受限区域的个人身份的方法都必须确保将凭证与凭证持有者联系起来的唯一性。用于确保唯一性的身份验证特征必须在需要访问的整个期间都保持有效。

一个简单的非持久性例子是一个为 100 万名会员服务的系统，但使用的 PIN 码只包含 4 位数字。很快，PIN 就必须被重复使用，从而破坏了凭证和凭证持有人的唯一性条件。另一个潜在的持久性违规的例子是一张不再能被识别为合法证书持有人的证书照片。

验 证 授 权

请求物理访问的个人的身份可能被成功验证，但他可能不具备当前的访问权限。尽

① 我们顺便指出，多因素认证在降低与网络钓鱼和鱼叉式网络攻击有关的风险方面相当有效。这些攻击旨在欺骗计算机用户提交他们的在线访问凭证，即用户名和密码。

管在安全策略中，授权和认证控制往往是同时进行的，但它们在各自的验证方法上是不一样的。

不幸的是，即使是最先进的生物特征或其他身份验证模式也不能揭示个人进入受限区域的授权。此外，在大型和复杂的组织中，授权可能会因部门、部门之间的联系以及员工的部门隶属关系的复杂性而有很大的不同。

此外，即使是规模不大的组织，也需要一个自动化的物理访问控制系统来保持动态的访问权限分配。仅仅因为 Carl Young 在公司里是一张熟悉的面孔，并不意味着他的访问权限在那天早上没有被取消，或者撤销信息没有传达给负责检查身份证的安保人员。

因此，需要一个自动化的授权系统来管理动态的授权场景。理想情况下，这样的系统由凭证阅读器组成，例如，凭证阅读器和生物特征认证设备，它们与一个用户的后端数据库相连，该数据库包含与用户身份关联的权限信息。

幸运的是，许多这样的系统存在着不同程度的复杂性。如今，它们甚至可以与活动目录集成，以结合物理和电子访问权限管理。图 14.1 展示了一个通用的物理访问控制系统结构。①

图 14.1 中所示的数据库包含了被授权进入特定物理位置的特定人群的当前物理访问权限信息。通常情况下，每天会通过 IT 网络将特定员工的文件发送到与相关控制面板相连的服务器，而控制面板又与前端认证设备相连。

从这个描述中可以清楚地得出两点结论。首先，在控制面板和服务器之间发送的与物理访问有关的信息必须得到物理和电子层面的保护。关于安全的物理访问控制系统拓扑结构的各种选择可以在参考文献[1]中找到。

其次，数据库更新的时间间隔越长，未经授权进入的风险就越大。例如，一个最近被解雇的人将保持他进入限制区域的特权，直到数据库被更新。

重要的是，不要将身份认证等同于授权，反之亦然。许多组织允许员工在闸机处出示身份证，并错误地认为这种行为同时满足了认证和授权的控制要求。

显然，如果没有将凭证与凭证持有人联系起来的功能，实际上就没有对合法持卡人的认证。在闸机处出示证件的人可能捡到或偷走了证件。任何使用有效 ID 卡的人都会继承与合法持卡人相关的访问权限。

人们可以粗略地估计与未经授权进入限制空间有关的风险。更准确地说，人们可以根据访问系统的注册错误来评估未授权访问权限的可能性。以下模型虽然非常简单且带有显著的假设，但它强调了与物理访问管理有关的复杂性，以及在假设某些操作条件

① http://helpingtext.blogspot.com/2015/03/know-about-access-control-systems-and.html。

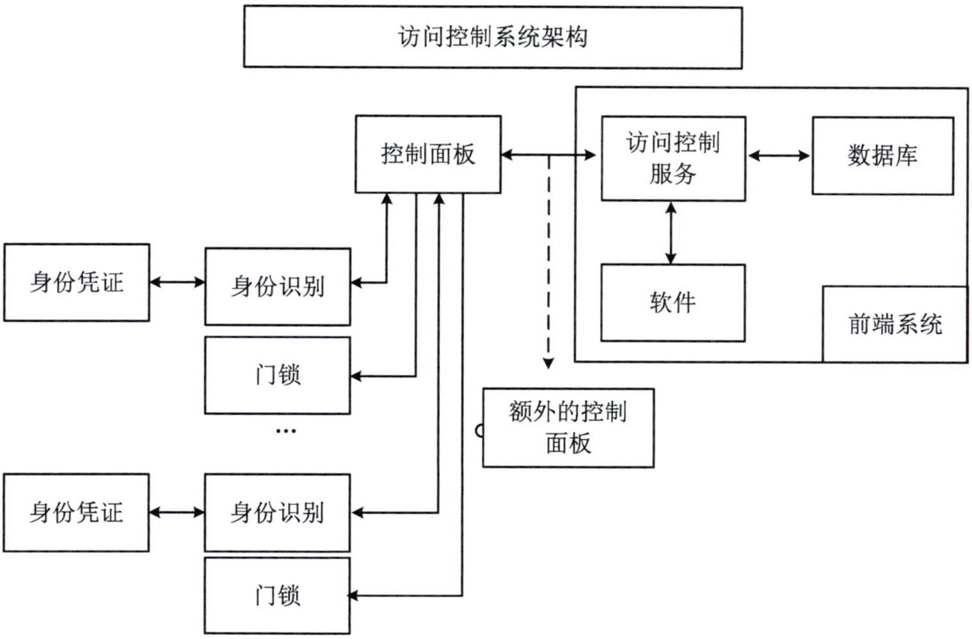

图 14.1　物理访问控制系统的结构

下发生未授权物理访问的可能性。

使用完全的统计学方法来分析物理访问风险无疑是有局限性的，特别是对于较小的环境。但对于更复杂的物理环境，这种方法变得越来越重要，这也是自动登记系统最有价值的地方。

未经授权进入受限空间是包括信息盗窃在内的众多威胁的一个风险因素。衡量一个风险因素发生的概率，例如未经授权的物理访问事件的数量，无论是否有伴随的安全事件，如盗窃，都是对实际威胁事件的可能性的一种间接衡量。

物理和电子安全威胁的风险指标之一是在分配物理访问权限时发生注册错误的可能性。这将使未经授权的物理访问进入一个或多个受限空间成为可能，尽管以这种方式获得这种特权的人可能永远不会利用这个机会。

如前所述，对于拥有数千名员工的公司来说，在具有不同访问权限的不同群体之间保持适当的访问控制是一项挑战。一个关键的操作问题是，在系统注册过程中分配适当的物理访问权限。以下定义和假设适用于这个简单的随机模型，用于评估在注册过程中错误分配访问角色的可能性：

(1) 注册错误是随机发生的(这是一个关键的假设!)；

(2) 每个角色由一组独特的物理访问权限组成，这些权限对应于设施内的特定位置；

(3) 有一套独特的读卡器，方便所有被分配到该角色的人进行物理访问；

(4) 员工根据其分配的角色被授予物理访问权限；

(5) 当一个员工被授予与他所分配的角色不一致的物理访问权限，并且他有意或无意地利用这一错误进入受限空间时，就会发生物理访问事件；

(6) 这里考虑的错误是指一个人被分配了不正确的角色，而系统给予了未经授权的物理访问权限，使其能够进入限制空间；

(7) 读卡器错误地拒绝进入一个受限区域，不被认为是一个错误；

(8) 每个员工都必须有一个角色；

(9) 每个员工只能被分配一个角色；

(10) 每个物理限制区域都由一个读卡器保护。

如果一个组织有 N 个角色，一个人被随机分配到一个错误的角色的概率是 $1/(N-1)$。

请注意，分母是 $N-1$ 而不是 N，因为 N 个角色中有一个是正确的。在现实中，由于注意力分散、情况复杂或沟通不畅，可能会发生报名错误或沟通不畅的结果，尽管错误的发生可能不是随机的。

请注意，仅仅知道物理访问登记过程中的错误频率并不能解决这种情况下的风险。真正需要的是由于登记过程中的错误，个人被授予未经授权进入限制区的概率。这个概率并不完全等同于接下来讨论的注册错误的概率。

由于每个角色都是唯一的，因此与该角色相关联的一组读卡器也是唯一的，但一些读卡器可能属于多个角色。因此，即使一个员工被错误地分配了一个角色，一些在错误的角色中被授权的读卡器也可能属于正确的角色。因此，尽管被分配了一个错误的角色，该员工应该可以合法地进入特定的限制区域。

因此，未经授权进入限制区的实际概率等于被分配到错误角色的概率乘以该错误角色中未被授权的读卡器的比例。

设 N 为角色总数，T 为读卡器总数，M 为错误分配的角色中合法授权的读卡器数量。之前已经解释过，被随机分配到一个错误角色的概率是 $1/(N-1)$。通过属于错误分配的角色的读卡器进入未经授权的限制空间的概率是 $(T-M)/T$。

因此，被授予未经授权的物理访问受限空间的概率 $p(x)$ 等于被分配到一个错误的角色的概率乘以存在该员工不应该访问的读卡器/受限区域并与该错误的角色有关的概率。该概率由以下表达式给出：

$$p(x) = \frac{1}{N-1} \times \frac{T-M}{T} \tag{14.1}$$

代入一些数字，如果 $N=100$ 个角色，$T=1000$ 个总读卡器，$M=50$ 个授权读卡器，随机授予个人至少一个读卡器的未经授权的物理访问的概率是 0.0096，即大约 1/100。

如果 $N=1000$ 个角色，$T=10000$ 个总读卡器，$M=500$ 个授权读卡器，$p(x)=$

0.001,即 1/1000。

请注意,这个计算适用于单次注册。假设有 10000 个人注册,$p(x)=0.01$,那么至少有 1 个人通过读卡器被授予未经授权的物理访问权,进入至少一个限制区域的概率是多少?

这个概率是由 $1-(0.01)^{10000}$ 给出的。这个数字非常接近于 1。因此,在大量的登记中,至少有一个登记错误的概率几乎是肯定的。事实上,注册人数越多,整个企业出现注册错误的概率就越大。即使 $p(x)=0.001$,这种情况也会发生。

这个模型代表了一个接近最坏的情况。据推测,一个组织实施的注册程序有检查措施,以确保这种错误不会发生。相对于未经授权进入受限空间的风险而言,最坏的情况是故意对访问控制系统进行错误编程。

要重申的是,这种风险的统计分析是基于这样的假设,即登记错误是一个随机变量和非故意的。故意的注册错误是内部人员造成的威胁的例子。这是一个非常不同的、更麻烦的安全问题,从安全风险的角度来看,可以说这是最坏的情况。

评估隶属关系

引言

授权进入某个设施或设施内的某个空间,至少需要与控制该受限区域的组织建立隶属关系。此外,必须建立具体的资格标准,以确定个人是否有资格与该组织建立隶属关系。这些标准应符合该组织的文化和对风险的容忍度。

举个极端的例子,除了 La Cosa Nostra 可能是个例外,大多数组织都会认为有暴力刑事犯罪前科的历史是就业资格的不合格条件。因此,谋杀罪的重罪判决通常会消除一个人加入一个有信誉的组织的机会。

授权的物理访问是根据个人在某一时刻的就业状况而授予或拒绝的。因此,当授权通过一扇门、旋转门、门户等,在向门禁系统出示证件后,成功通过意味着持有该证件的个人在申请时是该组织的良好成员。

这个过程还假设出示证件的人是合法的证件持有者。需要注意的是,这种隶属关系是短暂的,因此隶属关系的性质可能在相对较短的时间范围内发生变化。

然而上述讨论引出了一个问题:应该用什么标准来确定适合建立隶属关系。关于哪些标准是最重要的以及这些标准的具体性质的决定可能是很棘手的。理想情况下,人们会使用基于风险的方法,从而确定同时反映组织的价值观和成功的工作表现所需的那些素质的标准。

背景调查

与组织建立隶属关系的特权应要求通过背景调查。这一要求背后的理论有两个方面：① 以前的行为是对未来行为的合理预测指标；② 确认个人的身份和其经历的真实性可以降低安全和商业风险。

根据职位职能的不同，隶属关系的标准可以有一些变化，但应建立最低标准，根据基于风险的标准确定适合性。以下是在就业前筛查计划中发现的可能取消个人加入资格的情况：

(1) 有严重的犯罪活动史；

(2) 存在与不负责任行为相关的巨额债务；

(3) 缺乏政府要求的工作许可；

(4) 存在不稳定、不一致或其他负面的就业历史；

(5) 在申请过程中提供虚假陈述；

(6) 不当的互联网个人资料。

一般来说，调查犯罪记录、信用记录和工作许可比验证就业记录所需的资源要少。原因在于前者所需的信息通常可以通过公共数据库获得，尽管在美国以外的一些司法管辖区可能不存在这种情况。

确定组织隶属资格的标准不应该是严格的公式化的。对例外情况应逐一进行评估。与每个标准相关的具体标准，例如，刑事犯罪，是否构成就业障碍将因组织而异，应通过企业领导、人力资源部门、法律部门和安全专业人员之间的共识来确定。

检查信用记录可能是有争议的，甚至在某些司法管辖区可能是不合法的。然而，一些犯罪行为和不负责任的金融行为历史之间存在着关联。虽然一个例子并不能证明普遍情况，但间谍奥尔德里奇-艾姆斯声称他从事间谍活动的主要动机是大量的债务。有证据表明，财务激励是从事间谍活动的一贯动机，而间谍活动是最严重的不忠行为。[3]

评估财务问题的历史所带来的风险是另一个需要判断的领域。因医疗费用而产生的严重债务本身并不表明是不负责任的行为，但它可能诱使人们出于绝望而做出不诚实的事情。

在任何情况下，最好是提前了解问题，并在掌握所有事实的情况下做出雇用决定。一旦雇员被录用，识别内部问题员工将是一个更加困难的问题，这将在下一节讨论。

在工作权利方面，大约 10 年前有一种商业产品问世。它使各组织能够验证许多国家所签发的护照的真实性。护照检查程序能够验证某些嵌入的安全功能，从而发现假护照。

在英国工作的权利显然是与该国公司建立隶属关系的一个重要标准。欧盟内部的移民状况有些不稳定，导致许多外国工人在英国寻求就业。确认工作权利需要评估来自特定国家的个人的移民身份和相关工作权利。这种确认是以持有这些国家的有效护照为前提的。

在商业护照验证的工具出现之前，验证护照真实性的实用和有效方法是有限的，甚至完全没有。当这种方法被引入时，高盛公司检查了所有在英国的现有合同工。结果是有不少人被拒绝，导致终止雇用并通知英国当局。

候选人的互联网资料是一个有趣的、不断发展的风险标准。在 Facebook 上发布不恰当的内容，至少说明了判断力的问题。同样，是否雇用(或解雇)一个人的部分决定将基于组织文化和对风险的容忍度。然而，在雇用前对互联网进行详尽的搜索并查看网上的帖子，然后对每个案例进行单独评估是值得的。

我的一位导师是英国非常资深的安全专家，James A. King，他曾告诉我，他在任何时候都会选择彻底的背景调查而不是防撞桩。希望这样的决定永远不会被要求做出。然而，他的说法表明了这种安全控制的重要性。

下面的格言描述了背景调查的要素与确认组织隶属关系的身份证发放之间的必要联系。它的目的是阐明身份证和必须在其签发之前的一系列控制之间的联系：

如果没有身份证，就不允许实际访问；如果不创建组织身份，就不颁发身份证；如果不进行背景调查，就不创建组织身份；如果不进行刑事、信用和就业相关调查，背景调查就不算完整。

内部威胁和隶属关系

前面几节重点讨论了符合组织关联的标准以及确认这种标准的方法。在这种情况下，隶属关系是指与一个组织的正式关系以及伴随这种关系而来的权利和责任。上述方法的目的是评估建立这种关系的风险。

然而，这种解释可能是对隶属关系的狭隘看法，特别是在安全方面。与一个组织有正式关系的个人也在个人层面上保持着一种不太正式的，但也同样重要的联系。这种联系代表了一种不同形式的隶属关系，而且实际上可能是可衡量的。这种隶属关系的形式体现在与同事的互动中表现出的归属感和同化感、对组织使命的信念、职业自豪感等方面。

导致拒绝附属关系的疏远可能是信息安全威胁的一个风险因素。此外，识别那些由于某种原因而拒绝这种归属感的人将是非常有用的。尽管如此，重要的是要注意到，大多数员工可能会在他们对任何他们所喜爱的东西的归属感上有所波动，无论是组织、配偶还是宗教等，但最终不会对任何人或任何东西构成威胁。

那些经历了更深刻的疏离感或受个人环境影响的人，可能会成为“内部威胁”的风险对象。这些被信任的人有窃取或破坏机密信息的倾向，以促进他们自己的利益和伤害组织。他们代表了一种隐秘的威胁，而这种威胁在历史上是很难解决的。

确认个人在犯罪、信用和就业活动方面的历史，其理论基础为过去和未来的行为是相关的。背景调查的目的是要在就业前突出一个或多个不良行为的风险因素。

有时，这些因素构成了一个直接的取消资格的理由。其他时候，这个问题更加微妙，涉及评估申请人在被批准加入后偏离正轨的可能性。在评估工作资格时，如果存在与过去不检点行为相关的情有可原的情况，所需的微小差别就会变得更加重要。

然而，一旦被批准加入一个组织，个人通常被赋予自由的物理和电子访问内部资源的权利。他们作为正式雇员或承包商的身份立即被无条件地接受和信任。那些怀有恶意并被授予物理或电子访问权限的个人对一个组织来说是特别有威胁的。

这一威胁在企业和政府环境中都难以解决，这从成功的间谍活动历史中可以看出。重要的是，旨在解决未经授权进入受限空间的传统控制措施在解决内部威胁方面效果有限，因为内部人员已经拥有进入受限区域的权限。

背景调查不会，也可能无法确定拒绝与组织的个人联系的可能性指标。此外，条件的变化使一个人可能屈服于可变的生活力量，他们的行为也会变坏。有什么工具可以解决这些问题？

一个历来不受欢迎的选择是定期更新背景调查。美国政府强制要求对持有安全许可的个人进行更新。这种更新是一种相对极端的措施，因为会产生较高的成本，特别是对一个大型组织来说。此外，当高级前雇员被发现有醉酒驾驶（DWI）的记录、拖欠抵押贷款等情况时，该组织必须准备好采取行动。

至少有一个工具是专门为解决这个问题而开发的。这是一个被称为“Scout”的商业应用。它使用书面通信中存在的心理语言标记来表明与风险有关的行为。侦察兵是由一位前政府心理学家开发的，它是基于在互访中的经验以及对人类行为的科学研究的结果。

为了充分披露，我目前的雇主 Stroz Friedberg 拥有该产品的专利，并且是唯一销售该产品的公司。之所以在此介绍该产品，是因为在应对这一威胁方面缺乏可行的替代方案，加上其运作所依据的科学原理。此外，我的公司已经成功地将这个软件作为内部调查的一部分。我们鼓励对 Scout 进行独立审查或对其与其他用于识别内部威胁的商业技术的有效性进行比较。

具体来说，“Scout”背后的原理基于证据，即个人的书面语言会因其情感状态的变化而以可预测的方式改变。此外，处于压力下的人们的书面语言具有特定和可预测的特征，而即将实施非法或不道德行为的人往往处于压力之下。一个简单的例子是在某些情况下频繁使用“我”这个词。过度使用这个代词已被证明与特定的心理状态相关，例如自以为是的义愤，这预示着风险相关行为。

类似的语言指标已经被识别，并且该软件已被编程为实时分析来自 Exchange 服务器的电子邮件流量，处理速度很快。心理语言标记的范围被识别、加权并评分以评估风险。与 Enron 调查相关的公开邮件已被用于验证这种方法的有效性。

然而，Scout 并不是内部威胁的灵丹妙药，不存在这样的灵丹妙药。显然，许多人在经历压力时，他们的语言可能会发生变化，也可能不会发生变化，这对他们窃取信息的倾向影响甚微。其主要价值在于作为一种过滤器，帮助集中调查资源。识别内部威胁的问题最终是统计性的，其中能够识别一个或多个内部威胁风险因素的工具使调查资源的优先级得以确定。

技术监视对策

TSCM 简介

对于竞争激烈的行业中的公司来说，容易受到工业间谍活动的信息破坏是一个特别令人担忧的问题。竞争对手有动机窃取信息形式的知识产权，而这些信息有可能花费数百万甚至数十亿美元才能自行研发。

此外，内部人员或受信任的个人被授权访问物理和电子资产，却恶意窃取机密信息的威胁是一个特别令人烦恼的问题。当公司在当地政府协助国内企业非法获取信息的国家运营时，这个问题就更加严重了。

如果未经授权的音频记录设备被秘密安装在会议室或其他内部限制区域，说明一个或多个物理安全控制措施已经失效。即使发现被授权访问受限区域的个人是罪魁祸首，背景调查过程和其他内部安全控制措施也存在问题。

技术监视对策（TSCM）是一种被动的、基于技术的控制，旨在支持其他安全控制。它受到关注特定信息安全威胁脆弱性的公司的欢迎。这些威胁是使用隐蔽的物理监视技术来检测、记录和/或传输高水平的机密的实体，TSCM 类似于 CCTV 的控制方式。两者都是环境监测的形式，尽管各自监测/探测的信号非常不同。

TSCM 享有某种神秘感，这也是它的魅力所在。任何喜欢 1974 年电影《对话》的人都有可能对 TSCM 着迷。[①] 毕竟，它结合了间谍活动的神秘感和别致的电子小工具。

---

① 《对话》，由弗朗西斯·福特·科波拉导演（1974 年）。

这类小工具的设计是为了检测是否存在可以捕获语音和其他信号的秘密技术。经证实的攻击数量不详，因此此类活动的程度及其成功与否难以估量。其中一项成为头条新闻的行动是指控法国航空公司在其飞机上进行音频监控，以探测国际公司高管之间的对话。法国政府否认了这一指控。[4]

传统的 TSCM

调查公司为那些担心自己可能成为情报收集行动焦点的客户提供 TSCM 服务。其中一些组织定期对其场所进行 TSCM 检查。商业性的 TSCM 从业人员通常被宣传为具有相关经验的前政府雇员。TSCM 被广泛使用，但其能力、局限性和成功率并没有被广泛宣传或理解。

公司有时会利用商业化的 TSCM 作为减弱对公司间谍活动脆弱性的主要手段。所采用的方法没有经过受控条件下的测试，各组织为一项服务支付了巨额费用，而这项服务在操作条件下的历史有效性无法得到确认。

不幸的是，商业化的 TSCM 有时被当作安全风险缓解措施中的一个敷衍了事的方案来对待。如果攻击已经暴露，而商业 TSCM 没有被调用，没有人愿意被猜测，尽管 TSCM 可能首先没有发现攻击。

为了对商业性 TSCM，或任何安全风险管理方法有信心，需要解决以下问题：

(1) 有什么证据表明，相对于所关注的攻击载体而言，商业性的 TSCM 将是有效的？

(2) 是否有其他的检查方法可能与传统的 TSCM 检查一样有效和/或补充？

TSCM 的有效性

如前所述，准确衡量商业化 TSCM 在现场的有效性是很困难的。关于其成功与否的可靠统计数据通常是不可得的，一些供应商在这一点上也是模糊不清的。必须指出的是，TSCM 活动并不是一个受管制的行业，因此理论上任何人都可以自行开展技术侦察工作。而且，要确定在检查期间是否确实错过了隐蔽设备是不切实际的，甚至是不可能的，因为这些设备很可能从未被发现。

如果采用有针对性的策略，考虑到攻击者的技巧、客户的风险以及基于物理原理的技术性能的局限性，TSCM 确实可以发挥作用。

“有针对性”在这里意味着根据客户的风险，在特定地点和特定时间部署检查技术。这样的方案最好由完全随机的检查来补充，因为攻击者会从可预测的对策措施工作中大大受益。最后，检查方案将包括有关被检查的受限空间的物理访问历史，以及自然界对技术有效性的物理限制。

有一个问题可以否定 TSCM 的有效性，那就是当检查遵循模式时。无论这些检查是在晚上、周末还是每 6 个月进行，任何规律性的暗示都会构成一种模式，可以被攻击者利用。TSCM 供应商在这方面不一定有错，因为企业高管要求一个安全的环境，但又不愿意被打扰或受到不便。因此，只允许某些检查时间，从而减少攻击者的不确定性。

一个拥有物理访问敏感地点权限的攻击者，如果知道商业 TSCM 检查将在什么时候进行，那么他就有绝对的优势。这种知识意味着攻击者知道什么时候不会进行检查。一旦确定了检查模式，攻击者只需移除设备，或在认为被发现的风险高到不可接受时简单地关闭设备。比起复杂的反监视技术，检查团队的不可预测性实际上可能比复杂的反监视技术更令人担忧。

同样重要的是要认识到，在 TSCM 检查之后，除非对该空间的物理访问受到限制，否则不能立即将该空间视为安全。不受限制的空间所固有的不安全感要求我们在指定的时间对特定的房间使用商业 TSCM。例如，董事会会议可能符合接受 TSCM 检查的要求，但在检查结束和会议期间，也必须保证会场的实际安全。理想情况下，会议地点应该在会议开始前保密。

好消息是，在进行 TSCM 检查时，充分注意情景驱动的现实、科学的应用、大量的常识，以及没有可识别的模式，有可能带来业务红利。

隐蔽技术和操作风险

现在讨论一些与商业上可用的监视设备有关的实际细节。The Spy Shop 是这种监视设备的著名供应商，尽管可以假设某些对手拥有更先进的技术。在电影中，将低水平的无线电频率信号强行传送到远程地点(特别是在城市地区)似乎很容易，但在现实生活中不一定如此。此外，在特定情况下的具体操作限制可能会使情况更加复杂。

例如，回顾第 8 章中关于电磁信号衰减的讨论，在楼内和楼间的情况下，用于传输秘密记录信息的射频信号会被严重衰减。此外，由于多个反射物体的存在，这种信号在城市环境中会经历多路径效应。

攻击者很可能位于隐蔽设备的远处，如果目的是隐蔽，则该设备不太可能发出强烈的信号。因此，攻击者可能需要应对较弱的信噪比。

然而，攻击者可能根本不需要依赖无线电频率发射器来获取敏感区域内讨论或通信的信息。事实上，依赖无线电频率通信来外泄秘密信号在操作和技术上可能是不明智的。如果攻击者能够定期物理访问存储、创建和/或丢弃信息的区域，那么这将为秘密行动创造许多机会。特别是，这可能完全消除部署技术上和操作上风险较大的无线电频率传输技术的必要性。

从具有操作意义的技术角度来看，广播无线电频率信号对于现代工业间谍来说似乎是一种不必要的风险。消除使用这种技术的可能性是由于商业电子技术的进步，特别是电子存储介质和电池技术的进步。下面让我们来研究一种商用的高端便携式录音设备的规格及其对执行秘密攻击的影响。

一个很好的例子是索尼 PCMD 100。这种立体声录音设备的价格约为 1000 美元，因此它完全在任何规模的组织的预算之内，对大多数个人来说也是如此。它是一个高保真设备，频率响应在 20 Hz 和 50 kHz 之间，或在 20 Hz 和 45 kHz 之间，取决于可听格式和采样率。采样率在 44.1 kHz 和 192 kHz 之间，可供选择。16 位线性脉冲编码调制（LPCM）、24 位脉冲编码调制（PCM）或 1 位直接流数字（DSD）量化也可使用，信噪比为 96 dB 或 98 dB。

重要的是，它的功耗为 0.75 W，并且仅需四节 AA 电池为该设备供电。它能够在 44.1 kHz 采样率和 16 位量化下工作 25 小时，在 192 kHz 采样率和 24 位量化下工作 18 小时，或在 2.8 MHz 采样率和 1 位 DSD 下工作 12 小时。[①] 这些规格足以全面覆盖大多数会议。

装置尺寸为 $2\frac{7}{8}$英寸×$6\frac{1}{8}$英寸×$1\frac{1}{4}$英寸（宽×高×长），因此有效隐蔽并非易事。但如果有足够的准备时间，并根据目标房间的有关情况，这也是可能的。图 14.2 是索尼 PCMD 100 的照片。[②]

图 14.2　索尼 PCMD 100

---

① 互联网上存在相互冲突的性能规格。例如，信源对各种调制格式的记录能力是不同的。

② http://www.bhphotovideo.com/c/product/1008089REG/sony_pcm_d100_portable_stereo_field.html。

关键点在于，市面上存在相对廉价且高端的商用设备，可以在不广播可能暴露的无线电频率信号的情况下满足音频监控需求。但如果我们想用现成的部件制造一个定制的设备会怎样？当然，成本和专业知识将在国家赞助的工业间谍活动的能力范围内。

请考虑以下情况：广泛可用的存储技术以 128 GB 闪存卡的形式存在，例如，SanDisk UHS I/U3 SDXC 闪存卡。这些存储卡只有火柴盒大小，重量不到 1 盎司，每张零售价约为 95 美元，在你阅读本书时，价格可能会更低。

假设电话质量的语音是技术目标，同时有 10 kHz 的带宽，奈奎斯特采样定理意味着最小 20 kHz 的采样率。让我们假设选择一个相对高质量的设备，16 位量化，44.1 kHz 采样率，以及线性 PCM 格式。这些数字意味着音频存储率为 705.6×10^3 bits/s 或 88.2×10^3 Bytes/s，因为一个字节有 8 位。

因此，利用一张 128 GB 的存储卡可以记录 16.8 天的连续语音。如果将设备的操作时间限制在每天 8 小时，则可延长至约 50 天(注意：互联网上宣传的一些隐蔽式听觉记录器只在语音激活时记录，从而节省电池寿命和内存)。音频压缩将限制动态范围，但可能将记录时间延长 5～20 倍或更多。最后，使用多张存储卡会使可用的存储量成倍增加。

如果需要的是图像采集而不是语音，那么存储的要求就更加苛刻。一张灰度图像可能需要 8 比特/像素。良好的分辨率和 512×512 像素的单帧导致 0.26 MB。一幅彩色图像将需要三倍于此的内存，即 0.786 MB，因为有三个单独的颜色成分。

视频是最密集的数据存储。高质量的视频帧率是 30 帧/秒，尽管这个速率通常是过头的。非正式的实验表明，从 5 帧/秒到 10 帧/秒的任何地方都足以确保一个无缝的视频体验。

使用前面引用的每帧像素数的数字，可以得到一个估计值：黑白图像为 7.86 MB/s，彩色图像为 23.6 MB/s。1 分钟的黑白视频需要 472 MB，1 分钟的彩色视频需要 1.416 GB。继续下去，一个 2 小时的黑白视频需要 55.6 GB，同样长度的彩色视频需要 170 GB 的内存！①

那么电池寿命呢？假设攻击者使用能量密度为 110～160 W・h/kg 的锂离子电池。② 3.7 V 版本的电池容量为 4000 mA・h。以 Sony 设备为基准，假设功耗为 0.75 W，工作电压为 12 VDC。

根据欧姆定律，计算出的电流消耗为 0.06 A。由于四个锂离子电池被串联配置以达到所需的电压，所以总的可用电流为 4 A。

---

① https://www.princeton.edu/～cuff/ele201/kulkarni_text/information.pdf。

② http://batteryuniversity.com/learn/article/whats_the_best_battery。

因此，我们假设的设备能够连续工作 67 小时或 2.7 天。诸如语音激活或远程开关能力等功能，甚至在廉价的商业音频监控设备中都比较常见，这些功能可以显著延长设备的运行时间。从最低限度来讲，假设攻击者可以对目标区域有适度的物理接触，似乎没有什么理由传输一个潜在的不稳定和不太隐蔽的电磁信号。使用商业录音技术或定制设备并定期转储内存内容，将以较低的被发现风险达到预期目标。

事实上，一位同事曾经做过一个思维实验，他假设了一个由麦克风、音频和控制电子装置、128 MB 存储器和锂离子电池电源组成的录音设备，其体积小于 1 mm^3。这个幻想中的仪器可以录音整整 8 小时，而且体积不比一粒盐大！

尽管期望这样的设备很快就能在市场上买到是不现实的，但它可以说明一个问题，即对于能够实际进入敏感区域的攻击者来说，广播无线电信号将可能成为越来越不必要的风险。

影响 TSCM 的特定场景特性

第 8 章讨论了无线电信号如何在建筑物内和周围传播的问题。在大多数建筑物内以及建筑物与建筑物之间，应该有相当大的无线电信号衰减。除非使用可观的信号功率，否则在任何远距离上，无线电通信的链接余量总是不确定的。因此，除非攻击者愿意广播一个大的信号，这增加了被探测到的可能性，也增加了本地功率的要求，否则成功广播的可能性是不确定的。

重要的是要认识到，攻击者与我们其他人一样受到相同的物理规律的制约。在计划反措施检查时，特定场景的特征可能会影响所需的链接余量和其他风险。这些特征包括邻近建筑物的距离、视线范围内的设施、设施内敏感区域的物理位置、敏感区域使用的建筑材料、进出敏感区域的行人流量的频率、与建筑物内其他租户的距离等等。

即使是经验丰富的安全专家有时也会忽略这一点：

只允许经过适当授权和认证的个人进入敏感区域是应对信息丢失威胁唯一的、最重要的对策。

靠近辐射发射器会大大降低反措施小组对探测灵敏度的要求。当使用所谓的扩频技术时，对近距离的信号探测灵敏度的要求降低是一个例外。顾名思义，扩频技术旨在将能量分散在一个宽广的带宽上，并用于躲避探测或提高抗干扰能力。

回顾第 6 章讨论的香农-哈特利定律所规定的与通过数字传输信道发送信息有关的限制。这一信息理论的基本定律指出，编码通信速率或数字信道容量 $C=W\log_2[1+(S/N)]$，其中 S/N 是信噪比的线性表达，$\log_2$ 是以 2 为底的对数，而 W 是信道带宽。C 的单位是比特/秒。噪声源被假定为高斯白噪声。

因此，信息传输率是由所选信道的带宽和信噪比决定的。此外，回顾一下在给定的信道容量下，带宽和信号功率之间存在反比关系。通过降低功率可以保持信号的隐蔽性，但这必须通过增加带宽来补偿。表6.1说明了1比特/秒信道容量的各种带宽值与信噪比的关系。

操作上的教训是，在只能容纳低频传输的信道上，很少有必须发送高带宽信号的设备。

最终得出的结论是，制定应对策略必须考虑到物理世界的现实情况。归根结底，对任何潜在攻击者来说，物理与物理访问相结合，决定了什么是可能的和实用的。没有技术可以愚弄或欺骗自然规律。

加强TSCM检查的有效性

允许一个不值得完全信任的人实际进入讨论、创建、存储或丢弃敏感信息的地点，是安全问题的一个风险因素。这是物理物品和信息被盗的一个明显的风险因素。常识告诉我们，隐藏的选择与攻击者在无监督的情况下停留的时间成正比。

有哪些事实可以用来提高检查的有效性？有哪些简单的方法可以使试图安装秘密监视技术的行为对于攻击者更加困难？

如果经常和不可预测地进行简单的视觉搜索，并结合摄影，可能会带来价值。应该提供关于识别异常特征的指导。当然，还需要仔细记录，以确认检查之间的微妙变化。

由经过适当培训的安全人员进行不定期和频繁的检查，也可以对任何潜在的工业间谍起到震慑作用。这种形式的缓解措施可以降低攻击者的信心，即在设备被发现之前就可以收回或关闭，此外还可以增加在行动中抓住攻击者的概率。

廉价的技术可能被用来探测异常的物理特征，特别是在传统的商业TSCM检查设备被禁止的国家，例如俄罗斯和中国。具体来说，在五金店可以买到的商业螺栓探测仪可能有助于定位隐藏的和不合适的物体，如隐藏在木制家具中的电子装置。注重DIY的读者可能对这种设备很熟悉。

由于电容耦合的不同，螺栓探测仪发出射频信号来探测不同的材料。电容的变化与不同材料的压电常数的差异有关。

除了向用户灌输什么是异常反应以及在检查过程中应将注意力集中在哪里之外，不需要特别的培训。此外，对不协调的或全新的物体进行X射线照射可以立即显示出不相干的和不想要的信息，尽管X射线技术比较昂贵。

使用屏蔽性差的手机或AM/FM收音机来检测活跃的数码设备的存在也可能是有用的。回顾一下各种PDA（例如，黑莓）在靠近一些电话或收音机时的恼人之处。便携式磁力仪也是一种廉价的选择，可以检测异常金属物体的存在。相对便宜的频谱分析仪或其他无线电频率检测设备可以有效地检测到从陌生地方发出的信号。如果振幅随着你远离可疑地点而严重下降，这种测量可以是一种暗示，说明有些事情是不正常的。

重新审视 TSCM

前面的讨论并不意味着标准的商业 TSCM 检查设备在明智部署时不能生效。例如，互联网上宣传的非线性结点检测器（NLJT）会发出无线电信号，并检测所谓的非线性电子元件（如二极管）的存在。

这些设备都是相当有用的，正是因为它们能够检测到异常的特征，如不正常的电子产品的存在。重要的是，使用这种技术定位一个隐藏的设备不一定要有电源或辐射。

当然在某些情况下，肯定会需要复杂的检查方法。但同样地，如果使用适当的廉价设备来检测特定的异常特征，也可以通过频繁和不定期的检查来达到目的。

此外，尝试使用经济实惠且不太复杂的方法本身就有内在的价值。一旦建立了性能基线，这些方法可以作为持续且不可预测的自我检查计划的一部分。随着定期使用和细致的记录，这些方法的有效性将不断提高。在拆卸 CEO 办公室之前，可以使用传统的技术进行更集中的检查，以确认异常发现。

由于建筑设计上的漏洞或员工粗心大意和/或不负责任的行为而造成的信息丢失或泄露也是一个值得关注的问题。第 1 章中提出了会议室被破坏的可能性。在这种情况下，建筑构件将声音传导到建筑的其他部分，有可能造成信息丢失。第 10 章对这种情况进行了详细的研究。这方面的教训是，商业 TSCM 检查应该识别和报告潜在的信息损失渠道，如声学通道。

“流氓”局域网的存在是信息泄露的一个风险因素，无论是有意的还是无意的。商业性的 TSCM 可以成为识别这种活动的有效手段，因为传输的频率是众所周知的，而且信号是非常隐蔽的。

最后，从项目管理的角度来看，商业性的 TSCM 检查应构成全面信息安全策略的一个组成部分。这种策略需要结合技术方法、集中化的安全管理以及关于威胁和风险的培训与认识。除了管理文件和磁性介质的创建、处理与销毁之外，对敏感区域的物理访问的控制也是有效信息保护计划的一个关键因素。

总结

物理安全技术被应用于实施基本的安全控制。这些控制措施包括限制物理访问、环境监测、身份认证、访问授权验证和隶属关系评估。这些控制措施是全面信息安全风险管理计划的核心。本章讨论了具体的安全技术，但技术和操作原则也在前几章以及本书作者的其他参考资料中有所描述。

身份验证是为了确认某个个体确实是被授权访问特定地点的人。确保身份验证有效性的三个关键控制特征是：减少不确定性、抵抗被破解和足够的持久性。用于身份验证的因素包括生物识别技术和带有照片的身份证件。

强有力的物理安全要求除了核实被授权者的身份之外，还需要授权才能实际进入受限空间。门禁系统在前端使用 ID 和读卡器，与控制面板相连，以电子方式查询后端数据库服务器。将身份证上的信息与数据库中在最后一次数据库更新时被授权进入限制空间的个人姓名进行比较。这强调了通过安全通信链路频繁更新数据库的重要性。

个体与组织的隶属关系应基于满足特定标准。组织无法确认这些标准是信息泄露的风险因素。成功的背景调查是雇前筛选的核心要素，基于过去行为的性质可以预示未来行为的质量。

然而，隶属关系也可以指个体对组织、其人员和原则的个人认同。个人层面上与组织的疏离是内部威胁的风险因素。有一种应用程序名为 Scout，它通过分析书面沟通中的心理语言学风险因素来衡量与这种疏离和不满相关的书面语言标记，以及其他压力触发因素。

最后，TSCM 是一套众所周知的基于技术的方法，是一种环境-心理监测的形式，旨在检测秘密监视装置。它的有效性很难衡量，但如果该技术被明智地和不可预测地应用，有效性可能会增加。应该考虑部署低技术含量的监控解决方案，以补充传统的 TSCM 措施。闭路电视是最常见的环境监控形式，能够有效检测和威慑风险相关事件。

参考文献

[1] Young C. The science and technology of counterterrorism; measuring physical and electronic security risk. Waltham, MA: Butterworth-Heinemann; 2015.

[2] Gamassi M, et al. Accuracy and performance of biometrics. In: IMTC 2004, instrumentation and measurement conference, Como, Italy, May 18-20; 2004.

[3] Herbig M, Wiskoff K. Espionage against the United States by American citizens 1947-2002. Technical report 02-5. Perserec; July 2002.

[4] Air France denies spying on travelers. In: New York Times; September 14, 1991.

第 15 章

数据中心：信息安全风险的集中

引　言

数据中心是容纳大量信息资产的设施。这些设施可能是巨大的，有巨大的电力、通信和冷却要求。2013 年 7 月，微软估计它拥有超过 1000000 台服务器，尽管据推测这些服务器并不在同一地点。①

虚拟化技术的迅速发展，即在单个物理机上运行多个操作系统（OS）的能力，导致了这些设施内服务器密度的指数级增加。企业通常在虚拟机（VM）上整合服务器，其密度在 4∶1（1 台物理服务器上有 4 个 VM）和 8∶1 之间。这一比例预计在短期内将从 10∶1 增加到 20∶1。随着多核 CPU 的出现，虚拟机的密度有望在两年内接近 50∶1。②

这种增长的一个影响是，由于信息资产更加集中，信息安全风险也随之增加。风险的上升是由单台设备上所承载的规模巨大的信息而导致的潜在安全威胁所驱动的。本章所讨论的与虚拟化技术相关的问题也可能会影响到漏洞的泄露。

数据中心通常在 IT 基础设施的管理中发挥着关键作用，因此在安全风险管理策略中占据着重要地位。在可预见的未来，对基于云的资源不可避免的趋势将推动数据中心的使用。因此，这最后一章专门讨论与数据中心有关的安全问题，这些问题可能会影响组织的安全风险状况。

数据中心物理安全策略

第 14 章确定了最重要的物理安全控制措施，它们应该是信息安全策略的基础。在

---

① http://www. datacenterknowledge. com/archives/2013/07/15/ballmer-microsoft-has-1-million-servers/。

② http://www. cisco. com/c/en/us/solutions/collateral/data-center-virtualization/net_implementation _ white_ paper0900aecd806a9c05. html。

本节中,这些控制措施将在数据中心的背景下进行审查。基本上有两种类型的数据中心:单租户和多租户。后者也被称为联合定位设施。不同类型的安全风险状况可能有很大的不同,因此必须酌情解决特定设施的问题。

确保在数据中心内维持有效的物理安全依赖于多种安全控制措施之间的有效协同。这些控制措施在以互补的方式实施时最为有效。使用互补性安全控制的优势适用于任何设施,但在数据中心中效果可能会更为明显。

在这个分析中,从攻击者的角度来研究数据中心的安全策略。许多攻击者的首要任务是获得对 IT 基础设施的物理访问。该基础设施很可能受到物理安全技术的保护。正如第 14 章所指出的,联网的物理安全设备可以拥有电子漏洞,从而增加物理和电子风险。

我在高盛的职责之一是与 IT 同事合作,为数据中心制定物理安全策略。由于这些场所存放着重要的信息内容,所以第一反应就是采用最严格的物理安全方法。

这种策略通常侧重于极端的周边加固和广泛使用认证与授权类型的控制,以进入受限制的内部区域(例如,数据字段)。在外围和数据域的入口处进行广泛的安全控制并不是一个不正确的策略,但安全控制的应用与风险的大小并不明显。问题是,与其根据对可能的威胁的假设来反射性地应用控制,不如客观地识别这些威胁并制定应对策略。正如本书所讨论的,这种方法是基于风险的安全策略的本质。

例如,我的 IT 同事发现的一个重要的攻击媒介是那些被授权进入数据中心最严格区域的人的不道德或愚蠢行为。具体来说,拥有合法物理访问权限的承包商和供应商对绝大多数的盗窃和财产破坏负责。历史上未授权的周边和/或数据领域访问以及由此产生的攻击是不存在的。

现实情况是,世界上最复杂的生物识别技术和最坚固的物理隔离装置对解决最重要的攻击媒介毫无作用。这种调查的结果提供了一个关于合作的宝贵教训,以及询问客户最关心的安全问题的重要性。这并不意味着如果与客户有直接冲突,就应该忽略其他攻击媒介或自己的判断。然而,客户往往了解他们的环境,他们的意见即使没有被完全采纳,也应该被感谢。

当然,考虑到这些地点的漏洞所带来的影响,数据中心的周边和数据区域必须得到保护。但是,应该对各种威胁和相关的风险因素进行相对评估。即使是像高盛这样的公司,用于补救的资源也是有限的。在这种情况下,除了严格的周边和数据领域的防御措施之外,对威胁范围的严格分析还导致了有选择性地增强内部安全控制。

为了制定通用的物理安全策略,对数据中心的剖析进行探讨是有益的。图 15.1 是一个典型的数据中心内部布局。[①] 风险最高的区域之一是服务器和其他 IT 基础设施所在的数据字段或数据大厅。所有其他内部区域的存在是为了支持位于数据字段中的电子基础设施。

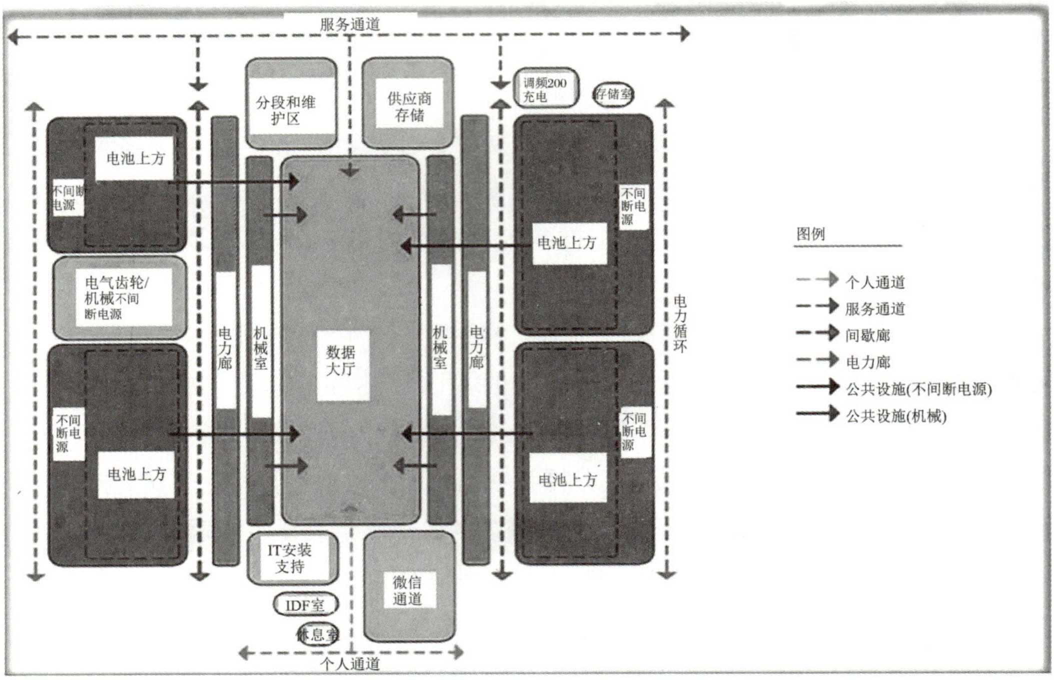

图 15.1 标志性数据中心布局

正如本章介绍中所指出的，虚拟化在数据中心越来越受欢迎。这项技术通过减少所需的物理机器的数量来实现资源的整合。电子环境的变化涉及物理安全风险，并体现了物理和电子安全风险之间的相互关系。与物理访问虚拟机相关的风险将在本章后面讨论。

一个有效的数据中心物理安全策略必须侧重于降低对数据字段的未经授权的物理访问的脆弱性，并降低被授权进入数据字段的个人的恶意或愚蠹活动的脆弱性。

因此，制定策略的第一个合理步骤是评估数据字段入口处的安全要求。然而，要认识到该位置的安全需求受到从该位置上游（设施本身的入口）实现的身份验证和授权控制的性质的影响。这一点将在后面讨论。

影响安全风险状况的一个关键问题是，一个数据中心是由一个租户占用还是由多个租户占用。在多租户数据中心，数据区域通常由单独的笼子组成，租户控制他们各自的

---

① http://fox13now.com/2013/06/06/nsa-data-collection-turns-attention-to-utah-data-center/。

笼子。在单租户数据中心,数据域由包含电子资产的机架组成。任何被授权进入数据区域的人都可以进入所有的机架,除非这些机架被单独保护。图 15.2 是一张有代表性的数据区域的照片。

图 15.2　数据中心数据字段

加强数据领域内部物理安全的要求将取决于数据领域和设施入口处的物理安全。其他安全控制措施也会影响到内部安全要求,如对访客的背景调查和护送的要求。

具体来说,对数据领域的物理访问最好需要多因素认证,如存储在非接触式智能卡上的生物特征数据,同时使用 PIN 码。应安装与门禁系统相连的入站和出站读卡器,并执行刷入和刷出要求。入站和出站读卡器将准确地记录个人在某一特定区域内逗留的时间。在没有陪同的情况下进入数据区域的授权应以成功通过背景调查为前提。

认证工作将由集中在入口处的闭路电视监控来补充,并在移动时启动。闭路电视的视野应覆盖整个入口,并且操作要求是具备面部识别的功能。第 9 章讨论了适用于百万像素摄像机的像素密度或每线性英尺的像素规格,这是衡量分辨率的关键技术参数。此外,请记住,进入像素密度的相机镜头焦距和相机视场呈反比关系。图 9.6 说明了这个概念。由于支持 IP 的设备为针对网络的物理安全攻击媒介提供了便利,设施外部的 CCTV 摄像机应该是模拟摄像机,或者在足够的高度,以便公众在物理上无法接触到它们。

然而,人们可以强制要求进行 10 因素认证,但这对解决数据领域的捎带风险毫无帮助。捎带是指一个被授权进入某个设施或设施内某个区域的人,在没有验证该人的身份和确认访问权限的情况下让另一个人进入该空间。

为了应对这种威胁,政策可以规定,被授权的人要对那些紧随其后进入设施或其他限制区域的人提出质疑。然而,在一般情况下,实施非正式质疑并不是一种有效的安全控制。试想有多少次，在银行大厅里，人们为陌生人打开门，在这种情况下有被抢劫的威胁！

大多数人本质上是有礼貌和非对抗的，认为将安全策略建立在与固有文化相悖的行为上是一个错误。我们不应该把这解释为不建议人们礼貌地质疑"捎带者"。然而，将安全策略完全建立在这种安全控制形式上是幼稚的。

如果严格的认证和授权是在数据字段的上游进行的，例如在设施的入口处，并且对访客/承包商进行严格的控制，那么反捎带措施可能是多余的。然而，如果在进入数据中心时可以立即进入数据字段，那么反捎带措施，如在数据字段的入口处设置全高旋转门将是理想的选择。

一般来说，可以利用补偿性的安全控制措施，在没有反捎带技术的情况下，管理未经授权的物理访问数据域的风险。每种情况都必须根据评估的风险、对风险的容忍度和预算限制来评估其本身的优点。

哪些补偿性控制措施适合于减少捎带或更普遍的未经授权的访问的风险？在数据中心入口处进行认证和授权，在任何时候都要护送所有未经背景调查的工人/访客，并对访客进行预先登记，这是一个高度优先事项。在多租户设施的数据区域内，加锁的设备柜或加锁和隔离的笼子将进一步降低与未经授权进入数据中心或数据区域入口有关的脆弱性。

然而，任何补偿性控制都无法避免对CCTV覆盖的需要。摄像机应该安装在独户数据中心的每一行数据区域，最好是安装在多户设施的所有笼子里。回顾一下，在我的前雇主那里，恶意的或笨拙的个体被认为需要为绝大多数安全事件负责。这种情况很可能对大多数数据中心都是如此。阻止和调查内部风险事件通常需要使用录制的CCTV图像。

理想的情况是，在多租户设施的每个笼子的入口处，也要对物理访问进行认证和确认授权。通过一个需要双因素认证的访问控制系统，可以增强安全性。门禁权限确认过程应建立所有试图进入的电子记录。一个与笼子上的磁力锁相连的读卡器可以达到这个目的。有严格钥匙控制的机械锁，如记录钥匙的进出，就可以满足要求，但由于钥匙可以被复制，所以不是很理想。

数据中心通常有凸起的地板，以允许下面有电线和电缆的存在。由于这种配置，单个笼子应该延伸到楼板上，有允许电线进入笼子的端口。这样的屏障可以防止个人从升高的地板下爬进笼子。

同样地，所有笼子的顶部都应该是封闭的，以防止个人通过攀爬获得未经授权的访问。这似乎是极端的措施，但正如马克·吐温所预言的："如果你把所有的鸡蛋放在一个篮子里，你最好注意这个篮子！"这句话代表了有效风险管理的精髓，应该成为解决数据中心信息丢失风险的口号。

尽管数据中心如今是大企业,而且诸如审计准则声明70("SAS 70")的后继者——审计业务标准声明(SSAE)16等规范旨在提供安全标准化,但在被评为安全的设施中确实出现了安全漏洞。

例如,有一次我看到通往笼子区域的磁力锁安装在门的不安全一侧。在另一个地方,笼子的墙壁要么没有安全固定,要么没有盖子。在许多情况下,没有经过背景调查的供应商在最敏感的区域内拥有无护送的物理访问权限。因此,一个特定的安全称号或遵守一个评级标准并不排除进行适当风险评估的要求。

虚拟化的安全性

简介

信息存储、管理和访问方面的趋势是使用云服务。然而,这些云服务对虚拟化的使用加剧了风险的集中。虽然虚拟化有明确的安全优势,但也存在特定的,至少应该了解的漏洞。

在传统的服务器架构中,有一块硬件支持一个操作系统或应用程序的单一实例。例如,一个企业的电子邮件服务器可能正在运行 Windows/Microsoft Exchange。为什么这种情况是一个问题?像Exchange这样的软件应用程序估计会使用服务器15%的处理能力。这使得85%的处理能力未被使用。虚拟化有助于解决这种固有的低效率问题。

在虚拟化环境中,在硬件和操作系统之间插入了一个被称为管理程序的软件层。管理程序允许多个操作系统/应用服务器,也称为虚拟机或"客人",存在于同一物理硬件上。这有利于提高硬件的处理能力,从而提高资源利用率和效率。图15.3显示了一个虚拟环境的架构。①

管理程序管理客户操作系统对硬件的访问,例如,CPU、内存和存储。② 管理程序对这些资源进行分区,以便每个客户操作系统可以访问自己的资源,但不能访问其他客户操作系统的资源或任何未虚拟化的资源。

在这种情况下,相关的攻击载体可能包括感染特定的客体操作系统文件或将恶意代码插入客体操作系统的内存中。客体的隔离是虚拟化的主要安全优势,因为它旨在通过

① http://csrc.nist.gov/publications/nistpubs/800-125/SP800-125-final.pdf。
② 关于安全的讨论遵循国家标准和技术研究所提供的论据。

分区防止对资源进行未经授权的访问。虚拟配置也有助于防止一个客户操作系统向另一个客户操作系统注入恶意软件。分区还可以减少因同一管理程序上的另一个客体操作系统过度消耗资源而造成的拒绝服务(DoS)情况的威胁。

资源可以在物理上或逻辑上进行分区,并有相应的安全和操作上的利弊。在物理分区中,管理程序将单独的物理资源分配给每个客户操作系统。这些资源包括磁盘分区、磁盘驱动器和网络接口卡(NIC)。逻辑分区可以在单个主机或多个主机上划分资源。

这样的主机可能由资源的集合组成,其中的每一个元素如果被破坏都会带来同等的安全影响,也就是说,风险的影响成分是同等的。逻辑分区允许多个客户操作系统共享相同的物理资源,如处理器和内存,由管理程序控制对这些资源的访问。

物理分区为每个客户操作系统设置了资源限制,因为一个资源的未使用容量可能不会被任何其他客户操作系统访问。与逻辑分区相比,资源的物理分离可以提供更强的安全性和更好的性能。虚拟机的安全风险概率很大程度上取决于调用的是物理分区还是逻辑分区。

如前所述,管理程序在跨共存客户操作系统分配 CPU 时间等方面承担了繁重的工作。这种配置需要更少的硬件来支持相同数量的应用服务器。最终结果是在物理服务器和支持硬件上花费更少的钱,以及多个操作系统和应用程序的共存。

考虑到一个组织需要 12 个应用服务器来支持其运作。在传统模式下,该组织将购买 12 个物理系统,加上相关费用,包括硬件、操作系统和支持硬件。

如果一个正确配置的虚拟服务器可以支持 4 个应用服务器,该组织将购买 3 个系统来处理 12 个应用服务器。该组织将需要购买操作系统和 VMware 软件,并可能希望购买共享存储以利用虚拟化的其他好处。

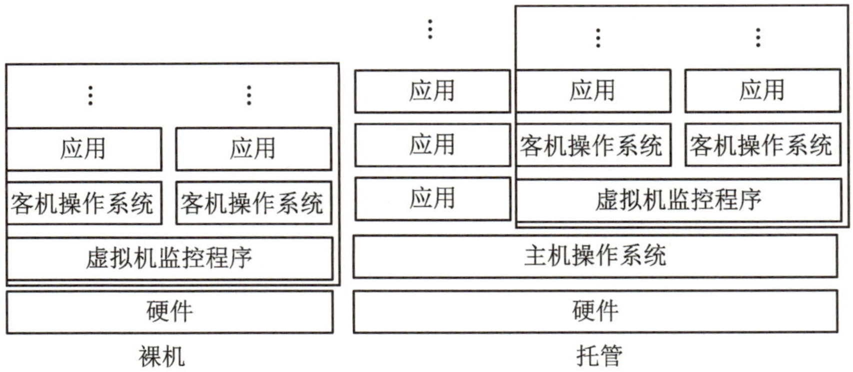

图 15.3 全虚拟化架构

虚拟化和物理安全风险

很明显,效率的提高是虚拟化环境的一个副产品。然而,虚拟化的安全影响是什么?

网上有针对虚拟技术的攻击载体的优秀技术评论,是以下讨论中的主要信息来源。①②

这里的重点将是由物理安全漏洞或具有物理成分促成的虚拟机攻击载体。重点是要说明物理安全和物理访问是如何与虚拟化环境相关的,因为它具有固有的风险集中性。当然,虚拟环境中还有其他固有的漏洞,信息安全人员应该了解这些漏洞。

从一个适当安全的数据中心盗窃实物的可能性很低。假设实施了一系列传统的安全控制措施,从一个物理安全的数据中心偷窃物理服务器或其他大量的软硬件资源是困难的,但并非不可能。

然而,如今信息盗窃并不要求对任何东西进行物理移除。虚拟机以其易用性而闻名,极端的便利性可能会增强脆弱性,因为在物理机器上常规实施的基本预防措施可能会被忽略掉。

这种情况似乎得到了现有统计数据的支持。据估计,生产中60%的虚拟机可能被认为比它们的物理对应物更不安全,因为忽略了使用传统的安全措施,而这些措施可能会阻止对虚拟机的大多数攻击。③

关键问题在于,虚拟机的便利性助长了信息安全风险。例如,有可能出现磁盘镜像的扩散,这是一种被称为蔓延的情况。虚拟机使创建一个新的镜像变得很容易,所以不必要的镜像可能会被创建和运行,随之而来的是物理和电子安全问题。考虑到存储在便携式闪存设备上的图像激增所带来的安全问题,每一个新的图像都代表了一个潜在的信息泄露的攻击媒介。下一节将更详细地讨论这种情况。

虚拟硬盘和虚拟文件的泄露

信息资产的物理盗窃确实可以在虚拟环境中发生。一个虚拟机可以被封装成一个虚拟硬盘(VHD)文件。VHD是一种磁盘镜像文件格式,用于存储一个硬盘的完整内容。磁盘镜像/虚拟机复制了现有硬盘,包括所有的数据和结构元素。它可以存储在物理主机能够访问的任何地方,因此很容易在USB闪存设备上传输。

攻击者可以在不进入数据中心的情况下访问一个VHD文件。攻击者可以通过访问

---

① http://www.f5.com/pdf/white-papers/virtual-data-center-security-wp.pdf。

② http://www.symantec.com/avcenter/reference/Virtual_Machine_Threats.pdf。

③ http://www.networkworld.com/news/2010/031510-virtual-server-security.html。

主机数据存储中的设备来做到这一点。攻击者可以通过客户端管理工具并使用“安全拷贝”程序访问主机。这种访问将允许入侵者浏览数据存储和下载文件。

作为信息安全策略的一部分，保护 VHD 文件是至关重要的。这种保护需要三个要素。

(1) 限制对虚拟机所在的主机数据存储的访问。

(2) 实施访问记录，以了解漏洞发生的时间。

(3) 物理上隔离存储网络，以便只有存储设备和主机可以访问。

对备份存储库和存储设备的攻击

另一个物理攻击载体涉及对备份库的访问或对虚拟机存储设备的网络访问。具体来说，攻击者可以从主机下载整个虚拟磁盘文件到任何工作站，并将其复制到可移动的 USB 存储设备上。然后，攻击者可以从任何次要的位置，使用相同的管理程序软件来装载磁盘或开启虚拟机，从而访问虚拟机的内容。

圣杯：对管理程序的攻击

通过客户操作系统对管理程序的攻击包括使用该操作系统获得对其他虚拟机或管理程序的未经授权的访问。这种情况也被称为虚拟机逃逸或越狱攻击，因为攻击者基本上是“逃脱”了对虚拟机的限制，进入虚拟机不知道的层。这种攻击代表了管理程序的一种更现实状态下的泄露，因为底层主机操作系统是不可见的，攻击者通常只能远程入侵虚拟机。

然而，由于许多虚拟机共享相同的物理资源，如果攻击者能够确定虚拟机的虚拟资源如何映射到物理资源，就可以直接对物理资源进行攻击。通过修改虚拟内存，利用物理资源对每个虚拟机的映射方式，攻击者可以影响所有的虚拟机、管理程序，以及该机器上的其他潜在程序。

管理程序可能是虚拟化机器上的主要目标。此外，对虚拟机管理程序的攻击可能会利用运行管理程序的主机操作系统的漏洞。换句话说，攻击似乎有可能试图利用当前操作系统固有的脆弱性和安全漏洞，从而获得对主机操作系统的控制，作为一个跳板。为什么这种情况会发生呢？

一旦攻击者控制了主机操作系统，管理程序基本上就被泄露了，因为它只是运行在主机操作系统之上的一个层。管理程序固有的管理特权将使攻击者能够在虚拟机监控程序托管的任何管理程序上执行任何恶意活动。

虚拟化系统所运行的硬件需要物理访问控制。例如，托管的虚拟机管理程序通常由管理软件控制，任何能够接触到键盘和鼠标的人都可以使用。此外，能够重新启动运行管理程序的主机的人可以改变其一些安全设置。保护管理程序使用的外部资源也很重要,特别是硬盘和其他存储设备上的数据。

虚拟库导出

一家大公司在其数据中心托管了许多虚拟服务器。这个虚拟服务器库由该公司控制的所有虚拟机组成。员工导出虚拟机的镜像,在他们自己的机器上进行软件升级和维护。另一个具有物理层面的潜在攻击与虚拟库的导出有关。从高层面上来说,这是指当一个导出的虚拟机镜像在另一个虚拟机监视器(VMM)上被感染,然后被重新送入其原始的虚拟库。这种类型的攻击利用了客座 VMM 可能不像原始虚拟库那样安全的事实。

当虚拟机镜像在客户 VMM 上被感染并被重新送入虚拟库时,感染可能会在整个虚拟库以及数据中心或云端的其他虚拟机和管理程序中传播。感染的传播可以通过使用经典的机器间通信载体来完成,例如共享存储和数据库,或者通过从 VMM 上反射。

换句话说,进入虚拟机的攻击者会感染 VMM,并从这一点上感染同一管理程序上的所有机器。后一种攻击将是灾难性的,因为这种方法绕过了所有网络安全控制。

虚拟库导出的确切含义是什么?当 VMM 从库中获取虚拟机的定义和存储并运行它时,就会发生导出。当虚拟机终止时,VMM 会将定义和存储复制到库中。这个过程允许保留虚拟机的状态和数据。

让我们考虑以下情况。一个虚拟机被存储在一个虚拟库中。它被移到一个受感染的 VMM,在那里,该虚拟机被感染了。后来,该虚拟机又被重新送回虚拟库中。从那里它可以被导出到另一个 VMM,在那里它可能感染其他的虚拟机,这些虚拟机可能存储在其他的虚拟库中。这个过程可能会继续下去,直到整个虚拟基础设施被破坏。

如前所述,当虚拟机镜像在客座 VMM 上被感染,并被重新传送到虚拟库中时,感染也可能扩散到整个虚拟库以及数据中心的其他虚拟机和管理程序。这是一种利用滥用 VMM 和虚拟机之间隐性信任的攻击。

因此,如果虚拟机在入库前没有进行病毒扫描,它就会“原封不动”地运行,从而成为泄露信息的载体。对于使用虚拟桌面基础设施的组织来说,这是一个潜在的更大的问题,因为虚拟机作为个人机器或服务器上的桌面运行。

让我们考虑一个相关的场景。攻击者希望感染一个特定的虚拟机,但缺乏对该资源的直接访问。为了达到目的,攻击者可能会感染另一个虚拟机,并指示恶意软件依次从虚拟机跳到 VMM,再跳到虚拟机,等等,因为这些虚拟机被反复导出和导入回库中。

为了实施这种攻击,他或她获得了对办公室的物理访问权——甚至不是数据中心——并着手使用通过网络钓鱼成功入侵的合法用户名和密码从库中导出一个虚拟机。

然后攻击者感染现在运行在他或她控制的 VMM 上的虚拟机。当感染完成后,攻击者将虚拟机导入回虚拟库，在那里它将保持休眠状态，直到合法用户将其导出。然后，该虚拟机将感染被用来运行另一个虚拟机的 VMM。事实上，任何在这个 VMM 上运行的虚拟机都会被感染，而这个循环可能会重复，直到目标虚拟机被攻破。

显然，对雇员机器的物理访问将为这种攻击提供便利，而且，最值得注意的是，不需要对数据中心进行物理访问，从而强调了保护远程资源的物理安全控制的重要性。

迁移攻击

迁移攻击载体与虚拟库导出攻击类似，但有一个小却重要的区别：虚拟机在两个 VMM 之间的转移和执行过程中不存储在一个库中。相反，虚拟机是在 VMM 之间直接迁移的。

迁移可能由于各种原因而发生，包括负载平衡和故障转移。如果迁移发生在不太安全的环境中的机器之间，这就为信息泄露提供了机会。换句话说，未经授权和/或不值得信任的人可以进行物理和电子访问。

现代 VMM 有能力在几个 VMM 之间全局平衡虚拟机的执行，以避免耗尽单个 VMM 的资源。虽然这为操作提供了极大的便利，但它也带来了前面提到的漏洞。

还应该注意的是，迁移过程中的操作目标是尽量缩短虚拟机无响应的时间。因此，在迁移时它仍然在运行。这最大限度地缩短了在从短暂中断的状态恢复运行之前进行安全检查的时间。因此，受感染的机器可能会被迁移到 VMM，在那里它可能会感染其他正在运行的虚拟机，这与虚拟库的导出情况相类似。最终的结果可能是感染整个虚拟机群。

如前所述，在迁移场景中，虚拟机直接从一个 VMM 移动到另一个 VMM，其中 VMM 是服务器。如果没有机会在自己的 VMM 上导出虚拟机，攻击者就很难直接访问 VMM。

然而，如果攻击者获得了对 VMM 的物理访问权，可能会强制将所有虚拟机迁移到其他 VMM，从而感染一个特定的 VMM。当这个 VMM 再次可用时，集中式管理器将检测到一个没有负载的 VMM，并根据其负载平衡功能启动虚拟机迁移到它。因此，这些虚拟机将被感染，而这些虚拟机又可能随着时间的推移被迁移到其他 VMM，从而促进了广泛的感染。

虚拟化的安全优势

虚拟化有明确的安全优势。事实上，对虚拟机的攻击可能需要复杂的手段。此外，仅仅检测一个虚拟机的存在就可能是一个重大的挑战，尽管一些专家认为这是一个困难但并非不可能的挑战。

重要的是,虚拟化允许资源的隔离,因为每个客户操作系统都被封装并从硬件中抽象出来。每个用户访问独立的文件系统和内存块。从理论上讲,被攻击者破坏的单个虚拟机不会影响主机或该主机上的其他虚拟机。

每个虚拟机在运行时都不知道由同一个超级管理程序控制的其他虚拟机。除了一些允许虚拟机之间进行通信的配置外,如果一个虚拟机被破坏,攻击者可能很难访问其他虚拟机,因为只有管理程序知道它们的存在。

具有成本效益的安全也可以从资产的物理集中产生。最值得注意的是,周边防御措施需要应用于较少数量的物理机器。物理安全技术的成本通常会随着所需覆盖的区域增大而增加。因此,由于同等数量的服务器的虚拟化会使得需要管理的物理机的数量减少,实施物理安全的成本就会降低。最后,安全设备可以通过软件而不是硬件应用于每个虚拟机。

虚拟化和拒绝服务攻击

虚拟环境可能会吸引攻击者发起 DoS 攻击。这可能是特别有成效的,因为这种攻击有可能消耗主机上所有虚拟机的资源。

在虚拟机架构中,客户机和底层主机共享物理资源,如 CPU、内存、磁盘和网络资源。因此,流氓客户机有可能对居住在同一系统中的其他客户机发起 DoS 攻击。

消耗所有可能的系统资源的客户机是虚拟环境中 DoS 攻击的一种形式。如果这样的攻击被实施,系统会拒绝为其他请求资源的客户机提供服务,因为没有可用的资源。直观地看,防止客户机消耗系统资源的好方法似乎是简单地限制分配给客户机的资源。当前的虚拟化技术确实提供了一种机制来限制分配给环境中每个客户机的资源。

尽管虚拟机由于其集中的命令和控制协议,似乎特别容易受到 DoS 攻击,但这一漏洞实际上促进了另一种安全解决方案:管理程序可以简单地阻止任何虚拟机获得任何资源的 100%使用,包括 CPU、内存、网络带宽和图形内存。

此外,可以对管理程序进行配置,以便当它检测到极端的资源消耗时,评估是否正在进行攻击,并自动重新启动虚拟机。虚拟机的初始化速度通常比物理机快得多,因为其启动序列中不需要验证硬件。

虚拟机和虚拟磁盘的物理盗窃

如前所述,虚拟机对物理盗窃是没有免疫力的。每个虚拟机的虚拟磁盘的内容通常以文件形式存储,可以由其他机器上的管理程序运行。因此,攻击者可以复制虚拟磁盘,从而不受限制地访问虚拟机的数字内容。

一个有效的演练是思考这件事情的安全风险:未经背景调查的 IT 技术人员获得了

对服务器的物理访问，并且这个人使用一个容易隐藏的便携式闪存设备。物理攻击的潜在后果使人们重视数据中心的内部安全控制，特别是将背景调查作为获得无护卫特权的条件。严格的背景调查要求尤其适用于多租户设施中的IT工作人员。

虚拟机本质上不是物理的，这意味着不需要对主机进行物理盗窃就可以泄露信息。重申之前强调的一点，由于每个虚拟机的虚拟磁盘的内容被大多数管理程序存储为文件，所以虚拟机可以从其他物理机上复制和运行。总之，根据虚拟技术，数据中心对适当的内部物理安全控制的需求变得更加重要。

考虑以下情况。一个数据中心位于一个已知通过工业间谍活动支持国内公司的国家。东道国通过使用数据中心雇用的IT技术人员，可以进入内部数据中心区域。该"内部人员"可以将虚拟机复制到便携式存储介质上，然后在他们自己的机器上访问这些数据，而无须实际偷取硬盘。

一旦一个人可以直接访问虚拟磁盘，攻击者就有足够的时间来打败安全机制。这包括使用标准工具，如密码破解和其他离线攻击。重要的是，攻击者是在访问虚拟机的一个副本，而不是原始文件。因此，虚拟机本身不会显示任何入侵的记录。

虚拟环境中的物理安全风险管理

上述讨论强调了实施基本电子安全控制的必要性，如及时安装补丁，以及适用于数据中心的标准物理安全控制。此类控制应包括对任何拥有无人陪同的物理访问权限的人进行适当的背景调查，监控内部数据字段和这些字段的入口，以及对数据中心设施、内部数据字段以及单个租户笼子的物理访问限制。在网上可以找到一份更为详尽的虚拟化环境的安全控制建议清单。

数据中心面临的电磁威胁

简介

在前面的章节中，我们讨论了针对数据中心的物理威胁对信息泄露的脆弱性。在本节中，我们考虑了一个非常不同的威胁，尽管它也有一个物理成分。具体来说，我们分析了为破坏信息资产而引爆的高振幅电磁脉冲(EMP)的威胁。

截至目前，还没有公开的证据表明这种威胁已经被部署。然而，评估对这种威胁的脆弱性值得纳入关于信息安全风险的完整讨论中。这是基于如果对数据中心等容纳越来越多的信息资产的设施使用，以及考虑到全球恐怖活动的潜在影响。

脉冲发生器的一种形式是爆炸性泵送磁通压缩发生器(EPFCG)。这些设备通过使用常规炸药来快速压缩磁场。麦克斯韦第三方程规定,磁通量的时间变化率导致电场,而电场又在导体中产生电压。事实上,这种爆炸产生的塌陷的磁通量将在离爆炸源数千英尺的金属物体中引起巨大的电压。据报道,EPFCG 装置能够产生数十兆瓦的峰值功率水平(1 TW = 10^{12} W)。作为参考,闪电的峰值功率水平在 1 TW 左右。

图 15.4 显示了由洛斯阿拉莫斯国家实验室开发的 EPFCG 爆炸后产生的磁场的快速演变。(注:特斯拉是磁通密度的一个单位。1 T = 1 Wb/m^2 或 104 G。[16])EPFCG 能够提供与核武器和雷击产生的 EMP 相媲美的 EMP。因此,EPFCG 有可能成为强大的信息安全威胁。

考虑这样的情景:一辆汽车在靠近数据中心的地方引爆了一个 EPFCG。在引爆时,会产生一个强大的 EMP,其中包括一个广泛的频率。理论上,一个适当的法拉第笼或一个密封的金属盒可以有效地保护电路,使其免受外部电磁能量的破坏。

然而,数据中心的电子设备需要很长的电源和信息传输导线,这使得它们无法与外部世界完全物理隔离。因此,对于这种威胁的有效缓解策略,需要补充方法。尽管采取了这些控制措施,但正如本节后面所详述的那样,仍有可能造成重大损害。

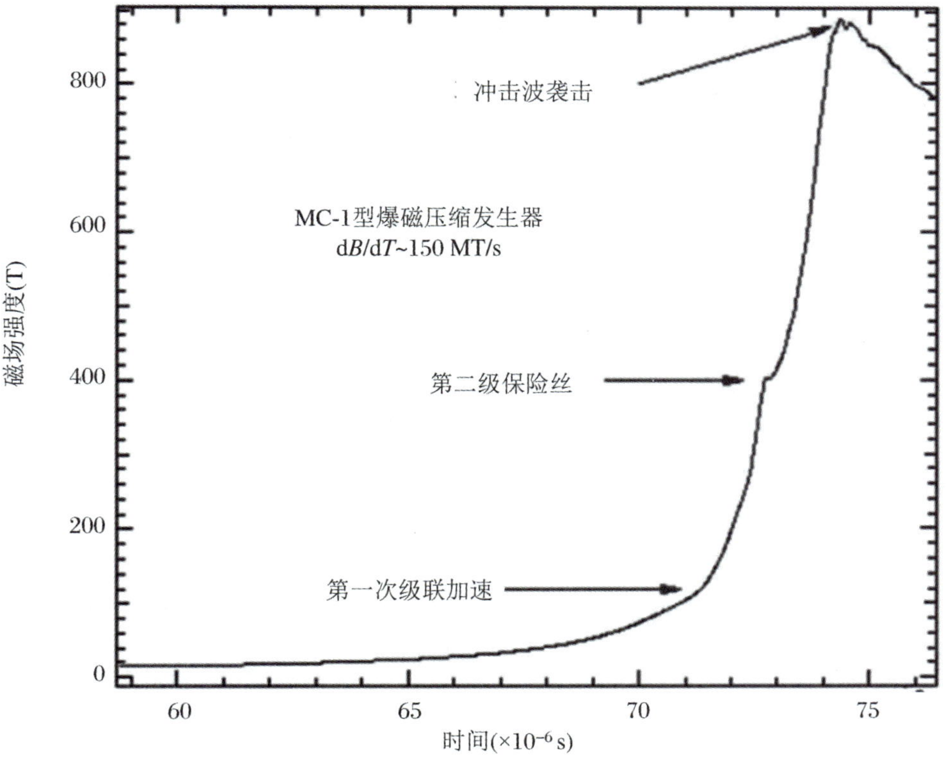

图 15.4 电磁脉冲产生的磁场的时间历程

未屏蔽的数据中心

假设数据中心内服务器、路由器等技术设备周围没有电磁屏蔽，地下电缆不受电磁脉冲的影响，EPFCG 产生的电磁脉冲将直接与数字设备关键电子元器件内部由对高压瞬态敏感的金属氧化物半导体(MOS)器件组成的电路相互作用。

电力电缆和电子电路之间的互联将通过感应产生电势，以响应不断变化的磁通量。这个电压将导致电弧通过隔离栅和场效应晶体管(FET)的源极/漏极元件的绝缘材料。以上元件都是电脑电路板上的电子电路组成部分。

FET 的栅极最大工作电压约为 ±20 V，其他电子元件的击穿电压甚至更低。当足够大的电压施加到 FET 上时，产生的电弧将不可避免地损坏器件。

假设一个 EPFCG 能产生 1 TW 的电磁功率，下面是关于该武器在距离脉冲源 1 km 处引起的电场和感应电压的粗略计算。

假设脉冲能量的传播在各个方向上相同，偶极电荷产生的电磁场在自由空间中的能量密度由下式给出：

$$\rho = \frac{1}{2}\left(\varepsilon_0 E^2 + \frac{1}{\mu_0}B^2\right) \tag{15.1}$$

其中ε_0为自由空间的电介质常数，μ_0为自由空间的磁导率，E 和 B 分别为自由空间的电通量密度和磁通量密度。

总功率平均分配到电场和磁场中，因此其强度可以表示为电场分量的两倍。以光速运动的脉冲所产生的初始强度 I 的单位为 $\mathrm{W/m^2}$，因此可以用下式表示：

$$I_0 = c\varepsilon_0 E^2 \tag{15.2}$$

其中 c 是自由空间中的光速。

根据上述描述，爆炸后立即产生的电磁脉冲功率为 10^{12} W。根据第 3 章介绍的点源模型，电磁脉冲的强度 I 随波与爆炸源距离变化的函数为 $I = P/(4\pi r^2)$，其中 r 为波与爆炸源的距离。

将脉冲传播的强度替换为电场密度的形式，得到如下表达式：

$$\frac{P}{4\pi r^2} = c\varepsilon_0 E^2 \tag{15.3}$$

现在可以很容易计算得到距离脉冲源 1 km 处的电场 E。这一计算有助于深入分析装载设备的车辆和目标设施之间物理分离的有效性。请注意，对于城市地区的大多数设施，可能难以建立长达 1 km 的物理隔离。因此，这一限制可能会严重影响基于物理对峙的风险缓解策略。此外，以下粗略的计算表明，即使这样的隔离距离也不能提供足够的保护。

距离 r 是 1 km，将这个值代入式(15.1)，采用 $c=3\times10^8$ m/s，$\varepsilon=8.9\times10^{-12}$ F/m，计算得到电场为 5.5×10^3 V/m。因此，连接电子设备机架的内部电缆接口很可能受到千伏级电位的攻击。

虽然上述计算有一个数量级的误差，但实际的电压水平仍然会超过常规计算机电子元件的电压上限。

数据中心内部的屏蔽组件

接下来，假设目标设施或设施内的组件使用金属外壳进行电屏蔽。在第 8 章关于屏蔽的讨论中指出，与金属屏蔽相互作用的电磁场会产生响应磁场和电场的电流。因此为设施供电的电力电缆也被考虑到这个模型中。

这些电流产生的磁场可以抵消入射电磁辐射的影响。在这个场景中，假设已经部署了法拉第笼以保护电子设备免受外部产生的电场的影响。

事实上，全世界每天都有 EMP 事件发生。这些模拟的 EPFCG 事件有助于更好地了解高振幅脉冲带来的影响。也就是说，可以通过研究云对地闪电来了解 EMPG 的效果。一次闪电可以产生 1000～100000 A 的峰值电流，上升时间为 1 μs。

图 15.5 显示了雷击产生的感应电压与雷击距离的关系。① 20000 A 的雷击周围的强烈电场和磁场会在 300 英尺的距离的 3 英尺电线上产生约 2000 V 的电压，在 0.5 英里的距离上会产生数百伏的电压。闪电引起的电压就是一个实际存在的 EMPG 模型。

尽管有屏蔽装置，但几乎不可能完全抵御这种程度的闪电的直接打击，而 EPFCG 电源产生的电压和电流可能等于甚至超过闪电。

正如本节前面所指出的，进出数据中心的埋地电缆很容易受到 EPFCG 的攻击。由于在雷电场景中分布式导电元件上的感应电压很常见，已经有许多实验对从为设施供电的埋地电缆在不同距离处的峰值电压进行了估计。

有实验测量了在距离闪电 5 km 处一条 448 m 长的非通电配电线路的两端的感应电压。实验记录的感应电压峰值为 80 V。[1]

在 FET 器件的输入栅极上施加数十伏电压将击穿器件。尽管商用电涌保护装置能帮助抵御这一威胁，80 伏特的电压值依旧超过了目前公布的保护阈值。②

问题的关键在于需要使用地下电缆供电，数据中心内的屏蔽设备也容易受到 EMP

---

① http://www.surgex.com/library/12001.html。

② For example, the drain source voltage and gate source voltage for the BUK7Y12-55B NXP Semiconductor MOSFET are 55 and 20 V, respectively. http://www.nxp.com/documents/application_note/AN11158.pdf。

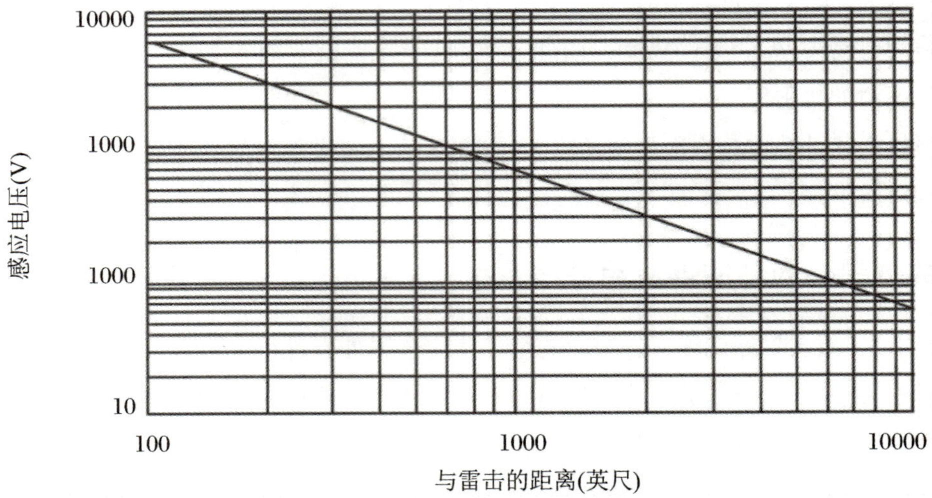

图 15.5 雷击产生的感应电压

装置的影响。理论上，可以使用电涌保护装置和隔离变压器减弱在距设施几英里处引爆的 EMP 所造成的威胁。

然而，即使电子设备包含在屏蔽外壳内，像进入外壳的电线周围这样的小开口也会通过波长短于开口直径的电磁能。

这种现象就如同人们可以在使用电磁炉时观察电磁炉内部的情况。详细地说，与可见光相关的较短波长可以通过防护罩，而防护罩可以阻挡较长波长的微波从而避免观察者“被加热”。

目前并没有关于 EPFCG 衍生脉冲带宽的具体信息，但有待证实的假设推测一个短持续时间的脉冲可以产生几十分之一毫米(微波)波长的能量。这些波长小到足以让能量泄露到电线绝缘层产生的间隙中。结论是，需要强大的电磁屏蔽来削弱这种威胁，而且其有效性取决于场景的具体情况。

为了将风险降低到可控水平，电磁脉冲源和目标设施之间所需的安全距离可能相当大。这一结论是基于对直接辐射和/或电磁信号耦合到地下电缆产生的电压与电流突降的估计脆弱性得出的。

根据脉冲强度以及与引爆源的距离，距离、屏蔽和电涌保护相结合会为应对 *EMP* 攻击提供足够的保护。对此需要进行成本效益分析来评估此类攻击相对于评估的脆弱性和风险缓解成本的可能性。

标准的雷电保护措施将提高反电磁脉冲策略的价值。但仍需咨询专业的电力系统工程师来确定特定设施的问题范围，并确定所提解决方案的有效性。

总结

数据中心存储的信息高度集中,信息安全威胁的影响因素由此增加。在第 14 章介绍的安全控制措施的基础上,提出了一个高水平的物理安全策略。该策略包括身份验证、物理访问权限授权、物理访问限制、访客管理和背景调查。

据非官方报道,数据中心信息的主要威胁来源于已被授权进入设施和数据字段的个人。因此安全控制措施必须有效地防止这种情况下的信息泄露。

数据中心日益集中的风险与虚拟技术的使用有关。这些技术允许多个操作系统在一个物理服务器中运行,从而增加信息密度和优化资源划分。我们讨论了与物理安全相关的攻击载体。这些假定的攻击突出了物理与电子安全风险的日益融合以及每种风险与综合信息安全风险管理策略的相关性。

我们分析了数据中心对于高能 *EMP* 攻击的脆弱性。虽然高振幅电磁脉冲的发射不太可能构成威胁,但如果这种威胁成为现实,对数据中心和存储在其中信息的影响可能是巨大的。接地、屏蔽和电涌保护根据具体情况的联合使用可以应对此类威胁。

但是通过出入设施的电力电缆,引爆的 *EMP* 设备也可能对附近的屏蔽设备造成重大损坏。这些电缆会产生巨大的电位以响应巨大的瞬变,从而向电子设备的输入端施加远远超过击穿规格的电压。雷击的物理过程为研究数据中心设施附近的高能电磁脉冲的影响提供了一个自然模型。

参考文献

[1] Schneider K. Lightning and surge protection. Telebyte USA.

结　　语

本书提出了三个重要的主题，在此作如下强调：

(1) 一个组织基于风险的信息安全方法需要识别不同的、有影响力的威胁的范围，并确定每种威胁的三个风险组成部分的大小。

(2) 人们对一些信息安全威胁的脆弱性受到众所周知的物理规律支配，为了制定一个全面的信息安全策略，应当认识到这些规律。

(3) 信息安全风险的根源在于企业文化，信息技术既不是风险的根源，也不是治本之策。

第一个主题是任何严谨安全风险管理策略的基础。确定准确的威胁和攻击向量是该策略必不可少的第一步。但是，要确定组织应对其采取的措施(如果有的话)，需要评估威胁实现时的影响、威胁实现的可能性以及威胁实现时的脆弱性或信息丢失风险。

特别地，一个有效的风险管理策略必须针对每个威胁处理一组风险因素，这些因素是增强风险的一个或多个组成部分的特征或条件。这种评估方法产生的背景，是阐明本组织减轻风险的优先事项所必需的。

第二个主题由本书中存在的各种脆弱性分析所支持。这些不同的场景复杂程度各异，从使用简单的望远镜来查看计算机显示器和白板上显示的信息，或部署商用麦克风来检测空中和结构传播的语音，到旨在检测计算机辐射的电磁信号的尖端技术。

每个场景的操作限制都是由物理现象决定的，而这些物理现象可以用易于理解的自然法则来模拟。这些限制决定了给定攻击场景的可行性以及对策的有效性。因此，了解这些法则的适用性有助于制定具有成本效益和可辩护性的风险缓解策略。

第三个主题对许多安全专业人员来说很有启发性，需要更有说服力才能获得他们的认可。技术既是根本原因又是解决信息安全漏洞的唯一方法的假设相当根深蒂固。结果是人们往往专注于技术解决方案，但不保证能解决潜在的风险问题。依赖这些解决方案可以解释为什么尽管对信息安全技术进行了大量投资，但跨业务部门的成功攻击一再发生。

信息安全威胁的风险因素来源包括业务运营、安全治理、信息技术实施、用户行为、信息资产物理安全等。衡量这些风险因素有助于推断信息安全风险产生的根本原因。组织文化会影响这些风险因素，通常会侧重某一项准则，比如支持便利或奖励安全。

附　　录

附录 A　散度和旋度算子

麦克斯韦的前两个方程看似简单,实际上意义深远。它们在这里以积分形式表示且存在另一种有效表示。具体地说,可以使用一种称为散度(div)的数学运算符,它通过取微分运算符与向量场的点积,将向量转换为标量。

第 3 章描述了通量的概念,并给出了计算流过给定面积表面的矢量场线的总通量的公式。现实生活通常涉及三个维度,因此将场景扩展到包括涉及跨多个表面通量的计算是有意义的,这些计算表征了一个体积内的场源。散度算符是一种数学构造,可以进行这样的计算。

我们提出了一些关于散度算子的实际陈述,这将有助于解释用散度算子来书写的麦克斯韦前两个方程的基础知识①:

(1) 散度的符号是梯度算子(称为 del)的倒三角与一个点的组合。梯度给出了偏导数(dx,dy,dz),点积将每个分量逐项相乘,并将结果相加($xdx + ydy + zdz$)。

(2) 散度是每单位体积流向/流出体积的净通量。

(3) 散度是类似于密度的单个数字。

(4) 散度和通量密切相关,如果一个体积包含一个正散度(通量的来源),它将有正通量。

(5) 散度是通量扩张(正散度)或收缩(负散度)的速率。

在测量通过三维空间的微小体积的净通量时,必须测量 x,y 和 z 维度中每个维度的总通量。考虑一个边长为 dx,dy 和 dz 的长方体,通过检查以下内容来测量净通量:通量 X 分量的变化、通量 Y 分量的变化以及通量 Z 分量的变化。

如果没有变化,那么结果将是每个方向上的净通量之和为 0,即 $0 + 0 + 0 = 0$。更重要的是,没有净通量代表着不存在通量源。最后一种说法与麦克斯韦第二方程有关,该方程表明不存在磁场源。因此,磁场穿过任何封闭体积表面积的净通量将永远为 0。

---

① http://betterexplained.com/articles/divergence/。

如果矢量场在一个物体内，具体地说在包围一个物体的表面区域内发生变化，通量的变化会以一个数值的形式被测量到。举个例子，如果通量在 X 和 Z 方向上增加但在 Y 方向上减少，净通量的计算方法是将每个方向的结果相加，得到一个数字。由此可推出，因为在三个维度中每一个表面上的通量都能被计算以产生净通量，所以单位体积的通量或通量密度是可测量的。

散度是用偏导数表示的，即在其他变量不变的情况下，对一个变量求导，由以下表达式给出：

$$\text{Divergence} = \frac{\partial F_1}{\partial x} + \frac{\partial F_2}{\partial y} + \frac{\partial F_3}{\partial z} \tag{A.1}$$

F 表示分量分别为 F_1, F_2, F_3 在 X, Y, Z 方向上的向量场。

麦克斯韦第二方程表述如下，其中 div 代表散度，B 是磁感应强度：

$$\text{div}\ B = \nabla \cdot B = 0 \tag{A.2}$$

式(A.2)说明没有净磁通密度变化，因此没有磁场源。换句话说，磁等效的电荷（磁单极子）是不存在的。

向量场 F 的旋度由以下表达式表示：

$$\text{Curl}\ F = \nabla \times F \tag{A.3}$$

旋度定义为该场环流的无穷小面积密度。① 它是描述三维向量场的无穷小旋转的运算。在场中，每一点的旋度由一个向量表示。该向量的属性，即长度和方向，表征了该点的旋转。

旋度在笛卡儿坐标系中的定量表示如下：

$$\nabla \times F = \left(\frac{\partial F_z}{\partial y} - \frac{\partial F_y}{\partial z}\right)\hat{x} + \left(\frac{\partial F_x}{\partial z} - \frac{\partial F_z}{\partial x}\right)\hat{y} + \left(\frac{\partial F_y}{\partial x} - \frac{\partial F_x}{\partial y}\right)\hat{z}$$

微分形式的麦克斯韦方程组直接表示如下，其中前两个方程的左边使用散度算子，后两个方程的左边使用旋度算子。散度和旋度算子都可以表示为积分：

$$\nabla \cdot D = \rho$$

$$\nabla \cdot B = 0$$

$$\nabla \times E = -\frac{\partial B}{\partial t}$$

$$\nabla \times H = J + \frac{\partial D}{\partial t}$$

① https://en.wikipedia.org/wiki/Curl (mathematics)。

附录 B　电和磁的常用单位

如参考文献[1]所述，电和磁的常用单位如表 B.1 所示。

表 B.1　电和磁的常用单位

参量	高斯单位制	国际单位制	国际单位制与高斯单位制的关系
力	达因(dyne) = $g \cdot cm/s^2$	牛顿(Newton)	$1N = 10^5$ dynes
功，能量	尔格(erg) = $g \cdot cm^2/s^2$	焦耳(Joule)	$1\ J = 10^7$ erg
功率	尔格/秒(erg/s)	瓦特(Watt)	$1\ W = 10^7$ erg/s
电荷	埃苏(esu，Electro Static Unit)	库仑(Coulomb)	$1\ C = 2.998 \times 10^9$ esu
电荷密度	埃苏/厘米^3(esu/cm^3)		
电流	埃苏/秒(esu/s)	安培(Ampere)	$1\ A = 2.998 \times 10^9$ esu/s
电流密度	(埃苏/秒)/厘米^2((esu/s)/cm^2)		
电势	静伏(statvolt)(= erg/esu)	伏特(Volt)	1 V = (1/2.998)statvolt
电动势	静伏(statvolt)	伏特(Volt)	
电场	静伏/厘米(statvolt/cm)	伏特/米(Volt/m)	1 V/m = 1/29980 statvolt/cm
磁场	高斯(= dyne/esu)		
电导率	1/秒(1/s)	(欧姆・厘米)$^{-1}$ ((ohm・cm)$^{-1}$)	
电阻系数	秒(s)	欧姆・厘米 (ohm・cm)	
电阻	秒/厘米(s/cm)	欧姆(Ohm)	$1\ \Omega = 1.139 \times 10^{-12}$ s/cm
磁通密度	麦克斯韦/米^2(maxwell/m^2)	特斯拉(Tesla) 或 韦伯/米^2(Webers/m^2)	$1\ T = 10^4$ gauss
磁通量	高斯・厘米^2(gauss・cm^2)	韦伯(Weber)	$1\ Wb = 10^8$ gauss・cm^2

Reference

[1] Purcell EM. Electricity and magnetism. Berkeley physics course, vol. 2. New York: McGraw-Hill; 1965.

附录 C 电路中的电容和电感耦合

任何两个由电介质(即绝缘体)隔开的导体之间都存在一个电容。电容是一个几何因子,代表了一个配置中的总电荷与所产生的电势之间的比例常数。

具体来说,$Q=CV$,其中 Q 为总电荷,C 为电容,V 为电压。如果一个导体上的电压发生变化($\mathrm{d}V/\mathrm{d}t$),则另一个导体上的电荷也会随之变化。因此,在绝缘体中会存在一个位移电流,位移电流是电通量随时间的变化量。

根据麦克斯韦方程组,位移电流(和/或传导电流)会产生磁场。例如,1 V/ns 的变化率会产生 1 mA/pF 的位移电流。电路元件之间的电容耦合是导致噪声和可能的电磁干扰(EMI)的四种机制之一。

让我们计算一个简单平行板电容器的位移电流。在这种情况下,板的面积为 A,板之间的间隔为 d。图 C.1 描述了电容器及其尺寸。①

如前所述 $Q=CV$。因此,两边求导得到如下结果:

$$i_{\text{disp}}=\frac{\mathrm{d}Q}{\mathrm{d}t}=C\left(\frac{\mathrm{d}V}{\mathrm{d}t}\right)$$

其中 $\mathrm{d}Q/\mathrm{d}t$ 是电荷随时间变化的速率,即电容器上的位移电流。很明显,位移电流与电容成正比。

对于平行板电容器,其电容量由公式 $C=\varepsilon A/d$ 给出。因此,将该值代入位移电流公式中得

$$i_{\text{disp}}=\left(\frac{\varepsilon A}{d}\right)\frac{\mathrm{d}V}{\mathrm{d}t}$$

此外,根据定义,电场 E 是电压除以距离($E=V/d$)。因此,通过直接代入得

$$\frac{\mathrm{d}V}{\mathrm{d}t}=d\left(\frac{\mathrm{d}E}{\mathrm{d}t}\right)$$

因此得到下面关于流过电容器的位移电流的最终表达式:

$$i_{\text{disp}}=\left(\frac{\varepsilon A}{d}\right)d\left(\frac{\mathrm{d}E}{\mathrm{d}t}\right)=\varepsilon A\left(\frac{\mathrm{d}E}{\mathrm{d}t}\right)\tag{C.1}$$

可以通过增加导体间距 d 来降低电容从而降低电容耦合噪声,但通过屏蔽来解决更加合理。

放在信号源和受影响节点之间的导电与接地屏蔽通过将位移电流直接引导到地面

---

① http://hyperphysics.phy-astr.gsu.edu/hbase/electric/pplate.html。

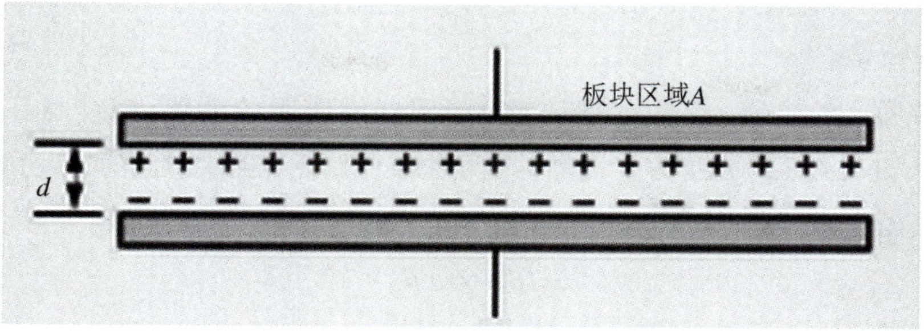

图 C.1　一个平行平板电容器

来消除这种噪声。然而法拉第屏蔽层必须要接地，浮动或开路的屏蔽层必然会增加电容耦合的噪声。

如果在一个电路中流动的电流引起的变化的磁通量耦合到另一个电路，它可以在第二个电路中诱发一个电磁场。这种效应解释了变压器如何工作，并能用法拉第定律定量描述。所谓的互感可能是一个难以处理的噪声耦合源，它导致电流随着时间的推移发生巨大变化。第一个电路在第二个电路中诱发的电磁场由以下内容给出：

$$\mathrm{EMF}_2 = -M\left(\frac{\mathrm{d}I}{\mathrm{d}t}\right) \tag{C.2}$$

其中 M 为互感，$\mathrm{d}I/\mathrm{d}t$ 为电流随时间的变化量。图 C.2 说明了电感耦合。需要指出，如果电路 1 被打开且该电路中的电流减小，则诱导在电路 2 中的电动势会抵抗磁通密度 B 的减小(即根据楞次定律方向相反)。

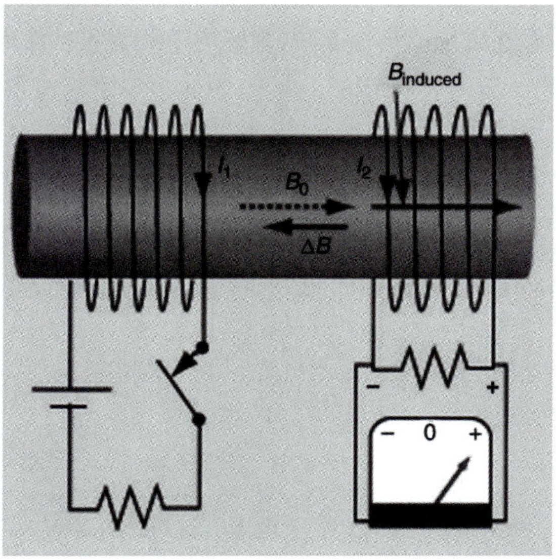

图 C.2　一个平行平板电容器

例如，一个互感值为 1 nH 的电感，当其内部电流每纳秒(10^{-9} s)变化 1 A 时，将会产生 1 V 的电动势。

为了说明这种效应，考虑一个带有封闭回路或线圈的电路，该线圈具有面积 A (cm^2)，在均方根磁感应强度为 B 高斯的磁场中工作。此电路中感应的最大噪声电压 V_n 由以下公式给出(以高斯单位制表示)[1]：

$$V_n = -2\pi fBA\cos(\theta)\times 10^{-8}(V) \tag{C.3}$$

式(C.3)可能看起来很晦涩，但它只是表达了这样一个事实：感应电压是由磁通量的时间变化率 $d\varphi/dt$ 产生的。这是一个电磁感应的例子，可以通过麦克斯韦第三方程来解释。

参照式(C.3)，f 代表波动磁场的频率，θ 是磁场相对于面积 A 的拾取线圈表面的角度。虽然式(C.3)中没有直接体现，但磁通密度 B 的振幅是以正弦方式变化的，当正弦函数为 1 时出现最大值。

式(C.3)表明可以通过减小回路面积、降低磁通密度或改变入射角来减少电感耦合。减少电路回路面积需要将电路导体排列得更紧密。

将导体缠绕在一起可以减小有效回路面积。特别地，将一对导体缠绕在一起能够抵消磁场感应，因为正负增量回路面积的总和理想情况下等于零。因此，平行导体通常配置为双绞线。亚历山大·格雷厄姆·贝尔曾提交了使用双绞线导体的原始专利申请。

然而，正如第 8 章中所讨论的那样，由电流回路源引起的磁场强度(即低阻抗源)与源点到电路的近场距离的立方成反比。因此，物理上距离源稍微远一些会对减少感应电压产生不成比例的巨大影响。

最后，如果电路放置在磁场的垂直方向，则感应电压为零。然而，如果电路导体与磁场平行，则感应电压最大，因为入射角度 θ 为零，因此磁场向量与表面法线之间夹角的余弦值为 1。

参考文献

[1] Purcell E M. Electricity and magnetism. Berkeley physics course, vol. 2. New York: McGraw-Hill; 1965.

附录 D　信号的中频滤波

图 D.1 描绘了一个脉冲射频信号，其中 T 是脉冲重复时间（因此 $1/T$ 是频率），τ 是脉冲宽度，T_o 是载波信号峰值间隔的时间。f_r 和 f_o 分别是脉冲重复频率和载波信号频率。①

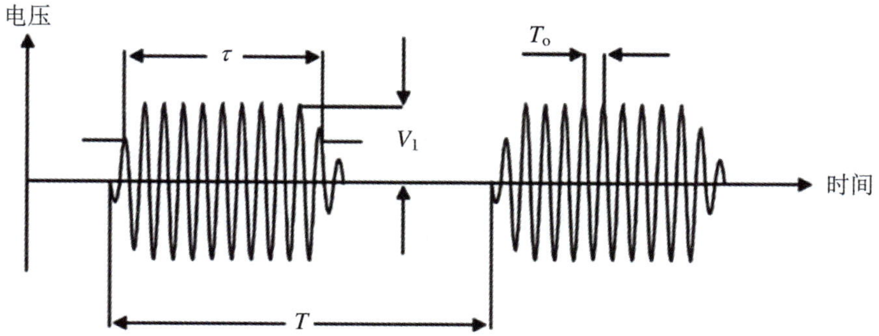

图 D.1　以主信号波瓣为中心的 IF 滤波器

IF 滤波器（粗黑线表示）比脉冲重复频率窄。

目标信号脉冲重复率（$1/T$）与攻击者接收机中频（IF）滤波器带宽之比是很重要的。如果 IF 滤波器带宽比脉冲重复频率小得多，则只有信号的一个频谱分量将进入 IF 滤波器的通带。图 D.2 说明了这种情况。请注意，接收机调谐到载波频率，使得 IF 滤波器的中心位于脉冲信号主瓣的最大值处。

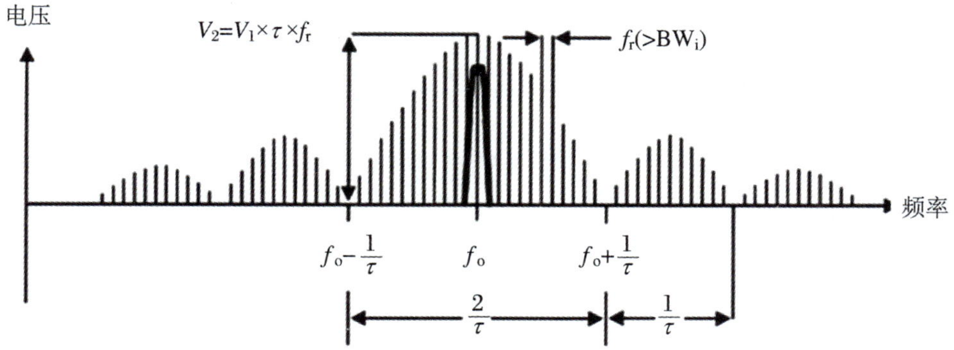

图 D.2　来自目标设备的数字信号脉冲

τ 是脉冲宽度（在 50%点），$f_r=1/T$ 是脉冲重复频率（PRF），$f_o=1/T_o$ 是载波信号频率。

① http://ewh.ieee.org/r6/scv/emc/archive/download20001114.pdf。

另一方面，如果接收机的 IF 带宽大于脉冲重复频率，则信号的许多频谱分量将在滤波器通带内。图 D.3 说明了 IF 滤波器大于脉冲重复率的情况。

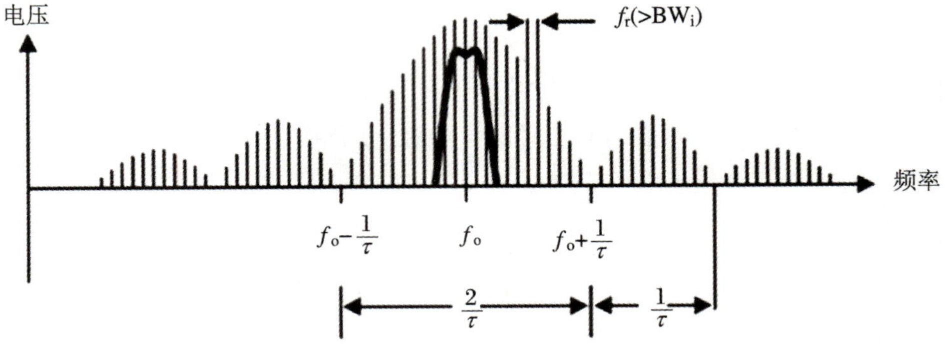

图 D.3　以主信号波瓣为中心且比脉冲重复率宽的 IF 滤波器(粗黑线)

重要的是，如果来自目标机器的脉冲射频频谱宽度大于 IF 滤波器带宽，则滤波器通带内的频谱分量都将具有相同的幅度。在这种情况下，信号瞬变的最大电压与脉冲带宽 τ 和载波信号电压成正比。

只要攻击者接收器的分辨率带宽远大于脉冲重复频率，并且脉冲信号的主瓣远大于滤波器带宽，该条件就有效。因此，了解接收器的脉冲带宽对于准确的信号测量是必要的。图 D.4 说明了这种情况。

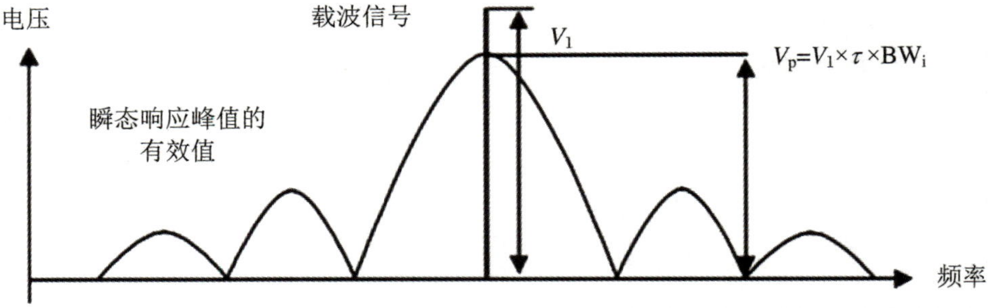

图 D.4　脉冲带宽和测得的峰值信号电压